高等学校"十三五"规划教材

石油化工概论

孙小平 主编

化学工业出版社

·北京·

内 容 提 要

《石油化工概论》从石油工程、油气储运工程和石油化工三篇阐述了石油上、中、下游的工艺过程，其中石油工程篇包括：油气藏的基本性质及油气田开发设计、油气钻井技术、自喷及气举采油技术、机械采油技术、注水、提高采收率。油气储运工程篇包括：油气集输、长距离输油管道、长距离输气管道、油品储存与装卸。石油化工篇包括：石油化工基础知识、石油加工过程（原油蒸馏、催化裂化、催化加氢、催化重整、热加工）、石油化工过程（烃类热裂解制烯烃、石油化工系列产品）、高分子化工、精细化工基础。

《石油化工概论》内容涵盖石油上、中、下游完整产业链，可作为石油类高校石油化工概论课程教材，也可作为石油化工企业培训教学用书，还可供相关行业企业管理人员和技术人员学习参考。

图书在版编目（CIP）数据

石油化工概论/孙小平主编. —北京：化学工业出版社，2017.4（2025.1重印）
高等学校"十三五"规划教材
ISBN 978-7-122-29214-8

Ⅰ.①石… Ⅱ.①孙… Ⅲ.①石油化工-概论-高等学校-教材 Ⅳ.①TE65

中国版本图书馆CIP数据核字（2017）第042924号

责任编辑：唐旭华 王淑燕　　　　装帧设计：韩 飞
责任校对：王素芹

出版发行：化学工业出版社（北京市东城区青年湖南街13号　邮政编码100011）
印　　装：北京科印技术咨询服务有限公司数码印刷分部
787mm×1092mm　1/16　印张20½　字数512千字　2025年1月北京第1版第7次印刷

购书咨询：010-64518888　　　　　　　售后服务：010-64518899
网　　址：http://www.cip.com.cn
凡购买本书，如有缺损质量问题，本社销售中心负责调换。

定　价：42.00元　　　　　　　　　　　　　　　　　　　　版权所有　违者必究

前言

石油是一种重要能源和优质化工原料,是关系国计民生的重要战略物资。石油工业是我国国民经济的重要基础产业和支柱产业。上游的石油工程、中游的油气储运工程、下游的石油化工,构成石油工业的整个生产链。其中石油工程是对石油资源进行开发、使用、研究的一种系列工程;油气储运工程是联系产、运、销的纽带,是能源保障系统的重要一环;石油化工是以石油和天然气为原料,生产石油产品和石油化工产品的加工过程。

为了培养应用型工程技术人才,提高学生工程实践能力,辽宁石油化工大学紧密结合石油化工生产实际,建设了石油化工产业链实物仿真实训培训基地。面对如何紧密围绕基地做好涉油教育工作,强化石油化工类高校的办学特色,学校提出面向全校(不包括化学工程与工艺、石油工程和油气储运工程专业)开设石油化工概论课程。

基于此,特组织具有多年教学经验的相关教师编写了本书,目的就是为石油化工类高校提供一本涵盖整个石油工业生产链的简明教材。本书力求基本概念与理论叙述表达严谨,理论联系实际,文字通俗易懂,内容深入浅出。本书内容着重于普适性和基础性,重点介绍石油工业产业链的基本知识和基本原理。

本书全面系统地介绍石油工程、油气储运工程及石油化工方面的知识。第一篇石油工程部分,按照油气生产过程介绍了油气藏的基本性质及油气田开发设计、油气钻井技术、自喷及气举采油技术、机械采油技术、注水、提高采收率六部分内容。油气藏的基本性质部分包含石油工程的基础知识,对于学生理解和掌握油气生产过程是必不可少的。油气钻井技术部分对油气井工程展开论述。自喷及气举采油技术部分和机械采油技术部分,从油井生产基本原理入手由浅入深分别介绍了油井生产方法。注水部分包括水源与水质、注水系统组成、注水井吸水能力分析、分层注水技术。提高采收率部分论述了较前沿的和油田应用较广泛的提高原油采收率方法。

第二篇油气储运工程部分,包括油气集输、长距离输油管道、长距离输气管道、油品的储存与装卸四部分。其中,油气集输部分包括油气集输系统流程及管路、原油和天然气的加工处理(油田产品质量指标、油气分离、原油净化、原油稳定、油田气处理)、矿场油气计量;长距离输油管道部分包括输油管道概况、等温输油管道、加热输送管道、易凝高黏原油输送工艺、输油站、顺序输送;长距离输气管道部分包括输气管道概况、输气站及压缩机介绍、输气站的主要设备与工艺系统、输气站的平面布置与工艺流程;油品储存与装卸部分包括油库类型及任务、油库分区及设施、油库工艺流程、装卸油设备与设施、油罐及其附件。

第三篇石油化工上半部分,介绍了石油化工基础知识,包括有机化学基础知识、石油化学基础知识和化工基础知识。其中,有机化学基础知识部分介绍了与石油化工有关的有机化学基础知识,主要是烃类化合物的基本性质;石油化学基础知识部分较为详细地介绍了石油及石油产品的化学组成及物理性质,以及最主要石油产品——燃料(汽油、柴油和喷气燃料等)的使用要求和最新质量标准;化工基础知识部分主要介绍了化工生产过程中涉及的一些基本概念。这些内容对学生理解和领会石油化工生产过程是必不可少的基础知识,也可作为独立部分学习。

第三篇石油化工下半部分,按照石油化工生产的先后顺序,划分了石油加工过程、石油化工过程、高分子化工和精细化工基础四个知识模块。石油加工过程部分介绍了典型的一次加工(原油蒸馏)和二次加工(催化裂化、催化加氢、催化重整和热加工)过程,各部分按照统一模式编写,即从概述、基本原理(或化学反应)和工艺流程等三部分叙述相关内容,以便于学习和理解。石油化工过程部分以石油化工标志性产品——乙烯的生产为主线进行论述,同时简要介绍了由此衍生出的乙烯系列产品、丙烯系列产品和芳烃系列产品。最后,以高分子材料和精细化工产品为出发点简要介绍了高分子化工与精细化工的基础知识。

本书由孙小平主编,参编人员有:王海彦、李会鹏、赵琳、封瑞江、张健、王卫强、吴玉国、王璐、张秋实。

化学工业出版社对本书的编写出版予以许多指导和帮助,在此特致以衷心的感谢!

本书相关电子课件可免费提供给采用本书作为教材的院校使用,如有需要,可登陆化学工业出版社教学资源网(www.cipedu.com.cn)免费下载。

限于编者水平,书中难免存在不妥之处,敬请兄弟院校教师和读者批评指正。

编者

2017 年 7 月

目 录

第一篇 石油工程

第一章 油气藏的基本性质及油气田开发设计 ………… 1
第一节 油气藏流体的物理性质 ………… 1
  一、油气的化学组成 ………… 1
  二、油气的相态 ………… 3
  三、油气的高压物性 ………… 4
第二节 油气藏岩石的物理性质 ………… 6
  一、油藏岩石的孔隙度 ………… 6
  二、油藏岩石中的流体饱和度 ………… 8
  三、油气藏岩石的渗透率 ………… 9
  四、油藏岩石的润湿性和油水的微观分布 ………… 9
第三节 油田开发设计 ………… 11
  一、油田开发前的准备阶段 ………… 11
  二、油藏驱动方式及其开采特征 ………… 13
  三、油田开发层系的划分 ………… 16
  四、油田开发方案的编制及调整 ………… 17

第二章 油气钻井技术 ………… 21
第一节 钻井工艺 ………… 21
  一、钻井方法 ………… 21
  二、井的分类 ………… 22
  三、特殊钻井工艺技术 ………… 23
第二节 钻井设备 ………… 24
  一、钻机的提升系统 ………… 25
  二、钻机的旋转系统 ………… 27
  三、钻机的循环系统 ………… 28
  四、钻机的动力与传动系统 ………… 28
  五、钻井工具 ………… 30

第三章 自喷及气举采油技术 ………… 32
第一节 自喷采油 ………… 32
  一、自喷井生产系统组成 ………… 32
  二、自喷井节点系统分析 ………… 32
第二节 气举采油 ………… 39
  一、气举采油原理、方式及管柱 ………… 39
  二、气举的启动过程 ………… 40
  三、气举阀 ………… 41

第四章 机械采油技术 ………… 44
第一节 有杆泵采油 ………… 44
  一、抽油装置及泵的工作原理 ………… 44
  二、泵效的计算 ………… 48
  三、提高泵效的措施 ………… 51
第二节 潜油电泵采油 ………… 52
第三节 水力活塞泵采油 ………… 52
第四节 水力射流泵采油 ………… 53
第五节 螺杆泵采油 ………… 54

第五章 注水 ………… 56
第一节 水源与水质 ………… 56
  一、水源选择及水质要求 ………… 56
  二、注入水处理技术 ………… 57
第二节 注水系统组成 ………… 58
  一、注入水地面系统 ………… 58
  二、注水井投注程序 ………… 58
第三节 注水井吸水能力分析 ………… 59
  一、注水井吸水能力 ………… 59
  二、地层吸水能力分析 ………… 60
  三、井下配水工具工作状况的判断 ………… 61
  四、检查配注准确程度和分配

层段注水量 …………………… 61
　　五、影响吸水能力的因素及恢复
　　　措施 …………………………… 62
　第四节　分层注水技术 ……………… 63
　　一、分层吸水能力的测试方法 …… 63
　　二、分层注水管柱 ………………… 63
　　三、注水井调剖 …………………… 64

第六章　提高采收率 …………………… 66
　第一节　化学法提高采收率技术 …… 66
　　一、聚合物驱油法 ………………… 66
　　二、碱水驱油法 …………………… 67
　　三、微乳液驱油法 ………………… 68
　　四、化学复合驱油法 ……………… 69
　第二节　非化学法提高采收率技术 …… 70
　　一、混相驱油法 …………………… 70
　　二、热力采油 ……………………… 72
　　三、微生物采油 …………………… 74
　　四、应用提高采收率方法的现状 …… 76

本篇参考文献 …………………………… 77

第二篇　油气储运工程

第七章　油气集输 ……………………… 78
　第一节　油气集输系统流程及管路 …… 78
　　一、油气集输系统的工作内容 …… 78
　　二、油田油气集输流程 …………… 78
　　三、矿场集输管路 ………………… 80
　第二节　原油和天然气的加工处理 …… 81
　　一、油田产品质量指标 …………… 81
　　二、油气分离 ……………………… 82
　　三、原油净化 ……………………… 84
　　四、原油稳定 ……………………… 86
　　五、油田气处理 …………………… 87
　第三节　矿场油气计量 ……………… 89
　　一、井口计量 ……………………… 89
　　二、外输计量 ……………………… 91

第八章　长距离输油管道 ……………… 94
　第一节　输油管道概况 ……………… 94
　　一、输油管的分类和组成 ………… 94
　　二、管道运输的发展历史和发展
　　　趋势 …………………………… 94

　第二节　等温输油管道 ……………… 96
　　一、输油泵站的工作特性 ………… 96
　　二、输油管道的压能损失 ………… 98
　第三节　加热输送管道 ……………… 100
　　一、热油管道的温降 ……………… 100
　　二、热油管道的摩阻 ……………… 102
　第四节　易凝高黏原油输送工艺 …… 102
　　一、含蜡原油的热处理输送 ……… 103
　　二、含蜡原油加降凝剂输送 ……… 104
　　三、易凝、高黏原油输送方法 …… 105
　第五节　输油站 ……………………… 107
　　一、输油站的分区和基本组成 …… 107
　　二、输油站的工艺流程 …………… 108
　　三、输油泵与原动机 ……………… 109
　第六节　顺序输送 …………………… 110
　　一、顺序输送的特点 ……………… 111
　　二、顺序输送的混油 ……………… 111

第九章　长距离输气管道 ……………… 115
　第一节　输气管道概况 ……………… 115
　　一、输气系统的组成与特点 ……… 115
　　二、天然气管道运输的发展概况 … 116
　第二节　输气站及压缩机介绍 ……… 118
　　一、输气站 ………………………… 118
　　二、压缩机及其工作原理 ………… 118
　第三节　输气站的主要设备与工艺
　　　系统 …………………………… 119
　　一、压缩机组的类型及特性 ……… 120
　　二、压气站天然气冷却系统 ……… 120
　　三、天然气流量计量系统 ………… 121
　　四、清管系统 ……………………… 121
　　五、阀门 …………………………… 124
　第四节　输气站的平面布置与工艺
　　　流程 …………………………… 126
　　一、站址选择 ……………………… 126
　　二、平面布置 ……………………… 126
　　三、压气站的工艺流程 …………… 127

第十章　油品的储存与装卸 …………… 130
　第一节　油库类型及任务 …………… 130
　　一、油库类型 ……………………… 130
　　二、油库任务 ……………………… 131
　第二节　油库分区及设施 …………… 132

一、储存区 …………………… 132
　　二、油品装卸区 ……………… 133
　　三、辅助生产区 ……………… 134
　　四、行政管理区 ……………… 134
　第三节　油库工艺流程 …………… 134
　　一、工艺流程制订 …………… 134
　　二、管路系统组成 …………… 135
　　三、工艺流程图 ……………… 136
　第四节　装卸油设备与设施 ……… 138
　　一、铁路油品装卸 …………… 138
　　二、水运油品装卸 …………… 145
　　三、汽车油罐车油品装卸 …… 147
　第五节　油罐 ……………………… 149
　　一、油罐类型 ………………… 149
　　二、立式圆柱形钢质油罐 …… 150
　　三、卧式圆柱形油罐 ………… 153

本篇参考文献 ………………………… 155

第三篇　石油化工

第十一章　石油化工基础知识 …… 156
　第一节　有机化学基础知识 ……… 156
　　一、有机化合物 ……………… 156
　　二、烃类化合物 ……………… 159
　第二节　石油化学基础知识 ……… 167
　　一、石油的化学组成 ………… 167
　　二、石油及石油产品的物理性质 … 176
　　三、石油产品的分类及使用 … 189
　第三节　化工基础知识 …………… 210
　　一、化工生产常用指标 ……… 210
　　二、工业催化剂基础 ………… 211
　　三、物料与能量衡算 ………… 213
　　四、化工生产工艺条件选择与
　　　　控制 ……………………… 213
　　五、化工生产工艺流程 ……… 215

第十二章　石油加工过程 ………… 217
　第一节　原油蒸馏 ………………… 217
　　一、原油蒸馏的基本原理 …… 217
　　二、原油蒸馏的工艺流程 …… 219
　第二节　催化裂化 ………………… 225

　　一、概述 ……………………… 225
　　二、烃类的催化裂化反应 …… 230
　　三、催化裂化工艺流程 ……… 233
　第三节　催化加氢 ………………… 235
　　一、概述 ……………………… 235
　　二、催化加氢过程化学反应 … 238
　　三、催化加氢工艺流程 ……… 243
　第四节　催化重整 ………………… 247
　　一、概述 ……………………… 247
　　二、催化重整的化学反应 …… 251
　　三、催化重整工艺流程 ……… 253
　第五节　热加工 …………………… 257
　　一、概述 ……………………… 257
　　二、热加工过程的基本原理 … 258
　　三、热加工的工艺流程 ……… 261

第十三章　石油化工过程 ………… 266
　第一节　烃类热裂解制烯烃 ……… 266
　　一、概述 ……………………… 266
　　二、热裂解过程的化学变化与基本
　　　　原理 ……………………… 266
　　三、裂解设备与工艺 ………… 275
　　四、裂解气的净化与压缩 …… 280
　　五、裂解气的深冷分离 ……… 284
　第二节　石油化工系列产品 ……… 289
　　一、乙烯系列产品 …………… 289
　　二、丙烯系列产品 …………… 295
　　三、芳烃系列产品 …………… 300

第十四章　高分子化工 …………… 305
　第一节　概述 ……………………… 305
　　一、高分子的基本概念 ……… 305
　　二、高分子材料的应用 ……… 305
　第二节　聚合反应原理 …………… 306
　　一、加聚反应 ………………… 306
　　二、缩聚反应 ………………… 307
　　三、连锁聚合 ………………… 307
　　四、逐步聚合 ………………… 307
　第三节　聚合反应实施方法 ……… 307
　　一、本体聚合 ………………… 307
　　二、溶液聚合 ………………… 308
　　三、悬浮聚合 ………………… 308
　　四、乳液聚合 ………………… 308

第四节　高分子合成实例 …………… 308
　　　一、聚烯烃的生产工艺 …………… 308
　　　二、聚酯的生产工艺 ……………… 310
　　　三、合成橡胶的生产 ……………… 310
　　　四、未来我国合成橡胶工业发展
　　　　　方向 ……………………………… 310

第十五章　精细化工基础 ………………… 312
　　第一节　概述 ………………………… 312
　　　一、精细化工的定义 ……………… 312
　　　二、精细化工发展现状 …………… 312
　　第二节　精细化工特点 ……………… 313
　　　一、品种日益增多 ………………… 313
　　　二、生产技术日益进步 …………… 314
　　　三、大量采用复配加工技术 ……… 314
　　　四、生产装置多功能化程度高 …… 314
　　　五、技术密集度高 ………………… 314
　　第三节　我国精细化工发展趋势 …… 315
　　第四节　精细化工产品 ……………… 315
　　　一、表面活性剂 …………………… 315
　　　二、胶黏剂 ………………………… 317
　　　三、染料和颜料 …………………… 317
　　　四、农药 …………………………… 318

本篇参考文献 ……………………………… 319

第一篇 石油工程

第一章 油气藏的基本性质及油气田开发设计

油气藏是油气在单一圈闭中具有同一压力系统的基本聚集。油气藏包括油气藏岩石和油气藏流体两部分。了解油气藏的高压物性及相互关系,对科学地进行油气田开发有重要意义。油气藏在确定工业开采价值,初步探明构造和分布面积以后,就要依据其勘探成果和必要的生产测试资料,按石油市场的需求,从实际情况和生产规律出发,以提高最终采收率为目的,制定合理的开发方案。

第一节 油气藏流体的物理性质

油气藏流体包括储存于地下的石油、天然气和地层水。油气藏流体埋藏在高温、高压的地下,其中的石油溶解有大量气体,因而油气藏流体在地下和地面的性质有很大差别。

一、油气的化学组成

石油没有确定的化学成分,不同产地石油的元素组成存在差异。组成石油的主要化学元素是碳(C)和氢(H),其次是硫(S)、氮(N)、氧(O)。见表1-1。

石油中碳含量一般为80%~88%,氢含量为10%~14%,两种元素占绝对优势,一般在95%~99%之间。硫、氮、氧总量为0.3%~7%,一般含量低于2%~3%,个别可达10%。

现今从全世界不同原油中分离出来的有机化合物有近500种,其中约200种为非烃类,其余为烃类。另外还有有机金属化合物。超过一半的原油是由150种烃类组成的。

石油和天然气主要由碳和氢两种化学元素构成,是烃类和其他物质的混合物。典型的油气烃类组成如表1-2所示。

从表1-2可以看出,石油主要由烷烃、环烷烃和芳香烃组成。所谓烃即指只有碳和氢两种元素构成的化合物;烷烃是指分子中碳单键直链连接的烃;环烷烃是指分子中碳单键环状连接的烃;而芳香烃则是分子中具有苯环结构的烃。以6个碳原子的烃为例,它们的分子结

表 1-1　石油的元素组成（质量分数）/%

原油产地	油田名称	元素组成				
		C	H	S	N	O
中国	大庆油田	85.74	13.31	0.11	0.15	0.69
	胜利油田	86.26	12.2	0.8	0.41	—
	孤岛油田	84.24	11.74	2.2	0.47	—
	大港油田	85.67	13.4	0.12	0.23	—
	江汉油田	83	12.81	2.09	0.47	1.63
	克拉玛依油田	86.13	13.3	0.04	0.25	0.28
俄罗斯	雅雷克苏油田	80.61	10.36	1.05	痕量	8.97
	老格罗兹尼油田	86.42	12.62	0.32	—	0.68
哈萨克斯坦	卡拉-布拉克油田	87.77	12.37	—	—	0.46
美国	文图拉油田	84.6	12.7	0.4	1.7	1.2
	科林加油田	86.4	11.7	0.6	—	—
	博芒特油田	85.7	11	0.7	2.61	—
	堪萨斯州油田	84.2	13	1.9	0.45	0.45

表 1-2　某一典型原油组成

成分(碳分子数)	重量百分比	分子类型	重量百分比
汽油(C_4-C_{10})	31	烷烃	30
煤油(C_{11}-C_{12})	10	环烷烃	49
柴油(C_{13}-C_{20})	15	芳香烃	15
润滑油(C_{21}-C_{40})	20	沥青	6
残渣(C_{41}以上)	24	—	—

构式分别如图 1-1 所示。

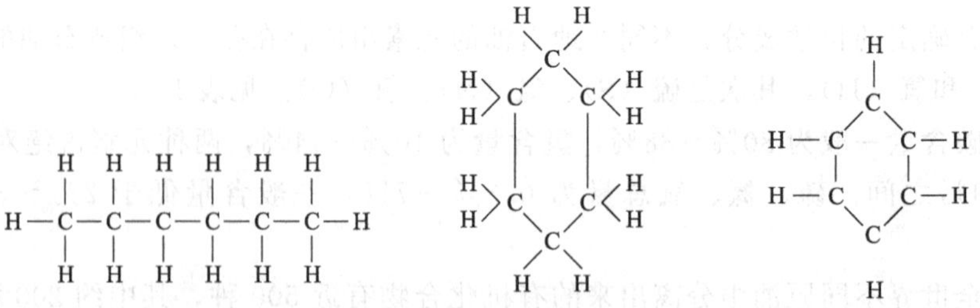

a—正己烷C_6H_{14}
（烷烃）

b—环己烷C_6H_{12}
（环烷烃）

c—苯C_6H_6
（芳香烃）

图 1-1　三种烃族的分子结构式

除纯烃以外，石油还含有少量的氧、硫和氮等，如表 1-2 中的沥青即为这种化合物，石油中的脂肪酸和环烷酸亦属这类化合物。石油中常含有石蜡，它是碳原子数为 18~30 的烃类混合物。

表 1-3　某一典型天然气组成

成分	占百分比例	
	天然气	油井伴生气
甲烷	70～98	50～92
乙烷	1～10	5～15
丙烷	痕迹～5	2～14
丁烷	痕迹～2	1～10
戊烷	痕迹～1	痕迹～5
己烷	痕迹～0.5	痕迹～3
庚烷以上	无～痕迹	无～0.5
氮	痕迹～5	—
二氧化碳	痕迹～1	痕迹～4
硫化氢	偶然痕迹	无～6

表 1-3 列举了某一典型天然气的组成，由表 1-3 中的资料看出，天然气主要是由碳原子数为 1～4 的烷构成，其中甲烷（即指由一个碳原子和 4 个氢原子构成的烃）占有相当大的比例。另有少量的乙烷、丙烷和丁烷，此外一般有硫化氢、二氧化碳、氮和水气及少量一氧化碳、微量的稀有气体，如氦和氩等。

二、油气的相态

所谓相态是指物质在一定条件（一定温度和压力）下所处的状态。常温常压下，石油中碳原子个数为 1～4 的烷烃为气态，碳原子个数为 5～16 者为液态，而碳原子个数在 16 以上者为固态。

油气在地层条件下可以处于单一的液相，形成低饱和原油，其油藏为低饱和油藏；也可以以单一的气相存在，形成气藏；还可以油气两相共存，形成带有气顶的饱和油藏。油气藏开采前究竟处于哪种相态，主要取决于油气的组成及它们所处的温度和压力条件。

油气藏烃类的相态通常用 P-T 图来研究，P-T 图又称为相图，即表明油气相态随温度和压力变化情况的图。

油气是一个复杂的多组分烃类混合物，不同的油气藏，甚至同一油气藏处在不同开采时期的不同温度和压力下的相图也不同。图 1-2 是一个多组分烃类系统的相图。

图中的 $ACPTB$ 曲线把图分成了三个区：AC 线以上称为液相区，BC 线以下为气相区，它们所包围起的区为气液两相区。图中，AC 线称为泡点线，它是液相区和两相区的分界线；BC 线称为露点线，它是气相区同两相区的分界线；C 点称为临界点，它是泡点线和露点线的交汇点；P 点是两相区的最高压力点，通常称为临界凝析压力；T 点是两相区的最高温度点，通常称

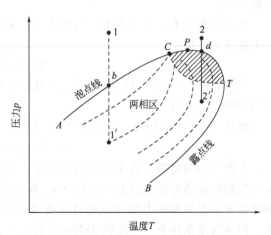

图 1-2　多组分烃类系统相图

为临界凝析温度。

随油气藏开采压力的降低，在油气藏内或井筒中可能出现单相油气转化为油气两相共存的现象。相态转化的同时，油气组成亦随之改变。油气的化学组成是相态转化的内因，压力和温度则是产生转化的外因。

如图1-2所示，处于1点的原油为单相的液体，若油藏温度保持不变，随着开采压力的不断降低，到达 b 点时，油中开始有气泡出现，压力再降低，油中溶解的气便分离出来形成气液两相共存的状态，b 点的压力称为泡点压力或称为饱和压力。显然，AC 线是不同温度下的泡点压力（饱和压力）线。

同理，处于2点的高压气藏在一定温度下随压力的不断降低到达 d 点时，气中有露珠出现，若压力继续下降就会有一部分气凝析成液相的油，单相的气藏转化为气液两相。显然，这是一种反常现象。这种反常现象称为反凝析现象，具有这种现象的气藏称为凝析气藏。图中 d 点的压力称为第二露点压力。

应该强调指出，不同组分烃类系统的相图是不同的。另外，上述泡点压力（或饱和压力）和第一露点压力（或反凝析压力）是油藏和凝析气藏开采的重要压力界限。通常油藏的开采都尽量控制地层压力不低于饱和压力的5%~10%，即不希望油中有过多的气分离出来；而气藏的开采一般保持井口压力在第二露点压力以上，即不希望井筒产气中凝析出油。

三、油气的高压物性

1. 天然气的高压物性

处于地层压力、温度条件下的天然气，由于高压而呈压缩状态，当其采到地面时，压力、体积和温度会发生变化。因此需要对这些天然气的高压物性参数进行研究。

天然气的体积系数定义为天然气在油藏条件下的体积 V 与其在地面标准状态（20℃，1.0139×10^5 Pa）下的体积 V_0 之比（单位是 m^3/m^3），即：

$$B_g = V/V_0 \tag{1-1}$$

标准状态下的体积可近似用理想气体状态方程求出，即：

$$V_0 = nRT_0/p_0 \tag{1-2}$$

式中，p_0 为标准状态下的压力；T_0 为标准状态下的温度；n 为气体的摩尔数量；R 为通用常数。

在油藏条件下，压力为 P，温度为 T，则同样质量的气体所占的体积 V 按真实气体状态方程求出，即：

$$V = ZnRT/P \tag{1-3}$$

式中，Z 为天然气的压缩因子，它可按天然气的组成和所处的温度、压力条件经计算在专门的图表上查得。

将式(1-3)和式(1-2)代入式(1-1)得：

$$B_g = V/V_0 = ZTP_0/T_0P \tag{1-4}$$

天然气的黏度除与其化学组成有关外，还与其所处的温度和压力有关。在标准状态下，天然气的黏度通常不超过 0.01mPa·s，而且分子量愈高，其黏度愈小。在低压条件下，气体的黏度随温度和压力的变化趋势与液体的相反，即随温度和压力的增加，气体的黏度增大。但在高压条件下（一般在3MPa以上），气体黏度变化趋势与液体相同，即随温度的增加，气体黏度降低；气体分子量增加，气体黏度也增加。

2. 地层原油的高压物性

原油所处的地下条件与地面条件不同，地层原油一般溶有天然气，因此地下原油的体积、压缩性、原油黏度等都与地面条件下的数值不同。而且原油从地下采到地面的过程中，原油会脱气、体积变小、变稠。为了更好地开发油气藏，有必要对原油的高压物性进行研究。

① 地层原油的溶解气油比

地层原油的物性主要受三个因素的影响，即地层温度、地层压力和原油中溶解气量的多少。通常，用溶解气油比这一指标来反映地层油中所溶解气量的多少。

溶解气油比：用接触脱气的方法得到的地层原油溶解气量的标准体积与地面脱气原油的体积之比，单位 m^3/m^3，表示符号为 R_s。

显然，地层原油溶解气油比的大小和温度有关。从定义上讲，温度增加，溶解气油比增大，但从油藏所处的温度条件来讲，油藏温度越高，地层原油溶解气油比应该越小。由于油藏开采一般是一个等温降压过程，所以温度对溶解气油比的影响并不重要。

温度一定，溶解气油比和压力的关系如图 1-3 所示。由图看出，压力大于泡点压力 p_b 时，溶解气油比不变，而压力低于 p_b 时，溶解气油比随压力的降低而减少。在油藏温度和原始压力下的溶解气油比称为原始溶解气油比，通常以 R_{si} 表示。由图 1-3 可知，在油藏原始压力（$p_i=25MPa$）下的原始溶解气油比与泡点压力下的溶解气油比相等。因此，原始溶解气油比也可以说是泡点压力下的溶解气油比。

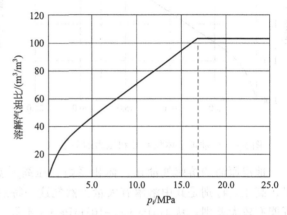

图 1-3　典型底层油-气脱气解气比曲线

溶解气油比的大小除和温度、压力有关外，还与地下原油的脱气方式有关。实践证明，接触脱气获得的溶解气油比大于多级脱气的溶解气油比。通常以接触脱气为准来表明溶解气油比的大小。

溶解气油比的大小还和油气性质有关，一般而言油、气密度差异越小溶解气油比越大。

② 地层原油的体积系数

地层原油的体积系数 B_0 又称为原油地下体积系数，它被定义为原油在地下的体积 V_f（即地层油体积）与其在地面脱气后的体积 V_s 之比，即

$$B_0 = V_f/V_s \tag{1-5}$$

一般情况下，由于溶解气和热膨胀的影响远超过弹性压缩的影响，地层原油的体积总是大于它在地面脱气后的体积，故原油的地下体积系数一般都大于 1。图 1-4 给出了原油地下体积系数和压力的关系。由图看出，当压力大于泡点压力 p_b 时，B_0 随压力的降低而增加，这是由于压力降低，单相地层原油体积膨胀的结果；当压力小于泡点压力 p_b 时，B_0 随压力的降低而减小，这是由于此时油中溶解气释出，油体积收缩的结果；当压力等于泡点压力 p_b 时，B_0 达到最大值。

③ 地层原油的黏度

根据牛顿内摩擦定律，流体的黏度可定义为当速度梯度为 1 时单位面积上流体的内摩擦力，单位 mPa·s，表示符号 μ。

油的黏度主要与油中溶解气量及油的温度有关。油的溶解气油比越大，其黏度越低。

这是因为油中溶解气体后，使原液体分子间的引力部分地变为气液分子间的引力，由于后者远比前者小，从而导致溶解了气体的原油的内摩擦力变小，地层油的黏度也随之降低。

地层原油黏度与温度和压力的关系如图 1-5 所示，图中每条等温线的拐点压力都是相应温度下该地层原油的泡点压力。由图 1-5 可以看出：

① 地层原油黏度随温度的增加而降低；
② 当压力高于泡点压力时，地层原油的黏度随压力的增加稍有增大；
③ 当压力低于泡点压力时，地层原油的黏度随压力的降低而急剧增大。

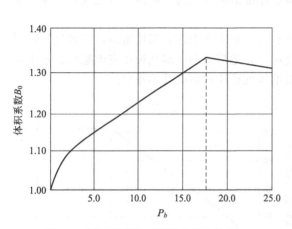

图 1-4　原油地下体积系数和压力的关系　　图 1-5　地层原油黏度与压力和温度的关系

地层原油的溶解气油比、体积系数、压缩系数以及黏度等高压物性，与地层原油的高温、高压，特别是其中溶解有大量天然气这一特点密切相关。不同油藏的地面脱气原油黏度可能有较大差别，从 $1\text{mPa} \cdot \text{s} \sim 10^4 \text{mPa} \cdot \text{s}$ 不等。

第二节　油气藏岩石的物理性质

一、油藏岩石的孔隙度

岩石孔隙体积的大小通常以孔隙度 Φ 来表示。所谓孔隙度是指岩石的孔隙体积 V_p 与岩石的外形体积 V_r 之比，即：

$$\Phi = V_p / V_r \tag{1-6}$$

显然，孔隙度表示的是岩石中孔隙总体积所占的份额，通常以百分数表示，例如 $\Phi = 20\%$，意味着岩石中孔隙体积占 20%。由于油气是储集在油藏岩石的孔隙（包括裂缝和溶洞等）中的，孔隙度越大，同样体积油藏岩石中的油气储存量也就越多，因此孔隙度是计算油藏油气储量不可缺少的重要岩石物性参数。

1. 砂岩的孔隙和粒度组成

砂岩是构成油藏的主要岩石，是由性质不同、形状各异和大小不等的砂粒经地质胶结而成的，砂粒与砂粒之间未被胶结物充填的地方便构成了孔隙。

显然，砂粒的大小、形状、胶结物的性质和胶结形式等将影响其孔隙的大小和性质。不难理解，砂粒的大小越均匀、砂粒的磨圆情况越好及胶结物填充得越少，那么同样大小的砂体中形成的孔隙体积也就越大。见表 1-4。

表 1-4 砂的粒级

粒级 名称	极粗砂	粗砂	中砂	细砂	极细砂	粗粉砂	中粉砂	细粉砂	极细粉砂
标准筛目	12～18	20～35	40～60	70～120	140～230	270～325	—	—	—
粒径/mm	1.6～10.0	0.84～0.50	0.42～0.25	0.24～0.22	0.10～0.06	0.05～0.001	0.0156	0.0078	0.0039

岩石粒度组成的分析结果通常以粒度组成累积分布曲线和粒度组成分布曲线表示，分别见图 1-6 和图 1-7。

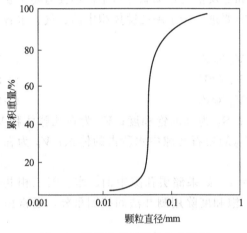

图 1-6　粒度组成累积分布曲线图

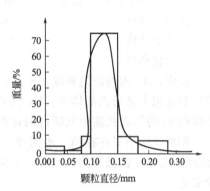

图 1-7　粒度组成分布曲线

图 1-6 中曲线越陡直，图 1-7 中曲线尖峰越高，表示粒度分布越均匀。反之，则表示粒度分布不均匀。

2. 碳酸盐岩的孔隙特征

碳酸盐岩是构成油藏的另一种主要岩石。

碳酸盐岩的矿物组成相对比较简单，石灰岩主要是方解石（$CaCO_3$），白云岩为白云石 $[CaMg(CO_3)_2]$。但碳酸盐岩的孔隙结构复杂，除孔隙类型外，还普遍存在裂缝和溶洞两种类型，如图 1-8 所示。

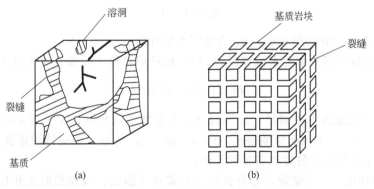

图 1-8　碳酸盐岩的孔隙类型

由于碳酸盐岩一般是由原生孔隙（基质孔隙）和次生孔隙（裂缝或溶洞）构成的双重孔隙系统，因此为研究方便常将碳酸盐的总孔隙度用原生孔隙度和次生孔隙度两部分表示。另外，孔隙度还有绝对孔隙度和有效孔隙度之分。绝对孔隙度是指岩石孔隙的总体积与岩石外形体积之比。有效孔隙度是指岩石的有效孔隙体积（总孔隙体积减去不流通的"死孔"体积）与岩石外形体积之比。有效孔隙度对计算油藏的油气储量有着重要意义。

岩石孔隙度测量方法只有两类：一种是实验室内直接测取；另一种是以各种测井方法为基础的间接测量法。间接测定法影响因素很多，误差较大。实验室内通过常规岩心分析法可以精确地测定岩心的孔隙度，主要方法有几何测定法、封蜡法、饱和煤油法和水银法。

二、油藏岩石中的流体饱和度

油藏岩石中一定体积的孔隙、裂缝或溶洞，在油藏形成过程中，这些空间便被运移来的油、气和共存水填充满。因此，在石油储量计算和储层油气水动态分析中，不仅需要了解储层中可供存储流体的空间即孔隙度的大小，而且需要进一步了解孔隙体积中油、气、水各自所占体积的大小，也就是油、气、水的饱和度。

油的饱和度 $\qquad S_o = V_o/V_p = V_o/\Phi V_r \qquad$ (1-7)

水的饱和度 $\qquad S_w = V_w/V_p = V_w/\Phi V_r \qquad$ (1-8)

气的饱和度 $\qquad S_g = V_g/V_p = V_g/\Phi V_r \qquad$ (1-9)

式中，S_o 为油的饱和度；S_w 为水的饱和度；S_g 为气的饱和度；V_o 为在孔隙体积 V_p 的岩石孔隙中油所占的体积；V_w 为在孔隙体积 V_p 的岩石孔隙中水所占的体积；V_g 为在孔隙体积 V_p 的岩石孔隙中气所占的体积。

如果储层中只存在油、水两项，则 $S_o + S_g = 1$；如果储层孔隙中油、水、气三相共存（油藏压力低于泡点压力），则 $S_o + S_g + S_w = 1$；饱和度除用测井法间接测量外，通常由实验测定。

经取芯实验证实，油气储层的任何部位都含有一定数量的不流动水，这些水被称为束缚水。束缚水一般存在于砂粒表面、砂岩接触处及死孔隙中，束缚水的存在与油藏形成过程有关。在水相中沉积的砂岩，当油气从生油层运移到储油砂岩中时，由于油水的润湿性不同及毛管力的影响，运移到孔隙中的油气不可能将岩石孔隙中的水完全驱出，所以束缚水有时也被称为残存水。

因岩石、流体性质及油气运移条件的差异，不同地区的束缚水的饱和度相差很大，一般在 10%～50% 之间，泥岩含量高、渗透性差的岩层，束缚水含量大。

知道了束缚水的饱和度，就能算出储层的原始含油饱和度：

$$S_{oi} = 1 - S_{wi} \qquad (1-10)$$

式中，S_{oi} 为原始含油饱和度；S_{wi} 为束缚水饱和度。

通过实验测得储层的束缚水饱和度 S_{wi} 后，也可用容积法计算原油的地质储量：

$$N = (1 - S_{wi})\Phi A h r B_0 \qquad (1-11)$$

式中，N 为原油的地质储量，$10^3 \mathrm{kg}$；S_{wi} 为束缚水饱和度；A 为含油面积，m^2；h 为油层有效厚度，m；r 为地面原油密度，$10^3 \mathrm{kg/m}^3$；B_0 为地下原油体积系数。

确定储层流体饱和度的方法有多种方法。

① 油层物理法　包括常规岩心分析法（如常压干馏法、蒸馏提取法和色谱法等）和专项岩心分析法（如由相对渗透率曲线或毛细管压力曲线确定油水饱和度）。

② 测井方法　如脉冲中子俘获测井、核磁测井等方法，可以测定井周围地层的流体饱和度。

③ 经验统计公式或经验统计图版法　粗略估计原始含水、含油饱和度。

三、油气藏岩石的渗透率

图 1-9 是著名的达西（Henri Darcy，1856 年）实验的实验装置。他用同一粒径的砂子填充成一段未胶结砂柱，进行水流渗透率实验。实验发现：当水流通过砂柱时，其流量与砂柱的截面 A、进出口端的压差 Δp 成正比，与砂柱的长度 L 成反比。采用不同流体时，流量与流体黏度 μ 成反比。

将这些参数和规律表示成方程的形式就是达西定律：

$$Q = KA\Delta p / \mu L \qquad (1\text{-}12)$$

式中，Q 为通过砂柱的流量，cm^3/s；A 为砂柱的横截面，cm^2；L 为砂柱横长度，cm；μ 为通过砂柱的流体黏度，$mPa \cdot s$；Δp 为砂柱前后的压差，$0.1MPa$；K 为比例系数，绝对渗透率，D。

由式(1-12)可以导出渗透率的公式：

$$K = Q\mu L / A\Delta p \qquad (1\text{-}13)$$

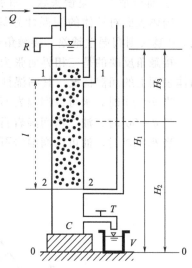

图 1-9 达西实验的实验装置

渗透率的单位是达西，记为 D，其意义是：黏度为 $1mPa \cdot s$ 的流体，在压差 $0.1MPa$ 作用下，通过横截面积 $1cm^2$、长度 $1cm$ 的多孔介质，其流量为 $1cm^3$ 时，则该多孔介质的渗透率就是 1D。

绝对渗透率是岩石本身的固有特性，测定和计算岩石绝对渗透率时必须符合以下条件。
① 岩石中全部孔隙为单相液体所饱和，液体不可压缩，岩芯中流动为稳态单相流。
② 通过岩芯的渗流为一维直线渗流。
③ 液体性质稳定，不与岩石发生物化反应。

只有满足了这些要求，达西公式中的比例系数才是常数。

当渗流速度增大到一定值以后，除产生黏滞阻力外，还会产生较大的惯性阻力，此时流量与压差不再成线性关系，这个渗流速度就是达西公式的临界渗流速度。若超过此临界速度，流动由线性渗流转变为非线性渗流，达西公式不再适用。

岩石渗透率受储层形成环境、成岩作用、岩石结构等因素影响，这些因素对渗透环境的影响比对孔隙度的影响更复杂。砂岩的粒度越细，分选性越差，其渗透率越低。渗透率低则束缚水饱和度就越高。

四、油藏岩石的润湿性和油水的微观分布

吸附现象是由于物质表面的未饱和离子自发的吸附周围介质以降低其表面自由能的现象。润湿现象是自然界中的另一种自发现象。当不相混的两相流体（如油、水）与岩石固相接触，其中一相流体会沿着岩石表面铺开，其结果是导致整个体系的自由能下降，这种现象为润湿现象。能在岩石表面铺开的那一相称为润湿相。润湿作用支配了油、气、水在地层岩石孔隙中的微观分布。

岩石润湿性是岩石矿物与油藏流体相互作用的结果，是一种综合性质。岩石的润湿性决定着油藏流体在岩石孔道内的微观分布和原始分布状态，也决定着地层注入流体渗流的难易程度及驱油效率等，在提高油藏开发效果、选择提高采收率方法等方面具有重要意义。

液体滴落在固体表面上有三种比较典型的情况。
① 迅速散成薄层，如水滴在干净的玻璃上或油滴在钢铁表面上。

② 不散开，反而聚拢成球状，如水银滴在玻璃上或水滴在油质的固体表面上。

③ 部分散开，呈馒头状，如水银滴在铜片上或水滴在石墨板上。

固体表面对液体的润湿性好坏可用接触角 θ 的大小来表示，θ 越小，润湿性越好；反之，θ 越大则润湿性越差。接触角通常按从极性较大的液相与固体表面的夹角来度量。

接触角反映的是三相界面张力达到平衡的状态，如图 1-10 所示，表示水滴、油在某一固体表面上的润湿情况。其润湿性可分为以下几种情况。

当 $\theta<90°$ 时，水可以润湿岩石，岩石亲水性好，称为水湿；

当 $\theta=90°$ 时，油、水润湿岩石的能力相当，岩石既不亲水也不亲油，成为中性润湿；

当 $\theta>90°$ 时，油可以润湿岩石，岩石亲油性好，称为油湿。

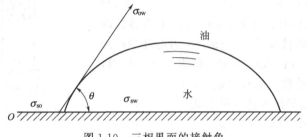

图 1-10　三相界面的接触角

由于油藏岩石表面润湿性不同，所以油水在岩石孔隙中的分布状态也不同，如图 1-11 所示。

可以看出，当岩石表面亲水时，随着油水饱和度不同，岩石孔隙中的油水分布状态也有所变化。

图 1-11(a) 中含水饱和度很低，水呈"环状"，被挤在砂粒的角隅，由于毛管力的作用而不能流动，以束缚水形式存在，油呈"迂回状"，连续地存在于孔隙中间，在压差作用下即形成通常的渗流流动；

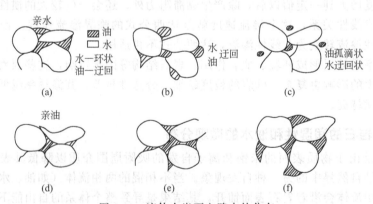

图 1-11　流体在岩石空隙中的分布

图 1-11(b) 中随含水饱度的增加，油水都处于"迂回状"，除束缚水外油水都能参与流动；

图 1-11(c) 中当含水饱和度达到一定值时，水仍处在可流动的"迂回状"，油则处于"孤滴状"，油滴可被流动的水带着走，但当遇到狭窄的孔道喉部时便被卡住形成残油并成为水流的阻力。这也正是油水两相渗流时其有效渗透率之和小于岩石绝对渗透率的原因之一。

当岩石表面亲油时，油水的分布状态及其随饱和度的变化正好与前述的情况相反，如图

1-11 中的 (d)、(e) 和 (f) 所示。

第三节 油田开发设计

一个含油构造经过初探发现其具有工业油气流后，紧接着就要进行详探并逐步投入开发。所谓油田开发，就是依据详探成果和必要的生产性开发试验，在综合研究的基础上对具有工业价值的油田，按照国家对原油生产的要求，从油田的实际情况和生产规律出发，制定出合理的开发方案并对油田进行建设和投产，使油田按预定的生产能力和经济效益长期生产，直至开发结束的全过程。

一个油田的正规开发一般要经过三个阶段。

① 开发前的准备阶段，包括详探、开发试验等；

② 开发设计和投产，其中包括油藏工程研究和评价、全面部署开发、制定完井方案、注采方案以及方案的实施；

③ 方案的调整和完善。

要使油田正式投入开发，必须进行详探。详探就是运用各种可能的手段和方法，对含油构造或者一个预定的开发区取得必要的资料，进行综合研究，力求搞清主要地质情况和生产规律，并计算出开发储量，从而为编制开发方案作准备。

油田开发方案的制定和实施是油田开发的中心环节，必须切实、完整地对各种可行的方案进行详细制定、评价和全面对比，然后制定出符合油田实际、技术上先进、经济上优越的方案来。在实际中，虽然油田开发方案正在趋于完善，但由于油田开发前不可能把油田地质情况都认识得很清楚，这就不可避免地在油田投产以后会在某些问题上出现一些原来估计不足之处，其生产动态与方案设计不符，加上原油生产需求形势的变化，因而在油田开发过程中必须不断地进行调整。因此，整个油田开发的过程也就是一个不断重新认识和不断调整的过程。

一、油田开发前的准备阶段

如前所述，油田正式开发前准备阶段的主要工作是进行详探和开发试验，以全面认识油藏及油田的生产规律并计算储量，从而为编制正式开发方案提供切实的基础。

1. 详探

详探阶段的主要任务包括以下几个方面。

① 以含油层系为基础的地质研究。要求弄清全部含油地层的地层层序和其接触关系，各含油层系中油、气、水层的分布及性质。尤其是油层层段中的隔层和盖层的性质必须搞清，同时还应注意出现的特殊地层，如气夹层、水夹层、高压层、底水等。

② 储油层的构造特征的研究。要求弄清油层构造形态，储油层的构造圈闭条件，含油面积及与外界连通情况。

③ 探明各含油层系中油、气、水层的分布关系，研究含油地层的岩石物性及所含流体的性质。

④ 分区分层组的储量计算。在可能条件下进行可采储量估算。

⑤ 油层边界性质的研究以及油藏天然能量、驱动类型和压力系统的确定。

⑥ 油井生产能力、动态研究，了解油井生产能力、出油剖面、产量递减情况、层间及井间干扰情况。对于注水井必须了解吸水能力和吸水剖面。

要完成上述详探阶段的任务，只依靠某一种方法或某一方面的工作是不行的，必须运用各种方法进行多方面的综合研究，完成这些任务须进行的工作有地震细测、打详探资料井和取芯资料井、测井、试油、试采以及分析化验研究等。详探的主要方法包括以下三方面。

① 地震细测 在预备开发地区应在原来初探地震测试工作的基础上进行加密地震细测，达到为开发作准备的目的，通常测量的密度应在 $2km/km^2$ 以上，而在断裂和构造复杂地区其密度还应更大。通常对地震细测资料的解释，主要目的是落实构造形态和其中断裂情况（包括主要断层的走向、落差、倾角等），从而为确定含油圈闭面积、闭合高度等提供依据。而在断层油藏上，应根据地震工作初步搞清断块的大小、分布及组合关系，并结合探井资料作出油层构造图和构造剖面图。

② 详探资料井 详探工作中最重要和最关键的工作是打详探井，直接认识地层。详探工作进展快慢、质量高低直接影响开发速度和开发设计的正确与否，因此对于详探井数目的确定、井位的选择，钻井的顺序以及钻井过程中必须取得的资料都应作出严格的规定，并作为详探设计的主要内容。

通过详探井的录井，岩心分析、测井解释等取得的资料，还应进行详细的地层对比，对油层的性质及分布，尤其是稳定油层的性质必须搞清，以便为下一步布置生产井网提供地质依据，同时还要对主要隔层进行对比，对其性质进行研究，为划分开发层系提供依据。在通过系统地取芯分析及分层试油了解到分层产能以后，可以确定出有效厚度，从而为计算储量打下基础。

③ 油井试采 油井试采是油田开发前必不可少的一个步骤，通过试采要为开发方案中某些具体的技术指标提出可行的解决方法。试采的主要任务是：认识油层生产能力以及产量递减情况；认识油田天然能量的大小、驱动类型及驱油能量的转化；了解油层的连通情况和井间干扰情况；确定生产井的合理工艺技术和油层改造措施。此外还应通过试采落实某些影响开采动态的地质构造因素，如边界影响、断层封闭情况等，为今后合理布井和确定注采系统提供依据，通常试采是分单元按不同含油层系进行的，要按一定的试采规划确定相当数量的能够代表这一地区、这一层系特征的油井，按生产井要求试油后以较高产量较长期地稳定试采。试采井的工作制度以接近合理工作制度为宜，不宜过大也不宜过小。试采期限的确定视油田大小时有不同，总的要求是通过试采暴露出油田在生产过程中的矛盾，以便在开发方案中加以考虑和解决。

从详探阶段获得的对油藏地质情况和生产动态的认识，是编制开发方案必备的基础，但仅此还不够，为了制定开发方案还必须预先掌握在正规井正式开发过程中所采取的重大措施和决策确保完善。因此对于一个油田来讲，开展多方面试验是必不可少的，这些试验对于新开发地区和大型油田尤为重要。

2. 生产试验区和开发试验

在经过详探了解到较详细的地质情况和基本的生产动态以后，为了认识油田在正式投入开发以后的生产规律，对于准备开发的大油田，在详探程度较高和地面建设条件比较有利的地区，先划出一块面积，用正规井网正式开发作为生产试验区，是开发新油田必不可少的工作。这一区域应首先按开发方案进行设计，严格划分开发层系，选用某种开采方式提前投入开发，取得经验以指导其他地区。对于复杂油田或中小型油田，不具备开辟生产试验区的条件时，也应求开辟试验单元或试验井组。

开辟生产试验区是油田开发工作的重要组成部分，这项工作必须针对油田的具体情况，遵循正确的原则进行。生产试验区所处的位置和范围对全油田应具有代表性，使通过试验区所取得的认识和经验具有普遍的指导意义。同时，生产试验区应具有一定的独立性，既不因生产试验区的建立而影响全油田开发方案的完整与合理性，也不因其他相邻区域的开发影响试验任务的继续完成。

生产试验区的开发部署和试验项目的确定，必须立足于对油田的初步认识和国内外开发此类油田的经验教训，既要考虑对全油田开发具有普遍意义的试验内容，也要抓住合理开发油田的关键问题。

生产试验区也是油田上第一个投入生产的开发区，除了担负开发试验的任务外，还有一定的生产任务，因此在选择时应考虑油井的生产能力、油田建设的规模、运输条件等，以保证试验研究和生产任务都能同时完成，进展较快、质量较高。

生产试验区的主要任务有：研究主要地层、研究井网、研究生产动态规律及合理采油速度、研究合理的采油工艺和技术以及增产、增注措施的效果。

但是生产试验区仍是一个开发区，不可能进行一个油田尤其是一个大油田开发过程中所需要进行的多种试验，更不可能进行对比性试验。因此为了弄清在一个油田开发过程中的各种问题，还必须进行多种综合的和单项的开发试验，为制定开发方案的各项技术方针和原则提供依据。

这些试验可以分为在其他开发区进行，也可以选择在某些井组、试验单元等来进行，其项目和名称的确立应以研究开发部署中的基本问题或以揭示油田生产动态中的基本规律为目标来确定。不同的油田，不同的开采方式，所需进行的开发试验项目可能差别很大，不能一律对待，而各项试验进行的方法和要求也应根据具体情况制定和提出。

重大和基本的开发试验应包括的主要内容为：油田各种天然能量试验、井网试验、采收率研究和提高采收率方法试验、影响油层生产能力和提高油田生产能力的各种增产措施及方法试验、与油田人工注水有关的各种试验等。

油田开发的准备阶段在油田开发的整个程序中构成一个独立的不可忽视的阶段，它是保证油田科学合理开发所必经的阶段。但是又必须考虑各阶段之间的衔接和交替，尤其是详探阶段和正式开发阶段间的衔接和交替。一般对于大型油田两个阶段应有明确的分界，而对于复杂油田和小型油田则不可能明确细分，详探任务和开发任务可能要相互交替和穿插。但是两个方面的任务是应明确区分开并圆满完成，而不是取消某一方面的任务或用一个阶段去代替另一阶段。

二、油藏驱动方式及其开采特征

驱动方式是指油藏在开采过程中主要依靠哪种能量来驱油。一般来说油藏能量有：边水的压能、岩石和流体的弹性能、气顶中压缩气体的弹性能、原油中溶解气体的弹性能和原油自身的重力。

油藏驱动方式不同，开采过程中产量、压力、气油比等重要开发指标有不同的变化特征，它们是表征驱动力方式的主要因素，因此可以从它们的变化关系判断驱动方式。下面分别介绍不同驱动方式的开采特征。

1. 弹性驱动

主要依靠岩石和流体的弹性膨胀能驱油的油藏为弹性驱动。在弹性驱动方式下油藏无边水（底水或注入水），或有边水而不活跃，油藏压力始终高于饱和压力。油藏开采时，随着压力的降低，地层将不断释放弹性能将油驱向井底，开采特征曲线如图1-12所示。

2. 溶解气驱

地层压力低于饱和压力后，原来溶解在原油中的溶解气就会分离出来，主要依靠这种不断分离出的溶解气的弹性作用来驱油则称为溶解气驱。

形成溶解气驱的油藏应无边水（底水或注入水）、无气顶，或有边水但不活跃，地层压

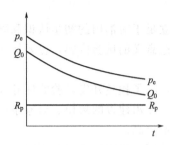

图 1-12 弹性驱动油藏开采特征曲线

p_e—地层压力；Q_0—产油量；R_p—生产气油比

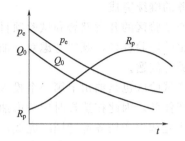

图 1-13 溶解气驱油藏开采特征曲线

p_e—地层压力；Q_0—产油量；R_p—生产气油比

力低于饱和压力，其开采特征如图 1-13 所示。

随着地层压力的降低，气体分出量增多，自由气开始流动，气体释放的弹性能将消耗在克服油流阻力和气流阻力两方面；另外由于含油饱和度减少，油相渗透率下降，而气体的分出又使原油黏度增加，导致油流阻力迅速增加，因而地层压力下降很快，油井产量会迅速下降。由于气体黏度小，阻力小，产生滑脱现象，所以开始气油比迅速增加，到开发末期，地层中气量已很小，所以气油比下降。

3. 水压驱动

当油藏存在边水、底水或注入水时则会形成水压驱动。水压驱动分刚性水驱和弹性水驱两种。

(1) 刚性水驱

刚性水驱主要依靠与外界连通的水头压力或人工注水的压能作为驱油的动力。

形成刚性水驱的条件是：油层与边水或底水相连通，水层有露头或存在良好的供水源，与油层高差较大，油水层都具有良好的渗透性，且油水区之间没有断层遮挡；或有注入水达到注采平衡，地层压力高于饱和压力。在此驱动方式下能供给充足，其水侵量完全补偿采液量。

在刚性水驱方式下，由于消耗能得到及时补充，所以开发过程中地层压力保持不变；当水驱前缘推至井底后，油井开始见水，含水将不断增加，产油量开始下降，但产液量保持不变。开采特征如图 1-14 所示。

(2) 弹性水驱

弹性水驱主要是依靠含水区和含油区压力降低而释放出的弹性能量来进行开采。

形成弹性水驱的条件是：边水活跃但活跃程度不能补偿采液量，一般边水无露头，或有露头但水源供给不足，或存在断层或岩性变坏等原因。若采用人工注水，注水速度赶不上采液速度时也会出现弹性水驱。

弹性水驱开采特征如图 1-15 所示。地层压力不断下降，产量不断下降，由于地层压力高于饱和压力，因此不会出现脱气区，气油比保持不变。

4. 气压驱动

当油藏存在于气顶且气顶中的压缩气为主要的驱油能量时为气压驱动。气压驱动分为刚性气驱和弹性气驱。

(1) 刚性气驱

刚性气驱形成的条件是：人工向地层注气且注入量使开采过程中地层压力保持稳定。如果气顶体积比含油区的体积大得多，能够使得在开采过程中气顶或地层压力基本不变或下降很小，这时也可看成是刚性气驱，但这种情况是较少见的。

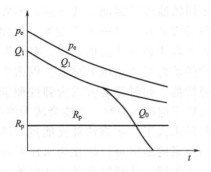

图 1-14 刚性水驱油藏开采特征曲线图
R_p—生产气油比；Q_0—产油量；
p_e—地层压力；Q_1—产液量

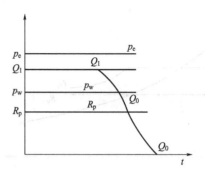

图 1-15 弹性水驱油藏开采特征曲线
p_e—地层压力；p_w—井底液压
Q_0—产油量；R_p—生产气油比

刚性气驱的开采特征与刚性水驱相似，开始地层压力、产油量和气油比基本保持不变，只是当油气边界线不断推移至油井后，油井开始气侵，则气油比增加，其开采特征曲线如图 1-16 所示。

(2) 弹性气驱

弹性气驱形成的条件：气顶体积较小而且又没有注气。这种情况下，随着采油量的不断增加，气顶不断膨胀，其膨胀体积等于采出原油的体积，虽然在开采过程中由于压力下降要从油中分离出部分溶解气，这部分气体将补充到气顶中去，但总的来说影响较小，所以地层能量还是要不断消耗，由于地层压力不断下降，使产油量不断下降，同时气体饱和度和气相渗透率不断提高。因此气油比也就不断上升，其开采特征曲线如图 1-17 所示。

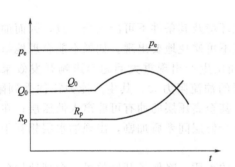

图 1-16 刚性气压驱动油田的开采特征曲线
p_e—地层压力；Q_0—产油量；R_p—生产气油比

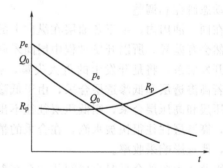

图 1-17 弹性气压驱动油田的开采特征曲线
p_e—地层压力；Q_0—产油量；R_p—生产气油比

5. 重力驱动

主要靠原油自身的重力将油驱向井底的驱动方式称为重力驱动。

一般油藏，在其开发过程中重力驱油作用往往是与其他能量同时存在的，但多数所起的作用不大，重力驱动多发生在油田开发后期和其他能量已枯竭的情况下，同时油层应具备倾角大、厚度大及渗透性好等条件，开采时，含油边缘渐渐向下移动，地层压力（油柱的静水压头）随时间而减小，油井产量在上部含油边缘到达油井之前是不变的，其开采特征如图 1-18 所示。

驱动方式对于油田开发来说具有重要意义，要选择合理的开发方式、合理的布井方案、合理的工作制度等在很大程度上都要根据油藏驱动力方式来确定，另外采收率与驱动方式也有密切关系。

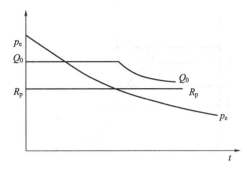

图 1-18　重力驱动油藏开采特征曲线
p_e—地层压力；Q_0—产油量；R_p—生产气油比

不同的油田其驱动方式不同，另外开采过程中驱动方式也不是一成不变的。例如，一个地层压力高于饱和压力的油田，在开发初期驱油入井的动力主要是压力降低范围内岩石和流体的弹性能，此时驱动方式为弹性驱动。当地层压力低于饱和压力时，可能会转为溶解气驱，但是若采用人工注水方法补充能量，则凡是注水见到效果的地区可以转化为水压驱动。油田驱动方式不同，其开发方式和开发效果也就不同，因此应经常性地研究油田的生产特征，正确及时地确定驱动方式并加以控制，以保证高速度、高水平地开发油田。

三、油田开发层系的划分

国内外已开发的油田大多数是非均质多油层油田，各油层的特性往往彼此差异很大，不宜用一套井网笼统合采。因此在研究多油层油田的开发问题时，首先要考虑的就是如何划分与组合开发层系。

1. 划分开发层系的意义

（1）合理划分开发层系，有利于充分发挥各类油层的作用

合理地划分与组合开发层系，是开发多油层油田的一项根本性措施。划分开发层系就是把特征相近的油层组合在一起，用单独一套开发系统进行开发，并以此为基础进行生产规划、动态研究和调整。

在同一油田内，由于各油层在纵向上的沉积环境及其条件不可能完全一致，因而油层特性自然会有差异，所以开发过程中层间矛盾也就不可避免地要出现。如果不能合理地组合与划分开发层系，将是开发中的重大失策，会使油田生产出现重大问题而影响开发效果。例如，若高渗透层和低渗透层合采，由于低渗透层的油流阻力大，其生产能力往往受到限制；若低压层和高压层合采，则低压层往往不出油，甚至高压层的油有可能窜入低压层；在水驱油田，高渗层往往很快被水淹，在合采的情况下会使层间矛盾加剧，出现油水层相互干扰等情况，严重影响采收率。

因此在大多数合采时小层间往往存在着严重的矛盾，降低了开发效果。合理地划分与组合开发层系就会缓和层间矛盾，有利于发挥各类油层的生产能力，是实现油田稳产、高产，提高采收率的一项根本性措施。

（2）划分开发层系是部署井网和规划生产设施的基础

确定了开发层系，一般就确定了井网套数，因而使得研究和部署井网、注采方式以及地面生产设施的规划和建设成为可能。

（3）采油工艺技术的发展水平要求进行层系划分

一个多油层油田，其油层数目往往多达几十个，开采井段有时可达数百米，为了充分发挥各油层的作用，使它们吸水均匀、出油均匀，在采油工艺方面往往采用分层注水、分层采油等措施。目前的分层技术还达不到很高的水平，因此就必须划分开发层系，使一个开发层系内的油层数不致过多，井段不致过长，以便更好地发挥工艺措施的作用，将油田开发好。

（4）油田高速开发要求进行层系划分

用一套井网开发一个多油层油田必然不能充分发挥各油层作用，尤其是当主要出油层较

多时，为了充分发挥各油层作用，就必须划分开发层系，这样才能提高采油速度，加速油田的生产，缩短开发时间并提高投资的周转率。

2. 划分与组合开发层系的原则

开发层系的划分与组合应符合以下原则。

① 同一层系内油层及流体性质、压力系统、构造形态、油水边界应比较接近。油层性质相近主要体现在以下几方面：

- 沉积条件相近，属于相近的沉积环境；
- 渗透率相近，即组合开发层系的基本单元的平均渗透率及渗透率在平面上的分布差异不大；
- 组合开发层系的基本单元的油层分布面积接近；
- 层内非均质程度相近。

② 一个独立的开发层系应具备一定地质储量，以保证油田满足一定的采油速度，并且有较长的稳产时间和达到较好的经济指标。

③ 各开发层系间必须有良好的隔层，以防止注水开发时发生层间水窜。

④ 在采油工艺所能解决的范围内，开发层系不宜划分过细，以减少建设工作量，提高经济效益。

划分开发层系时要考虑目前的工艺技术水平，充分发挥工艺措施的作用，尽量不要将开发层系划分过细，这样可以少钻井，既便于管理，节省投资，又能达到同样的开发效果。

合理划分开发层系是油田开发的一个基本部署，必须努力做好，开发层系的划分应在充分研究油田储油层特征的基础上进行。如果开发层系划分的不合理或出现差错，将会给油田开发造成很大的被动，以至于不得不进行油田建设的重新设计和部署，结果造成很大的浪费和后续开发工作的隐患。

四、油田开发方案的编制及调整

1. 油田开发的编制

油田开发方案是在详探和生产试验的基础上，经过充分研究以后使油田投入长期和正式生产的一个总体部署和设计。

油田开发方案应包括以下内容：油田概况，油藏描述，油藏工程设计，钻井、采油、地面建设工程设计，方案实施要求。

油田概况主要包括油田地理位置、气候、水文、交通及经济状况，油田开发历程和开发准备程度以及油田规模等。

油藏描述是以沉积学、构造地质学和石油地质学理论为指导，以地震地层学、测井地质学和计算机为手段，定性和定量描述在一维空间油气藏类型、内部结构、外部形态、规模大小、储层参数变化及流体分布状况，综合分析各项地质资料，建立油藏地质模型，为油藏工程设计提供地质依据。

钻井、采油、地面建设工程设计，要求根据油层情况设计合理的井身结构、完井方法，选用适合保护油气层的钻井液、完井液；要为实现最佳的油藏工程方案优选采油方式，设计配套的工艺技术，实现设计生产能力；要对油、气、水的集输与计量、注入剂质量等提出具体要求。

油藏工程设计部分包括油田开发原则、开发层系的划分与组合、开采方式的选择、注采井网和开采速度的确定，开发指标预测及经济评价。其中要对层系划分与组合、开采方式、注采井网和开采速度的确定进行专题论证，在此基础上进行方案设计。这方面的有关内容已在前几节中进行过叙述，下面仅就开发原则、开发指标预测及经济评价作简要介绍。

(1) 油田开发原则

① 坚持少投入，多产出，并且有较好的经济效益；

② 根据当时当地政策、法律和油田的地质条件，制定储量动用、投产次序、合理采油速度等开发技术政策；

③ 保持较长时间的高产、稳产。

(2) 油田开发指标预测及经济评价

在开发方案的编制工作中，根据油田地质特征划分好开发层系，选择了注采方式、确定了井网部署后，开发方案的基本轮廓已经形成。但是一个油田的开发方案往往有几种设想，要选择最佳方案，还必须进行开发指标的计算，一般采用数值模拟方法算出产液含水、排液量、注入量、见水时间、采收率等各项开发指标进行对比，并对这些方案作必要的经济评价，然后从中筛选出最佳开发方案。

2. 油田开发调整

无论采用何种驱动方式、层系、井网及采油方式投入开发的油田，为了达到延长稳产期、改善开发条件和提高采收率的目的，都需选择适当的时机进行必要的开发调整工作。

(1) **层系调整**

在多油层油藏的开发中应根据油层地质特征划分组合开发层系，充分发挥各类油层的作用，在油田开发过程中，一个层系的各个单元之间，由于注采的不平衡会产生新的不平衡，为了更合理地开发，需要进一步划分组合层系。这时可能出现两种情况：①在一个开发层系内更进一步划分出若干个开发层系；②在相邻的开发层系中把开发得较差的单层组合在一起，形成一个独立的开发层系。在进一步划分组合开发层系时，仍然遵循前面提出的几个原则，这里特别强调经济的原则，在经济上无利的层系划分应尽量避免。

(2) **井网调整**

井网问题长期以来是很多人研究的问题，研究者主要着眼于提高产量和采收率以及经济问题。井网调整包括注水方式调整和井网密度调整两个方面。

面积注水中的排状注水与网状注水本质上没有什么差别。理论分析证明，四点法或七点法井网与五点法井网相比，在无水采收率上前者优于后者，但在含水开采期间这一优点将不明显。从综合指标分析五点法井网比其他各种井网更好，此外五点法井网易于调整。因此一般情况下采用五点法井网为好。

井网密度问题应当从经济和地质因素两方面考虑。对于均质油藏，随着井网密度的增加（即井数的增加），会加剧层间干扰，从而降低了增加井数的增产效果，图 1-19 表示油田产量与开发井数关系示意图，由图可看出，随着井数的增加，产量增加率逐渐减少，并存在一个合理井数 n_A。油田投产初期，应钻生产井数不应超过最终井数的 80%，而余留的 20% 应作为后期开发调整使用，而且油田开发井数与经济效益密切相关，图 1-20 表示经济效益与开发井数关系示意图，随着井数的增加经济效益开始增加很快，当达到合理井数 n_A 之后，再增加井数，经济效益却增加很少。如果继续增加井数，使其达到极限井数 n_B 之后，其经济效益就要明显下降，这在油田开发初期是绝对不允许的。

对于非均质油藏，如果要注水开发，则每个砂体上至少要有一口注水井和一口生产井。要满足这一条件，则注采井间距离 d 应小于单一砂体延伸长度的 1/2。如果采用 300m 井距离，则延伸长度为 600m 以上的砂体将全部受到控制，而 300m 以下的砂体则得不到控制，因为这时砂体上只有一口井，建立不起注采系统。所以加密钻井进行井网调整，将会有更多

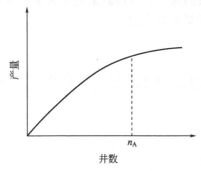 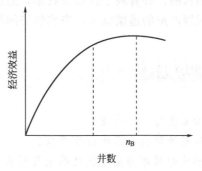

图 1-19 油田产量与开发井数关系示意图　　图 1-20 经济效益与开发井数关系示意图

的储量直接受到水驱的影响，使那些开发的较差的油砂体的开发效果得到改善。

由于在开发初期往往采用较稀的井网开采储量比较集中、产能较好的一些层位，因此用加密井来进一步划分开发层系和更好地开发水驱较差的油层是必要的，井网和层系的调整一般在含水上升较快和产量下降时进行，从井间角度和施工方便上着眼，早一点调整可能较为有效。

（3）驱动方式调整

进行油田开发要根据油藏的地质条件建立技术上有效、经济上可行的驱动方式，同时要考虑到产能的需要。另外还要考虑充分利用天然能量的可能性，并根据开发过程中的具体情况适时地对驱动方式进行调整。

（4）工作制度调整

这里所讲的工作制度调整不包括日常工作中对个别油井的工作制度调整，而是指水驱油的流动方向及注入水方式的调整，如周期注水、水气循环交替注入等。调整水驱油的流动方向对具有裂缝的油藏特别重要，水驱油的流动方向与裂缝延伸的方向互相垂直时，水驱油效果最好。如扶余油田是一个裂缝型油藏，初期开发效果较差，后来把原来的反九点井网改为线状井网，并把注水井排布置得与裂缝方向一致，使油田开发效果得到了明显改善。

（5）开采工艺调整

对于溶解气驱开发的油田，随着压力的降低，油藏能量将不能把油举至井口，为了补充压力不足需要人工举升；注水开发的油田生产到某一阶段，为了提高排量也需要进行人工举升，我国大部分油田是注水开发油田，此时需要一种排量变化范围较大的泵，油田从自喷进入人工举升阶段是一个很大的调整工作，要经过一个相当长的时间。

注水开发的油田，根据注采平衡的要求需进行注水调整，包括增加注水点和提高注水压力等，一般认为注水井的压力应低于油藏的破裂压力，大量的矿场实践证明，只要在油井见水后继续生产到含水极限（98%）时，水驱油的面积波及系数接近 80%，而垂向波及系数则在 40%～80% 之间。因此，在高含水情况下通过加密井来提高面积波及系数是没有太大效果的。这时候的重点应更多地放在改善垂向波及系数上，采用调剖技术调整吸水剖面，并与注聚合物改善驱油效率相结合。目前在国内外已有很多油田采取了调剖注水措施，效果很好。

油田开发的过程是一个不断认识和不断改造的过程，对油田的不断认识是油田改造的基础，也是油田开发调整的依据。本节所讲的调整主要是指油藏开发总体的调整以及稳产阶段的调整，至于油田产量递减阶段的调整问题，从原则上讲，在稳产阶段的调整必须达到延长稳产期的目的，并有利于提高采收率，而递减阶段的调整则以提高采收率为主要目的，并要尽可能减缓产量的递减幅度，当然经济问题是两者都要考虑的。

思考题

1. 油藏流体主要有哪些？
2. 油藏流体的高压物性有哪些？
3. 影响地层原油高压物性的主要因素有哪些？
4. 地层原油的溶解汽油比、体积系数、压缩系数和黏度随温度和压力怎样变化？
5. 什么是岩石的孔隙度、渗透率？
6. 什么是流体的饱和度？
7. 什么是油藏岩石的压缩系数？它的物理意义是什么？
8. 什么是润湿现象？
9. 油藏可能存在的天然能量有哪些？可能存在的驱动方式有哪些？
10. 为什么要划分开发层次？
11. 油田开发调整包括哪些方面？

第二章 油气钻井技术

石油钻井是指利用专用设备和技术,在预先选定的地表位置处,向下或一侧钻出一定直径的孔眼,一直达到地下油气层的工作。钻井是勘探和开发油气田的主要手段,是实现石油和天然气开采,直接了解地下的地质情况,证实已探明的构造是否含有油气以及含油气的面积和储量的必要工艺过程。

第一节 钻井工艺

钻井工艺大体经过了挖掘井技术、顿钻井技术和旋转钻井技术三个发展阶段。目前,在石油钻井中,都是用旋转方法钻井。随着现代科学技术的发展,深井、超深井、定向井、水平井、分支井、海洋钻井等钻井工艺技术得到了迅速发展。

一、钻井方法

为了在地下岩层中钻出所要求的孔眼而采用的钻孔方法。其分类见图 2-1。

(1) 顿井钻井法
① 优点 起、下钻费时小,设备简单;
② 缺点 破碎岩石,取出岩屑的作业都是不连续的;钻头功率小,破岩效率低,钻井速度慢;不能进行井内压力控制;只适用于直井。

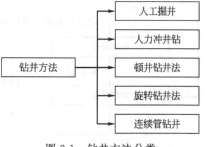

图 2-1 钻井方法分类

顿井钻井法工艺流程见图 2-2。

(2) 转盘旋转钻井法
特点:
① 钻杆完成起下钻具、传递扭矩、为钻头施加钻压、提供洗井液的入井渠道等任务;
② 钻头在一定的钻压作用下旋转破岩,提高了破岩效率;
③ 在破岩的同时,井底岩屑被清除了出来;
④ 提高了钻井速度和效益。

目前这种方法在世界各国被广泛应用。转盘旋转钻井法工艺流程见图 2-3。

(3) 井底动力钻具旋转钻井法
特点:
① 转动钻头的动力由地面移到井下,直接接到钻头之上;
② 钻柱的功能只是给钻头施加一定的钻压、形成洗井液承受井下动力钻具外壳的反扭矩;
③ 井底动力钻具的动力是由电源或地面泥浆泵提供的,通过攀住内孔传递到井下的具有一定动能和压力的洗井液流体或交流电。

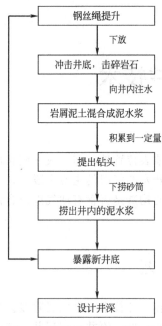

图 2-2 顿井钻井法工艺流程

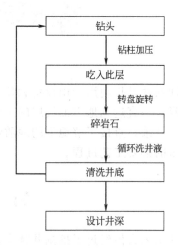

图 2-3 转盘旋转钻井法工艺流程

井底动力钻具旋转钻井法工艺流程见图 2-4。

（4）连续管钻井法

特点：

① 连续管钻井实现了起、下钻的连续机械化，节省了时间和劳动量；

② 在起下钻时仍能保持洗井液的正常循环；

③ 由洗井液直接提供破岩钻进的能量，大大提高了能量的有效利用率；

④ 为全自动化控制提供了很好的条件；

⑤ 具有巨大的发展潜力，目前正在发展、完善中。

连续管钻井法工艺流程见图 2-5。

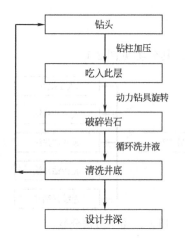

图 2-4 井底动力钻具旋转钻井法工艺流程

二、井的分类

1. 探井

在油气田范围内，为确定油气藏是否存在，圈定油气藏边界，并对油气藏进行工业评价，取得油气开发所需要的地质资料而钻的井。

① 地质浅井　为配合地面地质和地球物理工作，以了解区域地质构造，地层剖面和局部构造为目的的浅井。

② 地质探井　以了解地层的时代、岩性、厚度、生储盖层组合，并为地球物理解释提供各种参数为目的而钻的井。

③ 预探井　在地震详查和地质综合研究所确定的有利构造上以发现油气藏为目的所钻的井。

④ 详探井　在已发现的油气构造上，已探明含油气的面积和储量，了解油气层结构变化和产能为目的所钻的井。

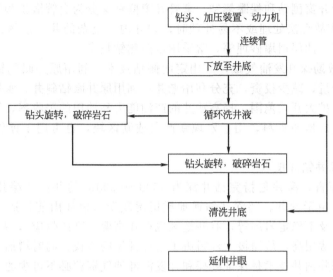

图 2-5 连续管钻井法工艺流程

⑤ 资料井 为编制油气田开发方案，或在开发过程中为某些专题研究取得第一手资料数据而钻的井。

2. 开发井

以开发为目的，为了给已探明的地下油气提供通道，或为了采用各种措施使油气被开采出来所钻的井。

① 油气井 为开发油气田，用大中型钻机所钻的采油、采气井，也叫生产井。

② 注入井 为合理开发油气田，提高采收率及开发速度，用以对油气田进行注气、注水以补充和合理利用地层能量所钻的井。

③ 观察井 在已开发的油气田内，为了研究开发过程中地下情况的变化所钻的井。

三、特殊钻井工艺技术

为了特殊目的而打破常规的钻井施工工艺称为特殊钻井工艺技术。由于特殊钻井要求的施工过程标准高、技术难度大、涉及范围广，因此越来越受到重视。

以下为大家介绍取芯钻井、侧钻技术、深井和超深井钻井技术及欠平衡钻井技术。

1. 取芯钻井

① 取芯钻井是利用特殊钻头，对井底岩石进行环状切削，形成圆柱体的岩心，然后从井内取出。钻井取芯可有效地取得研究地下岩层和储层的层位资料，直接了解地下岩层的沉积特性、岩性特征、地下构造情况，准确了解生油层和储油层特征，为油气田勘探开发提供基础数据。在油气田勘探、开发各阶段，为查明储油、储气层的性质或从大区域的地层对比到检查油气田开发效果，评价和改进开发方案，每项研究步骤都离不开对岩心的观察和研究。

② 影响岩心收获率的因素是多方面的，包括地层因素、岩心直径、取芯钻井参数和井下复杂情况等。一般来说，提高岩心收获率要制定合理的取芯作业计划，正确地选择取芯钻头和取芯工具，工具在下井前应仔细检查；制定合理的取芯钻井参数，严格执行操作技术规范，并认真总结经验，不断提高取芯工艺技术水平。

2. 侧钻技术

① 定向侧钻是在已钻主井眼内，按预定方向和要求侧钻一口新井的工艺过程。根据侧

钻方法可分为套管开窗侧钻和裸眼侧钻。套管开窗侧钻又分为套管锻铣和斜向器开窗侧钻。

② 遇到井下事故无法处理或不易处理时，如井内有复杂的井下落物、严重的大井段卡钻、套管严重损坏、油层坍塌砂埋等，常采用定向侧钻技术。

③ 为经济有效勘探开发油气藏，采用定向侧钻技术。利用原井眼侧钻开发新区块，可大幅度提高油井产量，减少投资，充分利用老井；利用原井眼钻斜井、水平井、多底井，增加油层渗滤面积，扩大开采范围，提高油井的产油能力和油田的采收率。侧钻取芯可以取得油田勘探开发所需的地质资料，用于发现新产层或新区块，也可用于评价开发区块的开发程度。

3. 深井和超深井钻井技术

对于油气井而言，深井是指完钻井深为 4500～6000m 的井；超深井是指完钻井深为 6000m 以上的井。由于深井、超深井钻遇地质情况复杂（诸如山前构造、高陡构造、难钻地层、多压力系统及不稳定岩层等，有些地区也存在高温、高压效应），井下复杂事故频繁，建井周期长，工程费用高，从而极大地阻碍了勘探开发的步伐，同时增加了勘探开发的直接成本。深井、超深井钻井技术是保证勘探和开发深部油气资源必不可少的关键技术。

深井、超深井钻井技术问题主要包括：复杂深井井身结构及套管柱优化设计，深井高效破岩及钻井参数优选技术，深井用系列高效钻头，深井钻井装备以及其他配套技术在深井中的应用等问题。

4. 欠平衡钻井技术

欠平衡钻井是指钻井过程中钻井液液柱压力低于地层孔隙压力，允许地层流体流入井眼、循环出并在地面得到有效控制的一种钻井方式。20 世纪 90 年代，由于勘探开发难度日益增加，国际石油市场竞争更加激烈，而且应用欠平衡钻井技术又提高了产量、降低了成本。因此，成为国际上继水平井技术之后的第二个钻井技术发展热点，在 90 年代中、后期发展极快。

采用欠平衡钻井技术，减少了压差，可以阻止滤液和固相进入储集层，因而能够最大限度地发现和保护中、低压油藏，以获取比常规过压钻井高得多的经济效益；欠平衡钻井可以克服液柱的压持效应，提高破岩效率，解放钻速，缩短建井周期；减少钻井液对储集层的浸泡时间，可以安全钻过严重水敏性地层及漏失层，避免大量钻井液漏失，从而降低钻井成本；欠平衡钻井还具有防止压差卡钻和延长钻头使用寿命等优点。

但是，由于采用欠平衡钻井技术钻井所需设备多、井场面积大，钻井费用较高；采用注氮方式进行时，特别是在边远地区采用现场制氮设备制氮时，制氮设备的费用较高；存在井喷、井塌等安全隐患；如果完井作业期间不能保持连续的欠平衡状态，无泥饼的井壁无法阻止液相和固相对地层侵入，有更大的污染机遇。

我国欠平衡钻井技术早在 20 世纪 60 年代已在四川油田磨溪构造进行过试验，当时只是用清水钻进。20 世纪 90 年代以来，我国欠平衡钻井技术也在加速发展，尤其是塔里木油田解放 128 井欠平衡钻井的成功，将我国欠平衡钻井推向了一个新的阶段。据统计，中国石油天然气集团公司 2000～2005 年共钻各类欠平衡井 187 口。现在已经完成了流钻欠平衡钻井、充气钻井、空气或其他气体钻井以及全过程欠平衡钻井试验，并取得了突破。我国欠平衡钻井技术将迎来一个快速发展阶段。

第二节　钻井设备

石油钻井用的钻机是一套联合机组。钻机由井架、绞车、游车、大钩、转盘、钻井泵、动力机组、联动机组全套钻井设备及井控、固控设备、发电机组、液压和空气动力等辅助设备等组成。

钻机的最大井深、最大起重量、额定钻柱重量、游动系统结构、快绳最大拉力及钢丝绳的直径、起升速度及挡数、绞车功率、转盘开口直径、转盘转速及挡数、转盘扭矩及功率、泵压、泵组功率和钻机总功率等钻机的基本参数，反映了全套钻机工作性能的主要数量指标，是设计和选择钻机类型的基本依据。

一、钻机的提升系统

钻机的提升系统由井架、天车、游车、大钩、绞车及钢丝绳等组成。

1. 井架

井架由井架的主体、人字架、天车台、二层台、工作梯、立管平台、钻台和井架底座等几个部分组成，主要用于安放和悬挂天车、游车、大钩、吊环、液气大钳、液压绷扣器、吊钳、吊卡等提升设备与工具。

目前，在国内外石油矿场上使用的井架种类繁多，但就结构形式来讲，一般可分为塔型井架和 A 型井架两种。

塔型井架是从井架底座往上分层一次性组装完成的，依其前扇结构是否封闭，又可分为闭式和开式两类。闭式塔型井架的主要特征是：井架的横截面为正方形，立面是梯形。为了工作方便，在井架的前扇下部装有大门，因而前扇下部不能封闭，但是整个井架主体仍是一个封闭的整体结构，所以它的总体稳定性好，承载能力大。其缺点是拆装井架必须高空作业，安全系数小，拆装时间长。此类井架多用于深井钻机和海洋钻机。开式塔型井架的主要特征是：主体是由 3~5 段构架组成，各段均为焊接结构，段与段之间采用螺栓、销子或公母锥座螺栓等连成一体。这种井架采用分段地面拆装、整体起放和分段运输的方法，拆装方便、迅速、安全。一般多用于中深井钻机。

A 型井架是从地面分段，在地面组装完成后，再用绞车、动力液压缓冲等辅助设施一次性起升完成。A 型井架的主要特征是：从总体结构形式看，整个井架是由两个构架式或管柱式的大腿靠天车台和井架上部的附加杆件与二层台连接成"A"字形的空间结构，大腿前面和后面装有撑杆，以便起升和支撑井架用。A 型井架的两个大腿可分为 3~5 段，并用螺栓连接成一个整体，因而整个井架可在地面分段拆装、分段运输和整体起放，方便而安全。由于这种井架主要靠两条大腿承载，承受载荷时能均匀分布，而每条大腿又是封闭的整体结构，所以承载能力和稳定性都较好，但其总体稳定性较差。

2. 天车和游车

天车一般是多个滑轮装在同一根芯轴或两根轴心线一致的芯轴上。现在的天车大都是滑轮通过滚柱轴承装在一根芯轴上。芯轴一般是双支承的，轴的直径较大，芯轴的一端或两端有黄油嘴，芯轴里有润滑油道。润滑脂从黄油嘴注入，以润滑轴承。常用的天车型号有 TC—135、TC—130、TC—350、GF—400、TC—450、TC4—315 等。

在天车工作前，必须有专人检查天车轮的灵活性。各滑轮的转动应灵活，无阻滞现象。当转动一个滑轮时，其相邻滑轮不应随着转动。所有连接必须固定牢靠，不得有松动现象。各滑轮轴承应定期逐个注满润滑脂。天车轴及天车层底座应固定牢靠；护罩和防条绳应齐全完好，固定牢靠。当出现顿钻或提断钻具等事故时，应仔细检查钢丝绳是否跳槽。滑轮槽严重磨损或偏磨时，应视情况换位使用或更换滑轮。轴承温度过高、发出噪声或滑轮不稳和抖动时，应及时采取降温措施和更换润滑脂或更换磨损的轴承。滑轮有裂痕或轮缘缺损时，严禁继续使用，应及时更换。

游车的形状为流线型，以防起下时挂碰二层台上的外伸物。同时，游车要保证一定的重量，以便它在空载运行时平稳而垂直地下落。现在，钻机各型游车都是一根芯轴，滑轮在轴上排成一列，其结构与天车相似。常用的游车型号有 TC—135、YC—130、YC—350、MC—400、YC—450、YC—315 等。

在游车工作前，应检查各滑轮是否旋转灵活及各连接部件是否紧固。在工作时，因为每个滑轮转动圈数不一，滑轮应定期"掉头"使用，以使滑轮的磨损情况趋于平衡。每周应将游车直放到钻台上仔细保养一次。保养时应检查下列内容：各条油路是否通畅；钢丝绳是否碰磨护罩；各固定螺栓有无松动；焊接钢板的焊缝有无裂纹等。各轴承应每周注润滑油一次，注油时注至少量油脂挤出轴承外面为止。冬季，在寒冷地区，应使用防冻润滑脂。搬运游车时，应用起重机吊挂上横梁顶部的游车鼻子，不允许放在地面上拖运。

3. 大钩

大钩是提升系统的重要设备，它的功用是在正常钻井时悬挂水龙头和钻具，在起下钻时悬挂吊环起下钻具，完成起吊重物、安放设备及起放井架等辅助工作。目前使用的大钩有两大类。一类是单独的大钩，其提环挂在游车的吊环上，可与游车分开拆装，如 DG—130 型大钩；另一类是将游车和大钩做成一个整体结构的游车大钩，如 MC—400 型游车大钩。为防止水龙头提环从大钩中脱出，在钩口处装有安全锁体、滑块、拨块、弹簧座及弹簧等构成的安全锁紧装置。为悬挂吊环和提放钻具，钩身压装轴及挂吊环轴用耳环闭锁，用止动板防止两支撑轴移动。钩身与钩杆用轴销连接，钩身可绕轴销转一定角度。常用的大钩型号有 DC—130、DG—350、MC—400、MC—200 等。

4. 绞车

绞车是构成提升系统的主要设备，是组成一部钻机的核心部件，是钻机的主要工作机械之一。其功用是：提供几种不同的起升速度和起重量，满足起下钻具和下套管的需要；悬挂钻具，在钻井过程中送钻和控制钻压；利用绞车的猫头机构上、卸钻具螺纹；作为转盘的变速机构和中间传动机构；当采用整体起升式井架时用来起放井架；当绞车带捞砂滚筒时，还担负着提取岩心筒、试油等项工作；帮助安装钻台设备，完成其他辅助工作。常用的 JC—50D 型绞车为内变速、墙板式、全密闭四轴绞车，JC—45 型绞车是五轴绞车，JC—145 型绞车是三轴绞车。绞车一般由绞车传动部分、提升部分、转盘驱动箱部分、控制部分、润滑部分和刹车机构等组成。

绞车的刹车机构由控制部分（刹把）、传动部分（刹车曲轴）、制动部分（刹带、刹车鼓）、辅助部分（平衡梁）和刹车气缸等组成，它的任务是控制下放速度或停止被下放载荷所带动的滚筒的旋转速度，以达到调节钻压、送进钻具、悬挂钻具的目的。为此，要求刹车装置能平稳送钻、灵活省力和安全可靠。

绞车的辅助刹车机构有水刹车和电磁刹车两种。电磁刹车又可分为感应式电磁刹车和磁粉式电磁刹车。影响水刹车制动力矩的主要因素有：水刹车尺寸愈大，则制动力矩愈大；叶片越多，则制动力矩越大；水刹车转子转速越高，则水的流量越大；水刹车内液面越高，则制动力矩越大。所以，现场一般采用分级调水位的办法，来改变制动力矩的大小。

5. 钢丝绳

机游动系统所用的钢丝绳称为大绳。它起着悬吊游车、大钩及传递绞车动力的作用。由于钢丝绳运动频繁、速度高、负荷大，并承受弯曲、扭转、挤压、冲击、振动等复杂应力的作用。

钢丝绳按绳中钢丝捻成股和股捻成绳的方向来分，通常分为右旋和左旋两种。按丝捻成股和股捻成绳的方法来分，通常分为顺捻（股中钢丝的捻向与股的捻向相同，一般只作拖拉或牵引绳）、逆捻（股中钢丝的捻向与股的捻向相反，适用于提升设备）和混捻（钢丝绳的各股中既有顺捻，也有逆捻）三种。

二、钻机的旋转系统

旋转系统包括转盘和水龙头两大部分，其主要作用是在通过钻具不断向井底传送钻井液的同时，保证钻具的旋转。

1. 转盘

转盘主要由水平轴、转台、主轴承、壳体、方瓦及方补心等组成，其主要作用是带动钻具旋转钻进和在起下钻过程中悬持钻具、卸开钻具螺纹以及在井下动力钻井时承受螺杆钻具的反向扭矩。转盘的动力经水平轴上法兰或链轮输入，通过锥齿轮转动转台，借助转台通孔中的方瓦和方补心带动方钻杆、钻柱和钻头转动；同时，方补心允许方钻杆轴向自由滑动，实现边旋转边送进。常用转盘的主要有 ZP—520、ZP—271/2、MRL—271/2、ZP—445、ZP—371/2 等型号。

使用转盘前，应按规定检查机油的油质、油量，并使其符合要求。转盘启动前，其锁紧装置上的操纵杆或手柄应不在锁紧位置。启动转盘前，应检查轴上的密封圈密封是否可靠、转盘链条护罩或万向轴护罩是否齐全、牢靠。启动转盘要平稳操作，启动后要检查转台是否跳动，声音是否正常。每班应至少检查一次转盘的固定情况。在钻进和起下钻过程中，应避免猛鳖、猛顿，严禁使用转盘崩扣。新转盘使用一个月应更换机油，以后每使用三个月换油一次。防跳轴承和锁紧装置上的销轴每月应至少注入一次润滑脂。

2. 水龙头

在一部钻机中，水龙头既是旋转系统的设备，又是循环系统的一个部件。它悬挂于大钩之下，上接有水龙带，下接方钻杆。在钻进时，悬挂并承受井内钻柱的全部重量，并将钻柱与水龙带连接起来，构成钻井液循环通道。

水龙头主要由固定、旋转和密封部分组成。常用的水龙头有 CH—400、SL—450、SL—130、SL—135 等型号。现场使用的两用水龙头，是在一般水龙头的基础上，增加了旋扣装置。旋扣装置由气马达、伸缩机构及气路系统组成，接单根时，由气马达通过齿轮带动中心管旋转。

新水龙头使用前必须按高于钻井中最大工作压力 1~2MPa 的泵压试压 15min，以不滋、不漏为合格。水龙头在搬运过程中，中心管必须带护丝。使用前，应按油池的油尺标记加足机油，并对冲管盘根盒和上、下机油盘根盒、提环销加注润滑脂，并检查上、下盘根盒压盖、冲管盘根盒是否上紧，用链钳转动中心管，确认无阻卡后方可使用。使用新水龙头或长期停用的水龙头时，必须先慢后快，用Ⅰ挡启动转盘，待转动灵活后再提高转速。对新的水龙头或修理后第一次使用的水龙头，在使用满 200h 后应更换润滑油。工作中，每班应检查一次油位，并使之不得低于油标尺的最低刻度线。每两个月应更换一次润滑油。工作中，应在没有泵压的情况下，每班加注一次黄油。在水龙头运转过程中，要随时检查冲管密封盘根盒处是否侧漏钻井液、机油盘根处是否溢漏机油、水龙头壳体是否温度过高（油温不得超过70℃）、冲管螺纹压帽是否上紧、鹅颈管与水龙带连接油壬是否侧漏。接单根或起钻前，应检查冲管盘根磨损情况及盘根压帽的松紧程度。快速钻进或严重跳钻时，应检查鹅颈管法兰连接螺栓的固定情况。现在，石油钻井已部分使用顶部驱动钻井系统。顶部驱动钻井系统是集转盘、水龙头为一体，用电动钻机作旋转钻井动力，并能随提升系统而升降的钻井旋转系统，是对转盘钻井的一次重大改进。具有转盘钻无可比拟的优点，如可接立柱钻进、减少2/3 的接单根时间、能倒划眼和下钻划眼、起钻时可旋转钻杆和继续循环钻井液、钻柱可顺利取出缩径井段、可以不接方钻杆即可钻过桥塞点和缩径点、上卸扣扭矩得到控制、采用钻井电机接卸钻杆和钻进、操作人员只需打背钳、钻台上只有平稳旋转的钻杆、起下钻时在井架内任何高度的位置随时都可以将主驱动轴同钻柱上扣和关井等。

三、钻机的循环系统

钻机的循环系统主要包括钻井泵、地面管汇、钻井液净化设备等。在井下动力钻井中，循环系统还担负着传递动力的任务。

1. 钻井泵

钻井泵的作用是为钻井液的循环提供必要的能量，以一定的压力和流量，将钻井液输进钻具，完成整个循环过程。常用的钻井泵类型有 NB—600、2PN—1258、3NB—900、3NB—1000、SJ3NB—1300、3NB—1300、3NB—1600 型等，前两个是双缸双作用泵，后三个是三缸单作用泵。

目前使用最广泛的钻井泵的空气包是球形隔膜式预压空气包。空气包的作用是减小因钻井泵瞬时排量变化而产生的压力波动，使泵压平稳，保护设备不致因剧烈震动而造成损坏。空气包胶囊内要求充氮气或惰性气体，在没有氮气或惰性气体的情况下可用空气代替，严禁充入氧气或可燃气体。充气压力为最高工作压力的 20%～30%。

钻井泵常用的安全阀有销钉式、杠杆销钉式和弹簧式安全阀三种。销钉式安全阀是利用不同直径的销钉来限制过高泵压的装置，当泵压达到销钉所限制的压力时，销钉被剪断，钻井液从阀的泄压口排出，泵压回零，从而起到安全保护作用。杠杆销钉式安全阀使用的销钉是同一直径，靠移动销钉在不同销孔中的位置来改变力臂距离，从而调节安全阀的压力，达到限制泵压的目的。弹簧式安全阀是利用弹簧的作用设计的一种安全阀。当泵压超过弹簧的压力时，弹簧被压缩，泄压口被打开，钻井液从泄压口排出，泵压下降。当泵压降至低于弹簧压力时，阀门在弹簧力的作用下自动关闭。调节弹簧压力的大小，就可达到限制不同泵压的目的。安全阀在安装时，所有螺丝必须安装齐全，紧固牢靠。泄水管应固定牢，并使用管径不小于 60mm 的无缝钢管，出口弯度应大于 150°，严禁指向工人经常工作和走动的地方。安全阀销钉规格必须符合标准，不得以其他材料代替。弹簧式安全阀应按照限压标准调试合格。安全阀及泄水管不得堵塞。严禁以任何借口不装安全阀。开泵前应检查安全阀是否符合使用要求。开泵时，泵房人员必须远离安全阀及泄水管。冬季开泵前应对安全阀及泄水管进行预热。每口井开钻前，必须将安全阀拆下保养，以防锈死。对安全阀应定期校验。

2. 钻井液净化设备

钻井液净化设备的主要作用是使从井内返出的钻井液能得到充分的净化。钻井液净化设备主要包括振动筛、旋流除砂器、离心分离机、除气器、循环罐和搅拌器等。

四、钻机的动力与传动系统

动力设备和传动系统是钻机的两大组成部分。动力设备提供各工作机需要的动力，而传动系统则将动力机和各工作机联系起来，将动力传递并分配给各工作机。

1. 动力设备

目前，钻机的驱动类型主要有柴油机直接驱动、柴油机—液力驱动、柴油机—（交）直流电驱动和工业电网电驱动四类。我国石油矿场多采用柴油机作动力，即使是电驱动钻机，它的发电机仍是由柴油机驱动。一些最大的陆地和海洋用深井钻机一般还是由柴油机来直接的或间接的驱动发电机，然后由电动机带动钻机的各个设备或部件。

2. 传动系统

由动力机到工作机的传动系统，有的很简单，如单独驱动；有的则比较复杂，有各种并车、变速、倒车机构。不可调速的动力机不能满足绞车或转盘的要求，传动系统就是要解决变速变矩的问题。

钻机传动系统的基本功用是将动力机发出的动力分别传送给各工作机，即绞车、转盘、钻井泵等，主要解决增矩减速、变矩变速、并车、正倒车以及传动脱离或挂合问题。

钻机传动系统的总体布置有统一驱动（如庆 130 型、ZJ45 型钻机）、分组驱动（如车装钻机）和单独驱动（电驱动钻机）三种形式。

传动系统各传动部分护罩必须完好，固定牢靠。机房四周栏杆要安装齐全，固定牢靠，梯子稳固且有光滑的扶手。

电传动系统（以 ZJ50D 钻机电传动系统为例），石油钻机电传动系统由多台柴油发电机组并网发出 50Hz、600V 的交流电，经 SCR 传动柜整流为 0V～750V 直流电去驱动绞车、转盘和钻井泵；经 MCC 控制柜变交流 600V 为 380V/220V 去驱动钻井辅机及提供井场照明。

3. 钻机的气控系统

钻机的控制系统按控制方式分为机械控制、气动控制、液压控制、电控制及综合控制等几种（目前最常用的是气动控制），气控系统主要由供气机构、发令机构、传令机构、执行机构四个部分组成。主要功能是控制柴油机的启动、停车、调速和联动机并车与停车；控制绞车换挡及绞车、转盘、钻井泵的启动与停止；控制绞车、转盘的转速和转动方向；控制滚筒刹车、猫头的运转与停止；控制气动卡瓦、液气大钳、气动旋扣器、顶部驱动装置等起下钻操作机械；控制气动绞车、防碰天车装置、自动送钻装置及井口防喷器装置；控制空气压缩机、发电机、除砂泵、离心泵、搅拌机等装置；控制井架底座的升降及井架的起、放、缓冲作用。

钻机的气源设备由空气压缩机、压缩空气处理装置（冷却器、油水分离器、干燥器、除尘器）和贮气罐三部分组成。控制阀有压力控制阀、方向控制阀和流量控制阀三大类。

4. 钻机的辅助设备及设施

钻井施工现场的辅助设备和设施有辅助作用，包括设备、电气设备、消防设备、供水设备、防冻保温设备和焊割设备等。

① 气动绞车　是一种用活塞式气马达为动力的单卷筒绞车。

② 猫头　两个猫头轴上的死猫头，刚性地安装在绞车猫头轴的两端，并与绞车猫头轴一起旋转，用于起下钻的上卸扣和起吊重物。内、外摩擦猫头的滚筒用滚子轴承支承在猫头轴上，通过安装在滚筒一端法兰内的摩擦离合器控制滚筒的动作，它能独立地转动。外摩擦猫头通常在起下钻时用来拧紧要下入井内的钻具接头丝扣；内摩擦猫头通常用在起钻时卸松钻具接头丝扣。

猫头操作是一项十分危险的作业，稍有不慎就会造成人员伤亡或重大经济损失。随着钻井科学技术的进步，顶部驱动装置、液气大钳、自动上扣器、气（电）动小绞车等设备和设施已投入使用，猫头终将被逐步淘汰。

③ 自动送钻装置　具有适应性广，钻压波动可控制在 10kN 以内，送钻均匀，无冲击，工作安全可靠等优点。在钻遇地层溶洞时可避免钻具快速下放，气路系统出现故障时能自动刹车；全气动控制，体积小、重量轻、移运性好；钻进时也可安装，维修时不影响正常钻进，操作简单等优点。

④ 气动卡瓦　是代替手动卡瓦、用于起下钻时夹持井内钻具的机械装置，具有使钻具在任一位置时夹持牢靠，自动定心，操作简便、安全等特点。起下钻时，司钻在提升钻具的同时，应踩下脚踏控制阀，压缩空气与气缸气管路连通，气缸便推动钳体上升，卡瓦钳口即

与钻具脱开。松开脚踏控制阀复位时,压缩空气与气缸回气管路连通,钳体靠自重和气压下落,与此同时将吊起的钻具缓慢放下,夹紧钻具。在钻具上提、下放过程中,不得松开脚踏控制阀,钻具座在卡瓦上的操作应平稳、缓慢,不得过猛以免造成冲击,甚至卡瓦碎裂而落井。

⑤ 手拉葫芦 是一种使用简易、携带方便的手动起重机械,具有使用安全、维护简便、机械效率高、手链拉力小、自重较轻、尺寸小和经久耐用等优点。

五、钻井工具

主要有井口工具和井下钻具。井口工具为起下和上卸钻具的工具,如吊钳、吊卡、卡瓦等。吊钳用于上、卸各类下井钻具丝扣。吊卡用以悬挂、提升和下放钻柱。卡瓦用于卡住钻柱并悬挂在转盘上。

(1) 钻头

钻井时必不可少的破碎岩石工具,主要有牙轮钻头、金刚石钻头和刮刀钻头 3 类。

① 牙轮钻头 由钻头体、牙爪、牙轮、轴承、水眼等组成。按牙轮结构分铣齿型及镶齿型两种,按轴承结构分密封(或不密封)滚动轴承及密封(或不密封)滑动轴承两种,牙轮钻头适用于钻各种地层,目前应用最广泛。

② 金刚石钻头 最初只限用于硬地层,其品种与使用范围正日益扩大。钻头的价格虽高,但工作寿命长,如选用合理,可取得较好的经济效果。

③ 刮刀钻头 结构简单,制造方便,钻软地层速度较快,但钻进时扭矩较大,易损坏钻具和设备。近年来,正在发展一种新型切削型钻头,用不同几何形状的新型耐磨材料镶嵌在钻头基体上,能适应各类岩性地层,并可采用高转速钻进,其经济效果日益显著。

(2) 钻柱

从方钻杆到钻头全部井下钻具的总称,由方钻杆、钻杆、钻铤、稳定器接头及其他各种附件组成。作用是起下钻头,向钻头传递破碎岩石所需的机械能量,给井底施加钻压,向井内输送洗井液及进行其他井下作业。

(3) 井下动力钻具

接在钻杆下端,随钻杆一起下入井底的动力机。主要有涡轮钻具、螺杆钻具等。

① 涡轮钻具 靠高压液流通过涡轮,把液体能转变为中心轴上的机械能,带动钻头破碎岩石。由成百对串联地装在外壳内的涡轮定子和转子以及轴承、中心轴等组成。涡轮定子和转子的叶片呈反向弯曲,高压泥浆沿定子叶片的偏斜方向流动,有力地冲击转子叶片,使转子带动中心轴旋转,涡轮钻具是苏联采用的主要钻井工具,他们发展了各种性能的新型涡轮钻具,被广泛用于各种深度和地层的钻井工作中(包括已钻成的万米井),其他国家也在发展中。

② 螺杆钻具 靠高压泥浆通过定、转子通道,驱动转子在定子螺线形通道中旋转,产生扭矩,带动钻头破碎岩石。由装在外壳内的螺线形转子及带螺线形通道的橡胶定子衬套以及转轴、轴承等组成,是一种容积式井下动力钻具,其转速与泵排量成正比,扭矩与泵压、钻压成正比,通过泵压可间接指示钻压。因转速较低,使用牙轮钻头钻进比较有利。

(4) 稳定器

俗称扶正器,接在钻柱的下部钻具组合上,用以防止井斜或钻定向井,并有利于钻头平稳工作。钻井工具减震器用于吸收钻井中产生的冲击和震动负荷,以提高钻头及其他钻具使用寿命。关键构件是不同类型的减震元件。

(5) 震击器

在钻柱受张力发生弹性伸长时能积存弹性能量以产生震击作用的工具，可用于处理卡钻事故，并有利于安全钻进。

(6) 打捞工具

用以打捞井下落物和处理井下事故的专用工具。常用的打捞工具有公锥、母锥、打捞筒、打捞矛、打捞篮、磁铁打捞器、磨鞋、安全接头等。出现卡钻事故时，用测卡仪测准卡点，然后用爆炸方法松开被卡的钻具丝扣，此法处理卡钻事故很有效。

思考题

1. 石油钻井有哪几种方法？各有什么特点？
2. 影响钻井的主要因素有哪些？
3. 油气钻井的主要设备是什么？
4. 钻机各系统的主要功能是什么？
5. 钻井过程包括哪些主要环节？
6. 钻柱由哪几部分组成？主要功能是什么？
7. 钻头的种类有哪些？各有什么特点？
8. 井架有哪些结构？各有什么特点？

第三章 自喷及气举采油技术

采油方法通常是指将流到井底的原油采到地面所采用的方法，依靠油层本身的能量使原油喷到地面，称为自喷采油方法。

如果油层具有足够的能量，不仅能将原油从油层内驱入井底，而且还能够将其由井底连续不断地举升到地面上来，这样的生产井，称为自喷井。用这种自喷的方式进行采油，称为自喷采油。自喷采油是最经济、最简单的采油方法，一般适用于地层能量充足的油田开发初期。

人工举升方法按其人工补充能量的方式分为气举和深井泵抽油（泵举）两大类。气举采油是人为地将高压气体从地面注入油井中，依靠气体的能量将井中原油举升到地面的一类人工举升方法。气举采油与自喷采油具有基本相同的流动规律，即气液两相上升流动。本章重点阐述自喷井的协调原理和节点分析方法，以及气举采油原理和设计方法。

第一节 自 喷 采 油

一、自喷井生产系统组成

油井自喷的能量来自油层，油井能否自喷取决于地层中所具有的原油能量是否大于自喷井生产系统的能量损失之和。

自喷井可以分为四个基本流动过程：
① 从油藏到井底的流动——油层中的渗流；
② 从井底到井口的流动——井筒中的流动；
③ 从井口到分离器——在地面管线中的水平或倾斜管流；
④ 原油流到井口后通过油嘴的流动——嘴流。

自喷井井身结构如图 3-1 所示。

大多数自喷井的生产系统较为简单，除海上油井外都不设置井下安全阀和节流计。

油井稳定生产时，整个流动系统必然满足混合物的质量和能量守恒原理。要使油井连续稳定生产，就必须使这四个流动过程相互衔接、相互协调起来，其中任意一个流动过程发生变化，都会影响其进程，从而改变自喷井的这个生产状况。

二、自喷井节点系统分析

节点系统分析（Nodal Systems Analysis）方法简称节点分析。最初用于分析和优化电路和供水管网系统，1954 年 Gilbert 提出把该方法用于油气井生产系统，后来 Brown 等人对此进行了系统的研究。20 世纪 80 年代以来，随着计算机技术的发展，该方法在油气井生产系统节点分析的对象是油藏至地面分离器的整个油气井生产系统，其基本思想是在某部位设置节点，将油气井系统隔离为相对独立的子系统，以压力和流量的变化关系为主要线索，把由节点隔离的各流动过程的数学模型有序地联系起来，以确定系统的流量。

节点分析的实质是计算机程序化的单井动态模型。借助于它可以帮助人们理解油气井生产系统中各个可控制参数与环境因素对整个生产系统产量的影响和变化关系，从而寻求优化油气井生产系统特性的途径。

本节以自喷井为例，讲述节点分析的基本概念、方法及其应用设计及生产动态预测中得到的广泛应用。

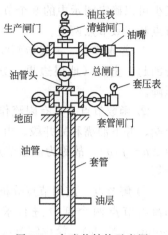

图 3-1 自喷井结构示意图

1. 基本概念和分析步骤

(1) 油井生产系统

油井生产系统是指从油层到地面油气分离器这一整个水力学系统。由于各油田的地层特性、完井方式、举升工艺及地面集输工艺的差异较大，使得油井生产系统因井而异，互不相同。图 3-2 给出了一个较完整的自喷井生产系统及各流动过程的压力损失。对系统各组成部分的压力损失是节点分析的一个核心内容。

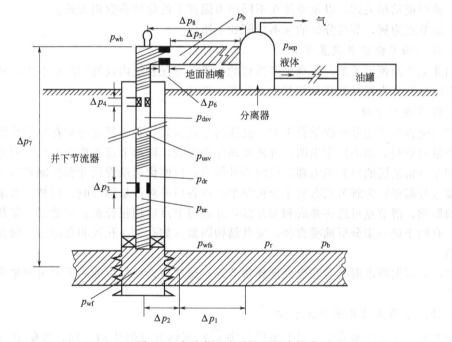

图 3-2 自喷井生产系统及压力损失

p_r—地层压力；p_{wfs}—井底油层岩面压力；p_{wf}—井底流压；p_{ur}、p_{dr}—井下油嘴上、下游压力；
p_{usv}、p_{dsv}—安全阀上、下游压力；p_{wh}—井口油压；p_b—地面油嘴下游压力；p_{sep}—分离器压力；
$\Delta p_1 = \overline{p}_r - p_{wf}$—油层渗流压力损失；$\Delta p_2 = p_{wfs} - w_{wf}$—完井段压力损失；$\Delta p_3 = p_{UR} - p_{DR}$—井下节流器压力损失；
$\Delta p_4 = p_{USV} - p_{DSV}$—井下安全阀压力损失；$\Delta p_5 = p_{wh} - p_B$—地面油嘴压力损失；
$\Delta p_6 = p_b - p_{sep}$—地面出油管线压力损失；$\Delta p_7 = p_{wf} - p_{wh}$—举升油管压力损失
（包括 Δp_3 和 Δp_4）；$\Delta p_8 = p_{wh} - p_{sep}$—面管线中的总损失（包括 Δp_5）

(2) 节点

在油井生产系统中，节点（Node）是一个位置的概念。对于图 3-1 所示的自喷井系统，至少可以确定图示中的 8 个节点，对其他举升方式还会有不同的节点位置。节点可分为普通节点和函数节点两类。

① 普通节点　一般指两段不同流动过程的衔接点，如图 3-2 所示的井口，井底以及系统的起、止点（地层边界、分离器）均属普通节点。在这类节点处不产生与流量有关的压降。

② 函数节点　具有限流作用的装置也可作为节点，如图 3-2 所示，地面油嘴、井下安全阀、井下油嘴和完井段。由于这类装置在局部会产生一定压降，其压降的大小为流量的函数 $\Delta p = f(q)$，故称为函数节点（Function Node）。函数节点所产生的压降可用适当的公式计算。

③ 解节点　应用节点分析方法时，通常要选定一个节点，将整个系统划分为流入节点和流出节点两个部分进行求解。所选用的这个使问题获得解决的节点称为求解节点（Solution Node），简称解节点或求解点。

2. 节点分析的基本步骤

进行节点分析必须具备能够正确描述各流动过程动态规律（流量与压降）的数学模型。例如，自喷井系统分析模型中应包括适用的油井流入动态 IPR、举升管柱及地面管线压力计算方法、油嘴流动相关式，以及流体在不同压力温度下的物性参数相关式。

以普通节点为例，节点分析的基本步骤如下所述。

（1）建立油井模型并设置节点

按油井生产的逻辑关系，明确生产流程的构成，并在系统内设置相应的节点，从而把油井系统有序地划分为相互联系又相互独立的若干部分。

（2）解节点的选择

解节点位置与系统分析的结果无关。灵活的节点位置有利于研究分析在整个系统中不同因素对产量的影响。如果旨在说明接近地面部分的影响，则解节点可选为井口。取井底为解节点有利于分析油层的供液能力和井筒的举升能力，以便优选油管尺寸和控制井口压力。取系统终端（分离器）为解节点有利于分析整个井网各口井对产量的影响。同样，如果关心井下部分的影响，解节点可选在井底和完井段，井底解节点应用很普遍。以油嘴和完井段为函数节点，有利于进一步分析油嘴直径，完井结构因素（如孔密、孔径和孔深等）对井系统产量的影响。

总之，应根据所求解的问题合理选择解节点，通常应选在尽可能靠近分析对象的节点作为解节点。

（3）计算解节点上游的供液特征

改变产量，从系统的始端（平均地层压力 $\bar{p}_r$）至解节点沿流动方向，按解节点上游各流动过程的数学模型计算相应的解节点处的压力。

（4）计算解节点下游的排液特征

改变产量，从系统终端（分离器 p_{sep}）至解节点流动方向，按解节点下游各流动过程的数学模型计算相应的解节点处的压力。

（5）确定生产协调点

根据解节点上、下游的压力与产量的关系，在同一坐标系中绘制出解节点上游压力与产量的关系曲线（节点流入曲线）和解节点下游压力与产量的关系曲线（节点流出曲线），二曲线称为系统分析曲线，如图 3-3 所示。节点流入曲线反映在给定地层压力下油层到解节点（流入段）的供液能力。节点流出曲线反映在给定分离器压力下，从解节点到分离器（流出段）的排液能力。在解节点流入、流出曲线的交点 A 处，流入段的产量等于流出段的排量；并且流入段的剩余压力等于流出段所需要的起点压力。解节点上、下游能够稳定协调工作，因此该交点 A 称为油井生产协调点 (q,p)，简称协调点。如果流入、流出曲线不相交或者存在双交点的情况将在后面进一步说明。

（6）进行动态拟合

由于数学模型及有关参数的误差，上述产量常与实际产量不相吻合，此时应对数学模型及有关参数进行调整，经过拟合使所建立的数学模型和计算程序能正确反映油井生产系统的实际情况。

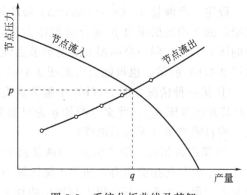

图 3-3 系统分析曲线及其解

（7）程序应用

拟合后的计算程序既可以用于对整个生产系统的分析，也可以围绕所需解决的问题进行参数的敏感性分析。通过分析，优化出生产参数，实现油井系统的优化生产。

3. 节点分析方法及其应用

下面以油层到分离器 [图 3-4(a)] 简单的自喷井生产系统为例，说明节点分析方法及其应用。

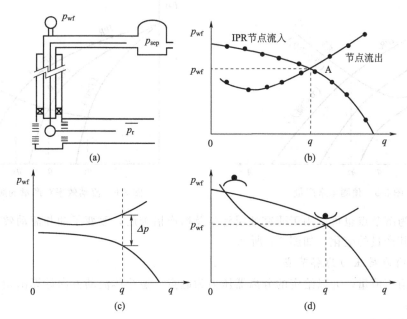

图 3-4 井底为解节点

（1）井底为解节点

以井底为解节点是最常用的分析方法。井底节点将整个油井系统隔离为油层和举升油管、地面管线两部分，如图 3-4(a) 所示。节点流入部分即为油层渗流，用流入动态 IPR 曲线描述。从油层中部位置至地面分离器，其压降为举升油管压降与地面管线压降之和。解节点流出压力为：

$$p_{wf} = p_{sep} + p_{\text{地面管线}} + p_{\text{油管}} \tag{3-1}$$

设定一产液量 q_i（$q_i = i\Delta q$，Δq 为产量步长，i 为计算点序号，$i = 1, 2, \cdots, N$），分别以给定的平均地层压力 $\bar{p}_r$ 和分离器压力 p_{sep} 开始计算至解节点，计算得出流入和流出解节点的压力。并在同一坐标图上绘制解节点流入和流出动态 $p_{wf} \sim q$ 曲线（即系统分析曲线），如图 3-4(b) 所示。也可能会出现图 3-4(c)、(d) 的情况。这三种系统分析曲线解释如下。

① 第一种情况　图 3-4(b) 中解节点流入与流出曲线相交，其交点即为油井系统的产量 q 及其井底流压 p_{wf}，此交点产量 q 为目前平均地层压力 $\bar{p}_r$ 和给定分离器压力 p_{sep} 条件下的油井的自喷产量（无地面油嘴）。

② 第二种情况　图 3-5(c) 中两条曲线不相交。这说明在给定油井条件下，油层的供液能力小于油井的排液能力，油井不能协调自喷生产，需要补充人工能量进行机械采油。欲使油井以产量 q 生产，节点流入与流出曲线之间的压差 Δp 即为机械采油系统需要补充的人工能量。

③ 第三种情况　图 3-4(d) 中两条曲线在较低产量和较高产量处存在两个交点，两个交点之间的节点流出曲线低于流入曲线。经理论分析和实践证明，较低产量的交点是不稳定流动；而较高产量的交点是稳定流动的，即为协调点。

选井底为解节点，可预测油层压力降低后的产量及其井底流压，如图 3-5 所示。当油层压力降至图示 $\bar{p}_r$ 时，系统分析曲线无交点（流入、流出部分无协调点），说明油层供液能力小于举升油管排液能力，则油井停喷。

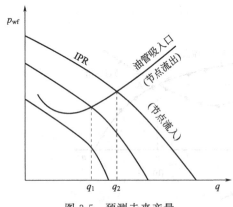

图 3-5　预测未来产量

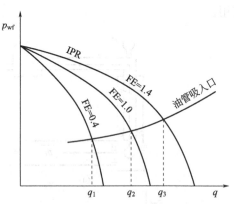

图 3-6　流动效率对产量的影响

选井底为解节点也可应用于研究油层污染及增产措施后，改变了油井流动效率所引起的井底流压及其产量的变化，如图 3-6 所示。

(2) 平均地层压力为解节点

设定一组产液量，并以给定的分离器压力为起点，逆流体流动方向计算出相应的平均地层压力，即：

解节点流出压力

$$\bar{p} = p_{sep} + \Delta p_{地面管线} + \Delta p_{地面} + \Delta p_{油层} \tag{3-2}$$

解节点流入压力

$$\bar{p}_r = 常数 \tag{3-3}$$

如图 3-7 所示，不同给定的水平线与油井特性曲线的交点表示 $\bar{p}_r$ 对油井产量的影响。应当指出，随平均地层压力 $\bar{p}_r$ 降低，油层渗流特性会发生变化，故应采用未来 IPR 预测方法。

(3) 井口为解节点（无油嘴）

以井口为解节点也是常用的分析方法之一。井口解节点将油井系统隔离成两部分，即从分离器开始至井口部分与油层到井底再经举升油管到井口部分。其计算步骤与井底节点相似，以设定的一组产液量，分别按所选用的方法计算，求出两部分相应产液量在解节点（井口）处的压力。

解节点流入压力

$$p_{wh} = \bar{p}_r - \Delta p_{油层} - \Delta p_{油管} \quad (3-4)$$

解节点流出压力

$$p_{wh} = p_{sep} + \Delta p_{地面管线} \quad (3-5)$$

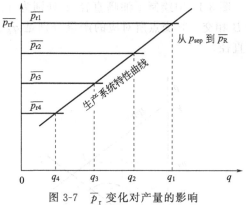

图 3-7 $\bar{p}_r$ 变化对产量的影响

然后将这两组数据即井口解节点的流入和流出曲线绘制在同一坐标图上，便可求出相应的井口油压和产量，如图 3-8 所示。图中的井口解节点的流入曲线表示油井不同产量下的井口油压的大小。需要说明油压并不总是随产量的增加而降低，而是在 q_c 时存在峰值。这种现象符合前面所述气液两相管流规律。因产量较低时管内流速低，滑脱损失严重；产量较高时，摩阻损失较大。这两种情况均会使油管举升的能量损失增大。而只有在某一产量范围内，滑脱与摩阻都不是很高时，达到较低的管流能量损耗。因此，油压随着产量的增加也有高有低。

需要强调选择油管直径的重要性。油管直径将直接影响套管直径及其配套井下工具的确定。若选用过小的油管会限制油井产量；而选用过大的油管会增大滑脱损失。因此，在高产油区的套管程序应在合理的油管直径的基础上进行优化设计。

应用井口解节点可以分析不同直径的油管和地面管线，对油井生产动态的影响。如图 3-9 所示。

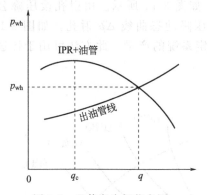

图 3-8 以井底为解节点图

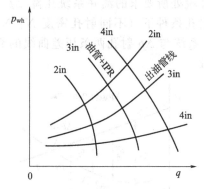

图 3-9 不同直径油管和出油管线的影响

(4) 井口为解节点（井口安装油嘴）

在上述简单油井系统中考虑在井口安装油嘴以控制油井产量。油层、举升油管、油嘴和地面管线四个流动过程的关系曲线如图 3-10 所示。仍先设定一组产液量，从油层和分离器开始分别计算出井口（即油嘴）处相应的油压和回压，与上述无油嘴情况不同的是，将满足回压低于油压一半（油嘴临界压力比近似取 0.5）的点绘制 $p_{wh} \sim q$ 的曲线 B，此曲线上的任一点均满足油嘴达到临界流动条件。油压曲线 B 与给定嘴径 d 的油嘴特征曲线的交点 C

即为该油嘴下的产量及其油压 p_{wh}。

图 3-10 中 $\overline{p}_r$-p_{wf} 表示油层渗流压降，p_{wf}-p_{wh} 表示井筒油管的举升压降。

图 3-11 中绘制了油嘴直径 d 分别为 4、6、8、10、15mm 的油嘴曲线，分别与管流曲线 B 相交，其交点所对应的产量分别是 q_6、q_8、q_{10}、q_{15}。可根据配产确定与之对应的油嘴直径。

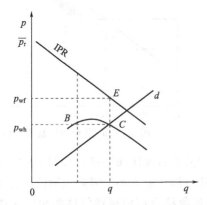 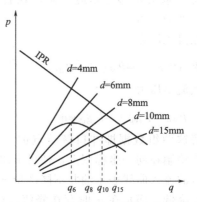

图 3-10　自喷井四个流动过程的协调关系　　图 3-11　不同油嘴直径的油井产量

（5）以射孔段为函数节点

以上讨论的是普通节点分析方法，即在解节点处不存在压力的变化。而射孔完井段相当于节流装置，它的两端存在与产量相关的压差，故称为函数节点。射孔段的压差与射孔方式（正压或负压）和射孔参数（孔密、穿深和孔径等）有关。

以射孔段为解节点的计算路径与上述井底节点类似，即将油井系统隔离为两部分：节点流入部分是从 $\overline{p}_r$ 计算油层到岩面流压 p_{wfs}（考虑理想完善井 $S=0$）；而另一部分从分离器压力 p_{sep} 计算到油管吸入口 p_{wf}。上述两条曲线之间的压差反映了相应产量下油井系统在射孔段处所要求的油井系统压降 Δp 系统，如图 3-11 所示。由射孔段压降公式计算出给定射孔条件下（不同射孔密度 N_1-N_4）的压降动态曲线 Δp 射孔，如图 3-12 所示。再由 Δp 系统与 Δp 射孔两条压差曲线的交点确定系统的产量。此方法可用于优选射孔方式及参数。

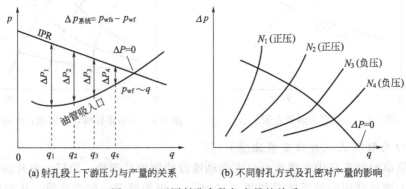

(a) 射孔段上下游压力与产量的关系　　(b) 不同射孔方式及孔密对产量的影响

图 3-12　不同射孔参数与产量的关系

同理，地面和井下油嘴、井下安全阀一类节流装置均可函数节点通过绘制相应油井系统在函数节点处的系统压降曲线（Δp-q）之后，再计算出相应的节流压降动态曲线求解油井产量。

第二节 气举采油

气举采油是指人为地从地面将高压气体注入停喷（间喷或自喷能力差）的油井中，以降低举升管中的流压梯度（气液混合物密度），利用气体的能量举升液体的一类人工举升方法。

气举的工作介质可以为天然气、氮气等高压气体，其井下设备简单。因此它具有较强的适应性，适用于高气液比的直井、斜井、丛式井、水平井以及小井眼井的采油和气井排液采气，也可用于油井诱喷或压裂酸化增产措施井和修井排液作业。气举的举升深度和排量变化灵活，井口和井下设备比较简单，管理方便。在高气液比、含砂及含腐蚀性介质的油井条件下，较其他人工举升方式更具优势。但气举采油要求稳定充足的气源，采用压缩机增压其地面设备一次性投资大。油田气举采油系统如图 3-13 所示。

一、气举采油原理、方式及管柱

1. 气举采油原理

气举采油是基于"U"型管原理（图 3-14），通过地面向油套环空（反举）或油管（正举）注入高压气体，使之与地层流体混合，降低液柱密度和对井底的回压（井底流压），从而提高油井产量。

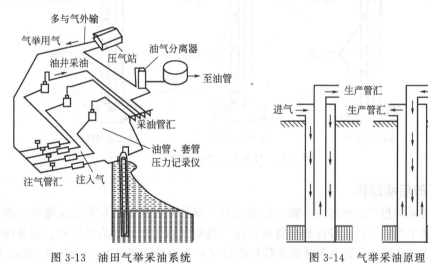

图 3-13 油田气举采油系统　　　　图 3-14 气举采油原理

2. 气举采油方式

气举（Gas Lift）按注气方式可分为连续气举和间歇气举两大类，其中间歇气举还包括柱塞气举、腔室气举等特殊方式。

（1）连续气举

连续气举（Continuous Gas-Lift）是常用的气举采油方式，它是从油套环空（或油管）将高压气连续地注入井内，使油管（或油套环空）中的液体充气以降低其密度，从而降低井底流压，排出井中液体的一种人工举升方式。连续气举适用于油层供液能力较好且能量较充足的油井，连续气举井的采油原理与自喷井相似，其区别是气举井需要人为注入高压气体补充能量；而自喷井则完全依靠油层本身能量。

（2）间歇气举

间歇气举（Intermittent Gas-Lift）是向油套环空内周期性地注入高压气体，气体迅速进入油管内形成气塞,将停注期间井中的积液推至地面的非常规气举采油方式。采用间歇气举时,地面一般需要配套使用间歇气举控制器(周期—时间控制器)。

间歇气举主要用于地层能量不足的油井。对这类油井,采用间歇气举较连续气举可明显减少注气量,提高举升效率。其缺点是井口装置比较复杂,在闭式循环气举系统中,当间歇气举井占到一定比例时,容易造成地面注气压力波动,影响其他气举井的正常生产。

柱塞气举(Plunger Lift)是一种特殊的间歇气举方式。它是利用油管内的柱塞在气体与液体之间形成一固体界面,有效地减少液体滑脱损失,提高其举升效率。当地层气液比较高时,可以利用油井自身能量周期性地推动柱塞举液,否则需要补充注气。是否需要注气应视地层气体能量而定。

柱塞气举能有效地防止油管结蜡,也可用于气井排液采气。但柱塞气举的地面装置较其他气举方式复杂,操作管理有一定难度,生产过程中容易在地面集输管网内造成较大的压力波动。

3. 气举管柱结构

常用的单管气举管柱结构主要有开式、半闭式、闭式三种,如图 3-15 所示。

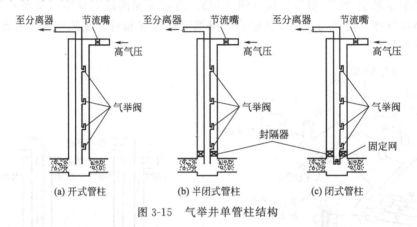

图 3-15 气举井单管柱结构

二、气举的启动过程

气举井从关井到投产要经历一个瞬态卸载过程,即将高压气体经过预定深度注入举升管,使油井投入正常工作的过程。现以油套管环空注气说明气举生产时的启动过程。油井停产时,油套管内的静液面在同一位置(静液面距管鞋的深度 h 称为油管沉没度),如图 3-16(a) 所示。

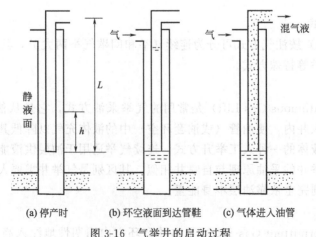

图 3-16 气举井的启动过程

当开动压缩机向油套环空注入气体后,环空内的液面被挤压下降,如不考虑液体被挤入地层,油套环空内的液体则全部进入油管,油管内的液面上升,在此过程中压缩机的压力不断升高。当油套环空内的液面下降到油管管鞋时[图3-16(b)],油管内的液面上升高度为Δh,压缩机压力达到最大,称为启动压力p_e。注入气体进入油管与油管内液体混合,液面不断上升直至喷出地面[图3-16(c)]。在开始喷出之前,井底压力大于或等于地层压力;喷出后由于油套环空仍继续进气,油管内的液体继续喷出,使混气液密度进一步降低,油管鞋压力相应降低,此时井底压力及压缩机压力亦随之下降。当井底压力低于地层压力时,地层流体就流入井内。由于地层出液使油管内的混气液密度稍有增加,因而压缩机压力会有所上升,经过一段时间后趋于稳定,达到稳定生产时的压缩机压力称为工作压力p_o。气举过程中压缩机出口压力的变化曲线如图3-17所示。

三、气举阀

气举生产过程中,如果启动压力较高,则要求压缩机具有相应较高的额定输出压力。由于气举系统在正常生产时,其工作压力比启动压力小得多,这就会造成压缩机功率的浪费,增加投入成本。为此,在油管的不同深度处安装气举阀,以实现降低启动压力和排出油套环空液体的目的。

1. 气举阀工作原理

气举阀实际上是一种用于井下的压力调节器。地面上常用的简单压力调节器的结构如图3-18所示。它通过阀球的开启度来控制注气量的大小,阀球的开启度不仅与上、下游压力有关,而且与加压元件压力有关,这是气举阀和固定节流器的不同之处。当高压气体注入油套环空时,气体从阀孔进入油管,使阀孔上部油管内的混合液密度降低,油套环空中的液体进入油管,其液面也随之降低,当油管内压力(阀孔下游压力)降到某一界限时,阀孔关闭,高压气体推动环空液面下降到第二级阀孔。依此类推,直到油套环空的液面下降到油管管鞋,液体排出井筒,油井正常生产。

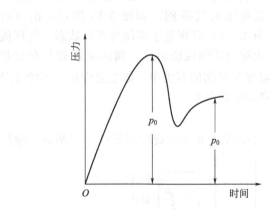

图3-17 气举时压缩机压力变化

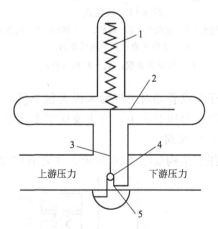

图3-18 压力调节器结构示意图
1—弹簧(加压元件);2—弹性膜;
3—阀杆;4—阀球;5—阀座

2. 气举阀的作用与分类

气举阀在整个气举生产过程中的作用可归纳如下。
① 气体进入举升管柱的通道和开关;

② 降低启动压力,增加气举举升深度,从而增大油井生产压差;
③ 气举阀可灵活地改变注气深度,以适应油井供液能力的变化;
④ 间歇气举的工作阀可以防止过高的注气压力影响下一注气周期,气举阀可控制周期注气量;
⑤ 气举阀上的单流阀可以防止产液从举升管倒流。

气举阀种类繁多,可按以下方式分类。

① 按压力控制方式,气举阀可分为节流阀、气压阀或称套压操作阀、液压阀或称油压操作阀和复合控制阀四种类型。节流阀在关闭状态时与气压阀相同,但一旦打开后,仅对油压敏感,打开这种阀,需要提高套压,关闭阀则降低油压或套压。气压阀在关闭状态时,有50%～100%对套压敏感,而打开后,仅对套压敏感,为了使气举阀打开或关闭,必须分别提高或降低套压。液压阀与气压阀正好相反,为了使气举阀打开或关闭,必须分别降低或提高油压。复合控制阀也称液压打开、气压关闭阀,即提高油压则阀打开,降低套压则阀关闭。

② 按气举阀在井下所起的作用,可分为卸载阀、工作阀和底阀。

③ 按气举阀自身的加载方式,可分为充气波纹管阀和弹簧气举阀。

④ 按气举阀安装作业方式,可分为固定式气举阀和投捞式气举阀。

3. 常用气举阀

在气举生产中按压力控制方式较为常用的主要有气压阀或称套压操作阀、液压阀或称油压操作阀。

(1) 气压阀

气压阀按自身的加载方式,可分为充气波纹管阀和弹簧阀,充气波纹管气举阀是广泛使用的气举阀,如图 3-19 所示,图(a)与图(b)分别处于关闭与开启状态。气压阀也称套压阀或压力阀,阀的波纹管与套压相

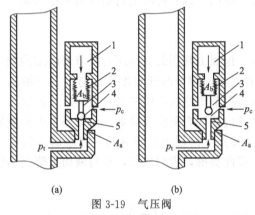

图 3-19 气压阀
1—储气室;2—波纹管;3—阀杆;4—阀球;5—阀座;
p_c—套管压力;p_t—油管压力;
A_b—波纹管面积;A_a—阀孔(座)

连,由于波纹管相对于气嘴来说大很多倍,所以在气举阀的开关中,起主要作用,阀的开关主要取决于套压的大小,它主要应用于连续气举和间歇气举。

(2) 液压阀

液压阀结构如图 3-20 所示,主要有波纹管与带有气室及弹簧的双元件等气举阀。液压

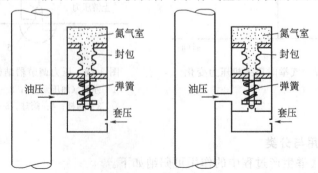

图 3-20 油压控制气举阀

阀的开关主要受油管压力的影响，它主要应用于双管气举采油中。封包式油压操作阀与封包式气压阀类似；双元件油压操作阀与双元件气压阀之间的不同之处是：在关闭条件下，油管中液体负荷产生的油管压力作用在封包上，而套管压力则作用在阀球上，与气压阀相反。国产固定式压力操作气举阀技术参数如表 3-1 所示。

表 3-1　国产固定式压力操作气举阀技术参数

型号	外径/mm	波纹管 面积/mm²	波纹管 冲程/mm	阀嘴直径/mm	$\dfrac{A_p}{A_b}$	$1-\dfrac{A_p}{A_b}$	油管效率系数(TEF)
QJF-2	25.4	19.35	3.175	3	0.0364	0.9636	0.0377
				3.5	0.0476	0.9504	0.0521
				4	0.0648	0.9352	0.0693
				4.5	0.0898	0.9172	0.0903
				5	0.1013	0.8987	0.128
YCOI-250	25.4	20	3.175	3	0.0355	0.9450	0.0368
				3.5	0.0483	0.9517	0.0507
				4	0.0631	0.9368	0.0674
				4.5	0.0799	0.9201	0.0868
				5	0.0987	0.9013	0.1095

思考题

1. 在油气生产系统中，原油经历哪些流动过程？
2. 什么是油井流入动态？它的物理意义是什么？
3. 什么是节点系统分析方法？
4. 利用节点系统分析方法可以解决油气生产过程中的哪些问题？
5. 气举采油的基本原理是什么？
6. 气举阀的作用是什么？

第四章 机械采油技术

在油田开发过程中,有些油田由于地层能量逐渐下降,到一定时期地层能量就不能使油井保持自喷,有些油田则因为原始地层能量低或油稠一开始就不能自喷。油井不能保持自喷时,或虽能自喷但产量过低时,就必须借助机械的能量进行采油。

常用机械采油方法有有杆泵采油、电动潜油泵采油、水力活塞泵采油、射流泵采油、螺杆泵采油及气举采油等。各采油方法有其自身的优势和使用条件,国内外应用最广泛的是游梁式抽油机,其有杆泵采油方法。

第一节 有杆泵采油

一、抽油装置及泵的工作原理

有杆泵采油包括游梁式抽油机井有杆泵采油和地面驱动螺杆泵采油,它们都是用抽油杆将地面动力传递给井下泵。前者是将抽油机悬点的往复运动通过抽油杆传递给井下柱塞泵;后者是将井口驱动头的旋转运动通过抽油杆传递给井下螺杆泵。

1. 抽油装置

抽油装置是指由抽油机、抽油杆及抽油泵所组成的抽油系统。图 4-1 所示为游梁式抽油装置工作示意图。用油管把深井泵的泵筒 2 下到井内液面以下,在泵筒下部装有只能向上打开的吸入阀(固定阀)1。用直径16~25mm 的抽油杆 5 把柱塞 4 从油管内下入泵筒。柱塞上装有只能向上打开的排出阀(游动阀)3。最上面与抽油杆相连接的杆称为光杆,它穿过三通 9 和盘根盒 10 悬挂在驴头 12 上。借助于抽油机的曲柄连杆机构 14 和 15 的作用,把动力机 17(电动机或天然气发动机)的旋转运动变为光杆的上下往复运动,用抽油杆柱带动深井泵的柱塞进行抽油。

(1)抽油机

抽油机是有杆深井泵采油的主要地面设备。游梁式抽油机主要由游梁-连杆-曲柄机构、减速箱、动力设备和辅助装置等四大部分组成。工作时,动力机将高速旋转运动通过皮带和减速箱传给曲柄轴,带动曲柄作低速旋转,曲柄通过连杆经横梁带动游梁作上下摆动,挂在驴头上的悬绳器便带动抽油杆柱作往复运动。

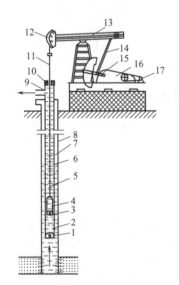

图 4-1 游梁式抽油装置
1—吸入阀;2—泵筒;3—排出阀;
4—柱塞;5—抽油杆;6—动液面;
7—油管;8—套管;9—三通;
10—盘根盒;11—光杆;12—驴头;
13—游梁;14—连杆;15—曲柄;
16—减速器;17—动力机(电动机)

第四章 机械采油技术

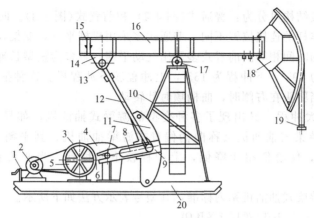

图 4-2　普通式抽油机结构简图

1—刹车装置；2—电动机；3—减速器皮带轮；4—减速器；5—输入轴；6—中间轴；7—输出轴；8—曲柄；
9—连杆轴；10—支架；11—曲柄平衡块；12—连杆；13—横船轴；14—横船；15—游梁平衡块；
16—游梁；17—支架轴；18—驴头；19—悬绳器；20—底座

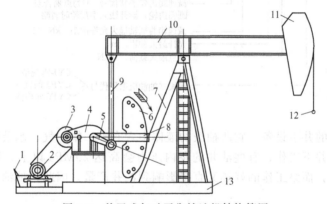

图 4-3　前置式气动平衡抽油机结构简图

1—刹车装置；2—电动机；3—减速器皮带轮；4—减速器；5—曲柄；6—曲柄平衡块；
7—支架；8—曲柄平衡重臂；9—连杆；10—游梁；11—驴头；12—悬绳器；13—底座

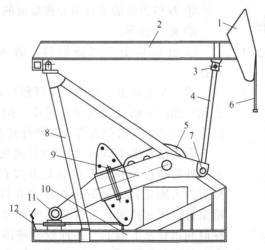

图 4-4　异相型游梁式抽油机结构简图

1—驴头；2—游梁；3—横梁；4—连杆；5—减速器；6—悬挂器；7—曲柄销；
8—支架；9—曲柄；10—底座；11—电动机；12—刹车装置

游梁式抽油机按结构可分为：普通式（图 4-2）和前置式（图 4-3）。两者的主要组成部分相同，只是游梁和连杆的连接位置不同。普通式多采用机械平衡，支架在驴头和曲柄连杆之间，其上、下冲程的时间相等。前置式多采用气动平衡，且多为重型长冲程抽油机。前置式的上冲程曲柄转角为 195°，下冲程为 165°，上冲程较下冲程慢。这种抽油机的曲柄旋转方向与普通型相反，当驴头在右侧时，曲柄顺时针转动。

为了节能和加大冲程，又出现了多种变型的游梁式抽油机，如异相型游梁式抽油机（图 4-4）。异相型游梁式抽油机又称曲柄偏置式游梁抽油机，其平衡重臂中心线与曲柄中心线有一相位角，使峰值扭矩降低，上冲程较下冲程慢。当驴头在右侧时，曲柄顺时针转动。

我国已制定了游梁式抽油机系列标准，其型号表示方法如下所示。

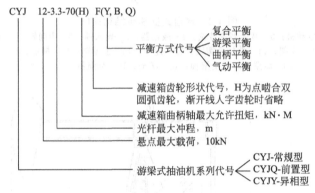

（2）抽油泵

抽油泵是抽油的井下设备，它所抽汲的液体中含有砂、蜡、气、水及腐蚀性物质，又在数百米到上千米的井下工作，有些油井的泵内压力会高达 20MPa 以上。因此，它的工作环境复杂，条件恶劣，而泵工作的好坏又直接影响到油井产量。因此，抽油泵一般应满足下列要求：

① 结构简单，强度高，质量好，连接部分密封可靠。

② 制造材料耐磨和抗腐蚀性好，使用寿命长。

③ 规格类型能满足油井排液量的需要，适应性强。

④ 便于起下。

⑤ 在结构上应考虑防砂、防气，并带有必要的辅助设备。

抽油泵主要由工作筒（外筒和衬套）、柱塞及游动阀（排出阀）和固定阀（吸入阀）组成。按照抽油泵在油管中的固定方式，抽油泵可分为管式泵和杆式泵。

管式泵：图 4-5（a）为普通管式泵的结构示意图。其特点是把外筒和衬套在地面组装好并接在油管下部先放入井内，然后投入固定阀，最后把柱塞接在抽油杆柱下端下入泵内。检泵打捞固定阀时，通常采用两种方式：一种是在起抽油杆柱时利用柱塞下端的卡扣或丝扣将固定阀捞出；另一种是柱塞下部无打捞装置，在起出抽油杆柱和柱塞后，用绞车、钢丝绳下入专门的打捞工具将固定阀捞出。目前大多数用管式泵的抽油井是在起抽油杆及柱塞时打开装在油管下部的井下

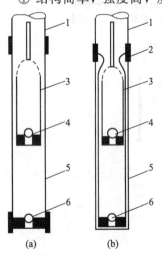

图 4-5 抽油泵示意图
(a) 管式泵；(b) 杆式泵
1—油管；2—锁紧卡；3—柱塞；
4—游动阀；5—工作筒；6—固定阀

泄油器，而不用打捞固定阀。

管式泵的结构简单、成本低，在相同油管直径下允许下入的泵径较杆式泵大，因而排量大。但检泵时必须起出油管，修井工作量大，故适用于下泵深度不是很大、产量较高的油井。

杆式泵：图 4-5(b) 为普通杆式泵的结构示意图。其特点是将整个泵在地面组装好并接在抽油杆柱的下端，整体通过油管下入井内，然后由预先装在油管预定深度（下泵深度）上的卡簧固定在油管上，检泵时不需要起油管。所以，杆式泵检泵方便，但结构复杂，制造成本高，在相同油管直径下允许下入的泵径比管式泵的小。杆式泵适用于下泵深度大、产量较小的油井。当前国内使用的是带环状槽的金属柱塞。金属柱塞及衬套的加工要求高，制造不方便，且易磨损。

为了便于加工和保证质量，衬套分段做成（每段长 300cm 或 150cm），然后组装在泵筒内，但使用时易发生衬套错位。为此，我国同时使用整筒泵，整筒泵没有衬套，柱塞与泵筒直接配合。近些年来随着新型密封材料的出现，国内外都在研制密封性能好、抗油耐磨的软柱塞（如橡胶、聚酰胺 68 及尼龙 1010 等材料做的"皮碗"），可以不用衬套，即软柱塞无衬套泵。这种泵的泵筒和柱塞的机加工要求低，易制造，皮碗磨损后，只需起出柱塞更换皮碗，而柱塞体仍可继续使用；主要问题是选择适合油井条件的抗油、耐磨、耐温、密封性能好的皮碗材料和设计合理的"皮碗"结构。

2. 泵的工作原理

（1）泵的抽汲过程

上冲程：抽油杆柱带着柱塞向上运动，如图 4-5(a) 所示。活塞上的游动阀受管内液柱压力而关闭。此时，泵内（柱塞下面的）压力降低，固定阀在环形空间液柱压力（沉没压力）与泵内压力之差的作用下被打开。如果油管内已充满液体，在井口将排出相当于柱塞冲程长度的一段液体。

因此，上冲程是泵内吸入液体、井口排出液体的过程。造成泵吸入的条件是泵内压力（吸入压力）低于沉没压力。

下冲程：抽油杆柱带着柱塞向下运动，如图 4-5(b) 所示。固定阀一开始就关闭，泵内压力增高到大于柱塞以上液柱压力时，游动阀被顶开，柱塞下部的液体通过游动阀进入柱塞上部，使泵排出液体。由于有相当于冲程长度的一段光杆从井外进入油管，所以将排挤出相当于这段光杆体积的液体。

因此，下冲程是泵向油管内排液的过程。造成泵排出液体的条件是泵内压力（排出压力）高于柱塞以上的液柱压力。

柱塞上下抽汲一次为一个冲程，在一个冲程内完成进油与排油过程。光杆从上死点到下死点的距离称为光杆冲程长度，简称光杆冲程。

（2）泵的理论排量

泵的工作过程是由三个基本环节所组成，即柱塞在泵内让出容积、井内液体进泵和从泵内排出井内液体。在理想情况下，活塞上、下一次过程中进入和排出的液体体积都等于柱塞让出的体积 V：

$$V = f_p s \tag{4-1}$$

式中，f_p 为柱塞截面积；D 为泵径，m；s 为光杆冲程，m。

每分钟的排量 V_m：

$$V_m = f_p s n \tag{4-2}$$

式中，n 为冲数，$\min^{-1}$。

每日排量：

$$Q_t = 1440 f_p s n \tag{4-3}$$

式中，Q_t 为泵的理论排量，m^3/d。

二、泵效的计算

在抽油井生产过程中，实际产量 Q 一般都比理论产量 Q_t 要低，两者的比值叫泵效，用 η 表示，即：

$$\eta = Q/Q_t \tag{4-4}$$

在正常情况下，若泵效为 0.7～0.8，就认为泵的工作状况是良好的。有些带喷井的泵效可能接近或大于 1。矿场实践表明，平均泵效大都低于 0.7，甚至有的油井泵效低于 0.3。影响泵效的因素很多，但从深井泵工作的三个基本环节（柱塞让出体积、液体进泵、液体从泵内排出）来看，可归结为以下三个方面。

① 抽油杆柱和油管柱的弹性伸缩 根据深井泵的工作特点，抽油杆柱和油管柱在工作过程中因承受着交变载荷而发生弹性伸缩，使柱塞冲程小于光杆冲程，所以减小了柱塞让出的体积。

② 气体和充不满的影响 当泵内吸入气液混合物后，气体占据了柱塞让出的部分空间，或者当泵的排量大于油层供油能力时液体来不及进入泵内，都会使进入泵内的液量减少。

③ 漏失影响 柱塞与衬套的间隙及阀和其他连接部件间的漏失都会使实际排量减少。只要保证泵的制造质量和装配质量，在下泵后一定时期内，漏失的影响是不大的。但当液体有腐蚀性或含砂时，将会由于对泵的腐蚀和磨损使漏失迅速增加。泵内结蜡和沉砂都会使阀关闭不严，甚至被卡，从而严重破坏泵的工作。在这些情况下，除改善泵的结构、提高泵的抗磨蚀性能外，主要是采取防砂及防蜡措施，以及定期检泵来维持泵的正常工作。

实际产液量可写为：

$$Q = 1440 \eta f_p s n \tag{4-5}$$

从上述三方面出发，泵效的一般表达式可写为：

$$\eta = \eta_\lambda \beta \eta_1 \eta_B \tag{4-6}$$

式中，$\eta_\lambda = s_p/s$ 为考虑抽油杆柱和油管柱弹性伸缩后的柱塞冲程与光杆冲程之比，表示杆、管弹性伸缩对泵效的影响；$\beta = V_{液}/V_{活}$ 为进入泵内的液体体积与柱塞让出的泵内体积之比，表示泵的充满程度；η_1 为泵漏失对泵效影响的漏失系数；$\eta_B = 1/B_1$ 为由于泵效是以地面产出液的体积计算，η_B 则是考虑地面原油脱气引起体积收缩对泵效计算的影响，B_1 为吸入条件下被抽汲液体的体积系数。

为了对影响泵效的因素进行定量计算和分析，下面分别讨论柱塞冲程、充满系数及漏失的计算。

1. 柱塞冲程

一般情况下，柱塞冲程小于光杆冲程，它是造成泵效小于 1 的重要因素。抽油杆柱和油管柱的弹性伸缩愈大，柱塞冲程与光杆冲程的差别也愈大，泵效就愈低。抽油杆柱所受的载荷不同，则伸缩变形的大小不同。如前所述，抽油杆柱所承受的载荷主要有：抽油杆柱及液柱载荷（总称静载荷）；抽油杆柱和液柱的惯性载荷及抽油杆柱的振动载荷（总称动载荷）。下面就分别研究由这些载荷作用所引起的抽油杆柱及油管的弹性变形，以及对柱塞冲程的影响。

(1) 静载荷作用下的柱塞冲程

由于作用在柱塞上的液柱载荷在上、下冲程中交替地分别由油管转移到抽油杆柱和由抽油杆柱转移到油管，从而引起杆柱和管柱交替地增载和减载，使杆柱和管柱发生交替地伸长和缩短。

当驴头开始上行时，游动阀关闭，液柱载荷作用在柱塞上，使抽油杆发生弹性伸长。因此，柱塞尚未发生移动时，悬点已从位置 A 移到位置 B，这一段距离即为抽油杆柱的伸长 λ_r。

当悬点位置从 B 移至 B' 时，正是油管由于卸去载荷要缩短一段距离 λ_t 的过程。此时，柱塞与泵筒之间没有相对位移。这段缩短距离使悬点增加了一段无效位移，即从位置 B 移到位置 B'。所以，吸入阀仍然是关闭的。

当驴头从位置 B' 移到位置 C 时，柱塞才开始与泵筒发生相对位移，吸入阀开始打开并吸入液体，一直到上死点 C。由此看出：柱塞有效移动距离（柱塞冲程）s_p 比光杆冲程小 λ，而 $\lambda=\lambda_r+\lambda_t$。

下冲程开始时，吸入阀立即关闭，液柱载荷由抽油杆柱逐渐移到油管上，使抽油杆缩短 λ_r，而油管伸长 λ_t。此时，只有驴头下行 $\lambda=\lambda_r+\lambda_t$ 距离之后，柱塞才开始与泵筒发生相对位移。因此，下冲程中柱塞冲程仍然比光杆冲程小 λ 值。

抽油杆柱和油管柱的自重伸长在泵工作的整个过程中是不变的，因此，它们不会影响柱塞冲程。由此，柱塞冲程：

$$s_p = s - (\lambda_r - \lambda_t) = s - \lambda \tag{4-7}$$

式中，λ 为冲程损失。

柱塞截面积愈大，泵下得愈深，则冲程损失愈大。为了减小液柱载荷及冲程损失，提高泵效，通常不能选用过大的泵，特别是深井中总是选用直径较小的泵。当泵径超过某一限度（引起的 $\lambda \geqslant s/2$）之后，泵的实际排量不但不会因增大泵径而增加，反而会减小。当 $\lambda \geqslant s$ 时，活塞冲程等于零，泵的实际排量等于零。

(2) 考虑惯性载荷后的柱塞冲程计算

当悬点上升到上死点时，速度趋于零，但抽油杆柱有向下的（负的）最大加速度和向上的最大惯性载荷，使抽油杆柱减载而缩短。所以，悬点到达上死点后，抽油杆在惯性力的作用下还会带着柱塞继续上行，使柱塞比静载变形时向上多移动一段距离 λ'。当悬点下行到下死点后，抽油杆的惯性力向下，使抽油杆柱伸长，柱塞又比静载变形时向下多移动一段距离 λ''。因此，与只有静载变形情况相比，惯性载荷作用使柱塞冲程增加 λ_i：

$$\lambda_i = \lambda' + \lambda'' \tag{4-8}$$

式中，λ_i 为惯性载荷作用使柱塞冲程增加的数值。

尽管惯性载荷引起的抽油杆柱的变形使柱塞冲程增大，有利于提高泵效，但增加惯性载荷会使悬点最大载荷增加，最小载荷减小，使抽油杆受力条件变坏。所以，通常并不用增加惯性载荷（快速抽汲）的办法来增加柱塞冲程。

2. 泵的充满程度

多数油田在深井泵开采期，都是在井底流压低于饱和压力下生产的，即使在高于饱和压力下生产，泵口压力也低于饱和压力。因此，在抽汲时总是气液两相同时进泵，气体进泵必然减少进入泵内的液体量而降低泵效。当气体影响严重时，可能发生"气锁"，即在抽汲时由于气体在泵内压缩和膨胀，使吸入和排出阀无法打开，出现抽不出油的现象。

通常采用充满系数 β 来表示气体的影响程度：

$$\beta = \frac{V'_1}{V_p} \tag{4-9}$$

式中，V_p 为上冲程活塞让出的容积；V'_1 为每冲程吸入泵内的液体体积。

充满系数 β 表示了泵在工作过程中被液体充满的程度。β 愈高，则泵效愈高。泵的充满系数与泵内气液比和泵的结构有关。见图 4-6。

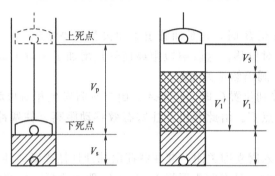

图 4-6　气体对泵充满程度的影响

V_1、V_5—活塞在死点位置时，泵内液、气体积；V'_1—吸入泵内的体积；V_p—活塞让出的体积；
V_s—活塞在下死点时，吸入阀与排出阀间的泵筒容积（称余隙容积）

令 $K = V_s/V_p$ 表示余隙比，则 K 值越小，β 值就越大。因 $K = V_s/V_p$，所以，要减小 K 值，可使 V_s 尽可能小和增大柱塞冲程以提高 V_p。因此，在保证柱塞不撞击固定阀的情况下，尽量减小防冲距，以减小余隙。

气液比愈小，β 就越大。为了降低进入泵内的气液比，可增加泵的沉没深度，使原油中的自由气更多地溶于油中；也可以使用气锚，使气体在泵外分离，以防止和减少气体进泵。

如果忽略余隙，即 $V_s = 0$ 时，$K = 0$，则：

$$\beta = \frac{1}{1+R} \tag{4-10}$$

$$\beta = \frac{(R_p - R_s)(1 - f_w)}{p_i + 0.1} \tag{4-11}$$

式中，R 为泵内汽液比，m^3/m^3；R_p 为地面生产气油比，m^3/m^3；R_s 为泵内溶解气油比，$R_s = \alpha p_i$，m^3/m^3；α 为溶解系数，$m^3/(m^3 \cdot MPa)$；p_i 为沉没压力，MPa；f_w 为体积含水率。

若油层能量低或原油黏度大使泵吸入时阻力很大，那么往往使活塞移动快，供油跟不上，油还未来得及充满泵筒，活塞就已开始下行，出现所谓充不满现象，从而降低泵效。对于这种情况，一般可加深泵挂增大沉没度，或选用合理的抽汲参数，以适应油层的供油能力。对于稠油，可采取降黏措施。

3. 泵的漏失

影响泵效的漏失因素包括以下几点。

① 排出部分漏失　柱塞与衬套的间隙漏失、游动阀漏失，都会使从泵内排出的液量减少。

② 吸入部分漏失　固定阀漏失会减少进入泵内的液量。

③ 其他部分的漏失　尽管泵正常工作，由于油管丝扣、泵的连接部分及泄油器密封不

严,都会因漏失而降低泵效。

由于磨损、砂卡、蜡卡及腐蚀所产生的漏失很难计算,可根据示功图来分析漏失的严重程度。新泵正常工作时的漏失量,一般可根据试泵时所测的漏失量来估算,亦可根据下面方法来计算和分析漏失量与抽汲参数之间的关系。

三、提高泵效的措施

泵效的高低是反映抽油设备利用效率和管理水平的一个重要指标。前面只就泵本身的工作状况进行了分析,谈到了相应的措施。实际上,泵效同油层条件有相当密切的关系。因此,提高泵效的一个重要方面是要从油层着手,保证油层有足够的供液能力。

实践证明:对于注水开发而采用抽油开采的油田,加强注水是保证油井高产量、高泵效生产的根本措施;在一定的油层条件下,使泵的工作同油层条件相适应是保证高泵效的前提。

下面简要介绍为了提高泵效在井筒方面应采取的一般措施。

(1) 选择合理的工作方式

当抽油机已选定,并且设备能力足够大时,在保证产量的前提下,应以获得最高泵效为基本出发点来调整参数。在保证 f_p、s、n 的乘积不变(即理论排量一定)时,可任意调整三个参数。但 f_p、s、n 组合不同时,冲程损失不同。一般是先用大冲程和较小的泵径,这样,既可减小气体对泵效的影响又可降低悬点载荷。对于油比较稠的井,一般采用大泵、大冲程、小冲数;而对于连喷带抽的井则选用大冲数快速抽汲,以增强诱喷作用。深井抽汲时,s 和 n 的选择一定要避开 s 和 n 的不利配合区。

当油井产量不限时,应在设备条件允许的前提下,以获得尽可能大的产量为基础来提高泵效。

f_p、s、n 的具体数值,除了可以用计算方法初步确定外,还可以通过生产试验来确定。先选择不同的参数组合分别进行生产,然后根据每组参数,在产量稳定的条件下,对所取得的各项资料进行综合分析,最后选出在保证强度条件下的高产量、高泵效的参数组合。

(2) 确定合理沉没度

降低泵口气液比,减少进泵气量,从而提高泵的充满程度。

(3) 改善泵的结构

提高泵的抗磨、抗腐蚀性能,采取防砂、防腐蚀、防蜡及定期检泵等措施。

(4) 使用油管锚减少冲程损失

如前所述,冲程损失是由于静载变化引起抽油杆柱和油管柱的弹性伸缩造成的。如果用油管锚将油管下端固定,则可消除油管伸缩,从而减少冲程损失。深井中将油管下部锚定可消除由于内压引起的油管螺旋弯曲,从而消除因此而降低的活塞冲程。

(5) 合理利用气体能量及减少气体影响

气体对抽油井生产的影响随油井条件不同而不同。对刚由自喷转为抽油的井,初期尚有一定的自喷能力,可合理控制套管气,利用气体能量来举油,使油井连喷带抽,从而提高油井产量和泵效。实践证明:对于一些不带喷的抽油井,合理控制套管气可起到稳定液面和产量的作用,并可减少因脱气而引起的原油黏度的增加。

对于一般含气的抽油井,要提高泵的充满系数就必须降低进泵气油比,其措施之一是适当增加沉没度,以减少泵吸入口处的自由气量。但要增大沉没度,就必须增加下泵深度。因此,用增大沉没度来提高泵效的措施总是受到某些条件的限制。

高含气抽油井减少气体对泵工作影响的有效措施是在泵的入口处安装气锚(井下油气分离器),将油流中的自由气在进泵前分离出来,通过油套管环形空间排到地面。

第二节 潜油电泵采油

无杆泵机械采油方法与有杆泵采油的主要区别是不需用抽油杆传递地面动力,而是用电缆或高压液体将地面能量传输到井下,带动井下机组把原油抽至地面。

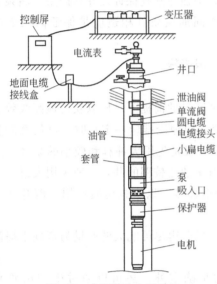

图 4-7 典型潜油电泵采油

潜油电泵系统主要由电机、保护器、气液分离器、多级离心泵、电缆、接线盒、控制屏和变压器等部件组成。除了上述基本部件外,潜油电泵还可选用一些附属部件:如单流阀、泄油阀、扶正器、井下压力测量仪表和变速驱动装置等。该系统的工作原理是地面电源通过变压器、控制屏和电缆将电能输送给井下电机,带动多级离心泵叶轮旋转,将电能转换为机械能,把井液举升到地面。见图 4-7。

潜油电泵的优点:①能大排量采液是这种采油方法的主要优点。但是,目前潜油电泵也经常应用于产液量比较低的油井。②这种泵能够把油井中位于上部水层的水转注到下部的注水层中。③操作简单,管理方便,在市区应用有利于美化环境、减少噪音。④能够较好地运用于斜井、水平井以及海上采油。⑤容易处理腐蚀和结蜡。⑥容易安装井下压力及温度等测试装置,并通过电缆将测试信号传递到地面,进行测量读数。⑦为适应油井产量递减或发生变化,可采用变频装置调节电源频率来实现,但投入费用较高。⑧免修期较长,油井生产时效相对比较高。

潜油电泵的缺点:①潜油电泵下入深度受电机额定功率的限制,套管尺寸和井底高温时潜油电泵的下入深度受到限制。大型高功率设备没有足够的环形突然空间冷却电机,会缩短电机的使用寿命。②由于多级大功率潜油功率比较昂贵,使得初期投资比较高,特别是电缆的费用较高。如果需要高腐蚀或耐高温,则费用会更高。③由于整套装置都安装在井下,一旦出现故障,需要起出全部管柱进行修理,导致作业费用增加和停产时间过长。④井下高温容易使电缆出现故障,高温、腐蚀和磨损可能造成电机损害。高气油比会使升举故障降低,而且会因气锁使泵发生故障。⑤动力源仅采用电源。

第三节 水力活塞泵采油

水力活塞泵是一种液压传动的无杆抽油设备,整个系统包括水力活塞泵油井装置和地面流程两部分。水力活塞泵油井装置包括:水力活塞泵井下机组、井下管柱结构和井口。地面部分包括:地面高压泵机组、高压控制管汇、动力液处理装置和计量装置与地面管线。

水力活塞泵中的动力液由地面加压后，经过油管或专用动力液管传至井下，通过滑阀控制机构不断改变供给液马达的液体流向来驱动液马达做往复运动，从而带动抽油泵进行抽油。典型水力泵系统如图4-8所示。

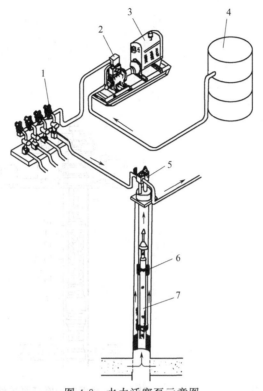

图4-8　水力活塞泵示意图

1—高压控制管汇；2—地面泵；3—发动机；4—动力液罐；5—井口装置；6—井下泵工作筒；7—沉没泵

适用条件：①油层深度与排量范围大；②含蜡；③稠油；④井斜。

缺点：①机组结构复杂，加工精度要求高；②地面流程大，投资高。

第四节　水力射流泵采油

水力射流泵（简称射流泵）是一种特殊的水力泵。图4-9是水力射流泵的结构示意图。

射流泵主要由喷嘴、喉管及扩散管组成。喷嘴是用来将流经的高压动力液的压能转换为高速流动液体的动能，并在嘴后形成低压区。高速流动的低压动力液与被吸入低压区的油层产出液在喉管中混合，流经截面不断扩大的扩散管时，因流速降低将高速流动的液体动能转换成低速流动的压能。混合液的压力提高后被举升到地面。

射流泵是通过流体压能与动能之间的流体能量直接转换来传递能量，不像其他类型的泵那样，必须有机械能量与流体能量的转换。因此，射流泵没有运动部件，适合于汲取腐蚀和磨蚀性油井流体。其结构紧凑，泵排量范围大（10～1500m³/d），对定向井、水平井和海上丛式井的举升有良好的适应性。由于可利用动力液的热力及化学特性，水力射流泵可用于高凝油、稠油、高含蜡油井中。射流泵可以采用自由安装，因而检泵及泵下测量工作都比较方便。尽管水力射流泵具有以上优点，但因为射流泵是一种高速混合装置，泵内存在严重的湍流和摩擦，系统效率较低；射流泵在吸入压力低时，容易在入口处产生气蚀。在正常条件下其使用仍受到一定的限制。

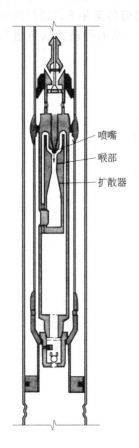

图 4-9 水力射流泵示意图

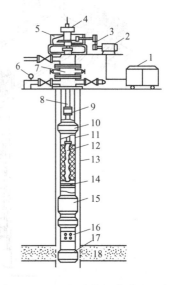

图 4-10 地面驱动螺杆泵采油示意图

1—电控箱；2—电机；3—皮带；4—方卡子；5—减速箱；6—压力表；
7—专用井口；8—抽油机；9—抽油杆扶正器；10—油管扶正器；
11—油管；12—螺杆泵；13—套管；14—定位销；15—油管
防脱器；16—筛管；17—死堵；18—油层

第五节　螺杆泵采油

螺杆泵是以液体产生的旋转位移为泵送基础的一种新型机械采油装置。它具有灵活可靠、抗磨蚀及容积效率高等特点。随着合成橡胶和黏结技术的发展，使螺杆泵也成为稠油出砂冷采、聚合物驱油的油田主要的人工举升方式。如图 4-10 所示。

螺杆泵的特点是流量平稳、压力脉动小、有自吸能力、噪声低、效率高、寿命长、工作可靠；而其突出的优点是输送介质时不形成涡流、对介质的黏性不敏感、可输送高黏度介质。螺杆泵的优点有以下几点。

① 压力和流量范围宽阔，压力约在 $3.4 \sim 340 \text{kgf/cm}^2$，流量可达 $100 \text{cm}^3/\text{min}$；

② 运送液体的种类和黏度范围宽广；

③ 因为泵内的回转部件惯性力较低，故可使用很高的转速；

④ 吸入性能好，具有自吸能力；

⑤ 流量均匀连续，振动小，噪音低；

⑥ 与其他回转泵相比，对进入的气体和污物不太敏感；
⑦ 结构坚实，安装保养容易。
螺杆泵的缺点有以下几点。
① 对螺杆的加工和装配要求较高；
② 泵的性能对液体的黏度变化比较敏感。

思考题

1. 有杆抽油系统的工作原理是什么？
2. 游梁式抽油机的种类有哪些？
3. 管式泵和杆式泵各有哪些特点？
4. 影响有杆泵泵效的因素有哪些？
5. 潜油电泵抽油系统的设备主要有哪些？基本原理是什么？
6. 水力活塞泵抽油系统的工作原理是什么？
7. 水力射流泵抽油系统的工作原理是什么？

第五章 注 水

注水就是利用注水井把水注入油层,以补充和保持油层压力的措施。油田投入开发后,随着开采时间的增长,油层本身能量将不断地被消耗,致使油层压力不断地下降,地下原油大量脱气,黏度增加,油井产量大大减少,甚至会停喷停产,造成地下残留大量死油采不出来。为了弥补原油采出后所造成的地下亏空,保持或提高油层压力,实现油田高产稳产,并获得较高的采收率,必须对油田进行注水。

第一节 水源与水质

注水水质是影响注水效果的重要因素,当注入不合格的水后,地层平均渗透率降低,进而使采收率降低。因此,水源的选择及水质的监测控制对油气生产至关重要。

一、水源选择及水质要求

1. 水源选择

油田注水要求的水源不仅量大,而且希望水源的水量和水质比较稳定。水源的选择既要考虑到水质处理工艺简便,又要能满足油田日注水量的要求,满足设计年限内所需要的总注水量。因此,可以按照设计要求的注入量为依据水源的水量作出大致的估算。估算的方法是:如果将采出的污水大部分回注,最终所需要的总注水量大致是注入油层孔隙体积的1.5~1.7倍。

目前作为注水用的水源有两大类:一是淡水源;二是盐水源。

① 地面水源——淡水。江、河、湖、泉的地面水已广泛应用于注水。这种水的水源易受限,常随季节变化,且高含氧,携带有很多悬浮物和各种微生物,不同季节水质成分变化很大,从而给水质处理带来许多麻烦。

② 来自河床等冲积层水源——淡水。这种水源是通过在河床打一些浅井到冲积层的顶部而得到的。

③ 地层水水源——淡水或盐水。地层水是根据地质资料并通过钻探而找到的地下水源。

④ 海水——盐水。浅海和海上油田注水,一般用海水。海水既多又方便,但有高含氧和盐、悬浮的固体颗粒随季节变化大等问题,通常是在海底钻一些浅井,从井中取水以减少水的机械杂质。

2. 水质要求

注水不当对油层的损害是众所周知的,特别对低孔低渗油藏,制定合理水质标准是保持油田正常注水的关键。注水引起的伤害主要是堵塞、腐蚀和结垢三大类型。因此制定水质标准要从这三方面着手。

实践表明,对水质的要求,应根据油藏孔隙结构和渗透性分级以及流体物理化学性质并结合水源的水型等,通过试验来确定。具体可参照下列要求。

① 机械杂质含量不超过 2.0mg/L；
② 铁含量不超过 0.5mg/L；
③ 不含细菌，特别是不能含硫酸盐还原菌、铁细菌、腐生菌等。因为它们能大量腐蚀设备、堵塞油层孔隙通道；
④ 含氧量不超过 0.01mg/L；
⑤ 硫化物含量小于 10mg/L；
⑥ 酸碱度值为 7～8。

二、注入水处理技术

1. 常规水处理技术

在水源确定之后，对不符合水质标准的水要进行处理，常用的水处理措施有以下几种。

① 沉淀　来自地面水源的水，总是含有一定数量的机械杂质。因此，应首先通过沉淀除去其机械杂质。办法就是让水在沉淀池（罐）内有一定的停留时间，使其中所悬浮的固体颗粒借自身的重力而沉淀下来。

② 过滤　来自沉淀池的水往往还含有少量很细的悬浮物和细菌，为了除去这类物质必须进行过滤处理。即使来自无须沉淀的地下水，也常需要过滤。

过滤设备常用过滤池或过滤器，其内装石英砂、大理石屑、无烟煤屑及硅藻土等。水从上向下经砂层、砾石支撑层，然后从池底出水管流入澄清池加以澄清。

③ 杀菌　地面水中多数含有藻类、铁菌或硫酸还原菌等，在注入时必须进行杀菌以防止其堵塞地层。考虑到细菌适应性强，一般选用两种以上杀菌剂，以免细菌产生抗药性。

常用的杀菌剂有氯或其他化合物，如次氯酸、次氯酸盐及氯酸钙等。甲醛既有杀菌作用又有防腐作用，是一种较好的水质处理剂。

④ 脱氧　氧是造成注水系统腐蚀的最主要和最直接的因素，也是其他水质指标能否达到标准的关键。地面水和雨水由于和空气接触，总是溶有一定量的氧，有的水源还含有碳酸气和硫化氢气体，应设法除去。除去碳酸气和硫化氢气体在原理上和脱氧（机械法和化学法）有相似之处。

常用的化学除氧剂有亚硫酸钠（Na_2SO_3）、二氧化硫（SO_2）和联氨（N_2H_4）等，而最常用的是亚硫酸钠，它价格低廉、使用方便。

除了溶解化学药剂的脱氧方法外，还有逆流气提脱氧和机械真空脱氧两种方法，其中以真空脱氧最为经济。

⑤ 曝晒　当水源含有大量的过饱和碳酸盐（如重碳酸钙、重碳酸镁和重碳酸亚铁等）时，由于它们极不稳定，注入地层后随温度升高可能产生碳酸盐沉淀而堵塞油层。因此需预先进行曝晒处理，使碳酸盐沉淀以便水质稳定。

2. 污水处理

含油污水是油田开发过程中的"三废"之一。为节约水源和保护环境，污水回注意义重大。污水回注应解决下列问题。

① 处理后的污水应达到注水水质标准；
② 水在设备和管线中既不产生结垢堵塞，又不产生严重腐蚀；
③ 和地层水不起化学反应生成沉淀而堵塞油层。

含油污水处理的目的主要是除去油及悬浮物。一般污水处理的过程包括沉降、撇油、凝絮、浮选、过滤和加抑垢、防腐、杀菌及其他化学药剂等。

3. 海水处理

海水处理主要是进行净化和脱氧。因此海水处理装置也主要由净化及脱氧两大部分组成。

① 净化部分　目前一般采用多级过滤净化处理，依次为：砂滤器、硅藻土滤器、金属网状筒式三级过滤器。第一级普遍采用石英砂，也有采用石榴石、活性炭、无烟煤、聚苯乙烯发泡小球作为滤料。

② 脱氧部分　主要有真空（减压）脱氧、气提脱氧和化学脱氧三种脱氧类型及其相关的设备。

第二节　注水系统组成

一、注入水地面系统

从水源到注水井的注水地面系统通常包括水源泵站、水处理站、注水站、配水间和注水井。

（1）注水站

注水站的主要作用是将来水升压，满足注水井的压力要求；站内注水工艺流程主要考虑满足注水水质、计量、操作管理及分层注水等方面的要求。其主要工艺流程走向为：

来水进站→计量→水质处理→储水罐→泵出

注水站的主要设施有：储存水的储罐、给注入水增压的高压泵组（多级离心泵或柱塞泵）、计量水量的流量计和将高压水向各配水间分配的分水器等。

（2）配水间

配水间是用来调节、控制一口注水井注水量的，配水间内主要设施为分水器，分为正常注水和旁通备用管汇两部分。配水间一般分为单井配水间和多井配水间两种。

（3）注水井

注水井是注入水进入地层经过的最后"装置"，注水井的井口装置与自喷井相似，不同点是无清蜡闸门、不装油嘴、能承受高压。注水井口有一套控制设备，它的主要作用是：悬挂井内管柱；密封油套环形空间；控制注水和洗井方式，如正注、反注、合注、正洗、反洗和进行井下作业等。

二、注水井投注程序

注水井完钻后，一般要经过排液、洗井和试注之后才能转入正常的注水。

（1）排液

排液的目的在于清除近井地带油层内的堵塞物，在井底附近造成适当的低压带，为注水创造有利条件。同时，采出部分弹性油量，以减少注水井排或注水井附近的能量损失，有利于注水井排拉成水线。

排液时间可根据油层性质和开发方案来决定，排液的强度以不损伤油层结构为原则。

（2）洗井

注水井在排液之后还需要进行洗井。洗井的目的是把井筒内的腐蚀物、杂质等污物冲洗出来，避免油层被污物堵塞，影响注水。

洗井方式有两种：一种是正洗，即水从油管进井，从油套环形空间返回地面；另一种是反洗，即水从油套环形空间进井，从油管返回地面。

洗井时要注意井出口水量，达到油层微吐为宜，要严防漏失。在油层压力低于静水柱压力时，可采用混气水洗井。要彻底清洗油管、油套环形空间、射孔井段及井底口袋内的杂物，直到进出口水质完全一致时为止。

（3）试注

试注的目的在于确定能否将水注入油层井取得油层吸水启动压力和吸水指数等，以便根据配注水量选定注入压力。因此，试注时要进行水井测试，求出注水压力和地层吸水能力。地层吸水能力的大小一般用吸水指数表示。如果试注效果好（可与邻井同类油层吸水能力相比较），即可进行转注；如果效果不好，要进行调整或采用酸浸、酸化、压裂等措施，直至合格为止。

（4）转注

注水井通过排液、洗井、试注，取试注的资料并绘出注水指示曲线，再经过配水就可以转为正常注水。

第三节 注水井吸水能力分析

一、注水井吸水能力

注水井吸水能力的大小，主要采用下面的几个指标来体现。

（1）注水井指示曲线

它是表示在稳定流动条件下，注入压力与日注水量之间的关系曲线，如图5-1所示。

（2）吸水指数

它是表示在单位注水压差下的日注水量，单位为 $m^3/(d·MPa)$，吸水指数的大小表示地层吸水能力的强弱。油田正常生产时，不可能经常关井测注水井静压。因此，一般采用测指示曲线的办法取得在不同流压下的注水量，用两种工作制度下日注水量之差除以相应工作制度下流压之差来计算吸水指数。

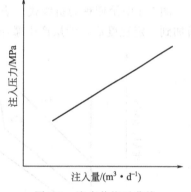

图5-1 注水井指示曲线

在进行不同地层吸水能力对比分析时，需采用"比吸水指数"或称"每米吸水指数"的指标。它是地层吸水指数除以地层有效厚度所得的数值，单位为 $m^3/(d·MPa·m)$，它表示1m厚地层在单位压差下的日注水量。

（3）视吸水指数

用吸水指数进行分析时，需对注水井进行测试取得流压资料后才能进行。在日常水井管理中，为及时掌握吸水能力的变化，常采用视吸水指数为指标来反应水井的吸水能力。视吸水指数为日注水量与井口压力之比，单位为 $m^3/(d·MPa)$。

在没有分层注水的情况下，若采用油管注水，则井口压力取套管压力；若采用套管注水，则井口压力取油管压力。

（4）相对吸水量

相对吸水量是指在同一注入压力下，某小层吸水量占全井吸水量的百分数，表示各小层的相对吸水能力。

二、地层吸水能力分析

按实测井口压力绘制的指示曲线,不仅反映油层情况,而且还与井下配水工具的工作状况有关。因此,通过对指示曲线形状的特征和曲线斜率变化的分析就可以了解油层吸水能力及其变化,判断井下配水工具的工作状况,并以此作为进行分层配水计算的主要依据。

1. 指示曲线的几种形状

图 5-2 为一般分层测试时可能遇到的几种指示曲线的形状。

（1）直线型指示曲线

图 5-2 中第一种直线为递增式,它反映了油层吸水量与注入压力成正比。在直线上任取两点（图 5-3）,由相应的注入压力 p_1、p_2 及注入量 Q_1、Q_2,用下式可计算出油层的吸水指数 K,单位 $m^3/(d \cdot MPa)$。

$$K = \frac{Q_1 - Q_2}{p_1 - p_2} \tag{5-1}$$

由式(5-1)可看出,直线斜率的倒数即为吸水指数。用指示曲线计算吸水指数时,应用有效指示曲线,即应用有效注水压力与相应注水量绘制的指示曲线。

图 5-2 中第二种为垂直式指示曲线,这种类型曲线出现在油层渗透性很差的情况下。

（2）折线型指示曲线

图 5-2 中第三种为上翘式,除了与仪表、操作、设备有关外,还与油层性质有关。这种情况可出现在油层条件差、连通性不好或不连通的"死胡同"油层。

图 5-2 中第四种为折线式,表示有新油层在注入压力较高时开始吸水,或是当注入压力增加到一定程度后,油层产生微小裂缝的结果。

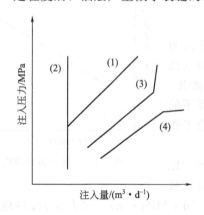

图 5-2 几种指示曲线的形状

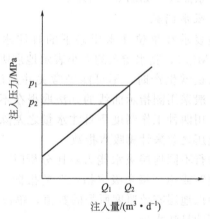

图 5-3 由指示曲线求吸水指数

2. 用指示曲线分析油层吸水能力的变化

由于正确的指示曲线反映了油层吸水规律和吸水能力的大小,因此对比不同时间内所测得的指示曲线,就可以了解油层吸水能力的变化。

几种典型情况分析：

① 指示曲线右移,斜率变小（如图 5-4 所示）,说明油层吸水能力增强,吸水指数变大。曲线 1 为原先所测指示曲线,曲线 2 为过一段时间后所测曲线（以下各图同）。

② 指示曲线左移,斜率变大（如图 5-5 所示）,说明吸水能力下降,吸水指数变小。

③ 指示曲线平行上移,斜率未变（如图 5-6 所示）,说明油层吸水指数未变,只是注入层的油层压力升高了。

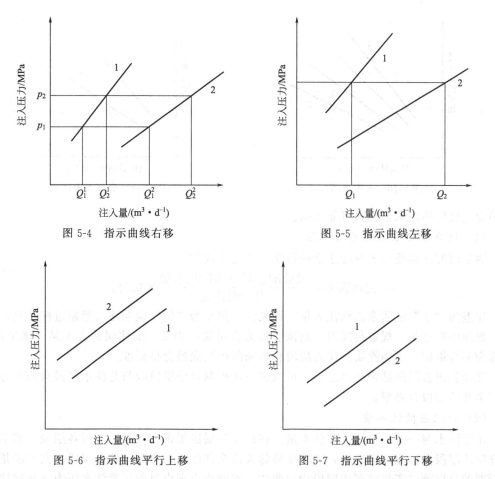

图 5-4 指示曲线右移

图 5-5 指示曲线左移

图 5-6 指示曲线平行上移

图 5-7 指示曲线平行下移

④ 指示曲线平行下移,斜率未变(如图 5-7 所示),说明油层吸水指数未变,只是注入层的油层压力下降了。

三、井下配水工具工作状况的判断

根据指示曲线的变化,可对井下工具工作状况进行分析判断。可能的指示曲线如图 5-8~图 5-11 所示。

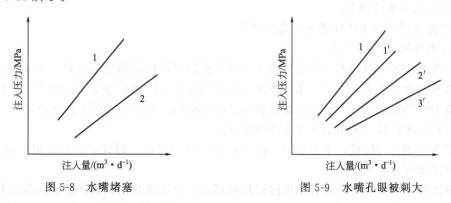

图 5-8 水嘴堵塞

图 5-9 水嘴孔眼被刺大

四、检查配注准确程度和分配层段注水量

注水井投入正常注入之后,还需要定期进行分层测试,以便检查配注的准确程度,并为

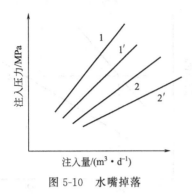

图 5-10　水嘴掉落

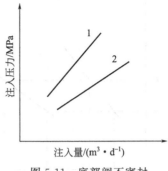

图 5-11　底部阀不密封

正确分配层段的注水量提供可靠依据。

(1) 检查配注准确程度的方法

通常用配注误差来表示配注准确程度，其定义式为

$$配注误差=\frac{设计配注量-实际注水量}{设计配注量}\times100\%$$

误差为"正"说明未达到注入量，称欠注；误差为"负"说明注入量超过配注量，为超注。配注误差在某一规定范围内，则该层称为合格层；相反，配注误差大于某一规定范围，则称为不合格层。不同性质的注入层段有不同的配注误差合格标准。

在计算出各层段是否合格之后，可以进一步根据合格层段数与总注水层段数的百分比来计算全井的层段合格率。

(2) 分配层段注水量

正常注水时一般只测得全井注水量。在计算各层段累积注入量、分析各层段注采平衡和检查配注层段指标完成情况时，就需要将每天的全井注水量分配到各个层段。其方法是：先用近期的分层测试资料整理成层段指示曲线，在曲线上求出目前正常注水压力下各层注水量及全井注水量，然后借此计算出此注入压力下各层段的相对注水量及实际注水量。

五、影响吸水能力的因素及恢复措施

根据现场资料分析和实验室研究，影响注水井吸水能力的因素可综合为四个方面。

① 与注水井井下作业及注水井管理操作等有关的因素；

② 与水质有关的因素；

③ 组成油层的黏土矿物遇水后发生膨胀；

④ 注水井地层压力上升。

针对吸水能力下降的不同原因采用不同的措施以保证地层的吸水能力。在注水过程中应当采取以预防为主的措施，注重水质及注水系统的管理，防止对地层产生堵塞，从而使地层的吸水能力得到保证。为了避免泥浆侵害油层或因措施、操作不当引起井底砂堵，一般在注水井进行井下作业时，采用不压井不放喷作业。

地层吸水能力的降低，绝大多数是由于地层堵塞引起的。因此，要恢复地层吸水能力，就必须解除堵塞。

用排液的办法有时可以部分地解除地层的堵塞，方法也简便。但排液法的效果有限，有些堵塞是用一般排液所不能排除的，而且大量排液将降低注水井的地层压力而违背了注水的目的。因此，通常解堵还需采用专门的处理措施。可将注水造成的堵塞分为无机物堵塞和有机物堵塞，以便分别采取相应的措施。

第四节 分层注水技术

由于油层的非均质性，各层的吸水能力有差异，只有具体地层具体对待才能提高注水效率。

一、分层吸水能力的测试方法

目前我国研究吸水能力的方法主要有两类：一类是测定注水井的吸水剖面，用各层的相对吸水量表示各层吸水能力的大小；另一类是在注水过程中直接进行分层测试，并整理出分层指示曲线，求出分层的吸水指数来表示出分层注水能力的好坏。

（1）确定吸水剖面的方法

测吸水剖面就是在一定压力下测定沿井筒各射开层段吸收注入水量的多少（即分层的吸水量）。它可以用放射性同位素载体法、点测流量计法、井温测井和连续流量计法来测定。图 5-12 给出了一测得的吸水剖面。

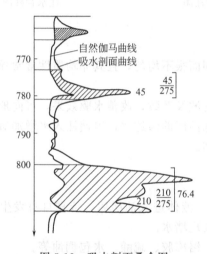

图 5-12　吸水剖面叠合图

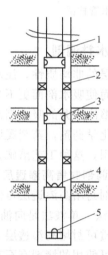

图 5-13　投球测试管柱示意图
1—油管；2—封隔器；3—配水器；
4—球座；5—底部阀

（2）注水井分层测试法

这种方法就是测量分层流量，绘制分层指示曲线。测量井下分层流量目前的方法有两种，一种是投球测试法；另一种是井下流量计法。图 5-13 给出了投球测试管柱示意图。

二、分层注水管柱

为了解决层间矛盾，调整油层平面上注入水分布不均匀的状况，以控制油井含水上升和油田综合含水率的上升速度，提高油田的开发效果，需要分层注水管柱。

分层注水的工艺方法比较多，如油套管分层注水、单管分层配水、多管分层注水等。单管配水器多层段配水的方式，是井下只下一根管柱，利用封隔器将整个注水井段封隔成几个互不相通的层段，每个层段都装有配水器。注入水从油管入井，由每个层段配水器上的水嘴控制水量，注入各层段的地层中。

单管分层注水管柱，按配水器结构可分为固定配水管柱、活动配水管柱和偏心配水管柱，可洗井偏心水管柱见图 5-14，双管分层注水管柱见图 5-15；同心管分层注水管柱见图 5-16。

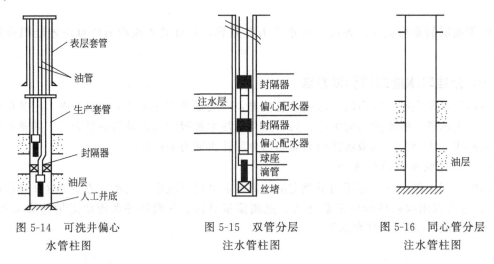

图 5-14　可洗井偏心水管柱图　　图 5-15　双管分层注水管柱图　　图 5-16　同心管分层注水管柱图

三、注水井调剖

由于油层的非均质性，注水井的油层吸水剖面很不均匀，且其非均质性常常随时间推移而加剧，从而使吸水剖面更不均匀。

为了调整注水井的吸水剖面、提高注入水的波及系数，改善水驱效果，可向地层中的高渗透层注入化学药剂，药剂凝固或膨胀后，降低油层的渗透率，迫使注入水增加对低含水部位的驱油作用，这种工艺措施，称为注水井调剖。

1. 水井调剖封堵高渗透层的方法

水井调剖封堵高渗透层可使用两种方法。

① 单液法　单液法是向油层注入一种液体，液体进入油层后，依靠自身发生反应，随后变成的物质可封堵高渗透层，降低渗透率，实现堵水。

单液法可使用的堵剂有石灰乳、硅酸溶胶、铬冻胶、硫酸、水包稠油等。

② 双液法　双液法则是向油层注入由隔离液隔开的两种可反应（或作用）的液体。当将这两种液体推至油层内部一定距离后，隔离液将变薄至不起隔离作用，两种液体就可发生反应（或作用），产生封堵地层的物质。由于高渗透层吸入更多堵剂，故封堵主要发生在高渗透层，从而达到调剖的目的。

双液法可使用的堵剂有沉淀型堵剂、凝胶型堵剂、冻胶型堵剂、胶体分散体型堵剂等。

2. 注水井调剖选井条件

注水井调剖和封堵大孔道的选井条件可考虑以下几个方面：位于综合含水高、采出程度较低、剩余油饱和度较高的注水井；与井组内油井连通情况好的注水井；吸水和注水状况良好的注水井；固井质量好、无串槽和层间串漏现象的注水井。

3. 注水井调剖施工设计

注水井调剖施工设计的主要内容包括：处理井的有关资料数据；确定施工前是否对井筒或油层采取预处理；施工所采用的管柱结构及地面流程；所需设备；所使用调剖剂的组成、性能及配制方法；计算并确定调剖剂的合理用量；施工步骤；注入压力及注入速度控制；后续工作（包括关井要求及开井后的工作措施）等。

注水井经调剖措施施工后，水井变化情况符合下列条件之一者为有效：

① 处理层吸水指数较调剖前下降50%以上；
② 吸水剖面发生明显合理变化，高吸水层降低吸水量，低吸水层增加吸水量10%以上；
③ 压降曲线明显变缓。

> 思考题

1. 对油田注水的水质有哪些要求？
2. 注水地面系统如何组成？
3. 如何评价注水井吸水能力？
4. 注水井指示曲线有哪些用途？
5. 分层注水在油田开发中的意义是什么？
6. 注水井调剖的目的是什么？

第六章 提高采收率

油田开发技术发展的历史就是不断提高采收率的历史。30多年来，根据我国油田的特点，发展了分层注水、细分沉积相、细分开发层系、加密井网、提高排液量以及注、压、抽综合配套技术，使注水波及体积不断扩大，油田稳产期延长，水驱采收率由依靠天然能量开采时的5%～10%提高到了30%～40%，但油层中仍剩余60%～70%已探明的石油储量。从油田勘探开发形势来看，后备资源严重不足，寻找新油田的难度越来越大。分析认为，水驱可采储量有三分之一以上将在含水高达80%以上的情况下采出。我国许多大油田都已进入了高含水开发期，部分已进入特高含水期，而已开发油田的剩余地质储量仍占原始地质储量的60%～70%。因此，发展三次采油技术以提高采收率，是我国石油行业持续发展的必由之路。

第一节 化学法提高采收率技术

各类化学驱油技术的作用对象是油藏中的剩余油和残余油，基本原理为改善驱替介质在油藏中的动力学特性、改善驱替介质与原油之间相互作用的物理化学特性和改善油层的物理化学特性等。

本节所讨论的化学驱油技术是一类向油藏注入化学剂，改善地层流体的流动特性，改善驱油剂、原油、油藏孔隙之间的界面特性，达到提高石油采收率的方法。化学驱油的方法很多，本章主要讨论聚合物驱油法、表面活性剂驱油法、碱水驱油法及化学复合驱油法等。

一、聚合物驱油法

聚合物驱油法是通过向油藏注入高分子的水溶性聚合物溶液，以降低岩石的渗透率并增加注入水的黏度，从而改变流度比、减弱黏性指进、增加波及系数、提高原油采收率的方法。

聚合物驱改变水油流度比的方法是通过改变驱动液的流度，即通过增加驱动液的黏度和减少其有效渗透率 k_w 来实现的。

适合于聚合物驱的聚合物应满足下列一些条件：水溶性好、稠化能力强、对热稳定、对剪切稳定、对化学因素稳定、对生物作用稳定、滞留量低、来源广、价格低廉。

目前广泛应用的聚合物有两种，即聚丙烯酰胺和黄原胶，尤以前者居多，前者是合成聚合物，后者是生物合成的聚合物。

聚合物驱油法存在的问题主要来自两方面，即聚合物和地层。

聚合物在地层中的损耗是聚合物驱存在的一个重要问题。聚合物主要损耗于降解和滞留。为了避免聚合物的热降解，聚合物驱不能用于过深的地层（一般不超过2000m），防止地层温度超过聚合物使用的限制温度；为了减少聚合物的剪切降解，可选用合适的泵（如螺杆泵、齿轮泵）或泵后配合，不要使用离心泵；为了防止氧化降解，可用除氧剂（如

Na_2SO_3、$NaHSO_3$、CH_3O 等）处理配制用水。要注意除氧剂必须使用在聚合物加入之前。对易发生生物降解的聚合物（如 XC），应在聚合物溶液中加入配好的杀菌剂。

聚合物在地层的滞留是不可避免的。聚合物适量的滞留是减少水油流度比的需要，可用控制配用水矿化度的方法来调整聚合物在地层中的滞留量，为了减少聚合物的吸附，可用牺牲剂（如低分子量的聚合物、木质素磺酸钠）预处理地层。这些牺牲剂预吸附在地层表面可减少后来聚合物的吸附。

低渗地层不适宜进行聚合物驱，因注入速度太低，方案实施时间太长，而且井眼周围出现高剪切会使聚合物降解。因此聚合物驱要求地层的渗透率大于 $20\times10^{-3}\mu m^2$。

地层水矿化度大于 $10^5 mg/L$ 的地层应在聚合物驱前用淡水进行顶冲洗，以减少盐对聚合物的不利影响。

有漏失段的地层不适宜进行聚合物驱。对漏失段，可用交联的聚合物降低它的渗透率，即聚合物驱前地层的注入剖面应进行适当调整。

由于不需要过大的投资和矿场施工简单，当其他提高采收率的方法有困难时，聚合物驱对某些油藏，特别是那些中等非均质稠油油藏还是一种行之有效的方法。

二、碱水驱油法

碱水驱油法是指对于含有有机酸的原油，通过注碱性溶液，在油藏中就地进行化学反应，产生表面活性剂，改变了油藏岩石表面润湿性，降低了界面张力或形成乳状液，将剩余油采出，从而提高原油采收率的方法。

碱驱用碱包括氢氧化钠、原硅酸钠、硅酸钠、氨、碳酸钠等。碱水驱用的碱水溶液最有效的 pH 值在 11~13 的范围。至今，矿场试验主要用氢氧化钠、原硅酸钠和碳酸钠。氢氧化钠是强碱，易与原油的酸性成分反应，产生低或超低的油水界面张力，它主要的缺点是碱耗大。原硅酸钠也是强碱，由氢氧化钠与模数（分子中 SiO_2 与 Na_2O 的摩尔比）大于 0.5 的水玻璃复配而成。原硅酸钠中的氢氧化钠能充分活化原油的酸性成分，而它的硅酸根起两种作用，即通过同离子效应抑制硅酸盐矿物在碱中溶解，减少碱耗；除去水中的高价金属离子，保持碱与原油酸性成分反应生成活性剂的活性。碳酸钠是弱碱，碱耗低，被认为是可取的碱驱用碱之一。

适合碱驱的原油要求有一定的酸值。酸值是指中和 1g 原油的酸性成分所消耗氢氧化钾的毫克数，单位是 mgKOH/g(油)。一般要求原油的酸值大于 0.2mgKOH/g(油)。由统计结果知，原油的酸值越大，相对密度越大，黏度越高，因而流度比也越高。因此碱驱对原油酸值和黏度的要求是不一致的。考虑到这两个相反要求，规定原油黏度小于 $90mPa\cdot s$，酸值大于 0.2KOH/g(油)。

碱水驱存在两个主要问题：即碱耗和流度控制。

① 碱主要损耗于地层和地层水中的二价金属离子的反应。石膏的碱耗最严重，蒙脱石的碱耗大于伊利石和高岭石。因此要求碱驱的地层石膏和黏土含量不能高。为减少二价金属离子引起的碱耗，一般要求用淡水预冲洗地层，使这部分地层水与后注入的碱水隔开。

② 流度控制问题在碱驱用于开采黏度较高的油而碱驱机理又是按低界面张力和乳化携带机理，设计时显得特别突出，碱水很易沿高渗透的为碱水洗净的层段窜流。聚合物虽可用于控制流度，但盐和碱会减少聚合物的有效性。

碱水驱虽然能采出大量的剩余油，但与其他提高采收率方法相比，它的潜力比较低。像聚合物驱一样，这种方法仅能用于有限数量的油藏中，这些油藏要含有酸性原油并具备其他的有利条件。

三、微乳液驱油法

胶束溶液或微乳液是表面活性剂在临界胶束浓度以上在溶液中形成的均相体系。胶束溶液的分散质点大小在 $10^{-6} \sim 10^{-4}$ mm 之间，外观为透明或半透明的热力学稳定体系，由存弱光散射性质微乳液出水、油、活性剂、助活性剂（如醇）和盐等五种组分组成。它有两种基本类型和一种过渡类型。前者为水外相微乳和油外相微乳，后者为中相微乳。由于条件变化，当体系由水外相微乳转变为油外相微乳，或相反由油外相微乳转变为水外相微乳时可能经过中相微乳这一过渡阶段。

微乳液驱是一种多段塞驱油方法，其驱油程序是：先向油层注入微乳液段塞，依靠这个表面活性剂段塞，在油—水界面间形成超低界面张力，减小油珠通过孔颈时界面变形所需的功，使油珠启动；随后注入聚合物液段塞，以控制流度，改变驱油过程的体积波及系数。在聚合物段塞后接着注水，用水驱替段塞，使微乳液驱油过程保持连续驱替。如图 6-1 所示。

图 6-1 胶束段塞驱油机理示意图

采用微乳液驱有两种方法：一种是注入量为 15%～60%孔隙体积，注入浓度相对较低（2%～4%）的表面活性剂溶液（胶束），以便降低油、水之间的界面张力，从而提高原油采收率；另一种是注入量较小（3%～20%孔隙体积），注入表面活性剂浓度较高（8%～12%）的微乳液。由于微乳液中表面活性剂的浓度很高，胶束能把油和水增溶到微乳液中。因此高浓度微乳液体系开始阶段是类似混相驱油方式。然而随着高浓度微乳液段塞流经油层，它就必须被油层流体所稀释。驱替过程最终将逐渐转向低浓度驱替方式，但是开始时期所形成的油带对于获得较好的驱替效果是十分重要的。

微乳液驱油是在活性剂水溶液驱油基础上发展起来的，之所以具备良好的驱油效果和它的增溶特性有关。

每种活性剂在溶液中开始明显形成胶束的浓度称为临界胶束浓度。由于胶束的形成改变了活性剂在溶液中的状态，所以在临界胶束浓度下，溶液的表面张力、溶解度、浊度、比重、导电率等很多性质都会发生突变。

在水溶液中，当表面活性剂浓度超过临界胶束浓度时，溶液中一些不溶或微溶于水的物质，能自发地进入胶束的内部，使溶液成为澄清透明体，这种过程称为胶束的增溶作用。胶束内核能"溶解"与其极性相近的物质，油外相胶束能溶水，水外相胶束能溶油，使原来不能互溶的油和水成为互溶混相溶液，这就是胶束驱油的机理。

应该指出，胶束的增溶作用能把难溶于水的油集中分布于胶束内部，由于油不是以分子状态分布，故它不同于一般的溶解；油滴不是另成一相与水接触，而是居于水外相胶束内部，所以也不是一般的乳状液，它是由于增溶的油相与活性剂之间在局部上的自发互溶，因而是稳定的体系，不像乳状液容易自行破坏。

目前，微乳液（胶束）驱油在国外已经过各种矿场试验，试验规模也越来越大，越来越深入。已形成的微乳液（胶束）体系有低张力驱油法、马拉驱油法和联合驱油法（可溶油驱油法）等。存在的问题是：要形成胶束必须达到临界胶束浓度，特别是效果显著的高浓度活性剂方法需要大量的活性剂,这就限制了该方法的经济效益;另外活性剂为油藏岩石吸附的问题仍有待进一步了解;在方案设计和技术上的要求也相当高。尽管如此,由于它既能提高驱替大波及系数,适用范围又较广,所以它是一种颇有前途的提高采收率方法。

四、化学复合驱油法

两种以上化学剂作为主剂混合而成的驱油体系被称为复合驱油体系,相应的驱油方法被称为化学复合驱油法。这里所说的主剂通常是指聚合物、碱和表面活性剂,也可以包括气体等。作为复合驱油体系中的主剂,碱(A)、表面活性剂(S)、聚合物(P)可以按不同的方式或不同的组分含量组成各种复合驱技术s,所有以A、S、P为主剂的化学驱技术及其分类均可由图6-2表示。图6-2是由A、S和P为顶点构成的三角形,该三角形中的任意一点表示一种特定的复合驱油技术。三个顶点A、S和P分别表示相应的一元化学驱——碱驱、表面活性剂驱和聚合物驱。三角形的三条

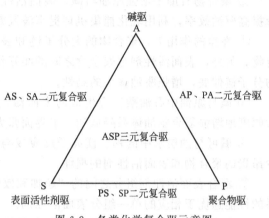

图6-2 各类化学复合驱示意图

边分别表示相应的二元化学复合驱——AS表示碱/表面活性剂复合驱,SP表示表面活性剂/聚合物驱复合驱,PA表示聚合物/碱复合驱。在三条边上,靠近某一顶点的部分表示以该顶点对应的一元驱为主要特征的复合驱油技术。

我国的大量矿场实验和室内研究结果表明,化学复合驱一般比一元化学驱的驱油效果好得多,普遍认为其主要原因不仅仅是各种化学剂驱油特性的综合效应,更重要的是各种化学剂之间的"协同效应"(Synergism),或称为"超加和效应"。

1. 复合体系驱油的综合效应

将具有不同驱油特性的化学剂复配成一种高效的复合驱油体系,最基本的原理就是利用其各自的特点,弥补单一组分化学驱的某些不足,即利用各组分在驱油过程中的综合效应提高原油采收率。

在化学复合驱油体系中,作为常用主剂之一的聚合物在"综合效应"中的主要作用为:
① 改善驱油剂的流度比,提高宏观波及效率;
② 由于含聚合物驱油剂的黏弹性,可以提高微观驱油效率。
表面活性剂在"综合效应"中的作用主要为:
① 降低驱油剂与原油之间的界面张力,提高驱油剂的洗油能力;
② 使原油发生乳化,抑制驱油剂沿原水流通道突进;
③ 改变油层孔隙的润湿性,提高微观驱油效率。
碱剂在"综合效应"中的作用主要为:
① 与原油中石油酸反应生成的表面活性物质,降低驱油剂与原油的界面张力;
② 使原油发生乳化,抑制驱油剂沿原水流通道突进;
③ 改变岩石的润湿性

由于复合体系综合了各单一组分的特点,相互弥补了在驱油特性上的缺陷,使得复合驱既具有提高微观驱油效率的机理,又具有提高宏观波及效率的机理。

2. 复合体系驱油的协同效应

复合驱油体系中各组分之间的协同效应主要表现在以下几方面。

① 体系中加入聚合物，增大了体系的视黏度，可以降低复合体系中其他组分（如表面活性剂、碱等）的扩散速度，从而降低这些组分在油层中的损耗。

② 体系中的聚合物可与钙、镁离子反应，保护了表面活性剂，使其不易形成低表面活性的钙盐、镁盐。

③ 聚合物有助于增强原油与碱、表面活性剂生成的乳状液的稳定性，利用乳化携带机理提高驱油效率，利用乳化捕集机理提高波及效率。

④ 在盐的作用下，聚合物的大分子链和表面活性剂的非极性部分结合在一起，形成缔合物；另外，表面活性剂与聚合物之间的相互作用致使聚合物聚集体形态发生变化，使聚合物分子链伸展，增强驱油体系的黏性。

⑤ 碱与原油中石油酸反应生成的表面活性剂和合成的表面活性剂之间具有协同效应，大幅度地增强复合驱油体系降低油—水界面张力和乳化的能力。

⑥ 碱可与油层水中的钙、镁离子反应或与黏土进行离子交换，起到牺牲剂的作用，减少昂贵的聚合物和表面活性剂的损耗。

⑦ 混合表面活性剂组分之间的"超加和效应"。大量研究结果表明，混合表面活性剂体系的性能远优于相应的单一组分表面活性剂。

复合体系中碱、表面活性剂和聚合物之间的超加和效应在其驱油过程中表现得非常突出。最近几年，人们在超加和效应的机理及其利用等方面进行了大量深入、系统的研究。但是，由于复合驱本身特殊的复杂性，直至目前尚未形成完整的理论，还有许多问题需要继续深入探索。

第二节 非化学法提高采收率技术

一、混相驱油法

混相驱是在注气基础上发展起来的一种提高采收率的方法。混相驱系指向油藏注入一种能与原油在地层条件下完全或部分混相的流体驱替原油的开发方法。室内显微镜观察混相带前沿表明，驱替作用是发生在原油和驱替相两相界面处的。少量死油被夹带走，并溶解在剩余的混相流体段塞中。这种混合和扩散作用有助于全部采出剩余在地下的石油。如果用第二种混相流体驱替第一种混相流体，则可进一步实现驱替和混合；由于混合作用和油藏非均质性，使溶剂稀释分散，混相段塞的前沿与大部分纯溶剂之间的距离将随着驱替距离的增加而增加。其他影响混相驱的参数是：注入量、孔隙度、储层岩石的渗透率、混相带的大小，流度比、重力反应和化学反应。图 6-3 说明了当一种混相段塞流经油层时所发生的不同过程。

按使用的混相注入剂，混相驱可分为烃类混相驱和非烃类混相驱两大类。前者可分为液化石油气驱（LPG 驱）、富气驱和高压干气驱三类；后者可再分为 CO_2 和 N_2 驱两大类。

液化石油气驱油法指向油藏注入液化石油气与原油形成混相段塞，再注干气驱替的驱油法。液化石油气溶解原油的能力最强，因此，注入地下驱替效率高，又不需要过高的注入压力，一般 $84kg/cm^2$ 便可。但波及系数低，经济效益差。为此在注入液化石油气段塞后，紧接着注段塞气体（如干气、N_2 气、烟道气等），然后用水驱动（有时再交替注几个气—水段塞）；其驱替过程如图 6-4 所示。液化石油气驱适用于不含富化剂的原油。

图 6-3 混相流体驱油的相段分布图　　　图 6-4 液化石油气驱油法

1. 富气驱油法

当地层中原油组分含重质烃组分较多时，油气开始接触时不能混相，可向油藏注入富含乙、丙、丁烷的天然气，富气中的较重组分不断凝析到原油中，最终使注入气与原油混相。其驱油过程是先注一个富气段塞，再注一段塞干气（或干气加水），然后用水驱动，如图 6-5 所示，富气驱适用于少含 C_2~C_6 的原油（贫油）。

2. 高压干气驱油法

对含有足够轻烃组分的油藏可用高压注入天然气驱油的方法。在高压下天然气不断提取原油中的中间组分而富化，最后达到与原油混相；因达到混相的条件是原油中的组分向注入气转移，故亦称作气化气驱法。其驱油过程是在高压下（大于 25MPa）向地层注入一段干气，然后注水。如图 6-6 所示，高压干气驱只适用于富含 C_2~C_6 成分的原油（富油）。

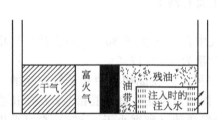 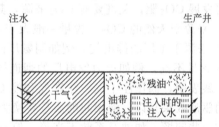

图 6-5 注富气混相驱油过程　　　图 6-6 高压注干气混相驱油过程

3. CO_2 驱油法

CO_2 驱油法是向油藏高压注入 CO_2，在油藏中 CO_2 不断与原油接触萃取其中较重烃组分而富化，CO_2 同时溶于原油中，它包括气化过程，也包括凝析过程，最终与原油形成混相。原油富含 C_2~C_6 是 CO_2 驱实现混相的必要条件。

CO_2 驱油提高采收率的机理可概括为以下几方面。

① CO_2 能降低原油的黏度　CO_2 极易溶于油中，使原油的黏度大大降低。降低的程度取决于饱和压力（溶有 CO_2 原油的泡点压力）和原油原来的黏度，见图 6-7 所示。原油越稠，CO_2 降黏效果越显著；随压力增加，油中溶解气量增大，黏度迅速降低。原油黏度的降低会改善油的相对渗透率和流度比，故给采收率的提高带来好处。

② CO_2 可使原油膨胀　CO_2 溶于原油可使原油体积增加 10%~100%。原油膨胀的程度取决于压力、温度、原油组成和 CO_2 在油中的浓度。原油膨胀程度用膨胀系数表示。膨胀系数是指一定温度和饱和压力下原油体积与同温度和 0.1MPa 下原油的体积之比，如图 6-8 所示，原油比重越小，体积膨胀率越大；随 CO_2 在油中溶解数量的增加，体积膨胀率增加，地下原油饱和度增大。

③ CO_2 可与原油产生低界面张力　这是相间传质的结果，因油中的轻组分可气化到 CO_2 相，而 CO_2 也溶于油相之中，使 CO_2 相与油相的性质接近，从而产生低界面张力。因

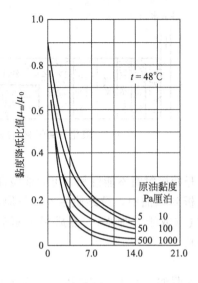

图 6-7 原油黏度降低比值 μ_m/μ_0 和压力的关系

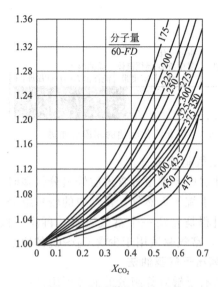

图 6-8 原油体积膨胀系数和 CO_2 溶解度的关系

此,即使不混相,也可使油易从孔喉结构中驱出。

要发展 CO_2 驱,关键要有 CO_2 来源,其来源主要有两个。

① 来源于天然的 CO_2,含量一般大于 80%;

② 来源于工厂的排出气,例如制氨厂的排出气中含 CO_2 大于 80%,但有些工厂排出气中 CO_2 含量不高,例如火力发电厂的烟道气 CO_2 含量为 5%～17%。

实践表明,高压注干气、注富气和注 CO_2 这三种方法在混相驱中是最有前途的。这些方法的驱油效果是以气液相间的质量转换为基础,而不是建立在直接混相上。尽管这些方法尚存在一些问题,如波及系数不高等,但对大部分轻质油(密度小于 0.876)都可采用混相驱开采。

二、热力采油

热力采油法是指向油藏注入热流体或使油层就地发生燃烧形成移动热流,主要靠热能降低原油黏度,以增加原油流动能力的采油方法。热力采油法主要用于稠油(即在地层温度下脱气油黏度大于 10000mPa·s 或相对密度大于 0.95 的原油)的开采,但也可用于开采轻油。

当今使用的热力采油工艺可分为两类:一类是注热流体法,另一类是油层就地燃烧法,火烧油层就是其中一例。下面对每种方法逐一讨论。

1. 火烧油层

火烧油层是采用适当井网,将空气或氧气自井中注入油层,用点火器将油层点燃,然后向注入井不断注入空气以维持油层燃烧,燃烧前缘的高温不断使原油蒸馏、裂解并驱替原油到生产井。

已形成的火烧油层法有:①正燃法,亦称干式向前燃烧法;②逆燃法,即逆向燃烧法;③湿式燃烧法。

正向燃烧法是指油层层内燃烧的燃烧前缘从注入井向生产井移动,而与注入空气的流动方向一致的层内燃烧方法。燃烧过程如图 6-9 所示。

正燃法的优点是原油中无价值的重烃以焦炭的形式被烧掉了,燃烧前缘后面的地带剩下

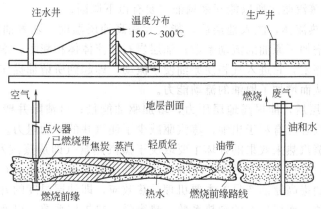

图 6-9　火烧油层过程示意图

的是干净的砂子。然而也有两个缺点：一是采出的原油必须通过油藏的低温区，如果原油黏度过高，则可能形成流体阻塞，故只适用于相对密度小于 0.966 的原油；二是由于注入的空气不能有效利用，因此为改善上述缺点，有时在燃烧过程中或燃烧过程后注水。

逆燃法是指通过点火井将油层燃烧后，经燃烧一段时间，改为向生产井注空气，驱动原油通过燃烧带受热降黏向点火井推进，即燃烧前缘逆注气方向移动的油层层内燃烧法。此方法主要用于开采特稠的油藏。虽然在实验室一般都很成功，但现场试验却相当复杂。

湿式燃烧法是为克服正燃法的第二个缺点而提出来的方法，是指正向燃烧时，自注入井交替注空气和水，或同时注空气和水，注入的水受高温作用全部或部分汽化，穿过燃烧前缘形成蒸汽或热水带，提高热能效果的油层层内燃烧法。该法可减少所消耗的燃料和空气对油比。

应该指出，火烧油层是一种复杂的以热效为主的蒸汽驱、混相驱和气驱等多种机理联合作用的驱油过程。在火线波及的地方除部分重油焦化作为燃料消耗掉外，驱替效率几乎达到 100%。但是由于油层的非均质性和气油流度比仍然较大，气与油的分离作用比较严重，所以波及系数较低，从而限制了总的采收率。矿场实践表明，火烧油层的平均采收率约为 50%，而且采油速度高，可以加速稠油油藏的开发。火烧油层在技术上虽然可行，但在经济上通常效果很差。特别是注蒸汽热采的发展，火烧油层的矿场采用已逐年下降，取而代之的则是注蒸汽采油。

2. 注热流体法

注热流体主要是指注蒸汽。注蒸汽采油是以水蒸气为介质，把地面产生的热注入油层的一种热力采油法。该方法分为两种：蒸汽吞吐和蒸汽驱。

① 蒸汽吞吐是指在本井完成注蒸汽、焖井和开井生产三个连续过程，从注蒸汽开始至油井不能正常生产为止，即完成一个过程，称为一个周期。根据油藏实际情况，可吞吐若干个周期。

② 蒸汽驱是指按一定井网（根据开发方案要求），在注汽井连续注汽，周围油井以一定产量生产。注入的蒸汽既是加热油层的能源，又是驱替原油的介质。当油汽比（即注入 1t 蒸汽采出的原油量）达到一定经济极限时（一般为 0.15t），则蒸汽驱结束。

蒸汽吞吐和蒸汽驱是既有区别又有联系的两个过程。蒸汽吞吐一方面可采出一定量的原油；另一方面通过蒸汽吞吐采出一定量原油后，地层压力降低，进一步发挥蒸汽的膨胀作用，为蒸汽驱作了必要的准备。同时，由于蒸汽吞吐属于衰竭式开采，为进一步提高采收率，蒸汽驱是蒸汽吞吐发展的必然结果。

③ 蒸汽吞吐和蒸汽驱之所以能开采稠油主要有以下原因。

• 蒸汽是一种热流体，注入地层后，能大大提高油层温度。随着油层温度的升高，原油黏度大大降低，增加了原油的流动系数；油层岩石和流体体积膨胀，增加了弹性能量；原油中的轻质组分易挥发，它进入气相使原油便于流动，即起到所谓抽提作用；油相相对渗透率有增加的趋势，从而增加了原油的流动能力。

• 蒸汽注入地层后，能提高地层压力，增加驱油能量；可清除井壁污染，降低井底流动阻力。因此，蒸汽吞吐有利于出油，蒸汽驱减少了注汽井的流动阻力。

综上所述，注蒸汽热采效果的好坏主要取决于蒸汽热量（即从蒸汽发生器出来的热量）的利用程度。因此，为提高热采效果，应确保注入油层的热量尽可能被有效地利用。

注蒸汽热力采油提高原油产量的主要机理是热效应，即油层温度的升高及其影响范围的扩大。油藏岩石和顶、底层岩石的导热系数、热容量、热扩散系数、以及流体的黏温关系和饱和水蒸气等热物理性质则直接影响到热效应的效果。蒸汽吞吐井的产量特征曲线如图 6-10 所示。

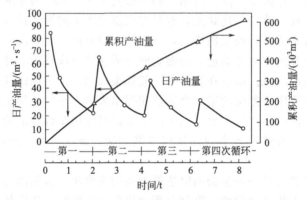

图 6-10 蒸汽吞吐的产量特征曲线

三、微生物采油

微生物采油法是指注入合适的菌种及营养物，使菌株在油层中繁殖，代谢石油，产生气体或活性物质，可以降低油水界面张力，以提高石油采收率的方法。所选菌株应能适应储层的油水特性及环境（压力和温度）条件。

1. 微生物与地层烃类作用的机理

一般情况下，强化采油技术研究用的微生物是在水溶液中培养和繁殖的微生物。为了适应油层环境，它必须能靠石油来繁殖，虽然有些微生物能吃碳氢化合物，但精细的机理至今还不能分清楚。碳氢化合物与微生物细胞间的基本机理主要有如下几点。

① 微生物在地下发酵产生的生物表面活性剂可降低油水界面张力，并乳化原油，改变油层岩石界面的润湿性，从而改变岩石对原油的相对渗透率。有些表面活性剂还能降低重油的黏度。

② 微生物在地下发酵过程中产生的各种气体，如 CH_4、CO_2、N_2、H_2 等能溶于石油，从而降低了原油黏度。有些气体还可溶于水中，从而降低了油层水的 pH 值。而酸性的油层水又能溶解沉积岩。不能溶于原油和水的气体则能提高油层压力，从而推动石油流动，提高原油采收率。

③ 微生物在地下发酵过程中产生的有机酸酮类、醇类等有机溶剂，可降低表面张力。在油层里，微生物在新陈代谢过程中产生的有机酸和无机酸与 $CaCO_3$、$MgCO_3$ 反应而形成

了可溶性的碳酸盐。由于反应溶解了石灰质岩石，使油层的孔隙度变大，从而达到增产的目的。

④ 微生物在新陈代谢过程中产生的分解酶类能裂解重质烃和石蜡组分，能改善原油在地层中的流动性能，减少石蜡在井眼附近的沉积，降低地层的流动阻力。

⑤ 微生物在地下发酵过程中产生的生物聚合物可以调整注水油层的吸水剖面，控制高渗地带的流度比，改善地层的渗透率。细菌是单细胞生物，在不同营养条件下，有些细菌的细胞体积变得较大。细菌处于饥饿状态时，细胞体积变小，将这样的细菌注入地层，有选择地进入高渗透区，再供给关键性的营养，让细菌在高渗透区生长繁殖成团，可起到调剖和改善水驱的效果。

⑥ 微生物也有其有害的一面，主要表现在：
- 微生物吃石油，特别是在地面带有氧气的水中以及在有营养物的油层里。据报道，世界原油储量的 10% 损失于微生物吃油。由于千百万年吃油的结果，损失了 10% 的储量值。
- 细菌能堵塞油层，但这种堵塞油层作用反过来可转化为有用的封堵技术。
- SRB 的封堵问题。对于此，人们一方面采取杀菌的方法；另一方面也采取选择菌种消除的方法来解决，并且均收到了一定的效果。

2. 对目前油藏微生物增产技术的评价

油藏微生物增产技术是一项新技术，由于这项技术成本低、施工方便、适应性强、不污染环境，近几年得到了很快发展。

由于细菌在得到一定的碳源（如糖厂废水）和少量其他营养物后可以不断地新陈代谢，因此成本低，有效期长，注入量远比化学驱要少。

（1）微生物增产技术依据细菌菌种是否直接使用分类

① 地面生产法。将工厂发酵罐内生产三次采油用的细菌代谢物，如生物聚合物、生物表面活性剂等注入地下来提高原油采收率。

② 地下发酵法。将细菌或营养物注入油层，把油层作为一个巨型"发酵罐"，在里面直接进行有益于提高原油采收率的细菌生长代谢。

（2）依据微生物处理的目的和方法的不同分类

① 单井吞吐。将菌种直接注入生产井，产生上述各种代谢物，从而使产量提高。该法成本低、见效快、经济效益好。我国大庆油田、扶余油田都进行过先导性矿场试验。

② 清蜡。将菌种从套管注入，工艺十分简便。专门筛选的细菌能切断高碳数的 C—C 键，使蜡的分子量下降，或产生表面活性剂、有机溶剂等，以预防和清除蜡在油管里的堵塞。微生物清蜡比传统的刮蜡、热油、化学剂等方法经济简便，且有效期长。

③ 调整吸水剖面。把饥饿的超小型细菌（直径小于 $0.5\mu m$）或芽孢杆菌的孢子注入油藏，细菌沿着高渗透层进入地层，然后注入营养物使孢子萌发并大量繁殖，利用其分泌出的孢外泥封堵住高吸水层。

④ 微生物驱。根据细菌的来源不同又分为外源微生物驱和内源微生物驱两种。微生物驱的细菌作用场所大，增油潜力巨大，成本低（利用糖厂的废水），见效期长（细菌不断地生长、繁殖）。

⑤ 重油开采。主要加入能够降解胶质、沥青质和产生表面活性剂的混合菌种，再注入一些营养物，使重油黏度降低或乳化。

3. 发展油层微生物增产技术的关键

应该看到，尽管微生物采油在局部地区、在某种方法上取得了一些成功，但它还是一项未成熟的技术，特别是微生物驱还处于探索和试验阶段。由于它投资少、发展前景好，国内外都在继续研究之中。发展油层微生物增产技术的关键是以下几个方面。

① 筛选高效分解原油各组分的细菌。最新研究表明，目前单独一种细菌不能对原油的各组分起分解作用，分别存在于不同细菌的四种质粒控制着原油不同组分的分解。如果通过遗传工程技术，将四种质粒移植到一种细菌内，就可以用一种细菌来分解原油的各种组分，避免了把多种细菌同时注入地层后引起的许多问题。

② 微生物在地层中的运移在从注入井往地层迁移的过程中，会出现吸附和堵塞现象，如何能使微生物在地层中顺利地运移，是一个重要的研究课题。

③ 其他问题。如提高细菌在地下新陈代谢的活性问题、注入细菌与固有细菌的竞争问题以及如何抑制不期望的细菌（如硫酸还原菌）的过度繁殖等问题，也都有待进一步解决。

四、应用提高采收率方法的现状

应该指出，尽管提高采收率的前景是广阔的，但某些特定技术的应用仍处于初期阶段。在工艺技术被充分了解和经济效益及风险性都使人感到满意之前，提高采收率方法的应用推广速度将是相当缓慢的。提高采收率方法应用的现状有以下几点。

① 热力采油法的产油量约占世界提高采收率方法产量的70％，高密度、高黏度和高孔隙度的油藏使用热力采油几乎已成为常规的方法。各种趋向表明，热力采油工艺将继续向前发展。

② 化学采油法增产原油的比重还较小，以美国为例，还不及整个提高采收率方法产量的10％。虽然对于已成功注过水，而又含有大量残油的油藏来说，化学采油有最大可能采出其中的残油，但这些方法发展一直很缓慢，因为它的费用太高，风险性大，而且工艺复杂。

③ 烃混相驱由于费用高和烃的供应有限，试验方案正在减少。CO_2驱油近年有增长趋势，在美国，利用CO_2驱油采出的油量有可能超过所有提高采收率方法采出油量的40％，为了采出更多的原油，必须在合理的价格下，使用大量CO_2。

④ 微生物增产技术由于成本低、施工方便、适应性强、不污染环境，近几年得到了很快发展。但它是一项未成熟的技术，国内外都在继续研究之中。

老油田提高采收率是油田开发永恒的主题。从大的方面来讲，提高采收率包括热采、注气和化学驱。从目前的发展情况来看，注蒸汽在热采中仍起主导作用，CO_2混相驱是最主要的注气方法，注聚合物是最主要的化学驱油方法。

▶ 思考题

1. 提高采收率的方法有哪些？
2. 化学驱油法有哪些？各有什么特点？
3. 如何改善稠油的采收率？
4. 混相驱油的机理是什么？
5. 蒸汽采油的方法有哪些？
6. 微生物采油的机理是什么？

本篇参考文献

[1] 潘一. 油气开采工程. 北京：中国石化出版社，2014.
[2] 李传亮. 油藏工程原理. 第2版. 北京：石油工业出版社，2011.
[3] 刘吉余. 油气田开发地质基础. 北京：石油工业出版社，2006.
[4] 杨胜之，魏俊之. 油层物理学. 北京：石油工业出版社，2004.
[5] 陈廷根. 钻井工程理论与技术. 东营：石油大学出版社，2000.
[6] 蒋希文. 钻井事故及复杂情况. 北京：石油工业出版社，2002.
[7] 陈平. 钻井与完井工程. 北京：石油工业出版社，2005.
[8] 周金葵，李效新. 钻井工程. 北京：石油工业出版社，2007.
[9] 谷凤贤，刘桂和，周金葵. 钻井作业. 北京：石油工业出版社，2011.
[10] 陈涛平. 石油工程. 第2版. 北京：石油工业出版社，2011.
[11] 张振国，王长进，李银朋. 海洋石油工程概论. 北京：中国石化出版社，2012.
[12] 廖谟圣. 海洋石油钻采工程技术与制备. 北京：中国石化出版社，2010.
[13] 张煜，冯永训. 海洋油气田开发工程概论. 北京：中国石化出版社，2011.
[14] 吕瑞典. 油气开采井下作业及工具. 北京：石油工业出版社，2008.
[15] 郭建春. 油气藏开发与开采技术. 北京：石油工业出版社，2013.
[16] 何生厚. 油气开采工程. 北京：中国石化出版社，2003.
[17] 岳湘安. 提高采收率基础. 北京：石油工业出版社，2007.
[18] 李永泰. 提高采收率原理和方法. 北京：石油工业出版社，2008.
[19] 张义堂. 热力采油提高采收率技术. 北京：石油工业出版社，2006.

第二篇 油气储运工程

第七章 油气集输

油气田地面工程是油气田开发的重要内容,而油气集输是油气田地面工程的重要组成部分。油气集输的主要功能是:将分散在油田各处的油井产物加以收集;分离成原油、伴生天然气和采出水;进行必要的净化、加工处理使之成为油田商品以及这些商品的储存和外输。

第一节 油气集输系统流程及管路

一、油气集输系统的工作内容

油田油气集输系统的工作内容包括:油井计量、集油、集气、油气水分离、原油脱水、原油稳定、原油储存、天然气脱水、天然气凝液回收、凝液储存和含油污水处理。

以上工作内容及相应关系见图 7-1。

二、油田油气集输流程

图 7-1 可认为是集输流程的简单框图、集输流程通常由油气收集、加工处理、输送和储存等部分组成。从各油井至集中处理站(也称联合站)的流程称油气收集流程,流程中同一根管线内常有油气水(有时还有砂子)同时流动,这种管线称多相混输管线。由集中处理站至矿场油库和长距离输气管道首站为输送流程,管线内流动介质为单相原油或天然气。

油气集输流程的设计必须以油田开发总体方案为依据,考虑所采用的采油工艺、油气物性、油田所处的地理环境等因素。由于上述因素极其复杂,集输流程无统一模式,但均应遵循"适用、可靠、经济、高效、注重环保"这一基本原则。

1. 油气集输流程的命名

① 按集油流程加热方式命名 集油流程可有不同的加热方式,其相应的流程命名为:

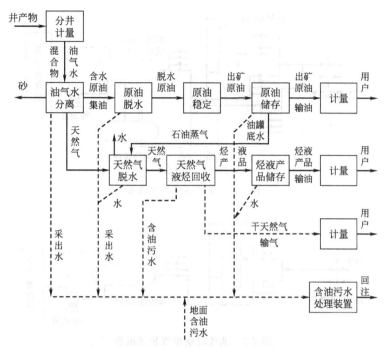

图 7-1 油气集输系统的工作内容

不加热集油流程、井场加热集油流程、热水伴随集油流程、蒸汽伴随集油流程、掺稀油集油流程、掺热水集油流程、掺活性水集油流程、掺蒸汽集油流程等。

② 按通往油井管线的数目命名 通往油井的管线有不同的根数，依此命名的流程为：单管集油流程、双管集油流程和三管集油流程。

③ 按集油管网形态命名 如米字形管网集油流程、环形管网集油流程、树状管网集油流程、串接管网集油流程等。

④ 按油气集输系统布站级数命名 在井口与原油库之间有不同级数的集输站，由此命名的流程有：一级布站集油流程，只有集中处理站；二级布站集油流程，有计量站和集中处理站；三级布站集油流程，有计量站、接转站（用于对原油或油气增压）和集中处理站。

⑤ 按油气集输系统密闭程度命名 有开式流程和密闭流程两种。

2. 油田集油流程举例

（1）双管掺活性水流程

大庆油田单井产量较高，原油凝点高，又处高寒地区，集油系统采用双管掺活性水流程（见图 7-2）。在井场有两条管线，一条将油井产物送往站场计量、分离和增压；另一条是从站场把分出的伴生水加热、加化学剂后送往井场，热活性水掺入油井出油管线，降低原油黏度防止管线冻结。

（2）二级布站油气集输流程

塔里木油田油藏分散、气候恶劣、自然条件苛刻，油气集输系统全部采用二级（或一级）布站，油气混输单管集油流程，见图 7-3。

（3）单管环形集油流程

大庆外围油田集油系统采用单管环形集油流程，二级或一级布站的简化流程，见图7-4。该流程取消了计量站或计量接转站，采用便携式"液面计"或"功图仪"定期在井口计量，简化了集油流程。

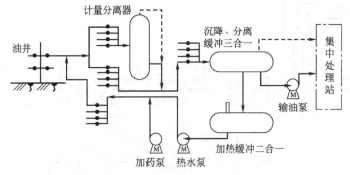

图 7-2 双管掺活性水流程

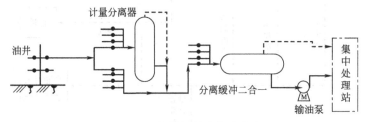

图 7-3 油气混输单管集油流程

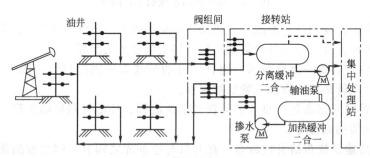

图 7-4 单管环形集油流程

三、矿场集输管路

从油井到矿场原油库、长距离输油管和输气管首站之间所有输送原油和天然气的管路统称为集输管路。

按管路内流动介质的相数，集输管路，可分为单相、两相和多相管路。输油管和输气管都属于单相管路，而油气或油气水混输管分属两相或多相管路，简称混输管路。

按管路的工作范围和性质，集输管路可分为出油管、集油（气）管和输油（气）管。出油管是指与井口相连、只输送一口油井产物的管路，它以油层剩余能量（自喷井）或抽油机（抽油井）的能量为动力，通常为混输管路。输送多口油井产物的管路称为集油管路，通常也为混输管路。只有在集中处理站原油净化后的输送管路才是单相输油管。当采用三级布站时，在接转站上将气液分离，对液相增压，接转站至集中处理站气液分别输送，此时液相管路通常为油水两相混输管路。因而，矿场集输管路中约有70%属于两相或多相混输管路。

根据气液两相在管内的分布和结构特征，把两相流动分成若干流型。对流型及其转换的研究是两相流研究中的一项基础工作。

通过透明管段对管内气液流动情况的直接观察、高速摄影、观察管路压力波动、射线测量等方法来确定流型。各研究者对流型分类和名称不尽统一，目前比较公认的水平管的流型如图 7-5 所示。

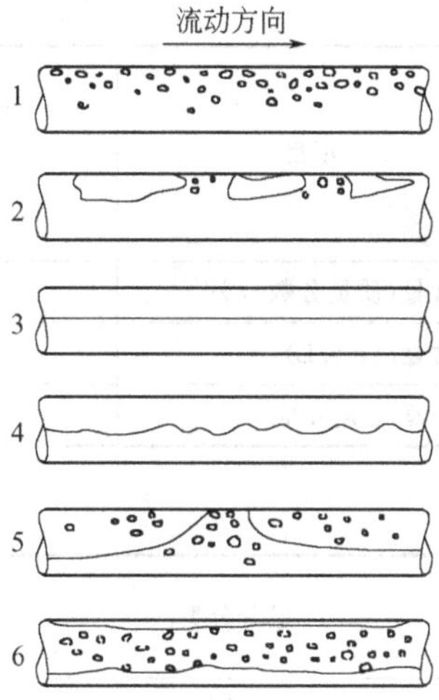

（1）气泡流

含气率较低时，气体以气泡形式浓集于管子上部，以与液体相等或略低于液体的速度沿管运动。以气泡流型运行的管路，一般无明显的压力波动。

（2）塞状流

随含气率增加，水气泡合并成大气团，在管路上部同液体交替地流动，气团间的液体内还存在一些小的气泡，塞状流也称气闭流。

（3）分层流

气液均为连续相，气液间具有较光滑的界面，气液相的流速都较低。在此流型下运行，管路也无明显的压力波动。

图 7-5 油气两相流动的流型图
1—气泡流；2—塞状流；3—分层流；
4—波状流；5—冲击流；6—环状流

（4）波浪流

当气体流速增高时，在气液界面吹起与行进方向相反的波浪，气液界面也不断地有轻微的压力波动，波动频率较高。

（5）冲击流

气体流速更高时，波浪加剧，波峰不时高达管顶，形成液塞，阻碍高速气流的通过，在气流推动下液塞沿管高速流动。它与气团流的差别在于气团上方有较厚液膜。显然，以冲击流工作的混输管路其振动和水击现象最明显，管路压力有很大波动，但频率较低。

（6）环状流

气体流速进一步增长，气体携带液滴以较高流速在紧挨管壁的环状液层的中心通过，形成环状流。

据研究，天然气-凝析液混输管路中常遇到分层流型和环状流型，而原油-天然气混输管路中常遇到前五种流型。

第二节 原油和天然气的加工处理

一、油田产品质量指标

油田产品有：出矿原油、天然气、油气田液化石油气和稳定轻烃，其质量要求分别见 SY 7513—88、GB/T 17820—1999、GB 11174—2011、GB 9053—2013。其主要质量指标阐述如下。

1. 出矿原油

其技术要求见表 7-1。

表中的原油类别是按常压沸点 250～275℃ 和 395～425℃ 两个关键组分的密度来确定，见表 7-2。

原油按第一和第二关键组分的类别，可分为七类，即表 7-2 中所列的原油类别。

2. 天然气

天然气的技术要求见表 7-3。

表 7-1 出矿原油技术要求

项目	原油类别		
	石蜡基 石蜡-混合基	混合基 混合-石蜡基 混合-环烷基	环烷基 环烷-混合基
水含量(质量分数)/%	0.5	1.0	2.0
盐含量/(mg/L)	实测		
饱和蒸气压/kPa	在储存温度下低于油田当地大气压		

表 7-2 原油关键组分分类

组分分类	第一关键组分 20℃密度/(g/cm^3)	第二关键组分 20℃密度/(g/cm^3)
石蜡基	<0.8207	<0.8721
混合基	0.8560～0.8207	0.9302～0.8721
环烷基	>0.8560	>0.9302

表 7-3 天然气技术要求

项目		质量指标			
		Ⅰ	Ⅱ	Ⅲ	Ⅳ[②]
高位发热值/(MJ/m^{3}[①])	A组	>31.4			
	B组	14.65～31.4			
总硫(以硫计)含量/(mg/m^3)		≤150	≤270	≤480	>480
硫化氢含量/(mg/m^3)		≤6	≤20	实测	实测
二硫化碳含量(体积分数)/%		≤3			
水分		无游离水			

① m^3 为 101.325kPa,20℃状态下的体积。
② Ⅳ类气的总硫含量>480mg/m^3,只能供给有处理手段的用户。

天然气作为燃料时,对总硫含量的要求由天然气所含硫化物燃烧生成二氧化硫对环境和人体的危害程度确定。天然气作为原料时,由于加工目的不同所需净化程度各异,对总硫含量无统一要求。对硫化氢含量的要求,目的在于控制气体输配系统的腐蚀以及对人体的危害。湿天然气中,硫化氢含量对金属材料的腐蚀作用主要取决于其在气象中的分压,故有的国家已将此指标改为分压。Ⅰ、Ⅱ类气体主要作民用燃料,Ⅲ、Ⅳ类气体主要用作工业染料。

二、油气分离

把在集油混输管线内自发形成并交错存在的气液两相分离为单一相态的原油和天然气的过程通常在油气分离器中进行,它是油田用得最多、最重要的设备之一。

1. 分离器的类型和工作要求

(1) 分离器类型

油田上常用卧式和立式两类重力式分离器,卧式分离器原理见图 7-6。立式分离器原理与卧式类似，只是容器垂直安装。流体由入口分流器进入分离器，油气的流向和流速突然改变，使油气得以初步分离。经初步分离后的原油在重力作用下流入分离器的集液部分。集液部分需要有一定的体积，使原油在分离器内有足够的停留时间，使被原油携带的气泡上升至液面并进入气相。集液部分也提供缓冲容积，均衡进出分离器原油流量的波动。气液界面可设在分离器直径的一半处，使原油有最大的蒸发面积和较好的气液分离效果，但也可按气、液处理量分配气液相在器内所占比例，减小容器尺寸，提高设备利用率。集液部分的原油最后经液位控制的出油阀流出分离器。

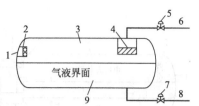

图 7-6　卧式分离器原理图
1—油气混合物入口；2—入口分流器；
3—重力沉降部分；4—除雾器；
5—压力控制阀；6—气体出口；
7—出油阀；8—原油出口；
9—集液部分

来自入口分流器的气体通过液面上方的重力沉降部分，被气流携带的油滴在此部分靠重力降至气液界面。未沉降至液面的、粒径更小的油滴随气体流经除雾器，在除雾器内聚结、合并成大油滴，在重力作用下流入集液部分。脱除油滴的气体经由分离器压力控制的调节阀流入集气管线。

在立式分离器的重力沉降部分，气体流动方向与液滴沉降方向相反；而在卧式分离器中两者相互垂直，液滴更易从气流中分出，因而卧式分离器适合处理气油比（指每立方米或每吨原油携带的气体体积数，以 m^3/m^3 或 m^3/t 为单位）较大的流体。

在卧式分离器中，气液界面较大，集液部分中所含气泡易于上升至气相空间，即分离后原油中含气量少，此外，卧式分离器还有单位处理量成本低，易于安装、检查、保养，易于制成撬装式装置等优点。

立式分离器适合于处理含固体杂质较多的油气混合物，易于从底部设置的排污口定期排放和清除固体杂质。卧式分离器处理含固体杂质较多的油气混合物时，由于固相杂质有 $45°\sim 60°$ 的静止角，故在分离器底部沿长度方向而设置几个排污口。

一般而言，对于普通油气分离，特别是可能存在乳状液、泡沫、高气油比时，卧式分离器较经济。在气油比低或极高的场合（如涤气器）以及安装空间受制约的场合立式分离器较为有效。

（2）对分离器工作质量的要求

分离器应创造良好条件，使溶解于原油中的气体以及气体中的重组分在分离器控制的压力和温度下尽量析出和凝析，使油气混合物接近气液相平衡状态（实际上只能达到 60% 左右的平衡状态）。这就要求分离器内气液界面大，气液在分离器内有必要的滞留时间。

分离器还必须具有良好的机械分离效果，即希望由分离器流出的气体中尽量少带液滴，原油中尽量少带气泡。此外还要求分离器在油气混合物性质、处理量和分离质量相同时，外形尺寸小，金属用量和制造成本低。

对分离器的研究、结构上的改进和设计分离器时，常从两方面着手，即从气体中分出油滴和从原油中分出气泡。

2. 油气水三相分离器

油井产物中常含有水。这类油气水混合物进入分离器后，在油气分离的同时，由于密度差，一部分水会从原油中沉降至分离器底部。因而处理这类含水原油的分离器常有油、气、水三个出口，称油气水三相分离器。图 7-7 为典型的三相分离器的原理图。进口分流器把油气水混合物大致分成气液两相，界面高度一般在 $2/3\sim 3/4$ 直径处。液面由导管引至油水界

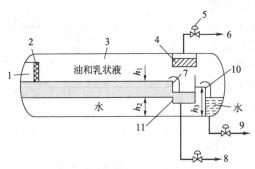

图 7-7 卧式三相分离器示意图
1—油气水混合物入口；2—进口分离器；
3—重力沉降部分；4—除雾器；
5—压力控制阀；6—出气口；
7—挡油板；8—出油口；9—出水口；
10—挡水板；11—油池

面以下进入集液部分，油水分层后，上层为原油和含有较小水滴的乳状油层。油和原有乳液从挡油板溢流进入油池，油池中的油由油池液位控制的出油阀排出。水从油池下面通过，经挡水板流入水室，从由水室液面控制的出水阀排出。油池上下游构成连通器，油层厚度 h_1 由挡水板高度 h_3 调节。在油水界面处，油水交错存在，水中油滴上浮，油中水滴沉降。由于油的黏度远大于水的黏度，故从水中分出油滴要比从油中分出水珠容易得多。又因油水密度差远小于油气密度差，故要求液相在分离器内有较长的停留时间，一般为 5～30min。

3. 分离缓冲罐分离器

分离缓冲罐分离器都有一定液体缓冲能力，对缓冲能力要求较高的分离器称分离缓冲罐，其出液口下游常接有液体增压泵。卧式分离缓冲罐的正常液位一般设在罐直径的一半处，它有最高和最低液位限制，两液位间的容积称缓冲容积（常为分离器容积的一半），来液充满缓冲容积所需时间称缓冲时间，常为 5～30min。当罐内液面上升时，泵的外输流量增大，常用罐内液位控制泵的出口阀或泵的回流阀，使罐内液面下降，直至设定液位。

4. 一次分离和多级分离

在油气分离器内，原油脱气时分离器内油气混合物的总组分固定不变，这种脱气过程称一次平衡汽化。轻组分汽化时，部分轻组分分子和重组分分子撞击，使前者失去能量留在液相而后者获得能量进入气相，这种现象称携带效应。因而一次平衡汽化时轻组分的分离是很不完善的，气相中含有 C_5^+ 的重组分，液相中有 C_1～C_4 等轻组分。

若沿流程设置多个分离器，其压力分别为 $p_1, p_2, \cdots$，且 $p_1 > p_2 > \cdots$。在第一级分离器中分出部分气体，原油沿管路进入第二级分离器。在第二级分离器内油气的组分不同于第一级分离器，它分出从 p_1 降压至 p_2 时，原油所析出的气体。之后，原油又流入第三级分离器。这种过程称多级分离或逐级平衡汽化。由于多级分离器每级分出的气量少，减少了携带效应，因而原油逐级平衡汽化所得气量总数比一次平衡汽化少、气相密度小，所得原油密度也小、数量增多、蒸气压降低。由于多级分离能获得蒸气压较低的原油，有时也把它看作是获得稳定原油、减少蒸发损耗的一种方法。

三、原油净化

油井产物中，除原油和伴生天然气外，还含有水、盐和泥、砂等机械杂质，特别在油田开发后期油井出水量占产液量的 90% 以上，泥、砂等机械杂质给原油的集输和炼制带来麻烦，主要有以下几个方面。

① 增大了液体量，降低了设备和管线的有效利用率；
② 增加了集输过程中的动力和热力消耗；
③ 引起金属管线和设备的结垢与腐蚀，使寿命降低；
④ 破坏炼制工作的正常进行。

因而，原油净化是商品原油生产过程中的重要环节。由于原油中所含的盐类和机械杂质大都溶解或悬浮于水中,原油脱水过程实际上也是降低原油含盐量和机械杂质的过程。

原油中所含的水,有的在常温下用简单的沉降法短时间内就能从油中分离出来,这类水被称为游离水;有的则很难用沉降法从油中分离,这类水被称为乳化水,它与原油的混合物称油水乳状液或原油乳状液。

1. 原油乳状液

原油和水是两种互不相溶的液体。原油乳状液主要有两种类型:一种是水以极微小颗粒分散于原油中,称为"油包水"型乳状液,用符号 W/O 表示,此时水是内相或称分散相,油是外相或称连续相;另一种是油以极小颗粒分散于水中,称为"水包油"型乳状液,用 O/W 表示,此时油是内相水是外相。此外,还有多重乳状液,即油包水包油型、水包油包水型等。

原油净化过程中,所遇到的原油乳状液多数属于油包水型乳状液,在普通显微镜下可观察到内相乳状液的水珠的存在。多数水珠粒径从几微米至数十微米。原油中含有天然乳化剂,如沥青质、胶质、环烷酸、脂肪酸、氮和硫的有机物、石蜡、黏土砂粒等。它们中的多数具有亲油憎水性质,因而一般生成稳定的油包水原油乳状液。

由于石油生产过程中油水的激烈混合,具备乳状液形成的必要条件,因此集输系统中的原油和水总是以乳状液形式存在,只是乳化的程度有所不同。

2. 原油脱水方法

原油脱水包括脱除游离水和原油中的乳化水。乳化水的脱除比游离水困难得多,因而,始终把油包水型原油乳状液的脱水作为研究重点。

乳状液的破坏称破乳。破乳过程是由分散水滴相互接近、碰撞、水滴外围由乳化剂构成的界面膜的破裂、水滴合并、在油相中沉降分离等一系列环节组成,常称水滴的聚结和沉降。在上述环节中,关键是破坏油水界面膜,使小油珠能合并成大水珠,与原油分离。

原油脱水的基本方法有:注入化学破乳剂、重力沉降脱水、利用离心力脱水、利用亲水表面使乳化水粗粒化脱水、电脱水等。最常用的是破乳剂和电脱水。

值得注意的是:20 世纪 80 年代中期出现的液-液旋流分离器,它是靠流体压力驱动,利用离心力使油水分离的一种新设备,具有体积小、操作维护方便等优点。起初,这种新设备用于海洋采油平台处理含油污水,使处理后的净化水含油浓度低于 40mg/L,满足直接排入海洋的环保要求。之后,又用于高含水油田的油水分离,可脱出油井产液中 80% 以上的水量,使原油含水率降到 50% 左右,大大减少原油净化处理量,相应地降低了操作费用和能耗。近期国内外正研究将这种小型设备放于井筒,分出的含水原油提升至地面,污水直接增压回注地层。迄今已有 20 多口油井以这种方式生产,分布于加拿大、德国、挪威等地。

3. 原油热化学脱水

原油热化学脱水是将含水原油加热到一定的温度,并在原油中加入适量的破乳剂(也称表面活性剂)。这种化学药剂能吸附在油水界面膜上,降低油水界面张力,改变乳状液类型,从而破坏乳状液的稳定性,以达到油水分离的目的。

热化学脱水流程应根据原油乳状液性质和现场具体情况设计,但必须有加注破乳剂的地点和供原油乳状液破乳后油水分离的容器。若油水混合物温度过低,在脱除游离水后还需有加热炉提高乳状液温度,以便获得较好的油水分离效果。若经破乳剂处理并在容器内重力沉降分离后,原油含水达不到商品原油含水率指标,则应采用电化学二段脱水。图 7-8 即为热化学、电化学二段密闭脱水流程。

4. 原油电脱水

经加热和加入破乳剂后,"净化原油"的含水率仍达不到商品原油含水率指标时,可采

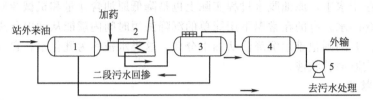

图 7-8 热化学、电化学二段密闭脱水流程示意图
1—压力沉降罐；2—加热炉；3—电脱水器；4—缓冲罐；5—外输泵

用电脱水。电脱水常作为原油乳状液净化脱水工艺的最后环节，在油田获得广泛使用。

（1）电脱水机理

原油电脱水方法只适合处理含水率小于 30% 的油包水型原油乳状液。将原油乳状液置于高压直流或交流电场中，由于电场对水滴的作用，削弱了水滴界面膜的强度，促进水滴的碰撞，使水滴聚结成粒径较大的水滴，在原油中沉降分离出来。水滴在电场中聚结的方式主要有三种，即电泳聚结、偶极聚结、振荡聚结。原油在乳状液在交流电场中，水滴以偶极聚结和振荡聚结为主；在直流电场中水滴以电泳聚结为主、偶极聚结为辅。

（2）电脱水器

电脱水器的结构见图 7-9。原油乳状液由进油口进入容器后，在容器底部均匀布孔的管线内流出，经容器内水层的水洗后向上进入电场区，图中脱水器有四层间距不等的电极，极间电场强度由弱变强向上流动的原油乳状液含水率的逐渐减小相适应。脱水后的净化原油从顶部布孔的管线流出脱水器，脱出的含油污水由容器底部的放水口流出。

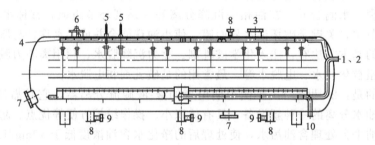

图 7-9 电脱水器结构示意图
1—进油口；2—出油口；3—透光孔；4—放气口；5—绝缘棒；6—浮球液位控制器；
7—人孔；8—排砂口；9—放水口；10—冲砂水进口

根据油田现场使用经验，经直流电脱水后的净化原油含水率低于交流电，但脱出水的含油率稍高。为取长补短，我国油田常采用交、直流双电场脱水，即下层电极与壳体间构成正负幅值不等的交流电场，而两电极间为直流脉冲电场。弱电场部分的电场强度一般为 0.3～0.5kV/cm，强电场部分的电场强度为 0.8～2.0kV/cm。

根据原油乳状液脱水的难易程度，确定原油乳状液在脱水器中的停留时间，一般为 40～60min。脱水器的操作温度应根据原油黏温特性确定，原油运动黏度低于 $50mm^2/s$ 为好。操作压力应比操作温度下的原油饱和蒸气压高 0.15MPa 左右，以免有气体析出破坏电场的稳定性。

四、原油稳定

原油在集输过程中，特别在常压储罐内储存时，原油的蒸发将损失一部分轻组分。为降低原油蒸发损耗、合理利用油气资源、保护环境、提高原油储运过程的安全性，应将原油中挥发性强的轻组分脱出，降低原油蒸气压，这一工艺过程称为原油稳定。稳定后原油在最高储存温度下的饱和蒸气压宜低于当地大气压的 0.7 倍。未稳定原油中挥发性强的轻组分主要是 $C_1 \sim C_4$，若上述组分在原油中的质量含率不到 0.5%，出于经济上的考虑，不必进行稳定处理。

将未稳定原油挥发性强的轻组分在塔器内变成气相，并尽量减少对重组分的携带。这样，所得液相为脱出轻组分后的稳定原油。气体加以收集并进一步加工成天然气、液化石油气和稳定轻烃。按所采用的稳定工艺，原油稳定方法主要有负压闪蒸、正压闪蒸、分馏等。

一般来说，负压闪蒸法适用于轻组分 $C_1 \sim C_4$ 含率小于 2.5%（质）、密度较高的原油。对轻组分超过 2.5%（质）的原油，因塔内轻组分汽化量较大，压缩机功耗过高，而使处理成本上升。

用分馏法能较彻底地脱除未稳定原油中的 $C_1 \sim C_4$ 组分，经稳定后的原油在储罐内的蒸发损失极小，达到不易测出的程度。但采用分馏法时，需把未稳定原油加热至较高温度，所需的换热设备多，热力和电力消耗均大于负压和正闪蒸压。

未经稳定处理的原油，储存于矿场常压固定顶储罐内时，油气蒸发损失由大呼吸和小呼吸损失组成。大呼吸指油罐进出油时造成的油气损耗。对稳定原油，从罐顶呼吸阀排出油气量与油罐排液量理论之比上应为 1。未稳定原油排气量与进液量之比与原油组分、末级分离器压力等因素有关，因罐内发生闪蒸远大于 1，如乌克兰油田测得为 $1.2 \sim 18.9 \text{m}^3/\text{t}$（油）。油罐小呼吸损耗是由昼夜温差变化引起的。气温升高，罐内气体压力升高，超过油罐允许承受压力时，呼吸阀自动开启，将超压的油气排入大气。据 1980 年我国油气损耗调查，原油储罐因大小呼吸每排 1m^3 气体的含油量为 $65.56 \sim 43.6\text{g}$。由油罐中排出油气的组成分析可知，气体中含有 $C_1 \sim C_{11}$ 组分，并以 C_3、C_4、C_5 占多。对不宜采用上述方法的原油稳定的场合，可采用油罐烃蒸气回收工艺，见流程图 7-10。压缩机自油罐中抽出气体增压至 $0.2 \sim 0.3 \text{MPa}$，并经冷却、计量后输运至天然气凝液回收装置。

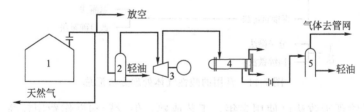

图 7-10　油罐烃蒸气回收流程图
1—油罐；2,5—分离器；3—压缩机；4—冷却器

油罐烃蒸气回收，不仅可回收部分轻烃凝液，提高油田效益，而且可减少大气污染，改善环境。

五、油田气处理

来自油气分离器、原油稳定装置以及油罐烃蒸气回收系统的气体和轻烃液，最后汇集于气体处理厂进行加工处理，使之成为油田合格产品。油田气处理包括气体净化和加工两大部分。净化是把天然气中所含的水蒸气、硫化氢和二氧化碳等杂质控制在商品天然气质量指标之内；而加工是把含 $C_3 \sim C_6$ 较富的油田气加工成主要组分为 C_1 的天然气，主要组分为 C_3、C_4 的液化石油气以及主要组分为 C_5、C_6 的稳定轻烃。我国油田气中含 H_2S 较少，油田气体处理厂也未建脱酸性气体的装置。四川所产天然气中含 H_2S 较高，在气体处理厂内才建有酸性气处理装置。

1. 天然气脱水

油田气和气田气中一般含有饱和水蒸气。水和酸性气体 H_2S 和 CO_2 结合，会对管线和设备产生腐蚀，还会在低温、高压下产生固态水合物堵塞管线和设备。目前油田广泛使用甘醇（二甘醇 DEG、三甘醇 TEG）吸收脱水和分子筛吸附脱水两种方法。

分子筛脱水的优点是：①气体中水含量可低于 1ppm，水露点可达 $-70℃$；②对气体温度、压力、流量变化不敏感，操作简单、占地面积小。缺点是：①设备投资大，分子筛一般使用 2~3 年就需更换，增加了脱水成本；②气体压降大、能耗高、操作费用高。三甘醇脱水的优缺点大致与分子筛相反，处理后气体的水露点只能达到 $-30℃$，只能满足对管输天然气和用浅冷法回收轻烃凝液的要求，不满足用深冷法回收轻烃凝液的要求。吸收水分后的三甘醇可以再生后循环使用，使用寿命长，脱水成本较低。选择脱水方法时，应根据脱水目的和要求、气体处理量等技术经济比较后确定，有时也可先用三甘醇脱水、再用分子筛脱水的组合方式。

2. 酸性气体脱除

脱除 H_2S 和 CO_2 的方法分干法和湿法两种。湿法按溶液的吸收和再生方式，又分为化学吸收法、物理吸收法和直接氧化法三种。常用的酸性气体处理方法如图 7-11 所示。

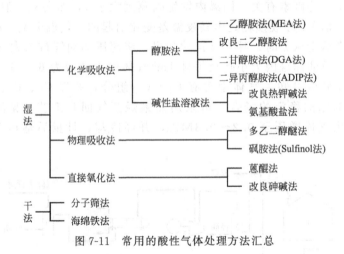

图 7-11 常用的酸性气体处理方法汇总

化学吸收及物理吸收法已使用多年，工艺成熟，但投资和操作费用较高。近年来，薄膜渗透法受到垂视，国外已用于对酸性气体和水蒸气的脱除，在国内尚处于起步阶段。

3. 天然气凝液回收

从天然气中回收凝液的方法有油吸收法（常温或低温）、吸附法、冷凝法。前两种方法因投资高、能耗大、C_3^+ 收率低，故近 20 年来国内外已建成的凝液回收装置，大多采用冷凝法。冷凝分离是在低温下将天然气中的 C_3^+（或 C_2^+）组分冷凝成液体，与以 C_1 为主体的气体的分离过程。所得液体通过分馏法，变成商品乙、丙、丁烷及稳定轻烃。使天然气获得低温可用冷剂致冷、气体膨胀致冷、或者联合应用两种致冷方法制冷。凝液回收的工艺基本按图 7-12 的框图进行。

按致冷温度不同，可分为浅冷和深冷两类，浅冷以回收 C_3 为主要目的，致冷温度一般为 $-25~40℃$，深冷以回收 C_2 为目的，要求 C_3 回收率在 90% 以上，致冷温度为 $-90~100℃$ 左右。通过冷凝分离获得的凝液，实际上包含了从 C_1 到 C_7 组分。这种混合烃液既不能满足使用要求，也不能安全可靠地储存和运输。为使凝液成为商品，首先应把其中的 C_1

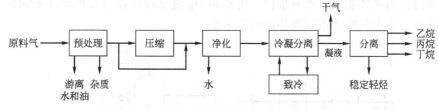

图 7-12 冷凝分离法烃凝液回收流程框图

和 C_2 脱出，以保证凝液的稳定。然后，按对商品的不同要求，把凝液中的 C_3、C_4 和 C_5^+ 切割分开。

第三节 矿场油气计量

油田生产过程中，从井口至油气外输分作三级计量，即井口计量、交接计量和外输计量。井口计量包括计量生产井产油量，产水量和产气量以及注水井（或注蒸气井）的注水量（或注蒸气量）。这些参数是油藏分析的重要技术数据。交接计量是接转站至联合站、联合站至油库之间的油气测量，为生产管理提供数据。外输计量是面向用户的，这一级计量精度要求最高。

在具备监控与数据采集（SCADA）系统的油田，井口计量和外接计量配有远程终端单元（RTU）。RTU 完成现场数据采集、处理和相关设备的控制，并把处理数据传输至主站的控制中心。交接测量的各参数，一般纳入该地的 RTU，和其他测控参数一起处理。

一、井口计量

1. 生产井计量

从油井采出的石油是一种多组分碳氢化合物和非烃类的混合物，同时还含有水、砂、蜡、盐、硫化氢等杂质。井口计量属多相流量计量，其计量方法有分离法计量与多相流量计计量两类。

关于井口计量又分为单井计量与多井计量。单井计量用于产量高的油井，专门为它配置一套计量装置。对于日产原油低于百吨的油井，采用多井计量。通常 8~12 口井配置一套计量装置，在计量站上定时选井轮流测量各油井日产油、气、水量。因此，计量站内除了计量装置外，还必须配备一套选井阀组。阀门采用电动或气动的三通阀、二通阀组合而成。

（1）分离法计量

利用油气分离器将油井采出物分离成气相和液相，或利用三相分离器将油井采出物分离成气体、油和水，而后分别对气体、液体（三相分离器出口的油和水）流量进行计量。

① 定体积法 如图 7-13 所示，油井来油通过选井阀组 $D_1 \sim D_{12}$，选其中一口油井产物进入立式二相分离器使气液分离。天然气以汽泡形式从原油中释放进入气相，经除雾器过滤后流出分离器；而液体在重力作用下沉降到分离器下部。

分离器连通一个单流管 L_1，其上、下方各安装一个液位开关（1 及 2）。高低液位开关对应分离器内固定的体积，预先用清水严格标定。在计量过程中电动二通阀 D_{13} 是关闭的。计量中随着液量增多液位上升，通过单流管 L_1 低液位开关 1 时开始计时；液位升至高液位开关 2 时，停止计时，这样便可求得单位时间内的油井产液量。打开电动阀 D_{13}，在气压作用下，将分离器内液体通过含水分析仪、电动阀 D_{13} 流至缓冲器与其他油井来油汇合，输送到集中处理站。含水分析仪指示液相内的含水率。

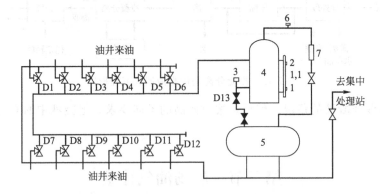

图 7-13　定体积法计量站工艺流程图
1—低液位开关；2—高液位开关；3—含水分析仪；4—两相计量分离器；
5—缓冲罐；6—压力变压器；7—涡轮流量计

天然气计量选用仪表与各油井产气量变化范围有关。产气量变化范围较大时，采用涡轮或涡街流量变送器；变化范围较小时，采用孔板流量计。对于气体流量测量，都要进行压力、温度补偿。

测量原油含水率的方法目前有电容法、射频法和放射性测含水法电容法是利用含水原油中油和水的介电常数有明显差别这一特性进行测量的，适用于中低含水率测量。当出现水包油或游离水呈连续相时，电容法不能正常测量。射频法也是利用含水原油中油和水介电常数差异而呈现的射频阻抗特性不同测量含水的。根据原油含水量不同，出现的"油包水"或"水包油"原油乳状液的特点，这类含水分析仪的量程分成测低含水、中含水、高含水，以适应不同的液体类型。放射性含水分析仪是在放射性密度计基础上研制的，它基于油、水密度不同的原理测量含水率。

② 连续计量法　这种方法利用二相分离器或三相分离器，借助于压力及界面调节系统使其稳定工作，而后分别计量分离后的天然气、液体（或污水及含水油）流量。图 7-14 为利用二相分离器的测控系统原理图，它具有两个调节系统，天然气压力调节系统由压力变送器 PT、控制环节 PIC、电气转换器 I/P 和气动调节阀 PCV 组成，其作用是维持分离器内一定压力。天然气计量用流量变送器 FT（可以是孔板、涡轮或涡街），并作压力与温度补偿。分离器内液气界面控制由液位变送器 LT、控制环节 LIC、电气转换器 I/P 和气动调节阀 LCV 实现。流量计采用质量流量计 MFT（或孔板、涡轮）和含水分析仪 AT，以计算产水量和产油量。

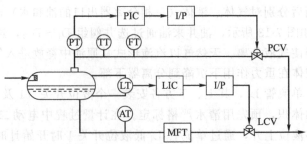

图 7-14　二相分离器测控系统

(2) 多相流量计

采用分离法计量油井产油量、产水量和产气量存在的主要问题是：分离器的分离是初步分离，分离出的天然气中含有轻烃，分离出的液体中含有溶解气，因此难以记录；其次分离器容积较大，选井测量时过渡时间长；第三体积庞大，占地面积多。这些问题对海上油田开发显得尤为突出，因此多相流量计研究颇受关注。下面介绍两种经过现场实验应用的多相流量计。

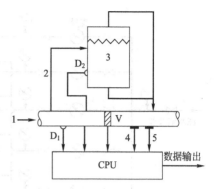

图 7-15　Eummatic 三相流量计原理示意图
1—多相流体；2—取样管；3—小型两相分离器；4—压力传感器；
5—温度传感器；D_1—主管放射性密度计；D_2—液相放射性密度计；V—多相涡轮流量计

① Eummatic 三相流量计　如图 7-15 所示，该三相流量计采用一个小型二相分离器，对井口来油进行取样分离。目的在于用放射性密度计 D_2 测出液相密度 ρ_2。在主管线上还用放射性密度计 D_1 测出油气水混合密度 ρ_1。装有涡轮传感器 V 测出混合流体的容积流量 V。此外，还有用于补偿计算的压力与温度传感器。五个参量送入以微处理器为基础的一单元作运算处理。根据质量守恒定律，由这五个传感器测出的参数可以导出油井的产油量、产液量和产气量。

据称该多相流量计密度计量程为 $0.8\sim1000\mathrm{kg/m^3}$，精度为 $\pm0.03\%$；总体精度对液相为 $\pm3.0\%$，对气相为 $\pm2.0\%$。

② AGAR 多相流量计　AGAR 公司生产的多相流量计采用容积法测量油、气和水组成的流体总流量。流量计采用两个文丘利管构成动量仪。两个文丘利管具有不同的截面比，在一系列假设条件下经数据处理可以得到混合物的密度、质量含水率和总质量流速等参数。其采样周期为 $1\sim2\mathrm{s}$，可以用数字、图形显示流量变化趋势、平均值等。

AGAR 多相流量计还采用第二代含水分析仪 OWM—201，它能在有气体存在情况下连续检测油水混合物中的含水率。它使用两个不同距离的天线接收信号。传感器工作频率为 $2.5\mathrm{MHz}$。

经现场实验应用表明，该多相流量计能在含气率 $0\sim100\%$、含水率 $0\sim100\%$、气体流速为 $0.3\sim3.5\mathrm{m/s}$、液体流速为 $0.3\sim3.1\mathrm{m/s}$ 的范围内较准确地测油、气和水流量。对液体流量测量的相对误差不大于 $\pm10\%$，对气体流量测量的误差不大于 $\pm5.0\%$。

2. 注水井计量

注水系统由水源、水质处理（含污水处理）、注水站、配水间及注水井组成，各注水井的注水量是在配水间进行计量的，如图 7-16 所示。对每口注水井只需测量出注水压力与流量。流量计采用孔板流量计或涡街流量计。具备 SCADA 系统的油田，配水间配有 RTU，实时采集各压力与流量信号，传送到主站控制中心。如果需要，各阀门用电动阀，以控制水井注水量。关于注蒸汽井，由于所注蒸汽是饱和蒸汽，属于两相流量计量，目前大多应用相关法，以经验公式计算。

二、外输计量

外输计量相对误差要求在 $\pm0.35\%$ 以内。油田一般在油库设置外输计量站专门从事外输计量。图 7-17 表示一种外输计量站的典型配置。该站共有八台外输泵，根据输油量要求以不同组合方式向外输油。主要组成如下所示。

(1) 流量计

通常采用容积式流量计（腰轮）、涡轮或质量流量计，精度为±0.2%，目前也有应用精度为±0.1%的流量计。

(2) 必要的参数测量仪表

包括温度、压力变送器，用作修正计算；密度计用作求质量流量；低含水分析仪用作质量指标监测。

(3) 流量计标定装置

用作对各流量计定期标定，以保证计量精度。标定装置采用标准体积管，它分单向和双向两种，其上装有两个检

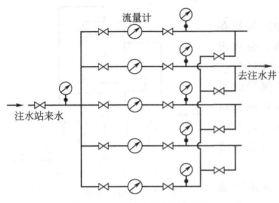

图 7-16 配水间原理流程图

测开关，两个检测开关之间的容积为标准容积，如 LJC-37 型标准体积管，口径 400mm，标准容积为 6m^3。此外在标准体积管入口或出口处装有温度及压力变送器，用作对标准容积修正计算，标准体积管校验精确度为±0.02%，复现性优于±0.02%。

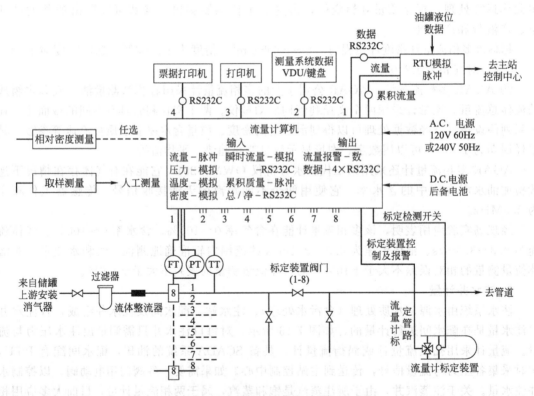

图 7-17 外输计量站计算机系统原理系统

(4) 辅助装置

为了保证准确计量，还必须配套辅助装置，包括消气器，用于除掉外输原油中气体，以免影响计量；过滤器用于去掉原油中杂质，保护流量计；流体整流器用于使流体流束规则。此外，还配备一些控制阀门用作标定流量计的流程切换。

(5) 取样系统

在不具备密度和含水分析仪的系统中,设置人工取样系统,通过人工对样品化验分析得出密度与含水指标,人工送入计算机系统,供处理使用。

(6) RTU 功能

将计量信息传送到 SCADA 系统主站控制中心。

关于交接计量,其方法与外输计量基本相同。由于计量精度要求不如外输计量精度高,所用流量计精度一般为±0.5%。不用配置专门标定装置,只需留有现场标定阀组,以备移动式标定装置定期校验,各项数据纳入该地 RTU 或测控装置一并处理。

思考题

1. 油气集输系统的工作内容?
2. 油气集输流程的命名方式?
3. 矿场集输管路水平管的流型有哪些?
4. 分离器的工作原理是什么?卧式分离器与立式分离器有什么区别?
5. 为什么要进行原油净化?
6. 原油脱水的方法有哪些?
7. 为什么要进行原油稳定?采用什么方法?
8. 生产井的计量方法有哪些?
9. 外输计量系统的组成包括哪些?

第八章 长距离输油管道

管道运输是原油和成品油最主要的运输方式。与铁路运输、公路运输、水运相比，管道运输具有很多优点：运输量大；大部分埋于地下，占地少；密闭安全，能够长期连续稳定运行；便于管理，易于实现远程集中监控；能耗少，运费低。

第一节 输油管道概况

一、输油管的分类和组成

1. 输油管道的分类

① 属于企业内部的管道。如油田的油气集输管道，炼厂、油库内部的输油管道等。

② 长距离输送原油、石油产品管道。长距离输油管道是一个独立的企业，有自己完整的组织机构，单独进行经济核算。长距离输油管道输送距离可达数百公里乃至数千公里；管径多数为200~1000mm，有的超过1m；输油量从每年数百万到几千万吨，甚至超过一亿吨。其起点和终点分别与其他石油企业相连。

2. 长距离输油管组成与各站作用

长距离输油管由输油站和线路两部分组成。

输油站包括首站，主要功能为收集、计量、输送，由罐区、泵房、计量系统组成；中间站（热泵站），主要功能为给油品加压、加热；末站，主要功能为转运、计量。

首站即输油管起点输油站。其任务是收集原油或石油产品，经计量后向下一站输送。首站由油罐区、输油泵房和油品计量装置等组成。有的为了加热油品还设有加热系统。

输油泵从油罐汲取油品经加压（有的也经加热）、计量后输入干线管道。油品沿管道向前流动，压力不断下降，需要在沿途设置中间输油泵站（中间站）继续加压，将油品送到终点。为继续加热，则设置中间加热站。加热站与输油泵站一起合建的，称热泵站。

输油管终点称为末站，它可为属于长距离输油管的转运油库，也可是其他企业的附属油库。油品从此转输给用油单位或者改换运输方式（例如改为海运）。末站突出的任务是解决管道运输与用油单位或两种运输方式之间的输量不平衡问题，而给油品供给能量的任务则大大减轻。故末站也有较多的油罐及相应的计量、化验和转输设施。

二、管道运输的发展历史和发展趋势

1. 管道运输的发展历史

管道工业有着悠久的历史。中国是最早使用管道输送流体的国家，早在公元前的秦汉时代，在四川自贡就有人用打通了的竹子连接起来输送卤水，随后又用于输送天然气。现代管道始于19世纪中叶，1859年，美国宾夕法尼亚打出了第一口油井。但直到1865年，才建造了第一条用于输送原油的管道，直径为50mm，长为10km，输量为12.8m³/h，用往复泵

驱动。1879年，在美国的宾夕法尼亚铺设了一条口径为150mm，长为17.4km的输油管道。1886年，美国又铺设了一条口径为200mm，长为139km的输油管道。

真正具有现代规模的长输管道始于第二次世界大战。当时由于战争的需要，美国铺设了两条输油管道。一条是原油管道，口径为600mm，长为2158km，输量为47700m^3/d（1500万吨/年）；另一条为成品油管道，口径为500mm，包括支线全长为2745km，输量为3760m^3/d（1300万吨/年）。

随着石油工业的发展，战后各产油国都铺设了不少长输管道。从20世纪60年代起，输油管道向大口径、长距离的方向发展，并出现许多跨国管线。较著名的有：①苏联的"友谊"输油管道；②美国的阿拉斯加原油管道；③沙特的东—西原油管道；④全美原油管道；⑤美国的科洛尼尔成品油管道系统；⑥科钦液化石油气（LPG）管道。

2. 长输管道的发展趋势

① 建设大口径、高压力的大型输油管道。从经济角度看，当其他条件基本相同时，大口径管道比小口径管道的输油成本低得多。目前，国外原油管道最大管径为1442mm。

采用高压力输送，可以提高一条管道的输油能力，从而降低输油成本。国外输油管道压力一般均在6.0MPa以上。如阿拉斯加输油管道的操作压力为8.2MPa。目前输油管道最大设计压力为10.0MPa。

② 采用高强度、高韧性、可焊性良好的管材。

③ 不断采用新技术。各种新技术的应用使管道工业技术不断革新，这些新技术包括：遥感和数据成像技术、地理信息系统（GIS）、地球卫星定位系统（GPS）和新的管道施工技术等。

④ 高度自动化。采用计算机监控与数据采集（SCADA）系统对全线进行统一调度、监控和管理。管理水平较高的管道已经达到站场无人值守、全线集中控制的程度。

⑤ 应用现代安全管理体系和安全技术，不断改进管道系统的安全。

3. 我国输油管道发展概况

虽然中国是最早使用管道输送流体的国家，但是直到1958年，我国才修建了第一条长输管道：克拉玛依-独山子原油管道。随着我国石油工业的发展，20世纪70年代开始兴建大型输油管道，主要是原油管道，到20世纪80年代末，我国铺设的百公里以上的原油长输管道20余条，管径为159～720mm，形成了具有一定规模的原油管网。

20世纪90年代，随着西部油气田的开发，西北地区原油管道建设增长很快。新疆、青海、长庆等油田建设了多条外输原油管道，如由青海花土沟油田至格尔木炼油厂的花格线，该管道长435.6km，管径273mm。

1985年起，我国开始进口少量原油，之后进口数量逐年增加。为缓解海运来的进口原油上岸后运输困难的问题，2004年以来先后修建了宁波-上海-南京的甬沪宁原油管道、南京-长岭的沿江原油管道。

成品油管道方面，国内发展比较缓慢。1977年建成的第一条长距离、小口径、顺序输送的成品油管道是格尔木-拉萨成品油管道，全长1080km，管径150mm，顺序输送汽油和柴油。20世纪90年代至今，先后建设了克拉玛依-乌鲁木齐、抚顺-鲅鱼圈、镇海-杭州、兰州-成都-重庆等成品油管道。兰成渝成品油管道于2002年9月建成投产，该管道从甘肃省兰州市经陕西、四川到重庆，干线全长1250km，管径有508、457、323三种口径，支线11条。兰成渝成品油管道是国内目前线路最长、管径最大、输量最高、运行工况最复杂、自动化控制水平最高的成品油管道，多项技术均处于国内领先水平，有些指标接近国际先进水平。目前正在建设中的大型成品油管道主要有：广西北海-贵阳-昆明的大西南成品油管道、乌鲁木齐-兰州的西部成品油管道等。近年内还将建设华北地区、长江三角洲、珠江三角洲地区、浙闽沿海及鲁苏皖等地区的成品油管道，构建成品油管网的骨架。中远期将逐步发展短距离管道，形成成品油管道网络。

到 2003 年年底，我国油气管道总长为 45866km；大陆地区的原油管道总长 15915km，成品油管道 6525km，海底管道 2126km。其后 20 年，我国国民经济持续稳定的发展对石油和天然气的需求将不断增加。油气管道作为油气的主要的运输方式，将会进入一个大的发展时期。

第二节 等温输油管道

输送轻质成品油或轻质低凝点原油的长输管道，沿线不需要加热，油品从首站进入管道，在经过一定距离之后，管道内油温就会等于管道埋深处的地温，这样的管道称为等温输油管道。

长距离输油管道由输油站和管路两部分组成，一般长达数百公里，沿线设有输油首站、若干个中间站和末站。油品沿管道流动，需要消耗一定的能量（压力能和热能），输油站的任务就是供给油流一定的能量，将油品保质、保量、安全经济地输送到终点。

一、输油泵站的工作特性

1. 离心输油泵的工作特性

泵站所供应的压力能由站上所装备的输油泵机组来完成，因此泵站的工作特性也就是运行泵机组的联合工作特性。单台泵机组的工作特性取决于泵的类型和规格以及驱动泵的原动机的类型。长输管道上最常用的泵机组为离心泵机组，下面以其为例分析其工作特性、影响工作特性的各种因素和离心泵机组的泵站特性。

(1) 固定转速离心泵的工作特性

在恒定转速下，泵的扬程与排量（H-Q）的变化关系称为泵的工作特性。此外，泵的工作特性还须包括功率与排量（N-Q）特性和效率与排量（η-Q）特性。

固定转速的离心泵机组的特性方程 $H=f(Q)$，可以由实测的几组扬程、排量数据，用最小二乘法来回归，可近似表示为：

$$H=a-bQ^{2-m} \tag{8-1}$$

式中，H 为离心泵扬程，m 液柱；Q 为离心泵排量，m^3/h；a、b 为常数；m 为管道流量-压降公式(列宾宗公式)中的指数。

(2) 调速泵的工作特性

通过调节离心泵的转速的方法，可以改变泵的工作特性，从而调节泵的排量和扬程。泵机组的调速措施有两类：第一是改变原动机的转速。如柴油机、燃气轮机都具有调速功能，电动机可以采用变频方法改变转速。第二是通过安装在原动机与离心泵之间的调速器改变泵的转速。根据离心泵的相似原理，转速变化后的泵特性可用下式描述：

$$H=a\left(\frac{n}{n_0}\right)^2-b\left(\frac{n}{n_0}\right)^m Q^{2-m} \tag{8-2}$$

式中，n 为调速后泵的转数，r/min；n_0 为调速前泵的转数，r/min；a、b 为对应 n_0 转速，泵特性方程中的两个常数。

(3) 叶轮直径变化后的泵特性

转速一定，采用不同直径的叶轮，可得到不同的泵特性。根据离心泵的切割定律，叶轮直径变化后的泵特性可用下式表示：

$$H = a\left(\frac{D}{D_0}\right)^2 - b\left(\frac{D}{D_0}\right)^m Q^{2-m} \tag{8-3}$$

式中，D_0、D 为变化前后的叶轮直径，mm；a、b 为对应 D_0 叶轮直径，泵特性方程中的两个常系数。

但是，离心泵叶轮的切割量不能太大，否则切割定律失效，并且会使泵效率明显降低，因而规定叶轮的最大切割量。最大切割量与泵的比转数 n_s 有关，如表 8-1 所示。

表 8-1 离心泵叶轮的允许切割量

n_s	60	120	200	300	500
$\dfrac{D_0 - D}{D_0}$	0.20	0.15	0.11	0.09	0.07

2. 泵站的工作特性

输油泵站的工作任务就是不断地向管道输入一定量的油品，并给油流供应一定的压力能，维持管内油品的流动。泵站的工作特性就是指泵站的排量与扬程之间的相互关系。根据泵机组的组合方式，一般离心泵站的 Q-H 特性也可用类似于描述泵特性的二次方程来描述：

$$H_c = A - BQ^{2-m} \tag{8-4}$$

式中，H_c 为泵站扬程，m 液柱；Q 为泵站排量，m^3/s；A、B 为由离心泵特性及组合方式确定的常系数。

(1) 多台泵串联的泵站特性

根据离心泵串联组合的特点：通过每台泵的排量相同，均等于泵站排量；泵站扬程等于各泵扬程之和，不难写出泵站特性方程。若有 N_1 台泵串联，则有：

$$H_c = \sum_{i=1}^{N_1} H_i = \sum_{i=1}^{N_1} a_i - \sum_{i=1}^{N_1} b_i \cdot Q^{2-m}$$

对照式 (8-4) 可知，泵站特性方程的常系数分别为每台泵对应系数的代数和，即：

$$A = \sum_{i=1}^{N_1} a_i, \quad B = \sum_{i=1}^{N_1} b_i \tag{8-5}$$

特殊地，如果 N_s 台相同型号的泵串联工作，泵站特性方程的常系数为：

$$A = N_s a, \quad B = N_s b \tag{8-6}$$

(2) 多台泵并联的泵特性

根据离心泵并联组合的特点：每台泵提供的扬程相同，均应等于泵站扬程，泵站的排量为每台泵的排量之和，则 N_p 台相同型号的离心泵并联时，泵站特性方程为：

$$H_c = a - b\left(\frac{Q}{N_p}\right)^{2-m} \tag{8-7}$$

对照式 (8-4) 可知：

$$A = a, \quad B = b/N_p^{2-m} \tag{8-8}$$

(3) 多台泵串联、并联的泵站特性

输油站上的泵机组既串联又并联工作时，应先由各泵机组特性串联和并联相加得到泵站的特性曲线，然后在特性曲线上取点，回归出泵站特性方程。如图 8-1 所示的四台泵机组的组合方式，其泵站特性曲线可由单泵特性曲线串联相加后再并联得到，如图 8-2(a) 所示。当然，也可以由单泵特性曲线并联后再串联相加而得，如图 8-2(b) 所示。

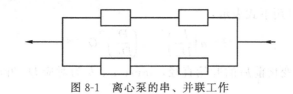

图 8-1　离心泵的串、并联工作

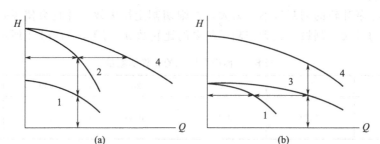

图 8-2　泵站的特性曲线

1—单泵特性曲线；2—两泵串联特性曲线；3—两泵并联特性曲线；4—四台泵组合的泵站特性曲线

泵站的排量等于输油管道的流量，泵站的出站压头等于油品在管内流动过程中克服摩阻损失、位差和保持管道终点剩余压力所需要的能量。输油管道全线各泵站的能量供应之和必然等于全线管道的能量需求。因此，为保证完成输油任务，泵站的额定排量应大于或等于设计输量，泵站的扬程应满足管输要求。

二、输油管道的压能损失

油品管输过程中压力能的消耗主要包括两部分，一是用于克服地形高差所需的位能，对某一管道，这部分是不随输量变化的固定值；二是克服油品沿管路流动过程中的摩擦及撞击产生的能量损失转换成的液柱高度，通常称为摩阻损失，单位为 m 液柱。

对于长输管道，摩阻损失包括两部分：一是油流通过直管段所产生的摩阻损失 h_l，简称沿程摩阻；二是油流通过各种阀件、管件所产生的摩阻损失 h_ξ，简称局部摩阻。长输管道站间管路的摩阻损失主要是沿程摩阻，局部摩阻只占 1%～2%。而泵站的站内摩阻则主要是局部摩阻。

1. 沿程摩阻损失

管路的沿程摩阻损失 h_l，可按达西（Darcy-Weisbach）公式计算：

$$h_l = \lambda \frac{L}{d} \frac{v^2}{2g} \tag{8-9}$$

水力摩阻系数随流态不同而不同，理论和实验都表明水力摩阻系数是雷诺数 Re 和管壁相对当量粗糙度 ε 的函数。

$$Re = \frac{vd}{\nu} = \frac{4Q}{\pi d \nu} \tag{8-10}$$

式中，ν 为油品的运动黏度，m^2/s；Q 为油品在管路中的体积流量，m^3/s；v 为油品平均流速。

$$\varepsilon = \frac{2e}{d} \tag{8-11}$$

式中，e 为管壁的绝对当量粗糙度，m。

① 各流态区摩阻系数的计算　在不同的流态区，水力摩阻系数与雷诺数及管壁粗糙度的关系不同。

当 $Re < 2000$ 时，流态为层流，液流的质点平行于管道中心轴线运动，水力摩阻系数 λ

仅与雷诺数 Re 有关，$\lambda = f(Re)$。

流态由层流转变为紊流，是一种突变，但其发生突变时的雷诺数值会因各种影响流动的具体因素的不同而异。突变的雷诺数值一般在 2000 到 3000 之间。但对于热重油管路，也有在 $Re < 2000$ 时已进入紊流的现象。在该范围内流动状态很不稳定，通常应尽量避免在该区域内工作。在该过渡区内，λ 值尚无成熟的计算公式，$2000 < Re < 3000$ 范围内可暂按紊流光滑区计算。

当雷诺数 $Re > 3000$ 时，管内流态处于紊流。紊流区大致可以分为水力光滑区、混合摩擦区和完全粗糙区。

② 综合参数摩阻计算公式　在使用达西公式计算沿程摩阻时，因为 λ 与 Re 和 ε 有关，不便于分析各参数对摩阻的影响。可以对达西公式中的各参数进行重新整理，得到便于使用的综合参数摩阻计算公式——列宾宗公式。

上述各流态区 λ 的计算式可综合成下式：

$$\lambda = \frac{A}{Re^m} \tag{8-12}$$

将上式及 $v = \dfrac{4Q}{\pi d^2}$，$Re = \dfrac{4Q}{\pi d \nu}$ 代入式(8-9)，可得：

$$h_l = \beta \frac{Q^{2-m} \cdot \nu^m}{d^{5-m}} \cdot L \tag{8-13}$$

其中：

$$\beta = \frac{8A}{4^m \cdot \pi^{2-m} \cdot g}$$

以下各流态区的摩阻计算式，反映了沿程摩阻与流量 Q、黏度 ν、管内径 d、管长 L 间的相互关系。总的趋势是：随着流量、黏度和管长的增大或管径的减小，沿程摩阻随之增大。但在各流态区，各参数的影响程度是不相同的。从层流到紊流光滑区、混合摩擦区以至粗糙区，式中的 m 值由 1、0.25、0.123 变至 0。因而由式(8-13)可得出，随着 Re 的增大，输量、管径对摩阻的影响愈来愈大，而黏度对摩阻的影响由大变小直到没有影响。管道长度对摩阻的影响在各种流态时都相同。

热原油管道上最常见的流态是水力光滑区；轻油管道也多在水力光滑区；输送低黏油品的较小直径管道可能进入混合摩擦区；热重油管道多在层流区。

2. 局部摩阻损失

液体流经管道系统中的管件、阀件或某些设备时，由于流道形状及流动状态的变化，会产生局部摩阻损失。局部摩阻可按下式计算：

$$h_\xi = \xi \frac{v^2}{2g}$$

式中，ξ 为管件或阀件的局部阻力系数；v 为流速，一般取阀件下游管内的平均流速。

管件或阀件的阻力系数由实验测定。紊流状态下各种管件或阀件的 ξ 值近似为常数。而层流时，局部阻力系数 ξ_C 随雷诺数而变化。因此，计算层流状态下的局部阻力系数 ξ_C 需按下式修正：

$$\xi_C = \varphi \cdot \xi$$

阀门的阻力系数与阀门的开度有关。一般阀门的阻力系数（调节阀除外）是指全开条件下的测定值。φ 及各种管件、阀件的 ξ 值，可查阅有关文献。

流量计、加热炉、换热器等管路系统中的设备可视为局部阻力源。其摩阻损失可查阅产品说明书，也可以直接查询生产厂家。

长输管道的站场（泵站、计量站、清管站或加热站等）相对于整个管道系统也可视为局部阻力。由于长输管道站场的阻力损失大多只占站间管道摩阻的很小部分，在管道的工艺设计计算时，站场的局部阻力一般取为定值。

管道的压降计算：管内径 d 和管长 L 一定的某管道，当输送一定量的某油品时，由起点至终点的总压降 H 可按如下公式计算：

$$H = h_l + \sum_{i=1}^{n} h_{mi} + (Z_Z - Z_Q) \tag{8-14}$$

式中，$Z_Z - Z_Q$ 为管道终点与起点的高程差；$\sum_{i=1}^{n} h_{mi}$ 是各站的站内摩阻之和。

第三节 加热输送管道

一、热油管道的温降

1. 加热输送的特点

对于易凝、高黏的油品，当其凝点高于管道周围环境温度，或在环境温度下油流黏度很高时，不能直接采用如前所述的等温输送方法。过高的黏度会使管道的压降剧增，往往在工程上难以实现或不经济、不安全，因而必须采用降凝、降黏等措施。加热输送是目前最常用的方法。加热输送提高了输送温度使油品黏度降低，减少摩阻损失，降低管输压力，或使管内最低的油温维持在凝点以上，保证了安全输送。

热油管输送过程中，油温远高于管道周围的环境温度，在径向温差的推动下，油流所携带的热量将不断地往管外散失，因而使油流在沿管道向前输送过程中不断地降温，引起了轴向温降。轴向温降使油流的黏度在前进过程中不断上升，单位管长的摩阻逐渐增大。当油温降低到接近凝点时，单位管长的摩阻将急剧升高。

与等温输送不同的是，热油输送在输送过程中存在着两方面的能量损失：摩阻损失和散热损失。因此也必须从两方面给油流供应能量，由加热站供应热能，由泵站供应压力能。这两种能量损失的多少又是互相影响的，其中散热损失往往是起决定作用的因素。因为摩擦损失的大小决定于油品的黏度，而黏度的大小则决定于输送温度的高低。对于某一输送任务，存在着能耗最小的最优输送条件。因此，首先要确定沿线的温降。

2. 热油管道沿程温降计算

对于热油管道，油流在加热站加热到一定温度后进入管道。油流沿管道流动中不断向周围介质散热，使油流温度降低。散热量及沿线油温分布取决于很多因素，如输油量、加热温度、环境条件、管道散热条件等。严格意义上，这些因素是随时间变化的，所以热油管道经常处于热力不稳定状态。但工程上将正常运行工况近似为热力、水力稳定状况，在此前提下进行轴向温降计算。设计阶段根据稳态计算结果确定加热站、泵站的数目和位置，即设计加热输送管道是以稳态热力、水力计算为基础的。

(1) 轴向温降计算式与沿程温度分布

① 轴向温降计算式 设管长 L 的段内总传热系数 K 为常数，忽略水力坡降 i 沿管长的变化，经过数学推导，可得列宾宗沿程温降计算式：

$$\ln \frac{T_R - T_0 - b}{T_L - T_0 - b} = aL \tag{8-15}$$

$$\frac{T_R-T_0-b}{T_L-T_0-b}=\exp(aL) \tag{8-16}$$

式中，L 为管道加热输送的长度，m；K 为管道总传热系数，W/(m²·℃)；T_R 为管道起点油温，℃；T_L 距起点 L 处油温，℃；T_0 为周围介质温度，其中，埋地管道取管中心埋深处自然地温，℃；i 为油流水力坡降；a、b 为参数，$a=\dfrac{K\pi D}{Gc}$，$b=\dfrac{giG}{K\pi D}$，其中，g 为重力加速度，m/s²；G 为油品的质量流量，kg/s；c 为输油平均温度下油品的比热容，J/(kg·℃)；D 为管道外直径，m。

若加热站出站油温 T_R 为定值，则管道沿程的温度分布可用式(8-17) 表示：

$$T_L=(T_0+b)+[T_R-(T_0+b)]e^{-aL} \tag{8-17}$$

对于距离不长、管径小、流速较低、温降较大的管道，摩擦热对沿程温降影响不大的情况下，或概略计算温降时，可以忽略摩擦热的作用。令 $b=0$，代入式(8-15)，得到苏霍夫公式：

$$\ln\frac{T_R-T_0}{T_L-T_0}=aL \tag{8-18}$$

$$T_L=T_0+(T_R-T_0)e^{-aL} \tag{8-19}$$

② 加热输送管道的沿程温降及影响因素　由式(8-19) 可以得出加热输送管道的沿程温度分布曲线，如图 8-3 所示。由图 8-3 不难看出，在两个加热站之间的管道沿线，各处的温度梯度是不同的：在站的出口处油温高，油流与周围介质的温差大，温降就快；而在进站前的管段上，由于油温低温降就慢。加热温度愈高，散热愈多，温降就快。

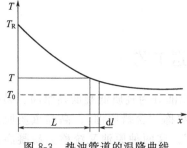

图 8-3　热油管道的温降曲线

在各个参数中，对温降影响较大的是总传热系数 K 和流量 G。K 值增大时，温降将显著加快，因此在热力计算时，要慎重地确定 K 值。此外，在不同的季节，管道埋深处的土壤温度 T_0 不同，温降情况也不同。冬季 T_0 低时，温降就快。

(2) 温度参数的确定

确定加热站的进、出站温度时，需要考虑三方面的因素。首先是油品的黏温特性和其他物理性质；其次是管道的停输时间、热胀和温度应力等安全因素；第三是经济因素，使总的能耗费用达到最低。

考虑到原油和重油都难免含水，故其加热温度（加热站出站温度）一般不超过100℃。若原油为加热后进泵，则其加热温度不应高于初馏点，以免影响泵的吸入。此外，在确定加热温度时，还必须考虑油品的黏度-温度关系，由于运行和安装温度的温差使管道遭受的温度应力是否在强度允许范围内，以及防腐层和保温层的耐热能力是否适应等安全因素。

加热站进站油温主要取决于经济比较与运行安全的需要，对凝点较高的含蜡原油，由于在凝点附近时黏温曲线很陡，故其经济进站温度常略高于凝点。当进站油温接近凝点时，必须考虑管道可能停输后的温降情况及其再启动措施，要规定适当的安全停输时间。

对于架空管道，管道周围介质温度 T_0 就是周围大气的温度。对于埋地管道，T_0 则取管道埋深处的土壤自然温度。T_0 是随地区、季节变化的，各加热站间可能不同。

二、热油管道的摩阻

1. 热油管道摩阻计算的特点

与等温输送管道不同,热油管道的摩阻计算存在以下特点。

① 热油管道沿线水力坡降不是定值,因为热油在沿管道流动过程中,温度不断降低,黏度不断增大,水力坡降也就不断增大。故热油管道的水力坡降线不是直线,而是一条斜率不断增大的曲线。因此,计算热油管道的摩阻时,必须考虑管道沿线的温降情况及油品的黏温特性。

② 热油管道的摩阻损失应按一个加热站间距来计算,因为在加热站进出口处油温发生突变,黏度也发生了突变。因此只是在一个加热站间的距离内,黏度才是连续变化的,可用黏度随距离变化的理论公式,或分段取黏度的平均值的方法来计算一个加热站间的摩阻。若一个加热站间距的摩阻损失为 h_{Ri},全线共有 n 个加热站,则全线的摩阻损失 h 为各加热站间摩阻的总和。

2. 计算热油管道摩阻的方法

热油管道摩阻计算有两种方法:一种是按平均油温的黏度作计算黏度,按此黏度计算摩阻;另一种是根据黏温关系式,计入黏度随温度的变化。第一种方法,即平均油温计算法是按管道起终点的平均温度下的油流黏度,用等温输送的方法计算一个加热站间的摩阻,是我国工程上目前常用的简化方法。

第四节 易凝高黏原油输送工艺

从管道输送的角度,按照流动特性分类,大致可以把原油分为轻质低凝低黏原油、易凝原油以及高黏重质原油。易凝原油是含蜡量较高的原油,常称"含蜡原油";高黏重质原油就是密度较大、胶质沥青质含量较高的原油,常称"稠油"。这两种原油又统称为易凝高黏原油,它们在常温下的流动性较差,常需要采用加热或添加化学剂等方法改善其流动性才能在管道中输送。此外,含蜡原油在常温(10~30℃)下往往为非牛顿流体,具有很多与牛顿流体不一样的流动特性,传统《流体力学》中基于牛顿流体得到的水力计算公式已不再适用,需要新的计算方法。正确掌握易凝高黏原油的流动特性,对于原油输送管道的科学设计和安全、经济运行都是必不可少的。与世界上多数产油国不同,我国所生产的原油大多为易凝高黏原油。自 20 世纪 50 年代以来,易凝高黏原油安全、经济输送的理论和技术一直是我国油气储运科技进步的重点方向之一。

例如,国内的大庆原油、中原原油即为典型的高含蜡原油,而辽河油田高升原油、胜利油田单家寺原油、渤海油田埕北原油则属稠油。需要指出的是,同一油田不同区块、以及同一区块开采时间不同,原油物性都可能有所变化。

为了改善易凝高黏原油的流动性(黏度、凝点等),需要付出一定的经济代价。同时,原油的高凝点、高黏度,也会给管道的安全运行造成隐患,所以也需要采取相应的安全保障措施。

升高温度可以降低含蜡原油和稠油的黏度,故加热输送就成为最常见的易凝高黏原油管道输送工艺。虽然多年的实践表明,加热输送是行之有效的。但是,它也存在若干固有的缺陷:输送能耗高;加热站的设置增加了管道建设的投资和运行管理的难度及费用;由于含蜡原油凝点较高、稠油在较低温度时的黏度很大,热油管道若停输时间较长,可因管内原油冷却胶凝而导致凝管事故;加热输送管道存在最低允许输量,允许的输量变动范围窄,难以适应油田开发初期和末期低输量运行的需要。此外，黏度随温度变化较大的原油的加热输送管道，低输量运行时还可能进入不稳定工作区，使管道处于不安全的运行状态。为了使易凝高黏原油管道安全、经济地运行，可以从设计、运行管理多方面采取措施。采用合适的降凝减阻输送工艺是重要的措施。

一、含蜡原油的热处理输送

1. 含蜡原油的热处理

含蜡原油的热处理，是将原油加热到一定温度，使原油中的石蜡、胶质和沥青质溶解，分散在原油中，再以一定的温降速率和方式（动冷或静冷）冷却，以改变析出的蜡晶形态和强度，改善原油的低温流动性。利用原油热处理实现含蜡原油的常温输送或延长输送距离，称为热处理输送。

（1）含蜡原油的热处理效果

在含蜡原油热处理的试验研究方面，我国从20世纪50年代以来已做了大量工作，掌握了一定的规律。每种原油都有一个最优的热处理温度和一个最差的热处理温度。在最优热处理温度下，含蜡原油的凝点、表观黏度及静屈服值均大幅度下降；在各种原油最优与最差热处理对比中，蜡胶比大的原油，其凝点下降幅度较小；不同热处理温度对静屈服值的影响最大，最优处理时静屈服值多下降90%以上；最优热处理时反常点下降，使原油在较低温度范围仍为牛顿流型，原油显现触变性的温度也降低了。

（2）热处理效果的复现性和恢复性

热处理效果的复现性和恢复性是热处理输送方法能否用于输油生产的重要依据，从我国各主要油田原油的热处理试验来看，在最优热处理温度下，不同时期多次试验的结果相近，试验的复现性是好的。原油热处理效果的稳定性对管输应用十分重要。若某种原油热处理后虽然低温流动性大幅度改善，但很快即变差或失效，就难以实际应用。

2. 影响热处理效果的因素

（1）原油的组成

含蜡原油不同，其热处理效果就不同，根本原因在于原油的组成各异。国内外试验研究表明，在一定蜡胶比范围内可获得较好的热处理效果。若胶质沥青质过少或过多，热处理效果较差。有的资料提出较适宜的蜡胶比为0.5~1.70。

（2）热处理条件

① 热处理温度　各种外界条件的作用是相互联系的，但其中起主要作用的是加热温度。每种原油的最佳热处理温度不同。在此温度下，原油中石蜡大部分溶解，胶质沥青质全部分散在液相中，使冷却过程中石蜡重结晶能形成最弱的结构。由于各种原油的蜡分布不同、溶点不同，故最佳热处理温度也不同。

② 冷却速度　在降温析蜡重结晶过程中，原油中的蜡晶形态受新的晶核的生成速度和已有蜡晶的长大速度两方面的影响，当冷却速度很快时，新的晶核的生成速度远比已有的蜡晶的长大速度快，因而形成大量细小的结晶体系，其表面能和结构强度均较大。当冷却速度控制在某一范围，使蜡晶长大的速度大于晶核的生成速度时，就可能形成强度较小的大而松散蜡晶结构。因此，在析蜡温度区间，尤其在析蜡高峰区，应当避免过快或很慢的冷却。

③ 剪切影响　冷却过程中剪切的影响是和受剪切的蜡晶形态密切相关的，故在不同的温度范围和冷却速度下，剪切的影响不同。在析蜡高峰区，高速强烈剪切会使原油流变性恶化。

④ 重复加热的影响 若重复加热到原热处理温度，按同样条件冷却降温，仍能保持原来的热处理效果。若重复加热温度低，或接近原油最差热处理温度，原来的热处理效果将变差甚至消失。

⑤ 掺入"生油"的影响 将未处理原油或已失效的热处理原油（统称"生油"）掺入到热处理原油中，会使其流变性变差甚至热处理效果消失。影响的程度与掺入量、掺入温度有关，且各种原油的敏感性不同。

3. 热处理输送方法的应用

目前国内外含蜡原油管道上应用的热处理输送方法有两种：热处理等温输送和管输过程自然冷却的热处理输送。如 1963 年投产的印度纳霍卡蒂雅管道采用的是热处理等温输送；我国多条加热输送含蜡原油的管道，在输量较低的情况下采用了管输过程自然冷却的简易热处理输送，如克独线、克乌线、淮临线、马惠宁线等。

二、含蜡原油加降凝剂输送

降凝剂又称蜡晶改良剂，它可以降低含蜡原油凝点同时改善其低温流动性。目前使用较多的是乙烯—醋酸乙烯酯共聚物（EVA）及丙烯酸高碳醇酯类共聚物。

1. 降凝剂作用机理

降凝剂的作用机理至今尚无公认的理论。共晶与吸附理论是目前较公认的机理，因降凝剂一般具有长烷烃主链和极性侧链。若长链烃与原油中蜡分布最集中的链长相近，具有相同的结晶温度范围时，原油冷却时降凝剂与蜡同时共晶析出，或吸附在蜡晶表面。新生成的蜡晶不断被降凝剂包围，形成树枝状结晶，不易形成空间网络结构，从而降低了原油凝点，改善了低温流动性。

2. 降凝剂效果的影响因素

（1）原油与降凝剂的配伍规律

由于原油的蜡分布、胶质沥青质含量、分子结构等各不相同，降凝剂也有不同种类，它们之间有很强的选择性。需要对不同原油分别筛选其适宜的降凝剂。

有文献对含蜡原油及降凝剂的组成、结构作了分析，并运用热分析方法对蜡溶解及结晶过程进行研究后指出，降凝剂的溶化或结晶温度范围及分子结构与原油中蜡晶析出温度范围相近时，效果较明显。原油中不同种类的胶质对降凝剂作用的影响不同。胶质的组成、结构及胶质极性基团的性质对降凝剂作用有很大的影响。胶质的降凝效果与其浓度有关，若没有胶质存在，降凝剂对蜡溶液几乎无降凝作用。

（2）剪切作用的影响

① 不同温度范围的剪切 若在析蜡温度以上，剪切对降凝剂效果无明显影响。在析蜡温度范围，甚至在析蜡高峰区，管流低速剪切或实验室内低速搅拌等对处理效果影响较小。当剪速更大时，原油表观黏度较明显上升。经过离心泵剪切或黏度计内高速剪切后，凝点和表观黏度都大幅度上升。

② 高速剪切的影响 当油温低于析蜡点时，高速剪切会恶化降凝剂效果。特别是在析蜡高峰区，油温越低、高速剪切的剪速越高、时间越长，降凝剂效果越差。

剪切作用影响的大小取决于原油组成及降凝剂种类。当原油含蜡量高、蜡胶比高，有明显的析蜡高峰区时，剪切的影响就大。存在一个剪切敏感区域，对应于开始进入析蜡高峰区至析蜡最高峰的温度区间。否则剪切的影响就较小。高速剪切对加降凝剂原油的低温流变性影响很大，这在管道设计及运行中必须重视。上千公里长的输油管道上泵站较多，加剂原油经过一个泵站就受到一次高速剪切，这对降凝效果的影响不容忽视。

③ 加剂处理温度及冷却速度的影响　常温下降凝剂通常为固态，必须用煤油或其他溶剂配成溶液，加热至一定温度后按比例加入原油中。适当的加剂处理温度可使降凝剂充分分散在原油中，同时充分发挥胶质、沥青质在石蜡结晶过程中改善低温流动性的作用，达到最佳处理效果。原油加热温度过低，加剂效果会明显恶化，油温过高同样也会使加剂效果降低。不同原油的组成、蜡分布各异，最佳的加剂处理温度也不同。

析蜡点温度以上，冷却速率对加剂效果没有影响；析蜡点以下，过快或过慢的冷却会降低加剂效果。

在输油站上加剂原油经加热炉加热至处理温度后，在换热器中与冷原油换热后出站，由于出站油温一般高于析蜡点，在换热器中的快速冷却对加剂效果几乎无影响。原油在大型管道中冷却速率很低。

④ 加剂浓度的影响　最佳的加剂浓度与原油组成及降凝剂种类有关。超过最佳值时，过量的降凝剂分子不再参与蜡晶的共晶、吸附作用，对加剂效果无明显提高。

3. 加降凝剂输送的应用情况

目前已有不少国家应用加降凝剂输送原油的方法。例如澳大利亚的杰克逊-布里斯班原油管道，通过加入降凝剂及轻质原油的方法，实现全年常温输送。

因为降凝剂价格较贵，并且加剂原油过泵的高速剪切易使其流变性恶化，所以目前多用于某些间歇输送或中间泵站不多的较短管道，以及在长输管道投产、延长停输时间以利再启动等方面应用。在海洋、沙漠等环境恶劣地区的管道上提供再启动保障已取得了不少成功的例子。

我国的管道科技人员试验研究了加剂综合处理工艺，使降凝剂与原油热处理的效果充分发挥，在较低的加剂浓度下取得良好的效果。以降凝幅度及表观黏度为指标，筛选降凝剂并确定最佳处理条件，在我国多条原油管道上采用后取得了很好的效益。

三、易凝、高黏原油输送方法

已在生产管道上实施过的易凝高黏原油输送方法按其作用原理主要可以分为以下几类。

提高蜡或胶质在原油中的溶解度，降低油流黏度：如加热输送、保温伴热输送、稀释输送等。

改变石蜡在原油中的结晶形态，改善原油的低温流动性：如热处理输送、加降凝剂、加剂综合处理输送等。

用与原油互不相溶的低黏液体（如表面活性剂水溶液）来分散原油或使其与管壁隔开：如乳化降黏、水悬浮输送、水环输送、加减阻剂输送等。

另外，正在试验中或已初步应用的方法有：天然气饱和输送、磁处理或超声处理、剪切处理输送。以上属于物理方法。采用的化学方法有：热裂解、加氢分子筛裂解输送等。近年来利用表面物理化学及仿生学实现界面减阻的研究也已经开展。

1. 稀释输送

（1）稀释降凝降黏的机理

稀释剂一般采用低黏原油或凝析油、轻馏分油等。加入原油后使混合油中蜡、胶质及沥青质的浓度下降，蜡析出的温度下降，使原油黏度、凝点均下降。稀释剂的密度、黏度越小，其降凝降黏效果越明显。

（2）混合原油黏度计算式

进行稀释输送工艺计算，需要已知混合原油黏度与稀释比的关系。文献介绍的各种公式均为经验公式，适用于一定范围的牛顿流体。这些公式主要有双对数公式、瓦利捷尔（Ba-

JIbTep）公式、宾汉姆（Bingham）公式、莱德尔（Lederer）公式和混合油黏度计算公式的修正式［石油大学（北京）储运教研室］等。

（3）混合原油凝点计算

加入稀释剂后原油凝点降低的程度与两种油品的凝点、稀释比及油品性质质有关。两组分及多组分混合原油凝点的计算公式可以查阅相关文献。

（4）稀释输送应用情况

在含蜡原油中加入低黏原油或凝析油等降凝后常温输送，这种方法在苏联、美国等都有应用。只要在油田附近有稀释油产地，稀释输送一般是经济合理的方案。不同的稠油，不同的季节掺入量不同。我国稠油的集输及外输目前多采用稀释加热输送。这种方法可以通过调节油温及稀释比来调节运行工况，对输量、油品性质、管道条件的变化适应能力强，运行灵活性大。

为了提高稀释输送的经济效益，需要注意以下特点。

① 稠油管道多在层流流态。若因稀释降黏及混合油输量增大使其进入紊流，则稀释降黏对减阻及提高输送能力的效果就下降。在确定稀释比时，应以保持层流输送为限。

② 对于稀释加热输送管道，稀释油种类、稀释比、运行油温等均影响运行费用。不同条件下，有对应于最低运行费用的最优稀释比范围。

③ 采用轻质原油稀释输送时，应考虑到原油加工方案及综合经济效益。如单家寺稠油是生产优质道路沥青的好原料，若掺入含蜡原油较多，将使沥青质量不合格。

2. 乳化降黏输送

乳化降黏输送主要用于高黏稠油集输系统。将表面活性剂水溶液加入稠油中，在适当的温度和剪切作用下，使原油以很小的滴状分散在水中，形成油为分散相、水为连续相的水包油型（O/W）乳状液。使输油时稠油与管内壁的摩擦，及稠油相互间的内摩擦，改变为水与管壁间及水与水之间的摩擦，大大降低了管道输送时的摩阻。乳化液到达管道终点后，再改变温度或剪切条件，加入适量的破乳剂，以脱除输送时掺入的水分。

国内外均很重视这一方法，有关乳状液制备、流变性、管道稳定性、破乳脱水方法的试验、研究等发表的文献很多。已有成功应用于数十公里管道的例子，如 1987 年加拿大阿尔伯达的狼湖油田外输管道。

3. 加紊流减阻剂输送

（1）高分子聚合物减阻机理

在流体中加入极少量的高分子聚合物（分子量一般大于 5×10^4），利用聚合物分子与流体紊流的相互作用，显著降低紊流时的摩阻。这种减阻现象的机理至今仍在探讨中。较多倾向于 Virk 的弹性底层说。其主要论点是认为在高聚物稀溶液的紊流流动中，在管壁附近的层流边界层和管中心的紊流核心之间有一个弹性底层，使紊流核心的区域缩小，在这一弹性底层中旋涡的运动受到抑制且由于具有弹性的聚合物分子能储存旋涡变化时的应变能，因而减少了能量的耗散。

（2）紊流减阻效果的影响因素

① 减阻剂种类、浓度的影响。减阻剂的分子量大，其主链愈长，减阻效果愈好。减阻剂分子应是长链的，最好是螺旋形，有适当的长度及数目的侧键。但分子链加长就降低了抗剪切性。

② 雷诺数的影响。只有当雷诺数达到一定数值后，减阻剂的减阻作用才显示出来。低于此雷诺数或在层流流态，减阻剂不起作用。随管径增大，这一起始雷诺数增高。其他条件

一定时，减阻率随 Re 增大而上升。Re 值达到一定范围后，减阻率不再增大。

③ 油流温度升高及油品黏度较低时，减阻效果较好。

④ 高速剪切使减阻剂发生降解、导致部分或完全失效。故减阻剂均在泵出口注入，只在站间管段内起作用。

(3) 紊流减阻剂及其应用情况

目前在长距离管道上应用高聚物减阻的关键在于研制高效、速溶、抗剪切的添加剂。经济适用的油相减阻剂应具备下列特点。

① 具有在油中溶解性能好的高分子量（$>10^6$）的线型长链分子；

② 溶液具有黏弹性，抗剪切性能好；

③ 用量小，成本低。迄今曾在煤油和原油中进行过试验并获得好效果的有高分子量的聚-对-异丁基苯乙烯（PIBS）和聚甲基丙烯酸月桂酯（PLMA）等。

许多国家利用这一技术来增加"弹性"输送能力，以解决季节性的增加输量、减缓某些"卡脖子"段的问题，避免增加泵站或铺设副管。我国在铁大线、东黄线、淮临线上均曾进行了减阻剂应用的现场试验。

目前，由于减阻剂的价格昂贵、抗剪切能力差，经过泵剪切后降解失效，需要再次加剂，一般只用于短期的、应急的增输。

第五节 输 油 站

输油站（泵站、加热站和热泵站）是长距离管道的两大组成部分之一，其基本任务是给油流提供能量（压力能、热能），安全经济地将油品输送到终点，有的还有接收或分输功能。

一、输油站的分区和基本组成

输油站包括生产区和管理区两部分。生产区内又分主要作业区和辅助作业区。

输油站作业区包括以下设施。

① 输油泵房　它是全站的核心，设有若干泵原动机组及其辅助装置。过去泵机组均安装在室内。目前先进的泵机组具有全天候防护能力，能适应气温变化及风雨、沙尘的条件，可以露天布置。

② 阀组间　由管汇和阀门组成，是改换输油流程的中枢。随着阀门质量的改善，已由室内逐渐改为露天安装。

③ 清管器收发装置　由清管器发放、接收筒及相应的控制系统组组成。

④ 油品计量及标定装置　一般设于首站、分输站和末站。

⑤ 油罐区　首、末站的油罐多、容量大。中间站只设一座小容量油罐，用于缓冲或事故泄放。

⑥ 加热系统　加热油品的直接加热系统或间接加热系统。

⑦ 站控室　它是输油站的监控中心，是站控系统与中心控制室的联系枢纽。自控系统的远程终端、可编程控制器等主要控制设置都设在这里。

⑧ 油品处理设施　设于首、末站，包括原油热处理、加添加剂、末站的混油接收、处理等设施。

辅助作业区包括：供电系统、通信系统、供热系统、供或排水系统、消防系统、机修间、油品化验室、阴极保护间和办公室等。

二、输油站的工艺流程

输油站的工艺流程就是指油品在站内的流动过程,是由站内管道、管件、阀门所组成的,并与其他输油设备(包括泵机组、加热炉和油罐)相连的输油管道系统。将工艺流程绘制成图就是工艺流程图,它是工艺设计的依据。工艺流程图不按比例,不受总平面布置的约束,以表达清楚、易懂为主。流程图上应注明管道及设备编号,附有流程的操作说明、管道说明(管径、输送介质)、设备及主要阀门规格表。

1. 首站工艺流程

首站的操作包括接收来油、计量、站内循环或倒罐、正输、向来油处反输、加热、收发清管器等操作,流程较复杂。图 8-4 为首站工艺流程图。

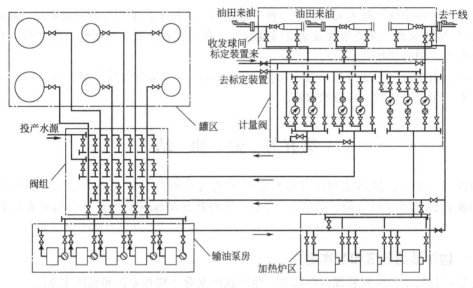

图 8-4 首站工艺流程

2. 中间站工艺流程

中间站工艺流程随输油方式(密闭输送、旁接油罐)、输油泵组合方式(串或并联)、加热方式(直接或间接加热)而不同。

(1) 密闭输送的中间站流程

图 8-5 是典型的密闭输送中间站工艺流程,采用串联泵、间接加热,主要操作有正输、反输、越站输送、清管器收发,原油在进泵之前加热的"先炉后泵"流程。

(2) 旁接油罐的中间站流程

旁接油罐中间站流程,采用并联泵、直接加热,主要操作有正输、反输、越站输送、站内循环及清管器通过,见图 8-6。与上述流程相比,主要不同之处是其设有旁接油罐,原油在泵后加热的"先泵后炉"流程,即设炉前泵给加热炉供油,加热后的原油再进入输油泵。

(3) 末站流程

末站流程包括接受来油、进罐储存、计量后装车(船)、向用油单位分输、站内循环、接收清管器、反输等操作。如果是顺序输送管道的末站,还有分类进罐、切割混油、混油处理等操作,故流程较中间站复杂。

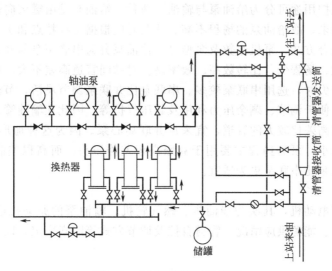

图 8-5 中间站密闭输油流程

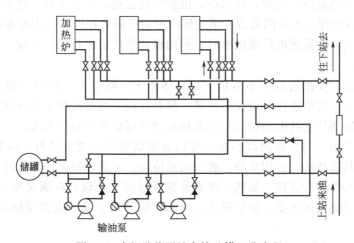

图 8-6 中间站热泵站旁接油罐工艺流程

三、输油泵与原动机

1. 选择泵机组的原则

输油泵和原动机是泵站的核心设备，直接影响到管道的安全、经济运行，必须做好选型、安装和运行维护工作。选择泵机组的主要原则如下所示。

① 满足工艺要求。排量、压力、功率及所能输的液体要与输油任务相适应。一般情况下，每座泵站可选用 2～4 台泵，其中一台备用。

② 工作平稳可靠，能长时间连续运行。

③ 易于操作与维护。

④ 效率高、价格合理，能充分利用现有能源。

⑤ 满足防爆、防腐蚀或露天设置等使用及安装的特殊要求。

2. 离心泵

可供选用的输油泵类型有离心泵及螺杆泵。离心泵具有排量大、能串联工作、运行平稳、构造简单、易于维修等优点，在输油管道上得到了广泛的应用。但离心泵在输送高黏油品时效率较低，所以在一些输送高黏油品的管道上需要采用螺杆泵。

输油管道用泵按用途可分为给油泵与输油泵两种。给油泵是由罐区向输油泵供油,以满足其正压进泵的要求,故给油泵的扬程不高。选泵时应根据工程特点和工艺计算结果选择离心泵的串、并联组合方式、泵机组数及泵型号。输油泵分为串联用泵与并联用泵两种。串联用离心泵的排量大、扬程低、比转数高、效率高。对站间管道高差不大,泵扬程主要用于克服管道沿程摩阻损失时,选用串联泵较多。串联泵比并联泵调节灵活,节流损失少。串联泵的泵站流程简单,便于调节、剩余压力利用及超压保护等,因此在输油管道上得到了广泛的应用。而对于山区高差比较大的管道,宜采用并联离心泵。因为这种地形,站间高程差大、管道短、沿程摩阻小,泵的扬程主要用于克服高程差静压头,而高程差静压头不随输量变化,所以采用并联泵比串联泵更为适宜。

3. 原动机

原动机主要有电动机,其次为柴油机、燃气轮机。输油泵的原动机应根据泵的性能参数、原动机的特点、能源供应情况、管道自控及调节方式等因素决定。以下是输油泵用的几种原动机的特点。

(1) 电动机

电动机比柴油机价廉,轻便,体积小,维护管理方便,工作平稳,便于自动控制,防爆安全性能好,在输油管道上应用最多。泵站使用电动机需要相应的供配电系统支持。电源较远或电力供应不足,要新建电厂来供电时,原动机的选用需进行经济比较。

(2) 柴油机

与电动机相比,柴油机有许多不足之处:体积大、噪音大;运行管理不方便、易损件多、维修工作量大;需解决燃料供应问题等。但是在尚未被电网覆盖的地区或电力供应不足的地区,根据实际条件选择电动机以外的其他原动机可能更为经济合理,柴油机是其中一种。柴油机转速可调,用它驱动离心泵时可以通过调速来改变泵特性,使管道与泵匹配良好。柴油机的燃料除柴油外可用重油、燃料油及原油。不同油田的原油物性差别很大,必须针对所输原油的特性进行沉淀、加热、离心分离及过滤等处理,以满足柴油机的使用要求。当功率较大时,柴油机的体积、重量很大,因此比较适用于缺乏电源而机组功率不大的中、小型输油管道。

(3) 燃气轮机

与柴油机相比,燃气轮机单位功率的重量和体积都要小得多,功率大、转速高、操作维护较简单。燃气轮机可以用多种油品或天然气作燃料;不用冷却水,便于自动控制,机组有双重甚至三重的保护系统,故运行安全可靠;转速可在满负荷转速的70%~110%范围内调节。近年来燃气轮机在输油管上的使用日益增多。

第六节 顺序输送

由于每种成品油输量相对于原油而言,一般很低。如果仍像输送原油那样单独建管线,很明显是不经济的。目前在世界范围内广泛采用顺序输送的方式输送成品油。所谓顺序输送是指在同一条管线内按照一定的顺序连续地输送几种油品的输送方式。

这些油品在首站从各自的储罐进入管道,并且在管道末端单独接收,以使得它们不相互掺混。在长距离成品油管道和一部分原油管道中,通常采用顺序输送。生产实践表明:顺序输送可提高管道的使用效率,节省建设投资和能源消耗,降低运输成本,是一条缓和铁路运输紧张状况的有效途径。由于顺序输送方法可以使长输管道最大限度地满负荷运行,不仅可以增加管道企业的经济效益,而且可以减轻其他运输方式(铁路、公路)的运输负荷,所以顺序输送方法在许多国家已获得广泛应用。在一些发达国家,管道顺序输送是成品油的主要运输方式。而我国的管道顺序输送技术相对来讲比较落后,成品油管道发展缓慢。

一、顺序输送的特点

与输送单一油品的管道相比,多种油品的顺序输送有以下特点。

① 顺序输送管道输送的油品大多是成品油,是直接进入市场的最终产品,对所输产品的质量和各种油品沿途分输量都有比较严格的要求。

② 由于经常周期性地变换输油品种,所以顺序输送管道比起输送单一油品的管道,在起终点要建造更多的油罐,用来调节供油、输油与用油之间的不平衡。

③ 顺序输送管道的相邻批次之间必然产生混油,混油段的跟踪和混油量的控制是顺序输送管道的关键技术。混油处理、贬值存在经济损失。

④ 大型的油品顺序输送系统多数是面向多个炼厂和多个用户,管网具有多分支、多出口,多入口,输送的油品品种多,批量大小不一。多种油品的顺序输送系统对输油计划和调度的要求更加复杂。

⑤ 当多种油品在管内运移时,随着不同种油品在管内运行长度和位置的变化,管道的工艺运行参数随时间而缓慢变化。

二、顺序输送的混油

1. 混油机理

(1) 对流-扩散混油机理

两种油品在管内交替时,产生混油的因素主要有两个。

① 管道横截面沿径向流速分布不均匀使后行油品呈楔形进入前行油品中;

② 管内流体沿管道径向、轴向造成的紊流扩散作用。紊流扩散过程破坏了楔形油头的分布,使两种油品混合,在一定程度上是混油段油品沿管子截面趋于均匀分布。对于紊流强度不大或层流流动的管内流体,横截面上油品的混合过程主要是分子扩散作用。见图8-7和图8-8所示。

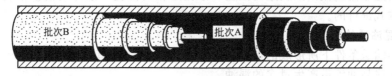

图 8-7 层流楔状油头

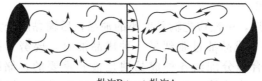

图 8-8 湍流状态时的混油示意图

层流流动时管中心液体流速比平均流速大一倍,后一油品 B 会钻入前一油品 A 形成楔形油头,在横截面上两种油品分布很不均匀,中心部分 B 油浓度很高。由于油品的比重差,楔形油头可能偏离管中心，并随改输 B 油的时间延续愈来愈长，直至管道终点。

在浓度差推动下，A 油分子将通过楔形界面进入 B 油，B 油分子将通过界面进入 A 油，分子扩散使界面邻近区域内 A、B 油浓度趋于均匀。显然，层流流态下，管道截面上流速分布的不均匀是造成混油的主要原因。这种混油量大得惊人，可能达到管道容积的若干倍。

在紊流中沿管道截面的速度分布比层流均匀，混合物形成较少，由于某种原因（紧急事故，首站油品不足等）在输量不满和流速不大的情况下输送时，特别容易出现层流。这导致所输送液体的接触混油大大增加。

在紊流状态下交替输送油品时，紊流核心部分中流体最大局部流速随雷诺数增大而近于液流平均流速，一般为平均流速 1.18～1.25 倍。因激烈紊流扰动，使混油段任一截面上油品浓度较为均匀，看不到楔形油头存在。层流边层内与层流流态相似，液层间流速不同是造成混油的主要原因。试验表明：随雷诺数的增加，相对混油量（混有量与管道容积之比）开始很快下降，当雷诺数大于 5×10^4 时，相对混油量随雷诺数改变很小。

由于在层流状态时，两种油品在管道内交替所形成的混油量比紊流时大得多，同时雷诺数在 2.3×10^3～4×10^3 范围内，流态由层流转变为紊流，流动不稳定，且管子截面上液体质点的局部流速差异较大，因而顺序输送管道运行时，一般应控制在紊流状态下运行。

（2）其他混油机理

顺序输送工艺规定，当成品油管道首站更换油品时不能停输。当切换油罐时，在管汇系统中形成两种不同油品的初始混油，这些混油将进入管道干线，油品的油罐切换时间越长，初始混油区也就越长。

一些所谓的"死区"（铸造闸阀的上腔、盲支管、垫圈、过滤器、流量计、三通、汇管、备用泵等）对在罐区管汇中形成的混油体积产生相当大的影响，在前面流动的油品滞留在这些地方，然后被后面的油品冲走。干线中的一些盲肠式支管、旁通管、垫片、插入物、备用线、机械隔离器、刮蜡器的收发筒等也能促使混油形成。在顺序输送时，"盲肠"局部或全部为循环中的一种油品充满，然后这种油品逐渐被另一种油品冲走。结果使前行油品的掺混物不仅进入混油区，而且也进入后行的纯油品批量中。

在顺序输送原油和成品油的管道上可能存在自流段。在这些段中油流只局部充满管道截面，由于重新建立流速截面以及紊流强度和渗流过程的变化，液体的混掺情况与满管不同，是按另一种方式进行的。

2. 减少混油量的措施

在正常的输送条件下所形成的混油通常是干线成品油管道容积的 0.5%～1%，采取下列措施可防止成品油管道产生过多的混油。

① 相邻两种油品容重差要小，物理化学性质要接近，品级潜力要很大，必须避免透明成品油和黑色成品油相邻。

② 合理安排输油次序，一般应先输黏度小的油品，后输黏度较大的油品。

③ 在首站从泵送一种成品油过渡到另一种成品油时，要努力排除产生太多混油的可能性，将首站罐区容积合理分配给各种成品油是极其重要的，储罐应当分成若干群，指定用来储存汽油、煤油、柴油等。每一群储罐又分为若干组，组数与成品油的品级数量一致。

④ 尽量提高输送流量，特别是在两种油品交替时。Austin-Palfrey 经验公式说明，为了减少混油量，管道应在大于临界雷诺数的工况下运行。

⑤ 应尽量减少停泵。停泵次数越多，造成的混油越多。必须停泵时，应选择好停泵时

机,尽量使混油界面都处于较平坦的地段上,若必须在混油界面处于有较大坡度的地段时停泵,则应使密度小的油品在上,密度大的油品在下。

3. 混油切割及混油处理

混油切割方式对于需要长期储存的油品,在掺入混油后,尽管油品当时的各项指标都合格,但在长期储存时可能会影响其安定性,最好不要掺混,而是将混油装入专用混油罐,另行处理。一般是以含有前行油品浓度99%～1%的油流作为混油。对于混油段有以下切出方式:

(1) 两段切割。即前面讲的将混油段切割成两部分,收入两种纯净油品的储罐内。如 90#汽油和 93#汽油的切割即可采取此种方法;

(2) 三段切割。将能够掺入前后两种纯净油品罐内的混油切入两种纯净油品的储罐内,其余混油进入混油罐;

(3) 四段切割。将能够掺入前后两种纯净油品罐内的混油切入两种纯净油品的储罐内。其余混油按50%分成两部分,前部分富含A油,后部分富含B油,分别切入两个不同的混油罐中。然后把富含A油的混油(体积为V_A)准备掺混到纯净的A油中,把富含B油的混油(体积为V_B)准备掺混到纯净的B油中;

(4) 混油段的五段切割(或三段切割)。一般采用将含有后行油品1%的混油段直接切入前行油品中;将含有1%～33%后行油品的混油段切入富含前行油品的混油罐中,以便按照比例回掺入前行油品中;将含有33%～66%后行油的混油段切入中间混油罐中,以便利用混油处理装置将两种油品分离;将含有66%～99%后行油品的混油段切入富含后行油品的混油罐中,以便按照比例回掺入后行油品中;将含有后行油品99%的混油段直接切入后行油品中。见图8-9。

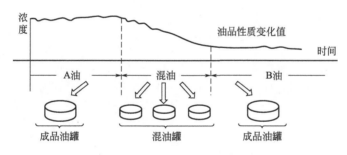

图8-9 末站混油切割示意图

混油处理是长距离顺序输送成品油管道以及油品储存的重要生产环节,也是降低管道输送成本、提高管输经济效益的重要课题。成品油管道顺序输送的混油是一种不合格的油品,因为混油的质量指标达不到要求,要对混油进行适当的处理。

① 混油处理的一般方法 目前国内外对混油的处理方法一般有两种:一种是就近送回炼厂重新加工;另一种是掺混后供用户使用或降级处理。混油处理还有一些其他方法(比如:金属氧化法、碱处理法、蒸馏法和过滤法),但它们不是很常用。以掺混方式处理顺序输送所产生的混油,是目前国内外所通用的一种行之有效的经济而且比较简便的方法。

② 混油处理装置 成品油顺序输送管道末站必须建混油罐,以用于储存混油。若末站距离炼厂较远,末站可设置一套混油处理装置,一般是采用简单的常压蒸馏工艺。混油处理装置年设计处理量的确定取决于需处理的混油量及装置建设和运行的综合费用。

思考题

1. 长距离输油管道系统的组成包括哪些？首站、中间站、末站各具有什么功能？它们之间有什么区别？
2. 长输管道的主要发展趋势是什么？
3. 改变离心泵工作特性的方法有哪些？
4. 泵站中泵不同组合的特性？
5. 输油管道的压降包括哪几部分？各部分是如何确定的？
6. 加热输送管道有什么特点？
7. 易凝、高黏原油有什么特点？除加热输送之外，易凝、高黏原油的其他输送工艺有哪些？其原理是什么？
8. 输油站的分区和基本组成包括哪些？
9. 离心泵有哪些优点？
10. 原动机主要类型有哪些？选择泵机组的原则是什么？
11. 什么是顺序输送工艺？有什么特点？
12. 减少顺序输送管道中混油的措施有哪些？

第九章 长距离输气管道

长距离输送管道工程是油气储运工程的重要组成部分。近几十年来，随着社会公众的环保意识日益增强，天然气作为清洁燃料在次能源消费中的比例持续增长，天然气消费量的增长也促进了全球范围内长距离输气管道的发展。

第一节 输气管道概况

一、输气系统的组成与特点

1. 输气系统的组成

由于天然气密度小、体积大，因此管道几乎成为其唯一的输送方式。从气田的井口装置开始，经矿场集气、净化、干线输气，直到通过配气管网送到用户，形成了一个统一的、密闭的输气系统（图9-1）。整个系统主要由矿场集气管网、干线输气管道（网）、城市配气管网和与这些管网相匹配的站、场装置组成。

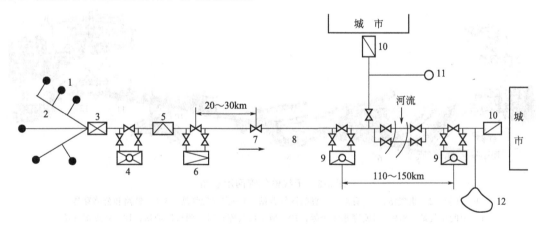

图 9-1 输气系统示意图

1—井场装置；2—集气管网；3—集气站；4—矿场压气站；5—天然气处理厂；
6—输气首站；7—截断阀；8—干线管道；9—中间压气站；10—城市配气站及
配气管网；11—地上储气库；12—地下储气库

气田集气从井口开始，经分离、计量、调压、净化和集中等一系列过程，到向干线输气为止。包括井场、集气管网、集气站、天然气处理厂、外输总站等。

2. 输气系统的特点

气田集气有两种流程：单井集气和多井集气，单井集气的井场除采气树外，还将节流（包括加热）、调压、分离、计量等工艺设施和仪表都布置在井口附近。每口气井有独立完整的一套设施和仪表。气体在井场初步处理后，经集气管网汇集于总站，进一步调压、处理、计量后外输。

多井集气流程在井场只有采气树。气体经初步减压后送到集气站。一个集气站汇集不超过10口井的气体，在站上分别对各井的气体进行节流（包括加热）、调压、分离、计量和预处理，然后通过集气管网集中于总站，外输至净化厂（处理厂）或干线。多井集气流程主要用于气田大规模开发阶段，它处理的气体质量好，节约劳力，便于实现自动化管理，经济效益高。

无论是单井还是多井集气都可以采用枝状或环状集气管网。环状管网可靠性好，但投资较大。

一个气田究竟采用何种集气流程和管网，要根据气田的储量、面积，构造的大小、形状、产层数，产层特性、产气量、井口压力和气体的组成与性质以及采用的净化工艺，通过综合技术经济比较来确定。

其中，输气干线从矿场附近的输气首站开始，到终点配气站为止。长距离干线输气管道管径大、压力高，距离可达数千千米，年输气量高达数百亿立方米，是一个复杂的工程系统。

为了长距离输气，需要不断供给压力能，沿途每隔一定距离设置一座中间压气站（又称压缩机站）。输气首站就是第一个压气站。当地层压力足以将气体送到第二个压气站时，首站可暂不建压缩机车间，此时的首站就是一个调压计量站。终点配气站本质上也是一个调压计量站，担负着向城市或用户配气管网供气的任务。

干线输气管网是一个复杂的工程，除了图9-2所示的线路和压气站两大部分外，还有通信、自动监控、道路、水电供应、线路维修和其他一些辅助设施和建筑。

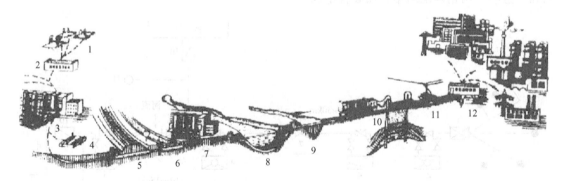

图9-2　干线输气管网示意图

1—井场；2—集气站；3—有净化装置的压气首站；4—支线配气站；5,6—铁路和公路穿越；
7—中间压气站；8,9—河流穿越和跨越；10—地下储气库；11—阴极保护站；12—终点配气站

二、天然气管道运输的发展概况

由于天然气的特性，加上管道运输经济、可靠，陆上天然气的输送几乎全部采用管道，故输气管道的发展很快。目前，天然气管道占世界各种管道总长的一半以上，大约在$1 \times 10^6 \mathrm{km}$以上。

我国是最早使用管道输送天然气的国家之一。早在大约公元1600年，就采用竹管输气。但是，在新中国成立前我国还没有一条真正的近代输气管道，直到1963年才于四川建成了我国第一条输气管道——巴渝管线，管径426mm，全长55km。到2004年，我国建成天然气管道$2 \times 10^4 \mathrm{km}$，约占世界的20%。随着天然气在我国能源结构中所占比重的增加，天然气管道会有更大的发展。

输气管道的发展趋势如下。

1. 大口径、高压力和不断采用新材料、新技术

美国 1954 年的输气管最大口径为 910mm，1969 年已发展到 1220mm。苏联 1965 年开始采用 1020mm 管线，1967 年发展到 1220mm，1970 年又增至 1420mm。采用大口径管线的主要原因是可以降低投资和输气成本。后来新建的管道压力均较过去高。苏联的输气干管压力一般为 7.35MPa，美国阿拉斯加输气管压力高的可达 9.8MPa，穿越地中海的跨国输气管最高压力达 19.6MPa。增大输气压力不但可以提高输气能力，还可以减少压气站，降低经营费用。大口径、高压力管道的应用必然要求高强度的钢材，从而促进了冶金、制管、焊接和其他施工技术的发展。

2. 采用高强度、高韧性、直缝钢管，以节省钢材

20 世纪 70 年代早期，我国还在用人拉肩扛的方式修建管材为 16 锰钢的东北管网时，北美地区用于输送天然气的管道已经采用 X70 钢级；2002 年我国开始在西气东输工程中使用 X70 钢级，比国外晚 32 年；2005 年开始在冀宁联络线试用 X80 钢级，比国外首次在 1995 年使用 X80 钢级晚了 10 年。这说明我国在管材研究领域与国外的差距在逐渐缩小，但仍然存在较大差距。2003 年，国外管道 X120 钢级已经开始使用。

第二次世界大战以后，尤其是 20 世纪 50 年代繁荣时期对石油的需求，对高效、清洁燃料天然气的使用以及战争期间欧洲和北美的工业增长，激了油气管道技术的改进。在 20 世纪的 100 年间，由于管材的改进，天然气管道技术朝着大口径、高压力、高经济性（输耗比）的方向发展。

例如，运行压力为 8～10MPa、直径为 1220mm 的输气管道，其运行输气单耗要比压力为 6.6MPa，直径为 914mm 的管道下降 24%，其输耗比增加了 31.8%，可见其运行的经济性得到很大的改善。

在使用更高屈服应力的管材和在更高运行压力的情况下，管材成本不是增加，而是下降。伴随着管道屈服强度的增加，管线的操作压力也在增加。尽管管材屈服强度的增加对管材成本的降低是有利的，但管线的设计者必须在管道径厚比（D/t）与拉伸极限和可建设性问题之间找到平衡点。

3. 管内壁涂敷有机树脂涂层

1955 年，美国 Termessee 输气公司首次把内涂层用在输气管上，以后得到了逐渐推广。实践表明：输气管采用内涂层后，输气量可以提高 5%～10%。对于小管径输气管甚至可提高 20%。管壁粗糙度可降低 90%，达到 5～10μm 左右，输气量提高 1% 就可抵偿内涂层的费用。

4. 向数字化管道方向发展

数字化管道又称信息化管道（RS，DCS，GPS，GIS），是指应用遥感（RS）、数据收集系统（DCS）、全球定位系统（GPS）、地理信息系统（GIS）、业务管理信息系统、计算机网络和多媒体技术、现代通信等高科技手段，对管道资源、环境、社会、经济等各个复杂系统的数字化、数字整合、仿真等信息进行集成的应用系统，并在可视化的条件下提供决策支持和服务。

我国首条数字输气管道—西气东输冀宁联络线工程—将西气东输管道和陕京输气管道连接在一起，同时也为苏北部分地区输送天然气口通过对管道设施、沿线环境、地质条件，经济、社会、文化等各方面的信息在三维地理坐标上的有机整合，构筑一个由施工管理数字化信息系统和综合信息服务平台组成的数字化西气东输管道，从而实现对西气东输天然气长输管道的信息化动态管理。

第二节 输气站及压缩机介绍

一、输气站

输气站是长距离输气管道的两大组成部分之一。它的任务是进行气体的调压、计量、净化、增压和冷却,使气体按要求沿着管道向前流动。输气站布置原理如图9-3所示,在该图上还表示出了各压气站之间压力和温度的变化示意图。

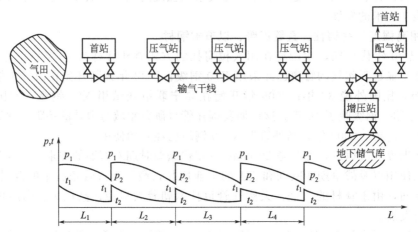

图9-3 输气管道示意图及管道沿线天然气压气站压力和温度变化图

压缩机和压缩机站是输气站的核心设备和建筑。输气管上第一个输气站通常建于气田附近,它是输气管的起点,又称为首站。如果气田的地层压力足够大,首站不需加压,不必设压缩机站,气体在地层的压力驱动下流向第二站,该段管道的工作压力就是管道强度允许下的压力。不需加压、不建压缩机站的输气站实质上是一个调压计量站。从第二个压气站开始称为中间压气站,它的位置和站间距由工艺计算决定,站间距一般为110～200km。输气管的最后一个输气站即干线管道的终点——城市配气站,它也是一个调压计量站。增压站建在有地下储气库的地方,其用途是从干线输气管道中把天然气压送到地下储气库,或从地下储气库中抽出天然气,将其送入干线输气管道或直接将天然气送给用户口与中间压气站相比,增压站的压比比较高(2～4),对从地下储气库出来的天然气要进行完善的处理,以除去天然气带出来的各种杂质。

二、压缩机及其工作原理

压缩机是提高气体压力、输送气体的机器。它的种类很多,按工作原理可分为体积型和速度型两大类。体积型压缩机中,气体压力的提高是由于体积被压缩,密度增大。速度型压缩机中,压力的提高是由气体的动能转化而来,即先使气体获得一个很高的速度,然后又使速度降下来,让动能转化为压力能。

输气管上应用的压缩机主要是体积型的活塞式往复压缩机和速度型的离心式旋转压缩机。由于干线输气管的管径和流量日益增大,以及离心式压缩机本身的优点,使得离心式压缩机在输气干线上占有绝对优势。

1. 活塞式压缩机

在活塞式压缩机中,活塞在汽缸中做往复运动对气体进行加压。如图9-4所示,当活塞

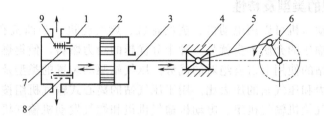

图 9-4 单级单作用活塞式压缩机示意图
1—汽缸；2—活塞；3—活塞杆；4—十字头；5—连杆；6—曲柄；
7—排气阀；8—吸气阀；9—弹簧

向右移动时，汽缸中活塞左端的压力下降，当略低于吸入管道中气体的压力 p_1 时，吸气阀 8 被打开，气体进入汽缸内，即为吸气过程；当活塞返行时，气体在汽缸内被活塞压缩，该过程称为压缩过程；当汽缸内的气体被压缩到略高于排气管道中气体的压力 p_2 时，排气阀 7 即被打开，高压气体进入排气管道，这个过程称为排气过程。至此，完成一个工作循环。活塞继续运动，上述工作循环将周而复始地进行，不断地压缩和输送气体。

2. 离心式压缩机

在离心式压缩机中，气体从轴向进入高速旋转的叶轮，气体在叶轮中被离心力甩出而进入扩压器。在叶轮中气体获得高速从而具有很大的动能，进入断面逐渐扩大的扩压器后，部分动能转变为压力能，速度降低而压力提高。接着通过弯道和回流器又被第二级吸入，进一步提高压力，如图 9-5 所示。气体每经过一个叶轮，相当于进行一级压缩，依此逐级压缩，直到达到所需压力。

叶轮的叶顶速度越高，每级叶轮的压力比（排气压力与进气压力之比）就越大，压缩到额定压力所需的级数就越少，为得到较高的压力比，可将多个叶轮串联起来压缩气体。干线输气管上一个站的压缩比大致为 1.2~1.5，但流量却很大，往往采用单级叶轮的压缩机，如果需要则可 2 台串联或采用多级压缩使用。

3. 离心式压缩机的驱动

驱动机有电动机、汽轮机、燃气轮机和内燃机。目前常用的是电动机和汽轮机。

电动机适用于中小功率机组，在使用燃气轮机有困难之处时使用；汽轮机适用于大功率高转速机组，特别是变转速调节机组；燃气轮机适用于燃料来源充分之处，以及其高温排气能引入余热锅炉、加热器或转化炉中，使能量获得充分利用之处。

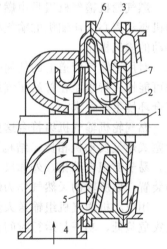

图 9-5 离心式压缩机示意图
1—主轴；2—叶轮；3—外壳；
4—入口；5—扩压器；
6—弯道；7—回流器

第三节 输气站的主要设备与工艺系统

在压气站，除了压缩机作为主要的动力设备之外，一般在压气站还包括气体净化工艺系统、压缩机驱动装置、冷却系统、天然气计量和调压系统等，下面将介绍这些主要的设备与工艺系统以及清管站、截断阀室等中间站场。

一、压缩机组的类型及特性

驱动压缩机的动力机可以用电动机、蒸汽轮机、燃气轮机、柴油机和天然气发动机等。天然气输送管内所输送的介质本身就是一种十分优越的动力燃料，使得燃气轮机和天然气发动机在天然气压气站的使用上占有绝对的优势。压气站驱动装置的类型及其装机功率取决于输气管道的通过能力和压气站的压力比。用于压气站的离心式输气机组按驱动装置的类型主要可分为三类：燃气轮机输气机组、电动机输气机组和燃气发动机输气机组。

西气东输管道全线10个压气站，其中，1#、2#、3#、4#、6#、8#压气站为燃气轮机驱动的离心式压缩机；5#、7#、9#和10#压气站为变频电机驱动的离心式压缩机。

电驱压气站建设有变电所与变频调速系统。各压气站压缩机组有备用设计。燃气轮机驱动的离心式压缩机组。配备单机控制、站控制和其他辅助系统（天然气和空气吸入、废气排放、润滑油、燃料控制等），可以实现远程启停和事故切换。燃气轮机的气体发生器和动力透平装在机罩内，机罩内配备有通风、火灾检测、气体浓度报警和CO_2自动消防等设施。

压气站设计有燃料气处理器，主要对天然气进行过滤、调压、计量后供给燃气轮机。进站管线和出站管线上设有紧急截断球阀（ESD），配气液联动执行机构驱动。当站内发生火灾等重大事故时，紧急截断阀（ESD）接收ESD信号，立即关断，将干线系统与场站隔开，同时进出站放空管线上的电动旋塞阀自动打开，放空站内天然气。同时打开旁通管线上的阀门，使天然气越站旁通。

燃气轮机输气机组是由燃气轮机驱动离心式压缩机的输气机组；电动机输气机组是由电动机驱动离心式压缩机的输气机组；燃气发动机输气机组是以天然气作燃料的活塞式内燃机驱动的输气机组。

对用于输气管道上的任何一类输气机组应满足下列基本要求：在较大范围内改变压力比的可能性（特别是在首站压气站）、机组的工作可靠性、最大程度的独立性、较高的经济性、符合环境生态要求。

燃气轮机输气机组符合这些条件，因此在输气管道上获得了最广泛的应用。燃气轮机与活塞式燃气发动机相比，结构更为简单，可以把相当大的功率集中于一台机组上，完全平衡，易于实现自动化，外廓尺寸小；而与电动机输气机组相比，燃气轮机是压气站的独立驱动装置，以所输的天然气作为燃料。

用电动机输气机组输送天然气可简化压气站的自动化条件，改善操作人员的劳动条件；火灾危险低，功率与运行时间和外界大气温度无关，启动输气机组时间短。

二、压气站天然气冷却系统

从离心式压缩机出来的天然气的温度可能达到40~60℃，甚至超过60℃，如果没有空冷器，天然气以这样的温度被输入输气管道，虽然在两压气站之间的输气管段中，天然气的温度会有一定的降低，但到达下一压气站进口时，其温度会高于上一站进口的温度。随着输气距离的增加，其温度将连续不断地升高，而这将增加输气的功率消耗，在许多情况下，还将导致管道稳定性的丧失、破坏绝缘层、降低输气管道的通过能力等。如果输气管道通过永久冻土地带，管道中天然气的温度很高，会使土壤融化，使管道丧失稳定性。所有这一切都说明，天然气在压气站上经压缩后，在将其输入输气管道之前，必须对其进行冷却。

对输气管道输气能耗的分析表明。为降低能耗必须降低输气温度、提高输气压力，在压气站对天然气压缩之前对其进行冷却。目前在大管径（直径不小于1020~1420mm）输气管道上，天然气空冷器是压气站上主要的和必要的设备之一。

压气站最普遍采用的是空冷器冷却天然气。与其他类型的换热器相比，空冷器具有一系列优点，如操作可靠、保持洁净的生态环境、可以相当简便地接通压气站的管网等。

压气站上采用的天然气空冷器，由于散热片系数的数值高，因此具有极为充足的外部热交换面，散热片系数是指外部表面对光面管表面积之比。

空冷器的热交换段相对于地平面的位置可以是水平的、垂直的、倾斜的和"之"字形的，因此有不同结构配置的空冷器。根据在输气管道中对这些空冷器的使用经验，应用最多的是热交换段为水平配置和"之"字形配置的空冷器，这种结构大大简化了空冷器的安装维修，而且使热交换段中的空气气流的分布更为均匀。

可采取下列方法来调节空冷器的温度工况：切断或接通个别空冷器或部分工作空冷器中的个别通风机；改变通风机的转速；改变通风机叶片的安装角度。对压气站上空冷器工况的研究表明，最常采用的调节空冷器工况的方法是切断或接通空冷器中部分工作的通风机。

在输气管道夏季运行期间，天然气在压缩机之后的温度与大气温度的温差较小，冷却效果变差，此时使用空冷器效率不是很高。因而尽管工作的空冷器数目还有所上升，天然气的冷却深度却明显下降，还是需要接通空冷器中部分工作的通风机，增加传热系数。在操作压气站空冷器时，通常应该先接通靠近天然气气流进口处的通风机。

三、天然气流量计量系统

计量在天然气工艺技术中占有极其重要的地位，精确的计量不仅可以避免天然气贸易中上、中、下游的诸多矛盾，而且还可以提高管道的管理水平。天然气计量方法按照测量参数可分为体积计量、质量计量和热值计量。20世纪80年代以后，热值计量技术的应用在西欧和北美日益普遍，已成为当今天然气计量技术的发展方向。天然气热值计量是比体积或质量计量更为科学和公平的计量方式。由于天然气成分比较稳定，按热值计价可以体现优质优价。

常用的计量仪表包括：标准孔板流量计、涡轮流量计、涡街流量计、气体腰轮流量计、气体罗茨流量计和超声波流量计。

国内天然气计量，从计量仪表上来说，差压式流量计无论是过去还是现在都是用量占据首位的仪表。其中流量测量节流装置是使用最为广泛的一类检测件。在天然气流量测量仪表中，标准孔板节流装置则是目前使用最多的达到标准化的检测件，它在严格按照标准制造、安装和使用的条件下，不必进行实验检定，这是其技术成熟程度的主要标志，也是获得大量应用的主要原因。

近年来，随着西气东输、川气东送等大型输气管道的建成，气体超声波流量计的应用越来越广泛。气体超声波流量计具有许多传统流量计无法相比的优点，尤其在大口径天然气管道流量计量中，正在逐步取代速度式流量计或体积式流量计，成为最具特色的首选仪表。而且新一代超声波流量计的超声频率已被提高到 200kHz，大大提高了信噪比，使其对于由调压器或调节阀所产生的噪声更不敏感。

四、清管系统

1. 清管设备组成

清管设备是管道在施工和运行过程中需要用到的设备之一。其作用包括：提高管道效率；测量和检查管道周向变形，如凹凸变形；从内部检查管道金属的所有损伤，如腐蚀等；对新建管道在进行严密性试验后，清除积液和杂质。

清管设备的设计和安装应满足一定的使用要求。如清管检测器的尺寸和结构要求。并应遵循有关的设计规范，保证其适应性和安全性。

如图 9-6 和图 9-7 所示，清管设备主要包括：清管器收发筒和盲板；清管器收发筒隔断阀；清管器收发筒旁通平衡阀和平衡管线；连接在装置上的导向弯头；线路主阀；锚固墩和支座口。此外，还包括清管器通过指示器、放空阀、放空管和清管器接收筒排污阀、排污管道以及压力表等。

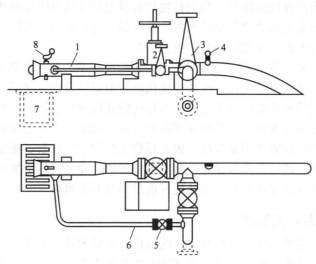

图 9-6　清管器发送装置
1—发送筒；2—隔断阀；3—线路主阀；4—通过指示器；5—平衡阀；
6—平衡管；7—清洗坑；8—放空管和压力表

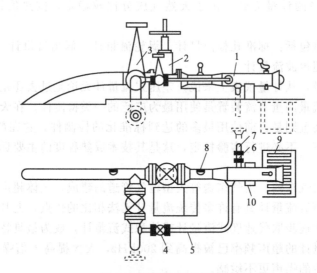

图 9-7　清管器接收装置
1—接收筒；2—隔断阀；3—线路主阀；4—平衡阀；5—平衡管；6—排污阀；
7—排污管；8—通过指示器；9—清洗坑；10—放空管和压力表

(1) 清管器收发筒和盲板

清管器收发筒直径应比公称管径大 1 到 2 级。发送筒的长度应不小于筒径的 3~4 倍。接收筒除了考虑接纳污物外，有时还应考虑连续接收两个清管器，其长度应不小于筒径的 4~6 倍。清管器收发筒上应有平衡管、放空管、排污管、清管器通过指示器、快开盲板。对于发送筒，平衡管接头应靠近盲板；对于接收筒，平衡管接头应靠近清管器接收筒口的入口端。排污管应装在接收筒下部；放空管应接在收发筒的上部；清管器信号指示器应安在发送筒的下游和接收筒入口处的直管段上；快开盲板应方便清管器的快速通过，并应安有压力安全锁定装置，以防止当收发筒内有压力时被打开。

（2）清管器收发筒隔断阀

清管器收发筒隔断阀安装在清管器收发筒的入口处，它起到将清管器收发筒与主干线隔断的作用。如果在主干线上没有安装隔断阀，通常在该阀门的主干线一侧安装绝缘法兰，以隔绝主干线与收发筒和阀门间的阴极保护电流。该阀必须是全径阀，以保证清管器的通过，最好为球阀。

（3）清管器收发筒平衡阀门和平衡管线

清管器收发筒平衡阀门和平衡管线连到收发筒的旁路接头上，其管径尺寸应为管道尺寸的 1/4～1/3。阀门通常是由人手动控制使清管器慢慢通过清管器收发筒隔断阀。

（4）连接清管器装置的导向弯头

连接清管器装置的导向弯头半径必须满足清管器能够通过的要求；对常用的清管器，一般采用的弯头最小半径等于管道外径的 3 倍。但是，对于电子测量清管器，则需要更大的弯头半径。

（5）线路主阀

线路主阀通常用于将主干线和站本身的隔开。要求该阀为全径型，以便减少阀门产生的压力损失。该阀靠近主干线处应有一绝缘法兰以隔绝主干线阴极保护电流。

2. 清管器

清管器有清管球、皮碗清管器等。

（1）清管球

清管球是由氯丁橡胶制成的，呈球状，耐磨耐油，如图 9-8 所示。当管道直径小于 100mm 时，清管球为实心球；而当管道直径大于 100mm 时，清管球为空心球。长输管道中所用的清管球大多为空心球。空心球壁厚为 30～50mm，球上有一可以密封的注水孔，孔上有一单向阀。当使用时注入液

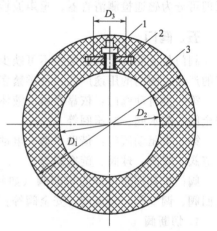

图 9-8 清管球结构图
1—气嘴（拖拉机内胎直气嘴）；
2—固定岛（黄铜 H62）；
3—球体（耐油橡胶）

体使其球径调节到超过管径的 5％～8％处。当管道温度低于 0℃ 时，球内注入的为低凝固点液体（如甘醇），以防止冻结。清管球在清管时，表面将受到磨损，只要清管球壁厚磨损偏差小于 10％ 和注水不漏，清管球就可以多次使用。清管球对清除积液和分隔介质是很可靠的。

（2）皮碗清管器

皮碗清管器结构如图 9-9 所示。它由刚性骨架、皮碗、压板、导向器等组成。当皮碗清

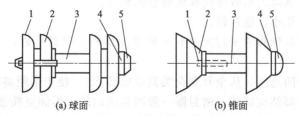

图 9-9 皮碗清管器结构简图
1—QXJ-1 型清管器信号发射机；2—皮碗；3—骨架；4—压板；5—导向器

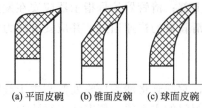

图 9-10　清管器皮碗形式

管器工作时，其皮碗将与管道紧紧贴合，气体在前后产生一压差，从而推动清管器运动，并把污物清出管外。皮碗清管器还能清除固体阻塞物。同时，由于它保持固定的方向运动，所以它还能作为基体携带各种检测仪器。

清管器的皮碗形状是决定清管器性能的一个重要因素。按照皮碗的形状可分为锥面、平面和球面 3 种皮碗清管器，如图 9-10 所示。其中锥面皮碗较为通用，使用广泛；平面皮碗清除块状固体阻塞物的能力强；球面皮碗通过管道系统的能力强，允许有较大的变形量。皮碗材料多为氯丁橡胶、丁腈橡胶和聚酯类橡胶。

（3）智能清管器

除了上述介绍的两种清管器外，还有一些其他类型的清管器，特别是智能清管器。其作用也不仅仅是清管，还可用于检测管道变形、管道腐蚀、管道埋深等。智能清管器按其测量原理可分为磁通检测清管器、超声波检测清管器和摄像机检测清管器等。

五、阀门

阀门是天然气管道输送中不可缺少的控制设备，是一种涉及门类多、品种繁杂、量大面广的产品。阀门的用途广泛，种类繁多，分类方法也比较多。总的可分为两大类。

第一类自动阀门：依靠介质（液体、气体）本身的能力而自行动作的阀门，如止回阀、安全阀、疏水阀、减压阀等。

第二类驱动阀门：借助手动、电动、液动、气动来操纵动作的阀门，如闸阀、截止阀、节流阀、蝶阀、球阀、旋塞阀等。

阀门按其用途可分为切断阀（如闸阀、截止阀、旋塞阀、三球阀、蝶阀、隔膜阀等）、止回阀、调节阀、分流阀、安全阀等；按驱动方式可分为手动、电动、液动和气动阀。

1. 切断阀

在天然气干线中，常采用的切断阀为球阀和平板阀两种类型。其中球阀是一种带球形关闭件的旋塞阀，与球体相匹配的阀座为圆形，阀座与球体密封。球体上有一与管道直径相同的通孔，球体围绕着阀体的垂直中心线做回转运动，即起开关作用，故取名为球阀。平板阀在国外被称为带导流孔的闸阀或导管式闸阀。平板阀的关闭件是两个平面平行的闸板，闸板与阀座保持密封。闸板提升，阀门打开，反之则关闭。平板阀与带平行闸板的闸阀的主要区别在于平板阀在全开状态时，闸板上的开孔与阀体、阀座上的开孔重合一致，使气流通过阀门几乎没有流态上的改变，同时闸板开孔完全封闭了阀体内腔，使得固体颗粒无法进入阀体，保证了阀体腔的清洁。平板阀的闸阀可以是单闸板，也可以是双闸板。

球阀是近年来被广泛采用的一种新型阀门，它具有以下优点。

① 流体阻力小，其阻力系数与同长度的管段相等。

② 结构简单，体积小，重量轻。

③ 紧密可靠，目前球阀的密封面材料一般使用塑料，密封性好，在真空系统中也已广泛使用。

④ 操作方便，开闭迅速，从全开到全关只要旋转 90°，便于远距离控制。

⑤ 维修方便，球阀结构简单，密封圈一般都是活动的，拆卸更换都比较方便。

⑥ 在全开或全闭时，球体和阀座的密封面与介质隔离，介质通过时，不会引起阀门密封面的侵蚀。

⑦ 适用范围广，通径从小到几毫米，大到几米，从高真空至高压力都可应用。

2. 调节阀

(1) 调节阀的作用与种类

调节阀相当于一个可以调节的局部阻力件，随着阀门开启程度的不同，阻力也不同，从而达到对流量和压力参数进行调节的目的。

天然气输配系统中用的调节阀主要有气动薄膜调节阀、自力式调节阀、角式节流阀。其中气动薄膜调节阀须与气动调节器配套使用，要求压缩空气为膜头提供定压值。

自力式调节阀是直接利用所调节的介质的压能进行调节，可以不需要额外的压缩空气，目前被广泛使用。

(2) 自力式调节阀

如图 9-11 所示，自力式调节阀由主调节阀、指挥阀和阻尼嘴等组成，用 $\phi 4\sim 8mm$ 导压管连接成控制系统。当调节阀工作时，首先通过调节阀的给定螺钉，确定阀后压力值。若被调节气体的压力增加到大于给定压力值时，阀后压力增加的信号将由导压管传递到指挥阀的下膜腔，从而导致喷嘴挡板关小，使主阀膜腔内的操作压力下降，并使得主阀阀芯开度关小，气体流经阀芯的阻力增大，从而使调节阀后的压力降低到给定值。相反，若调节后压力降低到给定值以下时，导压管将这一信号传递到指挥阀，导致喷嘴

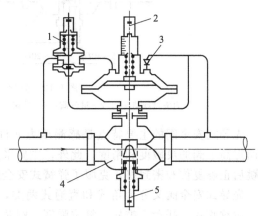

图 9-11 调节阀门示意图
1—指挥阀；2—手动控制装置；3—阻尼嘴；
4—主调节阀；5—手动限流装置

挡板开大，使主阀膜腔内的操作压力增加，主阀阀芯开大，并使阀后的压力升高到给定值为止。

在选择调节阀时，流通能力是确定调节阀的重要依据。

(3) 角式节流阀

我国生产的角式节流阀有针形节流阀和笼式节流阀。其中针形节流阀的阀芯呈锥状，由于气体长期冲刷锥体表面，使其磨损，因而容易出现内漏。而对于笼式节流阀，气体不直接冲刷密封面，因而这种阀门耐磨，密封性能好。此外，它还具有调节平稳、振动和噪音小、开关灵活等优点。

在选择角式节流阀时，为满足调节范围较大的需要，一般要求节流阀的开度处于半开状态。

3. 安全阀

安全阀主要是起保护作用，防止管道系统超压，保证人身安全。一般用于受压设备和管道上，当压力超过规定数值时自动泄压。

安全阀的种类较多，在天然气生产过程中用到的主要是弹簧式安全阀和先导式安全阀两种，图 9-12 所示为先导式安全阀。

弹簧式安全阀，按其阀盘升启高度的不同又可分为全启式和微启式两种。全启式安全阀的阀盘开启高度一般为阀通径的 1/4～1/3，而微启式安全阀的阀盘开启高度一般为阀通径的 1/40～1/4。国产安全阀大多为普通弹簧式，优点是价格低，对泄放的介质要求不严。但它的缺点是在定压附近或阀打开后，阀座密封不严，放空时容易引起震颤，维护要求高，定压测试不易实现。

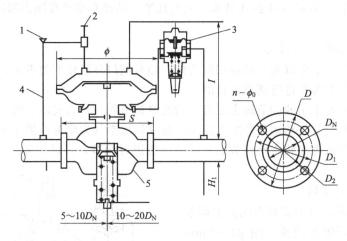

图 9-12 先导式安全阀示意图
1—压力头（或堵头）；2—进气阀；3—导阀；4—导压管（$\phi 14\sim 16mm$，$2\sim 3$ 根）；5—主阀

先导式安全阀的主要特点是感测压力元件由原来的粗弹簧变为压力传感器（即导阀），从而提高了阀的灵敏度和精度。此外，主要采用笼式套筒阀芯和软密封结构，从而确保阀芯起跳后正确复位和密封好，克服了弹簧式安全阀关闭不严导致长期泄漏及过量排放等问题。

先导式安全阀又分为角式和直通式两类，其结构主要由主阀和先导阀组成。主阀由膜盖、波纹膜片、托盘、推杆、复位弹簧、阀芯装置和阀体组成。先导阀由调压螺钉、微调弹簧、喷嘴挡板、小阀体和节流件组成。

第四节　输气站的平面布置与工艺流程

一、站址选择

输气站位置由水力计算初步确定后，然后经现场勘察最后决定。

站址的地貌应该稳定，具有较好的工程地质和水文地质条件，地面平坦，有一定的缓坡，以利排水；土壤承载能力一般不应低于 0.12MPa，岩层坚实而稳定，以免为建筑物修造人工地基；地下水位要较低，土壤干燥。站址绝不能选在可能沼泽化或被水浸的地区，也不能位于可能的滑坡区。

如果站址在河流附近，一定要设在居民区的下游。

站址选择还必须考虑到当地的能源、燃料供应，以及当地给排水系统等公共设施的合理利用与综合利用，并和当地的区域发展规划协调一致。

站址要靠近已有的道路系统和居民区，以减少建筑费用，也便于安排职工的生活。

站址与其他构筑物的距离要符合防火安全规程的要求。

站址的选择要保证该站具有较好的技术经济效果，场地的大小既要满足当前最低限度的需要，又要保证为将来发展提供可能。

二、平面布置

平面布置的任务就是要综合解决场地的规划和整治，实现房屋与构筑物的合理配置，在符合工艺要求的前提下完成道路、工艺管网和其他各种辅助系统管网的合理安排，并保证这些规划布局和安排同当地的地形地质条件相适应。

平面布置时，还要确保各工艺设施的布局能取得最好的经济效益，并顾及采光、风向等条件，以及可能采用现代化的施工方法和最新的施工机械来完成建筑安装工作。

压缩机站的主要设施包括：由燃气轮机、电动机或燃气发动机驱动的压缩机车间；由各种阀门和管道组成的高压管组；气体净化和脱尘设备；清管器接收和发放室；气体分配站等。

辅助生产设施包括能源系统、给排水系统、通信及监控系统等。

能源系统由锅炉房、热力管网、燃气管网、变电站或发电间，以及输配电设备等组成。

给排水系统由水源、水泵房、水塔、储水罐、冷却水塔、供水及排水管网、污水处理装置等组成。

通信和监控系统可以是有线的、无线的、微波的，或者由通信卫星和地面接收站所组成。监控系统由计算机网络为主构成，分就地监控和远传监控两部分。

属于辅助设施的还有办公室、修理间、消防间和各种不同用途的场地与仓库。

应该指出，全自动化遥控的无人操纵的压气站在辅助设施方面将节约不少。

各种生产性设施和站内的一切构筑物及其布置都必须符合防火安全规范的要求。

图9-13所示为苏联布哈拉至乌拉尔输气管上一个压气站的平面图。

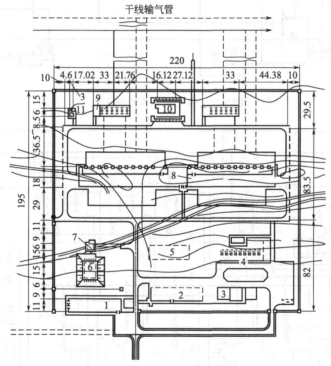

图9-13 压气站平面布置图

1—办公室；2—修理间；3—材料库；4—润滑油库；5—设备堆放场；6—水罐；7—水泵房；8—压缩机车间；9—气体净化装置；10—冷却塔；11—调压所

三、压气站的工艺流程

1. 离心式压缩机站工艺流程

压气站的流程由输气工艺、机组控制和辅助系统三部分组成。输气工艺部分除净化、计量、增压等主要过程外，还包括越站旁通、清管器收发、安全放空和管路紧急截断等设施。机组控制部分有启动、超压保护、防喘振循环管路等。辅助系统包括燃料气供给、自动控制冷却、润滑等系统。

如图 9-14 所示为西气东输某离心式压缩机站工艺流程。共有两台离心式压缩机。

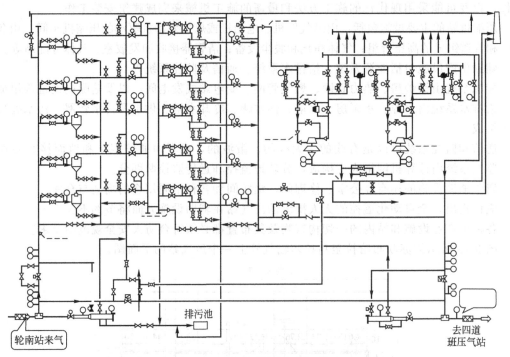

图 9-14　离心式压缩机站工艺

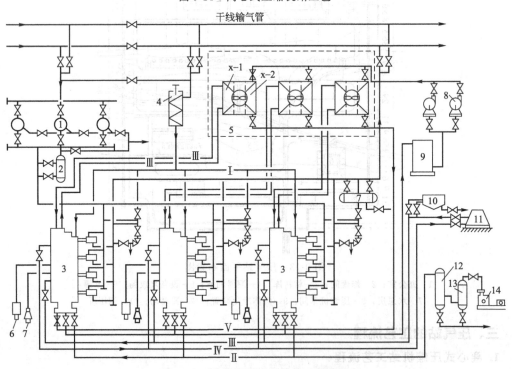

图 9-15　活塞式压缩机站的工艺流程

Ⅰ—燃料气；Ⅱ—启动空气；Ⅲ—净润滑油；Ⅳ—用过的润滑油；Ⅴ—热循环水
1—除尘器；2—除油器；3—活塞式压缩机；4—燃料气调压所；5—空气通风机；6—排气消声器；7—空气滤清器；
8—离心泵；9—热水循环膨胀箱；10—油箱；11—滤油机；12—启动空气罐；13—分水器；14—空气压缩机；
x-1—润滑油的空气冷却器；x-2—热循环水的空气冷却器

2. 活塞式压缩机站的工艺流程

活塞式压缩机站的工艺流程，从总体上讲与离心式压缩机站无太大的区别，但由于活塞式压缩机自身的特点，机组之间不能串联运行，只能采用并联运行。这样的压气站多数用于输气量较小、压力较高的场合。如图 9-15 所示，气体从干线进入除尘器 1 除去机械杂质后，通过除油器 2 进入气体发动机驱动的活塞式压缩机 3 的进气管汇，经压缩之后，从排气管汇回到干线。

3. 调压计量站工艺流程

调压计量站的作用是调节天然气输送压力和测量天然气的流量。其主要设备有压力调节阀、计量装置和气体除尘器等。如果在压力调节过程中，因压力下降过多造成降温过大而冻结，则需在调压前设加热装置给气体加热。

调压计量站主要设在气体分输处和输气管的末站。不需加压的起点输气站也是一个调压计量站，图 9-16 就是一个利用地层压力输气，没有压缩机车间的输气首站的工艺流程。来自净化厂的天然气，经除尘、调压、计量后输往干线。管汇 2 与 6 之间的除尘、调压、计量设备的组数应根据输气量多少而定。图 9-16 中，该项设备共有 3 组，其中 1 组备用。

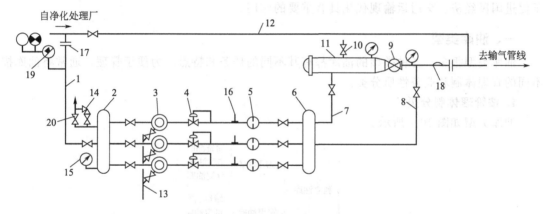

图 9-16　起点输气站工艺流程

1—进气管；2,6—管汇；3—除尘器；4—调压阀；5—流量孔板；7—发送清管器的送气旁通；
8—天然气输出管；9—球阀；10—放空短管；11—清管器发送筒；12—越站旁通；13—排污阀；
14—安全阀；15—压力表；16—温度计；17—绝缘法兰；18—清管器通过指示器；
19—带声光信号的电接点压力表；20—放空阀

> **思考题**

1. 输气系统的组成包括哪些？有什么特点？
2. 压缩机的主要类型及其工作原理。
3. 压气站为什么要设置天然气冷却系统？
4. 清管的目的是什么？清管系统的组成包括哪些？
5. 阀门的类型都有哪些？其功能、工作原理都是什么？
6. 输气站的站址选择应注意哪些问题？
7. 输气站的平面布置的原则有哪些？

第十章 油品的储存与装卸

第一节 油库类型及任务

收发和储存原油、汽油、煤油、柴油、喷气燃料、溶剂油、润滑油和重油等整装、散装油品的独立或企业附属的仓库或设施称为油库。

油库是国民经济、交通运输发展的支柱,是能源、动力重要设施之一。做好油库工作对于促进国民经济、交通运输现代化具有重要的作用。

一、油库类型

油库类型很多,各种类型的油库都有其不同的任务和特点,为便于管理,通常将油库按不同的管理体制和业务性质分类。

1. 按管理体制分类

油库类型如图 10-1 所示。

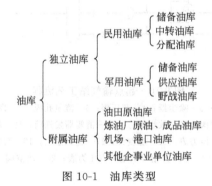

图 10-1 油库类型

(1) 储备油库

主要任务是储备国家、部队或企业油料和油料器材。

主要特点是容量大、储存时间长、油料种类较少;有较强的防护能力,能较好地隐蔽和伪装。

(2) 中转油库

主要担负成批油料的转运任务。

主要特点是发油任务比较频繁,油料品种多、批量大;转运油库通常建于水陆交通比较方便之处,由铁路、水路、公路成批收发油。

(3) 分配、供应油库

主要任务是向用油企事业单位供应油料。

主要特点是收发任务频繁、油料品种多,但每次收发量不一定很大,在全部发油量中汽车油罐车运输往往占较大比例。

2. 按储油方式分类

按储油方式分类分为地面油库、隐蔽油库、山洞油库、水封油库、海上油库。

(1) 地面油库

地面油库是将储油罐露天设置在地面上，它投资省、建设快，维护修理方便，是分配和供应油库的主要建库形式。但这种油库目标暴露，防护能力差，战时易遭破坏，不宜作为军事储备油库使用。

(2) 隐蔽油库

隐蔽油库的油罐置于掘开式护体内。护体上面覆土伪装，覆土层的厚度要求大于0.5m。对空隐蔽性好，并具有一定的防护能力，油料储存期间蒸发损耗较小。但是，与地面库相比投资大，施工周期长。

(3) 山洞油库

山洞油库置于人工开挖的山洞空间内或自然洞内。洞库的隐蔽效果好、防护能力强，储存时可基本消除油罐的静止蒸发损耗，但它投资大，施工周期长，且洞内须做防潮处理。

(4) 水封油库

水封油库是利用稳定的地下水位，将需要储存的油品封存于地下洞室中。它的储油罐体便是在有稳定地下水位的岩体开挖的人工洞室，不需另建储油罐。由于洞内油品被周围岩石内的地下水位包围，除少量地下水渗入洞内之外，油品不致外渗。这种水封石洞油库的储油容量可高达 $1 \times 10^5 m^3$，一般它都是深埋于地下，隐蔽和防护能力都很好，建设费用比山洞油库低，也省钢材。但它需要有稳定的地下水位，而且其他的技术条件比较复杂。目前这种油库大多建在沿海地区。

(5) 海上油库

海上油库主要是指把油轮、超级油轮作为储备石油的一种方式。

3. 按总容量分级

根据《石油库设计规范》(GB 50074—2002)，石油库等级的划分应符合表 10-1 的规定。

表 10-1 石油库等级分类

类型	总容量 TV	类型	总容量 TV
一级	10≤TV	四级	1≥TV≥0.1
二级	10≥TV≥3	五级	TV≤0.1
三级	3≥TV≥1		

注：1. 表中总容量 TV 系指油罐容量和桶装油品设计存放量之总和，不包括零位罐的容量。
2. 当石油库储存液化石油气时，液化石油气罐的容量应计入石油库总容量。

另外，油库储存不同油品的火灾危险性分类如表 10-2 所示。

表 10-2 储存油品的火灾危险性分类

类	别	油品闪点 F_t/℃
甲		$F_t<28$
乙	A	$28≤F_t≤45$
	B	$45<F_t<60$
丙	A	$60≤F_t≤120$
	B	$F_t>120$

二、油库任务

不同类型的油库任务也将随之不同，但油品储存与供应是各类油库的主要工作。油库以保障油品供应为中心，主要工作是接收和储存数量足够、质量合格的油料和部分油料器材，及时迅速地供油。因此油库必须具备完善的收发油设施，做到不渗漏、不混油、量减少蒸发损耗，保质保量地为各交通运输、企事业等用油单位服务。

油库工作以管理好油料及油料器材为中心，其具体任务有以下几个方面。

① 安全、及时、准确地做好油料和油料器材的收发、保管和供应工作。

② 正确使用和管理油库各项技术设备和建筑设施，及时检查维护、计划维修，使之经常处于良好状态。

③ 搞好油库安全管理、消防、警戒防卫、库区绿化和环保工作，确保油库安全。

④ 搞好技术人员业务培训，不断提高管理人员的业务水平，逐步提高油库机动化和机械化程度。

第二节　油库分区及设施

为了满足油库的工艺要求，便于管理，保证安全、方便作业，将油库的所有设施、设备按功能进行分区布置。油库一般可分为储存区、油品装卸区、行政管理区、辅助生产区4个区域。其中装卸区又分为铁路装卸区、水运装卸区和公路装卸区。生活区一般设在库外，与油库分开布置，以便于安全管理。

各区内设施的配制，是根据每个区的主要功能围绕油品的收发、储存、安全、环保、管理等而确定的，如表10-3所示。

表 10-3　油库分区

序号	各区名称		区内主要设施
1	储存区		储罐组、防火堤、泵站(泵棚)、变配电间、消防间等
2	油品装卸区	铁路	装卸站台、栈桥、鹤管、轻油泵房、黏油泵房、零位罐、桶装库、变配电间、消防间等
		水运	装卸码头、泵站(泵棚)、放空罐、桶装间、变配电间等
		公路	高架罐、车场、汽车装卸设施、消防间、桶装库、控制室等
3	辅助生产区		修洗桶间、消防泵室、消防车库、变配电间、机修间、器材库、锅炉房、化验室、污水处理设施、计量室、车库等
4	行政管理区		办公室、传达室、汽车库、浴室、警卫及消防人员宿舍、集体宿舍、食堂等

注：1. 企业附属石油库的分区，尚宜结合该企业的总体布置统一考虑；

2. 对于四级石油库，序号3、4的建筑物和构筑物可合并布置；对于五级石油库，序号2、3、4的建筑物和构筑物可合并布置。

一、储存区

储存区又称油罐区或储油区，是油库储存油料的区域，是油库的核心部位，安全上需要特别注意，这个区域的首要任务是安全储油，其设施除储油罐外，还有防火堤、消防站、安全设备（防雷、防静电、安全监视等）以及降低油品损耗的设备。

1. 地面储存区

地面储存区的有关建筑建在地面上，一般采用钢油罐。地面储存区的主要设施及设备有储油罐组、防火堤、泵站（泵棚）、变配电间、消防器材间等。另外还有各输油、水、消防液管组、阀组等。

地面储存区的布置一般根据油品的火灾危险性进行分组布置。地面油库的油罐组还需根据相关规范、油品种类、数量设置防火堤，以防火灾发生时油品流淌，引起事故的扩大。

2. 地下储存区

将油罐置于覆土护体内的油库，称为地下库，相应的储存区称为地下储存区。地下储存区的设施（设备）与地面储存区基本相同。地下库油罐通常采用立式钢油罐，容量较小时可采用卧式钢油罐；由于立式钢油罐不能直接承受覆土的压力，因此，把钢油罐置于护体内；卧式钢油罐可以承受一定的压力，故可以直接埋土，也可置于护体内。

地下储存区油罐护体由拱顶、围墙（侧墙）和下通道组成。护体拱顶系用钢筋混凝土薄壳结构，拱顶曲率半径尽量与油罐曲率半径相同或相近。罐顶与拱顶之间保持1~1.5m距离，以方便工作人员对罐顶进行维修。拱顶钢筋混凝土被覆层厚度一般为8cm。拱顶边缘作拱顶圈梁，拱顶上的全部重量即通过拱脚圈梁作用于围墙上。为保持护体内干燥，拱顶须作防水处理。拱顶覆土厚度不应小于0.5m，并应严格按照设计要求覆土，不能随意更改覆土厚度。拱顶上有量油预留孔、透气阀预留孔、内部关闭罐预操纵装置预留孔和进人、采光、通风等预留孔。

3. 洞库储存区

洞库储存区的油罐安置于人工开挖或自然洞内，是理想的战备储存仓库。

（1）洞库油罐的类型

一般洞库主要采用立式金属油罐，此外还采用少量非金属油罐。

洞库立式金属油罐采用离壁式结构，即在开挖好的山洞内修建罐室，油罐安装在罐室中。油罐壁与罐室侧墙之间有0.8~1m的间距，供工作人员检查和维修油罐之用。油罐顶与罐室顶部罐帽也应有1~1.5m的间距，以便于罐顶操作和维修。

离壁式钢油罐结构形式的主要优点是便于对油罐操作检查和维修，但罐室空间的利用率较低。

为方便施工和管理，同一山洞内的油罐应尽量采用同种规格。目前多用2000立式钢油罐。石质较好且储存量较大时，也可采用3000、5000或10000油罐。

（2）洞库储存区的形式

洞库储存区的布置形式目前主要有葡萄式、房间式、混合式和分散式等几种。

洞库由于其布置形式的不同，其结构也有一定的差异，葡萄式洞库主要由引洞、主坑道、支坑道、操作间和罐室几大部分组成。

二、油品装卸区

油品装卸区是油料收发作业的场所，是油库的咽喉。根据收发作业的形式，可以分为铁路油品装卸区、水路油品装卸区、公路油品装卸区和桶装油品装卸区。

（1）铁路油品装卸区

进行铁路运输的大宗散装油料的收发，是其各类油库的主要收发方式之一。主要设备设施有收发装卸作业站台、栈桥鹤管、各泵房、零位罐、桶装库、变配电间、消防间等。另外还有围绕铁路收发油的管组、阀组等。

（2）水路油品装卸区

进行水路运输的大宗散装油料的收发作业，其主要设备设施有专用装卸码头、泵房、灌装间、放空罐、变配电间、消防器材间等。还有围绕油码头装卸的输油臂组、专用软管等。

（3）公路油品装卸区

进行汽车油罐车运输的散装油料的收发作业。主要设备设施是汽车油罐车收发油的车场发油亭、鹤管、泵房、消防间、桶装库、控制室等。

（4）桶装油品装卸区

部分油库设有专用桶装发油区，它是直接向所需单位供应桶装油料的场所。由灌桶间、桶装储存间、空桶码放场、桶装发放场等构成。

三、辅助生产区

为了满足正常营运所需的一些条件，还需根据实际情况设置辅助生产区，其主要设施包括修洗桶间、消防泵房、消防车库、变配电间、机修间、器材库、锅炉房、化验室、污水处理设施、计量室、车库；另外还可能有油品检验化验室、仪器仪表检查标定室等。

四、行政管理区

行政管理区是油库行政管理和工作人员生活的场所，如表10-3油库分区中的行政管理区所示。

除了上述4个区以外，根据油库的具体情况，为了作业的方便，可以在收发作业附近设置轻油储存区，为了缩短黏油管路和蒸汽管路的长度，储存区通常也布置在收发油作业区附近。

第三节　油库工艺流程

油库工艺流程是指油料按规定的工艺要求，在管路系统中的流动的过程。它是利用管系统将其所有工艺设备有机连接起来的一个整体，通常用油库工艺流程图表示。

一、工艺流程制订

不同的工艺流程不仅直接影响油库的工艺管网能否完成主要油品的作业要求，同时还会影响油库设备、管线及其附件的选择和油库的建设投资及使用管理费用。因此，在制订油库工艺流程时应考虑油库的业务特点、地形条件、工艺设备供应情况以及人员编制等因素。总之，在制订油库工艺流程时，应遵守以下原则。

1. 业务操作要求

其相关操作方便、油品收发调度灵活、油品管路、油罐及设备互不干扰、安全可靠、流程简洁清晰。

另外，还需设置备用接头。

为了应付油库的突然事件和任务的变化，保证油库收发油作业的正常进行，应在作业区和储存区管路的适当部位设置备用接头，以供特殊情况下使用。例如，泵机组检修、电源被破坏或出故障时，能用拖车泵收油。

2. 经济性要求

油库工艺流程制订得合理与否，直接影响到油库的建设投资，因此一定要注意其经济性。

① 在保证油料质量的前提下，恰当地处理好"一管多用""一泵多用"和"专管专用""专泵专用"之间的关系。管路和泵的"专用"还是"多用"，应当根据油料质量要求、牌号、品种、数量和作业频繁程度等因素确定。

一般油料可根据具体业务（以标准密度及油品性质）进行分组，同组的油料一定范围内各个牌号可以公用管路和泵，但每一牌号油料均应单独设置放空罐。

② 充分利用地形，努力实现自流作业。油库的工艺流程应当充分利用地形条件、尽量

实现自流作业。油库通常用泵收油、自流发油，这样可以不设发油泵站，既减少泵机组等设备数量、降低建设投资，又使后期管理便捷，且当电力系统遭遇故障后，仍能保证发油作业顺利进行。

③ 在满足工艺要求的前提下，对于非经常性的、次要的作业，应视具体的情况做适当处理，尽量缩短管路、减少阀门数量，做到经济合理。在主要作业得以保证的前提下，对于非经常性的、次要的作业，应视具体情况作适当处理。不应当为了应付复杂化的、非经常性的作业而使流程过于复杂，否则不仅增加设备、材料和建设投资，而且还会由于流程复杂使操作麻烦，甚至引起误操作事故。同样，片面追求经济节约，使工艺流程不能满足油库多种作业的需要而影响油库的经常性工作，这样的工艺流程也是不恰当的。

二、管路系统组成

油库的工艺流程有各种不同的布置和处理，但用于连接各工艺设备的管路系统，归纳起来不外乎有以下连接方式和功能分类。

1. 按连接方式分

（1）单管系统（图10-2）

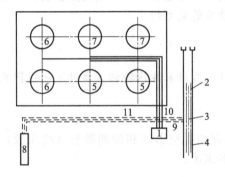 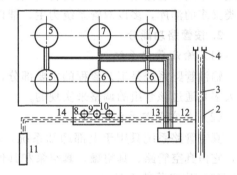

图10-2 单管系统图
1—泵房；2—卸油鹤管；3—集油管；
4—铁路；5—煤油罐；6—汽油罐；
7—柴油罐；8—灌桶间；9—装卸油管；
10—输油管；11—灌油管

图10-3 双管系统
1—泵房；2—卸油鹤管；3—集油管；4—铁路；
5—煤油罐；6—汽油罐；7—柴油罐；8—汽油
装罐；9—煤油罐装罐；10—柴油罐装罐；11—灌桶间；
12—装卸油管；13—输油管；14—灌油管

油罐按储油品种的不同分为若干罐组，每个罐组各设一根输油管，在每个油罐附近部分与油罐相连。其优点是布置清晰，管材耗量少；缺点是同组罐无法输转，管路发生故障时同罐组均不能操作。

（2）双管系统（图10-3）

是每个罐组各有两根输油干管，每个油罐分别有两根进出油管与干管连接组油罐可以倒罐，操作比单管系统方便，但管材耗量很大。

（3）独立管路系统（图10-4）

每个油罐都有一根单独管路通入泵房。卸油管也按不同品种分别进入泵房。其优点是布置清晰、专管专用、不需排空，检修时也不影响其他油罐的操作，但管材消耗较多，泵房内管组及管件也相应增多。

以上3种管路系统各有特点，对某个油库而言，选择什么样的管路系统，应根据其业务特点，结合具体情况，因地制宜，慎重选择。一般情况下，油库储油品种不多、库内输转很少的油库或临时性、地方性小油库多采用单管系统，对其同组输转和管路发生故障时的操作

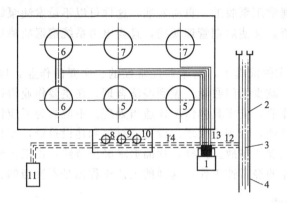

图 10-4 独立管路系统

1—泵房；2—卸油鹤管；3—集油管；4—铁路；5—煤油罐；6—汽油罐；
7—柴油罐；8—汽油罐装罐；9—煤油罐装罐；10—柴油罐装罐；11—灌桶间；
12—装卸油管；13—输油管；14—灌油管

问题，采用在管路适当部位预留备用接头、临时接管的办法解决；对于油罐数目较多、油品种类又多的油库，多以双管系统为主，辅以单管或独立管路系统。

2. 按管路功能分

（1）输油管路系统

输油管路系统是工艺流程的主要部分，用来收油、发油和库内输转，多种工艺过程的变换大多是通过该管组的调整来实现的。

（2）真空管路系统

真空管路系统只用于上部卸油系统，用来为鹤管抽真空引油和抽油罐车（或油驳）底油，它由真空管路、真空罐、真空泵和其他附属设备组成。

（3）放空管路系统

放空管路设置的目的在于输油完毕后将输油管中残存的油料排入放空罐内。其作用一方面是为了实现"一管多用"，即用一根管路输送多种牌号的油料而不发生混油；另一方面是为了防止积存在管路中的油料受热膨胀而破坏管路和管件，保证管路安全并使管路维修方便。

输油管路应尽可能实现一次自流放空，一般轻油管路应有 3‰ 的坡度，黏油管路应有 5‰～10‰ 的坡度。如沿线地形复杂不易实现一次自流放空时，应采取措施，如分段放空或扫线等加以解决。

三、工艺流程图

油库的工艺流程可以用工艺流程图来表示。工艺流程图是不按比例绘制的，各个设施（备）之间的位置关系也可以不受总平面图的约束，以表达清晰、容易看懂为原则。按照绘制方法的不同，一般包括工艺流程方案图、工艺流程轴侧图和工艺流程平面布置与纵断面图 3 种。

油库工艺流程方案图（俗称方块图）是一种示意图，它简明、扼要地反映油库的业务。一般将轻油（图 10-5）、黏油分别绘制。方案图上以方块表示设备和设施；管路尽量平行绘制；拐弯处直角；尽量避免管路交叉，必须交叉时可用断线绘制；各种阀门、管件均不绘出。

用轴测投影原理绘制的是工艺流程轴测图。由于轴测图比较直观，油库中较为常用，如

第十章 油品的储存与装卸

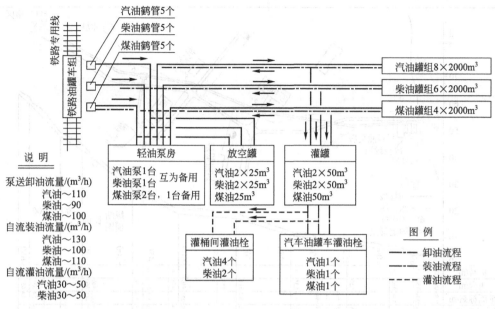

图 10-5 轻油工艺流程方案

图 10-6 所示。轴侧图上绘出了与工艺流程有关的各种设备，例如储油罐、管路、输油泵、鹤管、放空罐以及各种主要管件等的相互关系，它反映油库的全部工艺流程，是指导油库建设和技术管理工作的重要图纸。

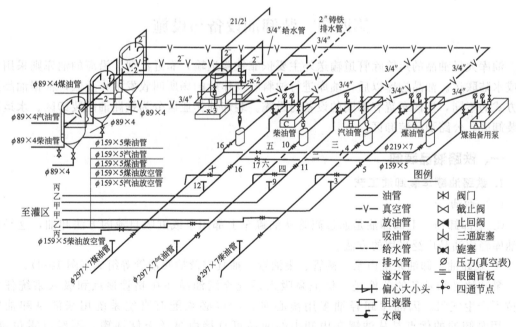

图 10-6 轻油泵房管组工艺流程轴测图

在工艺流程轴测图上应当标明设备和管线的名称、规格、用途和所输送油料的名称等。工艺流程图比较复杂时，应按作业内容编制流程说明。

将管路平面布置按比例绘制在纵向地形上的图是工艺流程平面布置与纵断面图。如图 10-7 所示，它的横坐标代表管路，纵坐标代表高程。纵横坐标常采用不同的比例，管路的

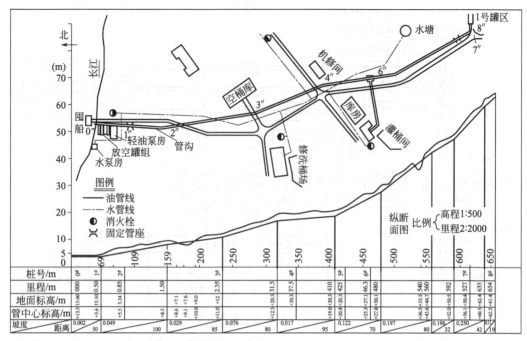

图 10-7　管线平面布置和纵断面图

里程、高程及坡度等都标注在图中。

第四节　装卸油设备与设施

油库大量油品的运输除管道输送外主要依靠铁路运输,靠近江河、沿海的油库则采用水运或水陆联运。油品进库以后,油库进行油料收发作业的场所叫收发油作业区,根据油品运输方式的不同,该区布置有不同的设备与设施。装卸油作业区分为铁路油品装卸区、水运油品装卸区、公路油品装卸区。

一、铁路油品装卸

1. 铁路油罐车装卸油工艺

（1）卸油

① 上部卸油　上部卸油是通过鹤管从油罐车上部用泵或虹吸自流的方法卸油,这是目前油库轻质油品广泛采用的方法。

- 泵卸油：卸油系统由泵、鹤管、集油管、抽真空及抽底油管等组成（图 10-8）。

泵卸油必须具备的条件是：保证泵吸入系统充满油品并在鹤管顶点和吸入系统任意部位不产生气阻。因油库卸轻油多用离心泵,所以必须配有真空系统用来灌泵和抽底油。用泵卸油的优点是从油罐车内卸出的油品可直接由泵送至储油罐,不经过零位罐,减少了蒸发损耗；缺点是当动力、泵和吸入管路等发生故障和遭受破坏时,贻误卸油时间。

- 虹吸自流卸油：虹吸自流卸油（图 10-9）的速度,取决于卸油管路的阻力和油罐车与零位罐的位差。当油罐车高于零位罐（有些地方称中继罐）并具有足够的位差时,即可采用虹吸自流卸油。但鹤管必须具有抽真空或填充油品的设备,造成鹤管虹吸和抽净油罐车底油。另外，零位罐的总容量通常等于或稍大于到库每批油罐车的最大装油量。

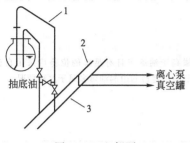

图 10-8　上部泵
1—鹤管；2—真空管；3—集油管

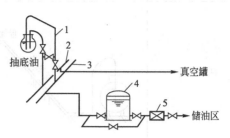

图 10-9　虹吸自流卸油
1—鹤管；2—真空管；3—集油管；
4—零位罐；5—离心泵

虹吸自流卸油的优点是故障少，不受泵和动力的影响。缺点是卸油后，再由零位罐继续泵送至储油区，多一次输转，增加了油品蒸发损耗。

• 潜油泵卸油：潜油泵卸油有气动、电动、液动 3 种方式。目前液动潜油泵卸油安全可靠、使用较为普遍，液动潜油泵卸油系统（图 10-10）主要包括潜油泵和液压站两大部分。液压站由防爆电动机、液压油泵、油箱、溢流阀及管路附件组成。液压泵是潜油泵的动力源，它的工作原理是把电能转化为液压能，压力油通过油管驱动潜油泵的液压马达，液压马达拖动离心泵运转。由于潜油泵的增压作用，整套卸油装置处于较高油压下，因而可以从根源处克服卸油过程中的气阻现象发生。但缺点是设备复杂、投资大，液压部分工作液泄漏影响系统正常进行和油品质量等。

② 下部卸油　由油罐车下部卸油器直接与吸入系统管路和泵连接，其最大的优点是取消了鹤管，解决了夏天卸轻油时鹤管产生气阻的问题，同时不需要抽真空灌泵和清扫油罐车底油，因而设备隐蔽简单，操作方便，如图 10-11 所示。但油罐车下部卸油器由于经常开关，以及行驶中震动等原因，难保严密，易渗漏，运输途中不安全。目前下部卸油仅限于黏性油品的接卸。

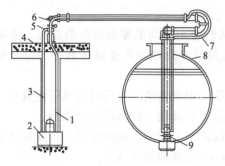

图 10-10　潜油泵卸油
1—压油管；2—液压站；3—回油管；
4—栈桥；5—操作单元；6—鹤管；
7—胶管；8—槽车；9—潜油泵

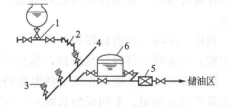

图 10-11　下部卸油
1—油罐车下卸器；2—软管；
3—卸油接头；4—集油管；
5—泵；6—零位罐

（2）装油

装油是卸油的逆过程，通常是利用卸油系统来完成的。根据油罐车和储油罐的相对位置，一般可采用 3 种装油方法，如表 10-4 所示。

表 10-4 装油的一般方法

方法	装油流程简图	必须具备的条件和适应性
自流装油	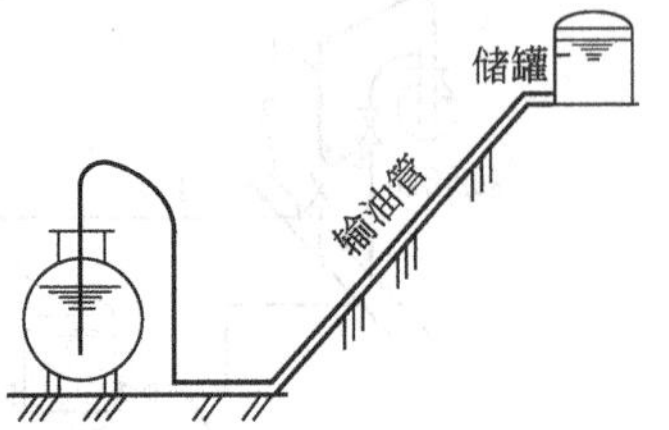	储油罐高于油罐车且有足够的位差可采用自流装油。一般靠山建造的山洞油罐多属于这种情况
用泵装油	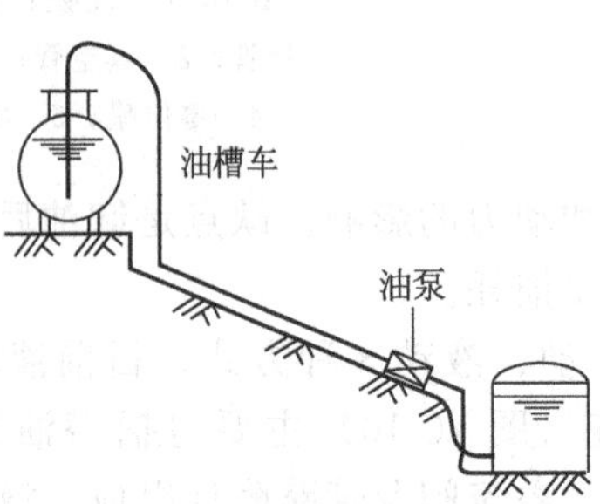	当储油罐高于油罐车的位差很小，或低于油罐车时采用泵装油。一般地方油库多属于这种情况
通过零位罐装油	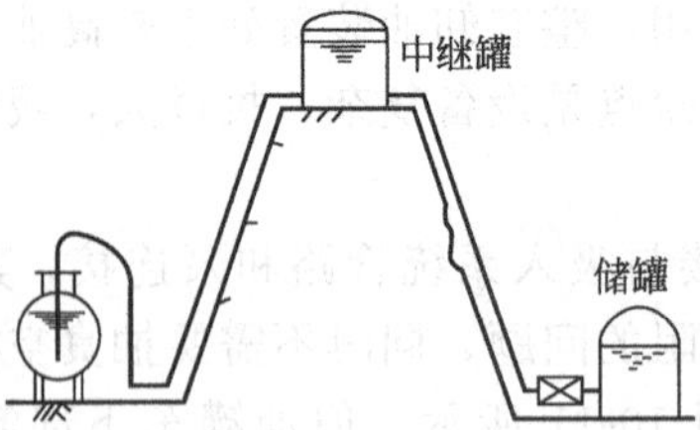	这是上两种方法的结合，主要适用于少量发油或向运油汽车罐装以及灌桶作业

2. 铁路油品装卸作业的主要设备与设施

(1) 铁路专用线

① 铁路专用线的布置原则　铁路专用线是指从铁路车站到油库的支线的总称，实施收发油作业的线段，称为作业线或作业道。在布置线路时专用线和作业道等都必须符合相关规定。

铁路专用线要少占良田和少迁民房，并避开国家大中型建筑。专用线应尽可能减少土石方工程，避免穿越各种自然障碍，尽量不建桥梁、隧道和涵洞，以降低工程造价。

铁路专用线的长度和作业道的股数根据铁路干线的牵引能力、油库容量、收发量以及地形条件等因素决定。专用线的长度一般不宜超过 5km，以免投资太大。

铁路作业线的最大坡度应保证列车能顺利进库。按《工业企业标准轨距铁路设计规范》(GBJ 12—1987) 规定，最大坡度不能超过 30‰。专用线的曲率半径，一般地段为 300m，困难地段为 200m。

在专用线与车站线路接轨处，应设安全线（长度一般为 50m），以防专用线的车辆由于管理不慎溜放冲入车站发生事故。

② 作业线的布置形式　作业线是铁路油罐车停放并进行装卸作业的地段。作业线布置是否适当，与作业方便与否和安全防火有直接关系。为便于实现自流装卸，作业线应敷设在

油库的最低或较低处。

作业线应为水平直线，一般为尽端式布置。为防止调车时溜车，进作业线前100m也应无坡度。

油库作业线根据具体条件一般有三股、双股和单股3种布置形式。

大、中型油库设三股作业线，如受地形条件限制，也可设两股作业线。当设置三股作业线时，其中两股为轻油作业线，一股为黏油作业线，分设两个站台。当平行建三股作业线时，黏油作业线与相邻轻油作业线之间的距离，以铁路中心线计应不小于10m，一般为15m。两股轻油作业线的中心距为5.6m，如图10-12（a）所示。

三股作业线的布置形式，轻油和黏油收发作业互不干扰，操作方便，有利于安全防火，但占地面积较大。

中、小型油库一般设双股作业线，如图10-12（b）所示，或单股作业线，如图10-12（c）所示。考虑到黏油装卸作业量少，每次作业时间长，放在尾部较适宜。轻油收发作业量较多，火灾危险性较大，轻油作业线宜设在前部二轻油与黏油鹤管的间距应不小于20m。最后一座鹤管至作业线终端土挡之间距不应小于20m。

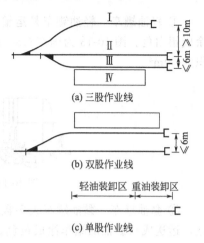

图10-12　油库铁路作业线
Ⅰ—黏油作业线；Ⅱ—轻油作业线；
Ⅲ—轻油与桶装共用线；
Ⅳ—桶装油装卸站台

双股或单股作业线的缺点是轻油、黏油装卸作业互相干扰，调车不方便，特别是桶装油棚车或黏油车在线而轻油罐车发生火灾时，不能及时引出车库区，不利于油库的安全防火；此外，双股作业线推送黏油罐车的机车要穿过轻油作业线，对安全防火也不利。单股作业线只适合于小型油库。

（2）货物装卸站台

油库中桶装油料、油料器材和其他物资的装卸，需要设置一个小型的货物装卸站台。站台的主要尺寸应根据装卸量而定。一般站台长50～100m，宽不小于6m，一般宽度为12m左右，站台地坪标高应高出轨顶标高1.1m，站台边缘至作业线中心距离为1.75m。站台台面要坚实，保证多种气候下都能使用。

站台位置一般选在与公路和罐桶间相联系的地方。站台与公路衔接处的端头应设置坡度不大于1∶10的斜坡道，便于车辆上下。

（3）铁路油罐车

铁路油罐车是散装油料铁路运输的专用车辆。按其装载油料的性质，可分为轻油、黏油罐车两类。其载质量有30t、50t、60t、80t多种类型。目前国内使用的大多数是60t的。

铁路油罐车由罐体、油罐附件和底架3部分组成。罐体是一个带球形或椭球形头盖的卧式圆筒形油罐。它是由3～14mm的钢板焊接制成。通常圆筒下部的钢板要比上部钢板厚20%～40%。例如，载质量为50t的油罐车，上部钢板厚9mm。下部及球形头盖钢板为11mm。罐顶上的空气包用来容纳因油料温度升高而膨胀的油料，空气包的容积为罐容积的2%～3%，钢板厚度一般为6mm。空气包上有一带盖的人孔，孔盖为圆形并呈半球状，刚性很大，关闭时利用杠杆和铰链螺栓压紧，在罐车盖与入孔间夹以铅垫保证密封。罐底部略有坡度，并坡向集油窝以便抽净底油。在空气包处设有平台，罐内外皆有扶梯供操作员登车和进入罐车内。

① 轻油罐车　轻油罐车是运输轻质油料（如汽油、煤油、柴油等）用的。罐体外一般涂成银白色。图10-13为国产G50型50m³轻油罐车。这种罐车的总容积为52.5m³，有效容积为50m³。

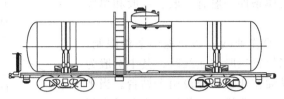

图10-13　G50型50m³轻油罐车示意图

② 黏油罐车　黏油罐车大多数设有加热装置和排油装置。运输原油的罐车外表涂成黑色，运送成品黏油的罐车涂成黄色。图10-14为G12型50m³黏油罐车。

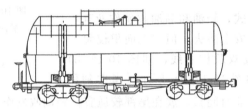

图10-14　G12型50m³黏油罐车示意图

(4) 装卸油鹤管

按照装卸油料品种的方式不同分为鹤管和装卸油短管等。

① 鹤管　鹤管是铁路油罐车上部装卸油料的专用设备，现有回转式、倾倒式、可拆卸插入式、悬臂式、方向式、隧道式及重锤式等多种形式。

航空煤油均为专用鹤管，汽油和柴油有的库是专用鹤管，有的是合用鹤管。

• 万向式鹤管：万向式鹤管也称固定式万向鹤管，如图10-15所示。这种鹤管是由壁厚1.5mm以下的薄钢板制成的装卸油短管、上悬臂、斜悬臂、主管，4个添料式转向接头和手摇绞索装置组成。站在栈桥上，手推悬臂，就可以任意调正对准铁路油罐车罐口，手摇绞索装置可适当抬高或降低装卸油短管，操作轻便灵活。4个转向接头是经反复实践制作，使用灵活。

• 自重力矩平衡鹤管：这种鹤管系人工操作的装卸油设备。经准确计算，平衡力矩与鹤管自重力矩在各个角度及部位均能达到平衡，故能上下自如，操作轻便灵活。

• DN100-Ⅰ型轻油鹤管：由于各种不同类型的轻油鹤管，在不同程度上存在着密封不严、旋转不灵活、操作笨重、使用不便等问题，为此研制了新型DN100-Ⅰ型轻油鹤管，也称为"位移配重"式轻油鹤管，如图10-16所示。利用加长管可调整半径管的活动半径。通过2、5转动接头的相互配合可使吸油管自由进出油罐车。利用杠杆平衡原理可使半径管和吸油管上下移动。鹤管能旋转360°进行双面作业。仅需一人即可在栈桥上操作。

鹤管位移配重产生的总力矩能满足鹤管停留在任意空间位置时所需要的力矩。该鹤管特点是：操作轻便灵活；密封结构合理；鹤管升降方式采用新颖的"位移配重"；转动接头采用了标准轴承规格统一，旋转灵活，使用寿命长，便于制造。

另外还有气动鹤管，扭簧式鹤管，压簧式鹤管等。它们通过气动、扭簧、压簧等方式平衡或调节扭力，使之转动灵活，操作方便可靠。隧道式鹤管则专为隧道作业区设计。在鹤管一侧有栈桥，可供人员登车作业，装卸油橡胶管平时悬挂在隧道拱顶的滑轮上，使用时放到

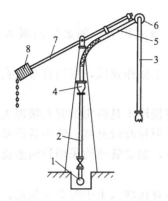
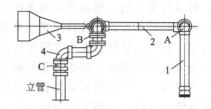

图 10-15　固定式万向鹤管
1—集油管；2—立管；3—短管；4—旋转接头；
5—横管；6—法兰；7—活动杠杆；8—平衡重

图 10-16　DN100-Ⅰ型轻油鹤管
1—吸油管；2—半径管；3—位移配重；
4—加长管　A,B,C—转动接头

罐车内。黏油鹤管则专为装卸钻油而设计，除卸油管外，黏油鹤管还有蒸汽胶管活接头，方便与带有加温套的黏油罐车蒸汽进口相接。

② 罐车下部卸油装置　目前黏油罐车绝大部分是下卸式的，轻油罐车近几年来也正在研究和试用下部卸油方式，由于罐车下卸具有油库设备简单、装卸作业简洁方便和节省一定时间等优点，故它是罐车卸油今后研究发展的一个方向。

因铁路油罐车下部卸油器的中心线高出轨面约 50cm，故罐车下卸装置中心线的标高应低于铁路油罐车下部卸油器的中心线，以便将油抽净。

③ 装卸油短管　装卸油短管有橡胶管、薄铁皮管和铝制管。胶管易老化损坏，且摩擦阻力大，但使用时易对准罐车位置；薄铁皮管轻便、价廉、耐用，但管接易漏气；近年来采用铝制管，比薄铁皮管更轻便耐用，也不易漏气和生锈。

(5) 栈桥

栈桥是为装卸油作业所设的操作台，以改善收发作业时的工作条件，栈桥一般与鹤管建在一起。由栈桥到罐车之间设有吊梯（其倾斜角不大于 60°），操作人员可由此上到油罐车进行操作。

在设计和建筑栈桥时，必须注意栈桥上的任何部分都不能伸到规定的铁路限界中去。如有些部件（鹤管、吊梯等）必须伸入到接近限界以内时，该部件要做成旋转式的，在不装卸油时，应位于铁路限界之外。

栈桥有单侧操作和双侧操作两种。在一次卸车量相同的情况下，单侧卸油栈台较双侧者长，且占地多，但可使铁路减少一副道岔，机车调车次数减少一次。

一般大中型油库均采用双侧栈桥，只有一次来车量很少的小型油库才采用单侧栈桥。

栈桥可采用钢结构或钢筋混凝土结构；台面高度一般在铁路轨顶以上 3.5～3.6m，台面宽度为 1.5～2m，单侧使用时可窄些，双侧可以宽些，栈桥上应设有安全栏。栈桥立柱间距应尽量与鹤管间距一致，一般为 6m 或 12m。栈桥两端和中间每隔 50～60m 设上下栈桥用的斜梯。

(6) 集油管

集油管是将各个鹤管的来油汇集起来的管线。不同油料有各自的集油管与该油料的鹤管相连接。

用泵卸油时，集油管与泵吸入管相接，油料经泵吸入管直接进泵。自流卸油时，集油管与卸油管相接，油料进入零位油罐后再用泵输送到储油区。

集油管的直径一般比泵的吸入口径大一些，以减少吸入阻力。例如泵的吸入口径为150mm时，集油管直径为200mm。

集油管的平面布置，一般是与铁路作业线相平行。对单股作业线，集油管布置在靠泵房一侧。对双股作业线，集油管应布置在两股作业线中间。

集油管的敷设方式，有直接埋土和管沟敷设两种。直接埋土是将集油管直接埋入土中或沙砾石里。其优点是管路受大气温度影响小、施工方便，但检修较麻烦。管沟敷设是将管路敷设在有盖板的管沟内。其优点是检修方便，但造价较高，黏油管路均采用管沟敷设。轻油管路可直接埋土，但目前多采用管沟敷设。

集油管的连接，一般采用焊接而不采用法兰，尤其是直接埋入土中时更应如此。在特殊情况需用法兰连接时，在连接处应设检查井，以便检修。

(7) 零位罐

零位罐（也称缓冲罐，有些地方还称为中继罐），它是为了快速卸油而设置，并不担负长期储存的任务。零位罐的容量可按一次到库的最大油罐车数考虑，并留有一定安全余量。

零位罐的罐底标高及装油高度，既要考虑自流卸油的要求，又要考虑泵的吸入状况，还应考虑地下水位等因素。通常在一定容量下，零位罐的高度较小而直径较大，以统一上述矛盾。

(8) 真空管和抽底油管

真空管和抽底油管与鹤管的连接形式有如下两种。

第一种形式如图10-17所示，每一种油料的真空集油管在该种油料鹤管处预留一个短管接头，供抽底油用。同时分出一个支管接至鹤管控制阀门上方，打开该支管阀门，即可抽净鹤管中的空气，造成虹吸。这种形式的优点是鹤管造成虹吸卸油的速度很快，油料在虹吸作用下进入泵房或零位油罐。这种形式主要用于自流卸油系统。

第二种形式如图10-18所示。在离心泵输入口处附近将真空管路与泵吸入管连接。使用时，泵吸入系统的空气由真空系统抽走。这种形式造成虹吸的速度较慢，但离心泵可以避免开阀启动。真空管只作抽底油用。

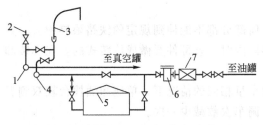

图10-17 自流卸油真空抽底油系统
1—真空总管；2—抽底油管；3—鹤管；4—集油管；
5—零位罐；6—过滤器；7—离心泵

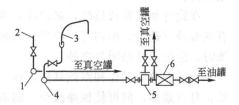

图10-18 泵流卸油真空抽底油系统
1—真空总管；2—抽底油管；3—鹤管；
4—集油管；5—过滤器；6—离心泵

抽底油总管一般采用2in钢管，抽底油短管一般采用1.5in钢管，在5～10min内可以抽吸1m³左右的底油。抽底油管的直径太大则胶管直径也需相应加大而使操作不便；若直径太小，则抽底油的时间要加长。

(9) 黏油加热管

在黏油装卸区还必须设置蒸汽管路供黏油加热用。蒸汽总管的直径一般为80～100mm，在每个黏油鹤管处必须预留蒸汽加热短管，其直径一般为50～80mm。蒸气进入罐车后，冷凝水自行排走，故装卸区不需设置回水管。

二、水运油品装卸

1. 装卸工艺

油船装卸可用油船上的泵。如果储油区与油码头之间距离不是很长，彼此高差也不是很大，可用油船上的泵直接将油品泵送到储油罐中。若油码头与储油区之间既有一定高差又有一定距离，一般就在岸边设置零位罐（缓冲罐），利用船上的泵将油品泵送进零位罐（缓冲罐），然后通过库内泵站的油泵送到储油区。

在有一定高差的沿海、内河等处，水运油品装油常用自流式。但在有些地方，储罐与码头之间高差很小，位置距离较远，或需要提高装卸速度就需要有泵送装船。

油轮装卸油工艺应能满足以下基本要求。

① 满足油港装卸作业和适应多种作业的要求；
② 可同时装卸几种油品而不互相干扰；
③ 管线互为备用，能把油品调度到任一条管路中去，不致因某一条管路发生故障而影响操作；
④ 泵能互为备用，当某台泵出现故障时，能照常工作，必要时数台泵可同时工作；
⑤ 发生故障时能迅速切断油路，并考虑有效放空措施。

油船装卸必须在码头设置装卸油管路，其配置情况如图 10-19 所示，每种油品单独设置一组装卸油管路，一个集油管有若干个分支，支管间距一般为 10m 左右，分支管路的数量和直径、集油管、泵吸入管的直径等，应根据油船、油驳的尺寸、容量和装卸油速度等具体条件确定。在具体配置时，一般将不同油品的几个分支管路（即装卸油短管）设置在一个操作井或操作间内。平时将操作井盖上盖板，使用时打开盖板，接上耐油软管。

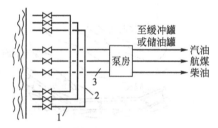

图 10-19 码头装卸油设备示意图
1—分支装卸油管；2—集油管；3—泵吸入管

需要装卸黏油的码头，在操作间还需要配备蒸汽短管。

管线内清扫也称扫线，原油及成品油装卸作业结束后，管线内的剩油都需要扫回油罐，或将输油导管内的残油扫入油船。扫线的目的是为了防止油品在管线内堆积凝结；避免和下次来油混淆以及便于检修。

扫线介质主要有蒸汽、热水、海水、压缩空气。但蒸汽、热水、海水会增加油品的含水量，影响炼油厂作业。故除汽油外，其他成品油、原油、燃料油品均可用压缩空气扫线。但对管线呈下垂凹形的地方，压缩空气不易将剩油扫清，因此在管线布置时，要注意尽可能避免呈现下垂凹形的死角。

2. 油船

根据油船有无自航（动力系统）能力，可以分为油轮和油驳。

（1）油轮

油轮带有动力设备，可以自航，一般还设有输油、扫舱、加热以及消防等设施。由于各种石油产品的闪点、黏度、密度等特性不同，因而对载运不同种类石油产品油轮的要求也不一样。例如，对载运闪点较低油品的油轮，防火防爆要求严格些；对载运黏度较大油品的油轮，需要大量舱内加温设施，对载运密度较小的油轮，舱容量要求较大。

国内海运和内河使用的油轮,可分为万吨以上、3000t 以上和 3000t 以下几种。万吨以上的油轮主要用于海上原油、成品油运输;成品油的海运和内河运输,多以 3000t 以上的油轮为主。

(2) 油驳

油驳是指不带动力设备,不能自航的油船,它必须依靠拖船牵引并利用油库的油泵和加热设备进行装卸和加热。油驳按用途来分有海上和内河两类。我国油驳一般都在内河使用,载质量有 100t、300t、400t、600t、1000t、3000t 多种。油驳一般有 6~10 个油舱,并有一套可以相互连通和隔离的管组,有的也可以装卸两种以上的油品,它所载运的油品种类与油轮相同。油驳是单条或多条编队由拖轮拖带或顶推航行,是内河大宗货油和码头、港内货油及燃料油驳运工具。通常,在油驳编队航行中拖带油驳的拖轮,从防火防爆角度上考虑,应该与一般拖轮有所不同,在拖轮上要求有强大能力的消防设施。

3. 油品装卸码头

油船装卸油作业必须建造油品装卸码头。

(1) 油品装卸码头类型

油品装卸码头主要有顺岸式固定码头、栈桥式固定码头和栈桥式浮动码头 3 种类型。图 10-20(a) 为顺岸式固定码头一般适合于陡峭的海岸地形,它修建比较容易,遭到局部破坏时修复比较快,但停靠的船只少。图 10-20(b) 为栈桥式固定码头,停靠的船只多,但修建困难,受潮汐影响大,破坏后修复慢。图 10-20(c) 为栈桥式浮动码头,修建容易,停靠船只多,能随水位的涨落而升降,不受潮汐等影响。

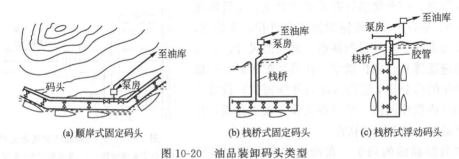

图 10-20 油品装卸码头类型

(2) 油品装卸码头主要设备

① 油品装卸泵房 据水位涨落情况及码头类型,可以在岸上设置固定泵房或浮动泵房。

图 10-21 浮动泵房
1—胶管;2—浮桥;3—固定钢管;
4—泵站;5—泵;6—囤船

如图 10-21 所示,它由安装在泵船上的泵机及其他设备组成。由于浮动泵房可以随水位的涨落而升降,因此用它卸油时有利于保证泵吸入系统的正常工作。

② 油品装卸导管 油品装卸导管是油船在装卸油过程中与码头管路相连接的导管。油品装卸导管应能适应油船的浮动和深度的变化。中小型油库一般均采用耐油橡胶软管。

输油臂是目前国内外大型油库广泛采用的金属装卸油导管之一。它可以克服橡胶软管普遍存在的装卸效率低、寿命短、易泄漏和劳动强度大等缺点。

输油臂一般由立柱、内臂、外臂、回转接头以及油船接油口连接的接管器等组成。

当油船停靠码头进行装卸时,输油臂液压系统开始动作,驱动内、外臂迅速达到需要的位置。当快速接管器与油船上集油管法兰连接妥善后,即可将液压系统断开,使输油臂随船自由运动。输油臂可用来装油,也可用来卸油或接卸压舱水。

输油臂的台数不宜多,因为过多时占用栈桥面积要加大,而在深水码头,栈桥的建设费用要比输油臂本身的造价大得多,通常配备 2~6 台输油臂。

③ 油罐 在油品装卸码头及其附近应视需要设置一定容量的放空罐、沉降罐和零位罐。放空罐用于放空管线中存油,沉降罐用来沉淀油船的扫舱油,黏油放空罐及沉降罐内一般应设加热器。

④ 船用卸油泵 船用卸油泵是油轮上的设备。油品的卸载主要由它来完成。

船用卸油泵主要有汽轮机离心式油泵和电动机离心式油泵。较早期的油轮上有往复式油泵,它是用蒸汽机作为动力的泵,这种泵安全可靠,造成的真空度较高,但这种油泵效率比较低,排量受到限制,满足不了大型或超大型油船的要求。汽轮机离心式油泵是用汽轮机带动的离心泵,和往复泵一样安全可靠;而且排量大(可达 500~1500t/h),可以连续平稳地运动,因此不但中型油船适用,而且更适应于大型和超大型油船的需要;但它无干吸能力,吸入空气的敏感性大。因此这种泵一般设在舱底,并且当卸油至一定程度后,便停止使用,而启动扫舱泵继续卸油。电动离心式油泵用电动机带动,这种泵除了排量大、能够平稳连续地运行等优点外,还具有效率高、操纵控制方便,有利于油船自动化等。但是由于油船日趋大型化,要求油泵的排量加大,需要有大功率的电机来带动大排量离心泵,但是船上的电量很难满足这样大功率电动机的需要。因此目前大型油船上选这种油泵的还不多。

此外,装卸油码头上还应有向油船供水、供油、供蒸汽的水管、油管、蒸汽管及压舱水导管,还应当有通信联络设备和消防用的泡沫导管等消防设备。

三、汽车油罐车油品装卸

1. 汽车油罐车油品装卸工艺

公路油品装卸区应布置在油库面向公路的一侧,油库出入口附近,并尽量靠近公路干线,以便与公路干线衔接,该区是外来人员和车辆来往较多的区域,宜设围墙与其他各区隔开,应设单独的出入口,外来的车辆可不驶入其他各区,出入方便,比较安全。

(1) 完全依靠汽车油罐车运输油品的油库

这种类型的油库,油品装卸油方法主要有自流装卸油(图 10-22)和泵卸油(图 10-23)两种。在地形条件许可的情况下,装卸油均可实现自流作业。若受地形限制,一般采用泵卸油、自流装油。

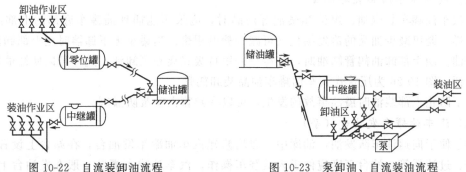

图 10-22 自流装卸油流程　　　　图 10-23 泵卸油、自流装油流程

(2) 以铁路和水运为主,兼有汽车油罐车和油桶作业的油库

目前大中型油库均属于此类型油库。其灌装方法,根据地形条件的不同有自流和泵送灌

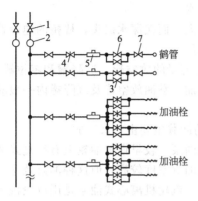

图 10-24 轻油工艺流程
1—来油控制总阀；2—油气分离器；
3—手动闸阀；4—恒流阀；5—流量表；
6—电磁阀；7—球阀或蝶阀方向

装两种方法。由于汽车油罐车的容量较小，灌装连续性不强，所以应尽可能采用自流灌装。在山区和丘陵地带，如地形选择得当，利用高位储油罐很容易实现自流作业。在平地若无地形可利用，一般可先将油品泵送到高架罐，然后再利用高差自流装车或灌桶。随着科学技术的发展，油库管理技术水平的提高，一些油库已经采用管道泵直接输送灌装工艺。这种方式省去了高架罐这一中间输转环节，减少了占地和基建费用，消除了通过高架罐灌油时的"大呼吸"损耗。为了防止流速过大和水击，相应地采用了减压措施和变频调速等技术措施。

轻油灌装必须具备过滤器、流量计、恒流阀、鹤管、加油枪等设备，如图 10-24 所示。

汽车油罐车目前主要采用上部装油，下部装油待技术成熟后将会得到推广应用。汽车油罐车的灌装计量，多采用流量计等动态计量，若采用油品灌装自流化设备，则可以进行自动定量灌装，这是目前的发展方向。

接收汽车油罐车进油的小型油库，通常采用下部自流卸油，然后通过输油泵将油品从零位罐输送到储油罐，其工艺设备主要是管组及快速接头和胶管。

2. 汽车罐车油品装卸设备与设施

（1）汽车油罐车

汽车油罐车是散装油品公路运输的工具，对小宗油品或不通火车、不靠江河的一些地区，这种运输工具起到主要的作用。一般的汽车油罐车罐体由 3mm 厚的钢板制成，把罐车隔成 3 个可以相通的隔间，以减轻油品在运输途中的水力冲击。罐体前装有量油孔，并有导尺筒直通罐底；罐车中部设有人孔及安全阀；罐车底有排水阀、排油阀。罐车配有扶梯、手摇泵、二氧化碳灭火机和拖地铁链等，如图 10-25 所示。配有带快速接头的 $\phi 53\times 300$mm 耐油胶管两根。当作长途运油时，为了防止油料从下部卸油口泄漏，许多运油车把下部卸油口堵死，而从上部装卸油。

现代汽车油罐车常常备有安全保护设施、精确控制油品数量设备等。汽车油罐车的容量趋于大型化，目前已有 8t、12t、15t、25t 等大容量的汽车油罐车投入使用。

（2）汽车罐车油品装卸鹤管

向汽车油罐车装汽油、煤油和柴油等油品时，应采用能插到油罐车底部的上部灌油鹤管。这样，既可减少油品的蒸发损耗又可减少静电积聚。当罐车无下卸器时用上部卸油鹤管亦可卸油。用上部卸油鹤管卸油时，应尽量采用自吸式离心泵卸油，这样可以使卸油操作简单、方便。图 10-26 为压簧式汽车油罐车油品装卸鹤管。

为了防止上部装油时溢油事故的发生，可以在鹤管上安装防溢阀。

（3）汽车油罐车发油台（亭）

为了便于向运油车队发油，油库中一般均修建汽车油罐车发油台，在站台上设置鹤管、流量表、过滤器等。站台高度应便于人员登车操作，汽车油罐车灌装一般在发油台上进行。在站台上加盖上防雨棚，用以改善操作人员的工作条件。发油台有通过式、倒车式、旁通式、圆盘式、云桥式等形式，其中最常见的为通过式及倒车式发油台。通过式栈桥上发油台的配置可使汽车油罐车直接通过鹤管灌装，这种发油台因无须调车，故汽车停顿时间短、占

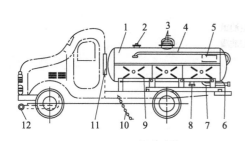

图 10-25　汽车油罐车
1—罐体；2—量油孔；3—灌油口；4—扶手；
5—手摇泵；6—梯子；7—排油阀；
8—排水阀；9—工具箱；10—拖地铁链；
11—二氧化碳灭火器；12—排气管

图 10-26　压簧式汽车油罐车油品装卸鹤管
1—头部回转器；2—螺纹接头；3—垂直管；
4—长臂；5—平衡器；6—支架；7—负压阀；
8—耳片；9—中间回转器；10—短臂；
11—水平回转器；12—法兰

地面积少，但同一时间装车的数量少，所以，当装车频繁或油品种类较多的时候会受到一定的限制。倒车式发油台可同时灌装多辆汽车油罐车和多种油品，但停靠车时间长，占用的场地大。

若向单个汽车油罐车装油时，一般由单独的汽车油罐车装油鹤管来进行。对于小型商业油库，由于装车任务少，所以采用单个鹤管装油较多。

第五节　油　　罐

油罐主要用于储存油品，是储存油料的重要设备，也是油库的重要设备之一。对油罐的主要要求是：不渗漏，不影响油品质量，经久耐用，施工方便，安全可靠，经济节约。储油区的主体就是由若干油罐组成的，油罐很少受自然条件和地理位置的制约，单个油罐的容量可以从几十立方米至十几万立方米。储油容量可以根据需要灵活确定。

一、油罐类型

油罐类型如图 10-27 所示。

地上油罐建于地面上，便于施工、操作和维修，造价低，管理方便。缺点是占地面积大、油品蒸发损耗较严重、火灾危险性大。一般的商业油库、油田和炼油厂的附属油库和工厂企业的附属油库多建造地上油罐。

半地下和地下油罐宜采用非金属材料建造，这是因为采用非金属材料不但抗压强度高，而且可以节省钢材；若采用钢板建造这类油罐，则需要用石材或钢筋混凝土在油罐周围建造护体。半地下和地下油罐广泛用于城市汽车加油站和军用隐蔽油库。

油罐按其建筑材料不同，可分为金属油罐和非金属油罐两大类：金属油罐主要用钢材建造，钢制油罐的主要优点是：不易产生裂纹、不渗漏，能承受较高的内压、安装施工迅速、大小形状不受限制、便于维修等。但存在易受腐蚀、易增加轻油蒸发损耗，储存黏油加温时易损失热量、降低加温效率等缺点。非金属油罐，目前主要有混凝土结构内表面粘贴或喷涂防渗材料油罐、水封油罐和橡胶软体油罐 3 类；金属油罐和非金属油罐相比，具有造价低、施工方便、易于做到不渗不漏、保证油品质量和清洗方便、容易检修等优点，在油库中得到

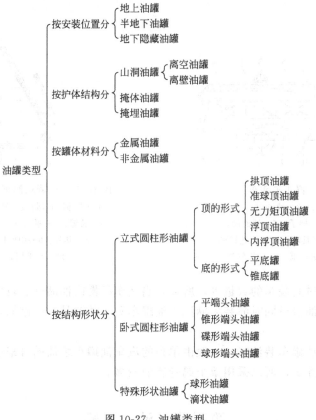

图 10-27 油罐类型

广泛应用。

油罐按其形状不同，可分为立式圆柱形油罐、卧式圆柱形油罐和特殊形状油罐 3 大类。立式圆柱形油罐占大多数，对大型油罐更是如此。卧式圆柱形油罐一般容积较小，但承压能力高，易于运输，有利于工厂化制造，多用来储存需求量不大的油品，或用于工厂、农村的小型油库。特殊形状油罐有球形油罐和滴状油罐等，这类油罐的特点是受力状况好、承压能力高、降低油品蒸发损耗效果显著，但是该类油罐施工困难，目前只有球形油罐被广泛应用于储存液化气和某些高挥发性的化工产品。

油库设计时在选择油罐类型时，应综合考虑油库类型、油品性质、周转频繁程度、储油容量、建设投资和建造材料供应情况等多种因素。在钢材供应比较充分，而且具备钢罐施工技术力量的情况下，应优先选用钢罐。对于民用中转油库、分配油库及一般企业附属油库，宜选用地上油罐；对于要求隐蔽或要求具备一定防护能力的油库，如国家储备库、某些军用油库，宜选用山洞油罐、地下油罐或半地下油罐。挥发性较低或不挥发的油品，宜选用固定顶拱顶罐；易挥发轻油油品，如汽油、煤油、航煤等宜选用浮顶罐；如果要求储量较大且周转频繁时，可优先选用浮顶罐。

钢质油罐是目前应用最广泛的储油容器。

二、立式圆柱形钢质油罐

立式圆柱形钢质油罐由底板、壁板、顶板及油罐附件组成。其罐壁部分的外形为母线垂直于地面的圆柱体。按照罐顶的结构形式，立式圆柱形钢油罐又分为很多种，其中目前应用最广泛的是拱顶油罐和内、外浮顶油罐。立式圆柱形钢油罐的设计容量从 $1000 m^3$ 到几十万立方米。不管容量大小或罐顶结构形式如何，立式圆柱形钢油罐一般都是在现场焊接安装，底板直接铺在油罐基础上，其基础、底板、壁板的做法基本相同。下面主要根据立式圆柱形钢油罐的组成介绍相关基础知识，有关油罐的强度设计问题，请参阅管道及储罐强度设计相关内容。

1. 油罐基础

油罐基础是油罐壳体本身和所储油品重量的直接承载物，并将这些载荷传递给地基土壤。建造油罐处的地基土壤，内摩擦角应不小于 $30°$，要求地质情况均一，土壤耐压根据油罐高度确定，一般不小于 $10\sim18t/m^2$，地下水位最好低于基槽底面 30cm。地质条件不良的地方不宜建罐，如必须在这种地方建罐，则应对地基作特殊处理，以防发生不均匀沉陷或基础破坏。

根据罐底结构形状的不同，基础上部形状有平底罐基础和锥底罐基础两种。

2. 油罐底板

立式圆柱形油罐的底板并不承受很大的力，油品和罐体本身的重量均经底板直接作用在基础上。底板的外表面与基础接触，容易受潮；内表面又经常接触油品中沉积的水分和杂质，容易受到腐蚀；且不易检查和修理。所以尽管它不受力，一般仍采用 $4\sim6mm$ 的钢板，而容积 $5000m^3$ 的油罐，采用 8mm 厚的钢板。罐底周边与壁板连接处应力比较复杂，因此底板边缘的边板采用较厚的钢板。容积不超过 $3000m^3$ 的油罐，边板取 $4\sim6mm$；容积为 $5000\sim50000m^3$ 的油罐，边板厚度取 $8\sim12mm$。

3. 罐壁

罐壁是油罐的主要受力构件，它在液体压力的作用下承受环向拉应力。液体压力是随液面的高度增加而增大的，壁板下部的环向拉应力大于上部，因此在等应力原则下由计算决定的罐壁厚度，上面小，下面大，罐壁底圈的厚度最大。我国现行设计中采用的罐壁顶圈板厚度即壁板的最小厚度是根据油罐容积确定的，容积不大于 $3000m^3$ 的油罐采用 $4\sim5mm$，容积为 $5000\sim10000m^3$ 的油罐采用 $5\sim7mm$，容积为 $20000\sim50000m^3$ 的油罐采用 $8\sim10mm$。由于油罐焊接后很难对焊缝进行焊后热处理，因此要以不进行焊后热处理并保证焊接质量的条件来限制油罐的最大厚度。我国建造的 $50000m^3$ 油罐，其最大罐壁厚为 32mm。

4. 罐顶

根据顶部形状、结构的不同，可分为拱顶、准球顶、无力矩、浮顶等。锥形顶 20 世纪 50 年代应用较多，但锥顶（柱支撑）相比拱顶耗钢量大，施工计较困难，现已经停用。无力矩顶（也称悬链线顶）是根据悬链线理论用薄钢板和中心柱组成，薄钢板支于中心柱和罐壁上，形成一悬链线，薄钢板只有拉应力而无弯曲应力。我国曾有过标准设计，由于顶板过薄，已损坏，且在悬链的最低点容易积存雨水而受腐蚀，近几年也为拱顶管所代替。本节主要介绍拱顶、准球顶、浮顶（含内浮顶）。

（1）拱顶及拱顶罐

拱顶实际上是一个球缺型，断面为拱形，其半径一般为油罐直径的 $0.8\sim1.2$ 倍。按照结构形式，拱顶又分为球形拱顶（图 10-28）和准球形拱顶（图 10-29）。球形拱顶的截面呈单圆弧拱，它由中心顶板、扇形顶板和加强环组成。扇形顶板设计成偶数，相互搭接，搭接宽度不应小于 5 倍板厚且不小于 25mm，实际上多为 40mm，罐顶外侧采用弱连续焊，以利于在发生火灾爆炸时掀掉罐顶。罐顶中心板与各个扇形顶板间也采用搭接，搭接宽度一般为 50mm。加强环又称包边角钢，用于连接顶板和壁板，并承受拱脚处的水平推力。为防止在拱脚处产生很大的压力而破坏油罐，装油高度只能达到加强环处，拱顶内部不宜装油。这种拱顶结构简单、施工方便，因此应用比较广泛，我国目前建造的拱顶罐绝大部分是这种单圆

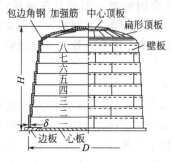

图 10-28　立式球形拱顶油罐

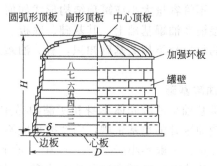

图 10-29　立式准球形拱顶油罐

弧拱顶罐。

(2) 准球形拱顶

准球形拱顶是在拱顶与罐壁之间用小曲率半径的圆弧过渡连接，形成一匀调转角，以减小罐顶与罐壁连接处的径向推力。在罐顶正中为中心顶板，下缘有加强环板。

准球形拱顶的截面呈三圆弧拱，中间是一个大圆弧，曲率半径为油罐直径的 0.8～1.2 倍，两边是匀调转角的小圆弧，曲率半径是大圆弧曲率半径的 1/10。在拱顶周边采用小圆弧作为过渡带，使顶板与壁板成为匀调转角连接的目的是减小连接处的径向应力。因此这种结构形式的拱顶罐受力情况较好，承压能力较强，罐顶部分可以装 2/3 高度的油。准球形拱顶结构受力情况较好，可以利用罐顶部分装油，较好地利用了罐顶空间。其主要缺点是施工难度较大，因此实际应用范围有限。

(3) 浮顶及浮顶罐

浮顶是一覆盖在油面上，并随油面升降的盘状结构物。由于浮顶与油面之间几乎不存在气体空间，因此可以极大地减少油品蒸发损耗，同时还可以减少油蒸发对大气的污染，减少发生火灾的危险性。所以，浮顶罐被广泛用来储存汽油、原油等易挥发油品，尽管建造浮顶罐耗用的钢材和投资都比拱顶罐多，但可以从降低的油品损耗中得到补偿。特别是对于收发作业比较频繁的中转油库、供应油库、炼厂油库以及长输管路的首、末站等，推广使用浮顶罐将能收到更好的经济效益。

浮顶的结构形式有双盘式和单盘式两种。双盘式有上、下两层盖板，两层盖板之间由边缘环板、径向隔板和环向隔板将浮顶分隔为若干个互不相通、互不渗漏的隔舱。双盘式浮顶主要用于油罐容积小于 $50000m^3$ 的浮顶罐。由于其隔热性能好，又多用于轻质油罐。油罐容积大于 $50000m^3$ 时，为了节省钢材，多采用单盘式浮顶。单盘式浮顶的周边为环形浮船，中间为单层钢板，单层钢板与浮船之间用连接角钢连接。环形浮船的断面为梯形，内、外两侧由钢板围成的圈板分别称为内边缘板和外边缘板，上面钢板称为浮船顶板，下面钢板称为浮船底板。

浮船内部同样由径向隔板分隔成若干互不相通的隔舱，以便在个别隔舱渗漏后不致使浮顶沉没。浮船顶板和底板均应有坡向中央的坡度，一般不小于 1.5%。顶板坡度是为了排除雨水，底板坡度是为了使油面上的蒸气汇聚于单盘的边缘，以便压力达到一定数值后由盘边的透气阀排出。

浮顶外边缘环板与罐壁之间有 200～300mm 的间隙，大型浮顶罐可达 500mm，其间装有固定在浮顶上的密封装置。密封装置既要压紧罐壁，以减少油品蒸发损耗，又不能影响浮顶随油面上下移动。密封装置应有良好的密封性能和耐油性能，坚固耐用，且结构简单，便于施工和维修。密封装置的优劣对浮顶罐工作的可靠性和降耗效果有重大影响。

根据油罐壳体是否封顶，浮顶罐又分为外浮顶罐和内浮顶罐。

外浮顶罐（图10-30）上部是敞口的，不再另设顶盖，浮顶的顶板直接与大气接触。为了增加罐壁的刚度，除了在壁板上缘设包边角钢外，在距壁板上缘约1m处还要设抗风圈。大型油罐在抗风圈下面还要设一圈或数圈加强环，以防抗风圈下面的罐壁失稳。

内浮顶罐是在拱顶罐中加设内浮盘构成的。浮盘结构和作用与外浮顶罐相同。为保证浮盘上部空间有一定的换气次数，以防止油气聚积到爆炸下限以上，在罐顶和罐壁上部开设若干通气孔。罐顶通气孔开在拱顶中央，孔径一般为250mm，通气孔上加设防雨罩。罐壁通气孔呈等间距地布置在罐壁上部，相邻罐壁通气孔的总开孔面积可按每米油罐直径不小于$0.06m^2$确定。图10-31为我国建造的$3000m^3$内浮顶罐结构示意图。

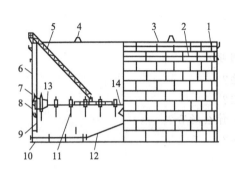

图10-30 外浮顶罐结构示意图
1—抗风圈；2—加强圈；3—包边角钢；
4—消防泡沫挡板；5—转动扶梯；
6—罐壁；7—密封装置；8—刮蜡板；
9—量油管；10—底板；11—浮顶立柱；
12—排水折管；13—浮船；14—单盘板

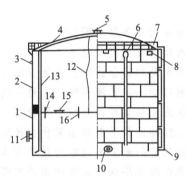

图10-31 内浮顶罐结构示意图
1—密封装置；2—罐壁；3—高液位报警装置；
4—固定罐顶；5—罐顶通气孔；6—消防泡沫装置；
7—罐顶人孔；8—罐壁通气孔；9—液面计；
10—罐壁人孔；11—带芯人孔；12—静电导出；
13—量油孔；14—浮盘；15—浮盘人孔；16—浮盘立柱

三、卧式圆柱形油罐

卧式圆柱形钢油罐在油库中除用作灌装罐和放空罐外，还可用于储存数量不大的润滑油或专用油。此外，还广泛用作加油站的储油罐。

卧式圆柱形钢油罐的主要优点是：能承受较高的正压和负压，有利于减少油品蒸发损耗；可在工厂成批制造，然后直接运往现场安装；便于搬运和拆迁，机动性好。其主要缺点是：单位容积耗用钢材多，一般为$40\sim50kg/m^3$以上，比立式圆柱形钢油罐高出一倍多；罐的单位容积小，总储量一定时，油罐个数较多，因而占地总面积大。

卧式圆柱形油罐由罐体、头盖（封头）和附件组成，其罐体为圆筒形，故又称筒体，由若干圈板相互连接而成。其头盖可以是平头盖，也可以是碟形头盖，或是球形头盖（图10-32、图10-33）。

我国油库多用碟形头盖的卧式罐。其头盖中间是球形，球半径一般等于卧式罐罐体直径，在与罐体连接处，头盖以较大曲率的圆弧过渡，曲率半径为球半径的$1/10\sim1/7$。碟形头盖常用冲压法制造。由于制造方便，受力情况较好而得到广泛应用。

为了运输及安装方便，容积等于或小于$20m^3$的卧式罐，在工厂焊制后运往使用单位现场，容积大于$20m^3$时一般由工厂剪好板材，连同制好的头盖运往现场组装。组装完毕后进行严密性试验。

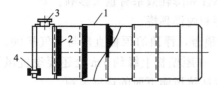

图 10-32 平头盖卧式圆柱形油罐图
1—罐身；2—加强环；3—人孔；4—进出油管

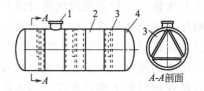

图 10-33 碟形盖卧式圆柱形油罐
1—人孔；2—罐身；3—三角支撑；4—碟形头

思考题

1. 油库的任务包括哪些？
2. 油库的类型有哪些？
3. 油库是如何分区的？各区内的主要设施有哪些？
4. 制订油库工艺流程时，应遵守的原则有哪些？
5. 铁路油品装卸作业的主要设备与设施有哪些？
6. 上部卸油和下部卸油有什么区别？各适用于什么场合？
7. 油轮装卸油工艺应能满足的基本要求有哪些？
8. 立式圆柱形钢质油罐的附件有哪些？

◆ 本篇参考文献 ◆

[1] 熊云. 储运油料学. 北京：中国石化出版社，2014.
[2] 王从岗等. 储运油料学. 第2版. 青岛：中国石油大学出版社，2006.
[3] 杨筱蘅. 输油管道设计与管理. 青岛：中国石油大学出版社，2006.
[4] 李玉星等. 输气管道设计与管理. 第2版. 青岛：中国石油大学出版社，2009.
[5] 李士伦等. 天然气工程. 北京：石油工业出版社，2008.
[6] 冯叔初等. 油气集输与矿场加工. 第2版. 青岛：中国石油大学出版社，2006.
[7] 严大凡等. 油气储运工程. 北京：中国石化出版社，2013.
[8] 李长俊. 天然气管道输送. 第2版. 北京：石油工业出版社，2000.
[9] 汪楠等. 油库技术与管理. 北京：中国石化出版社，2014.
[10] 郭光臣等. 油库设计与管理. 东营：石油大学出版社，1994.
[11] 许行. 油库设计与管理. 北京：中国石化出版社，2009.

第三篇 石油化工

第十一章 石油化工基础知识

石油是由烃类和非烃类化合物组成的复杂混合物，不能直接作为产品使用，必须经过各种加工过程，才能获得符合质量要求的各种石油产品和石油化工产品。

以石油和天然气为原料，通过一系列物理、化学加工过程最终生产出化工产品的工业称为石油化学工业（简称石油化工），属于化学工业的一部分。现在化学工业有80%以上都是以石油和天然气为原料，因此石油化工在化学工业中占有举足轻重的地位，是国民经济重要的支柱产业之一。

石油按其加工和用途来划分，可分为两大分支：一是石油加工体系，是将石油加工成各种燃料、润滑油、石油蜡、石油沥青、石油焦、溶剂和化工原料等石油产品；二是石油化工体系，是将石油通过分馏、裂解、分离、合成等一系列过程生产各种石油化工产品。

一般来说，石油化工主要包括以下四个生产过程：基本有机化工生产过程、有机化工生产过程、高分子化工生产过程和精细化工生产过程。基本有机化工生产过程是以石油和天然气为起始原料，经过炼制加工制得三烯（乙烯、丙烯、丁二烯）、三苯（苯、甲苯、二甲苯）、乙炔和萘等基本有机原料的生产过程。有机化工生产过程是在"三烯、三苯、乙炔、萘"基础上，通过各种合成步骤制得醇、醛、酮、酸、酯、醚、酚、腈、卤代烃等有机原料的生产过程。高分子化工生产过程是在以上有机化工原料和有机原料的基础上，通过各种聚合、缩合步骤制得合成纤维、合成塑料、合成橡胶等产品。精细化工的原料大部分来自石油化工。精细化工为石油化工提供高档末端材料，如催化剂、表面活性剂、油品添加剂、三大合成材料助剂等产品。本篇主要介绍上述相关过程。

为了更好地理解石油化工相关知识，在本篇第一章首先介绍了石油化工基础知识，包括有机化学基础知识、石油化学基础知识和化工基础知识等内容。

第一节 有机化学基础知识

一、有机化合物

1. 有机化合物的定义

有机化合物就是含碳的化合物或碳氢化合物及其衍生物的总称。有机物是生命产生的物质基础，少数含碳元素的化合物，如二氧化碳、碳酸、一氧化碳、碳酸盐等不具有有机物的性质，因此这类物质不列入有机化合物。有机化合物除含碳元素外，还可能含有氢、氧、氮、氯、磷和硫等元素。

有机化学就是研究含碳化合物的化学，也就是研究碳氢化合物及其衍生物的化学。

2. 有机化合物的特性

有机化合物可以用无机物为原料合成，这说明两者之间没有绝对的界限。但是，有机物和无机物在组成、结构和性质上仍然存在着很大的差别。相对无机化合物而言，有机化合物大致有如下特性。

（1）数量庞大和结构复杂

构成有机化合物的元素虽然种类不多，但有机化合物的数量却非常庞大。迄今已知的约 2000 万种化合物中，绝大部分是有机化合物。

有机化合物的数量庞大与其结构的复杂性密切相关。有机化合物中普遍存在多种异构现象，如构造异构、顺反异构和旋光异构等。这是有机化合物的一个重要特性，也是造成有机化合物数目极多的重要原因。

（2）热稳定性差和容易燃烧

碳和氢容易与氧结合而形成能量较低的 CO_2 和 H_2O，所以绝大多数有机物受热容易分解，且容易燃烧。人们常利用这个性质来初步区别有机化合物和无机化合物。

（3）熔点和沸点低

有机化合物分子中的化学键一般是共价键，而无机化合物一般是离子键。有机化合物分子之间是范德华力，无机化合物分子之间是静电引力。所以，常温下有机化合物通常以气体、液体或低熔点（大多数在 400℃ 以下）固体的形式存在。一般来说，纯净的有机化合物都有一定的熔点和沸点。因此，熔点和沸点是有机化合物非常重要的物理常数。

（4）难溶于水

溶解是一个复杂的过程，一般服从"相似相溶"规律。有机化合物是以共价键相连接的碳链或碳环，一般是弱极性或非极性化合物，对水的亲和力很小，故大多数有机化合物难溶或不溶于水，而易溶于有机溶剂。正因如此，有机反应常在有机溶剂中进行。

（5）化学反应速度慢

有机化合物起化学反应时要经过旧键的断裂和新键的形成，所以有机反应一般比较缓慢。因此，许多有机化学反应常常需要加热、加压或使用催化剂来加快反应速度。

（6）反应产物复杂

有机化合物的分子大多是多个原子通过共价键构成的。在化学反应中，反应中心往往不局限于分子的某一固定部位，常常可以在几个部位同时发生反应，得到多种产物。所以，有机反应一般比较复杂，除了主反应外，常伴有副反应发生。因此，有机反应产物常为比较复杂的混合物，需要分离提纯。

3. 有机化合物的分类

有机化合物数量庞大，而且还在不断地合成和发现新的有机化合物。为了对其进行系统地研究，将有机化合物进行科学分类是非常有必要的。有机化合物的结构与其性质密切相关，因此有机化合物按其分子结构通常采取两种分类方法：一种是按碳架分类；一种是按官能团分类。

（1）按碳架分类

有机化合物是以碳为骨架的，可根据碳原子结合而成的基本骨架不同，分成三大类。

① 链状化合物　化合物分子中的碳原子连接成链状，故称为链状化合物。由于脂肪类化合物具有这种结构，因此链状化合物又称为脂肪族化合物。例如：

$$CH_3CH_2CH_3 \qquad CH_3CH_2CH_2CH_2OH \qquad CH_3CH_2COOH$$
$$\text{丙烷} \qquad\qquad \text{正丁醇} \qquad\qquad \text{丙酸}$$

② 碳环化合物　化合物分子中的碳原子连接成环状结构，故称为碳环化合物。碳环化合物又可分成脂环族化合物和芳香族化合物。

a. 脂环族化合物：这类化合物的性质与脂肪族化合物相似，只是碳链连接成环状。例如：

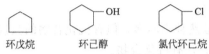

环戊烷　　环己醇　　氯代环己烷

b. 芳香族化合物：化合物分子中含有苯环或稠合苯环，它们在性质上与脂环族化合物不同，具有一些特殊性。例如：

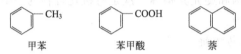

甲苯　　苯甲酸　　萘

③ 杂环化合物　化合物分子中含有由碳原子和氧、硫、氮等杂原子组成的环。例如：

呋喃 　　噻吩 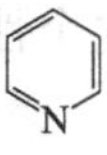　　吡啶

（2）按官能团分类

官能团是化合物分子中比较活泼而容易发生反应的原子或基团。官能团决定着化合物主要性质，反映着化合物的主要特征。含有相同官能团的有机化合物具有类似的化学性质。例如：丙酸和苯甲酸，因分子中都含羧基（—COOH），而都具有酸性。将有机化合物按官能团进行分类，便于对有机化合物的共性进行研究。表11-1列出了有机化合物中常见的重要官能团。

表 11-1　有机化合物中常见的重要官能团

官能团构造	官能团名称	有机化合物类别	有机化合物举例
>C=C<	双键	烯烃	$CH_2=CH_2$ 乙烯
—C≡C—	叁键	炔烃	$CH≡CH$ 乙炔
—OH	羟基	醇，酚	CH_3—OH 甲醇，苯酚 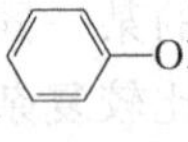
>C=O	羰基	醛，酮	CH_3—CHO 乙醛，CH_3—CO—CH_3 丙酮
—COOH	羧基	羧酸	CH_3—COOH 乙酸
—NH_2	氨基	胺	CH_3—NH_2 甲胺
—NO_2	硝基	硝基化合物	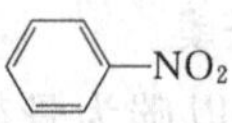 硝基苯

续表

官能团构造	官能团名称	有机化合物类别	化合物举例
—X	卤素	卤代烃	CH_3Cl 氯甲烷，CH_3CH_2Br 溴乙烷
—SH	巯基	硫醇，硫酚	CH_3CH_2—SH 乙硫醇，⌬—SH 苯硫酚
—SO_3H	磺酸基	磺酸	⌬—SO_3H 苯磺酸
—C≡N	氰基	腈	$CH_3C≡N$ 乙腈
|C—O—C|	醚键	醚	CH_3CH_2—O—CH_2CH_3 乙醚

二、烃类化合物

有机化合物中只含碳和氢两种元素的化合物统称为碳氢化合物，简称烃。烃字来源于碳字中的"火"和氢字中的"圣"，所以"烃"的含义就是碳和氢。烃类化合物包含烷烃、烯烃、炔烃、环烃及芳香烃，是许多其他有机化合物的基体。烃分子中碳原则连接成链状的称为脂肪烃。连接成环状的称为脂环烃。

1. 烷烃和环烷烃

烃分子中的碳原子均以单键（C—C）相连的，称为饱和烃。其中碳骨架是开链的称为烷烃（也叫石蜡烃），碳骨架是环状的称为环烷烃。

（1）烷基和环烷基

烷烃和环烷烃分子从形式上去掉一个氢原子所剩下的基团分别叫作烷基和环烷基。例如：

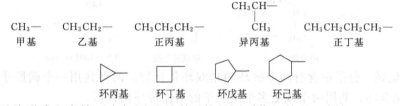

烷烃分子从形式上去掉两个氢原子所剩下的基团叫作亚烷基。例如：

```
 \CH₂        \CHCH₃       \C(CH₃)₂      —CH₂CH₂—     —CH₂CH₂CH₂CH₂CH₂CH₂—
  /            /             /
 亚甲基       亚乙基        亚异丙基       1,2-亚乙基          1,6-亚己基
```

（2）烷烃的命名

① 习惯命名法 比较简单的烷烃一般用习惯命名法命名。用甲、乙、丙、丁、戊、己、庚、辛、壬、癸、十一、十二等分别表示碳原子的个数。例如：

```
C—C—C—C—C—C—C—C       C—C—C—C—C—C—C—C—C—C—C
        正辛烷                        正十一烷
```

② 系统命名法

a. 直链烷烃：与习惯命名法相似，省略"正"字。例如：

$$CH_3CH_2CH_2CH_2CH_3 \quad 戊烷$$

b. 支链烷烃：取最长碳链为主链，对主链上的碳原子标号，从距离取代基最近的一端开始编号，用阿拉伯数字表示位次。例如：

$$\begin{array}{cc} \text{C} & \text{C-C-C-C} \\ \text{C-C-C-C} & \text{C-C-C} \\ \text{2-甲基戊烷} & \text{3-甲基己烷} \end{array}$$

c. 多支链烷烃：合并相同的取代基，用汉字"一、二、三……"表示取代基的个数，用阿拉伯数字"1，2，3……"表示取代基的位次，按次序（简单在前，复杂在后）命名。例如：

$$\underset{\text{CH}_3\ \text{CH}_2\text{CH}_3}{\text{CH}_3\text{CH}_2\overset{\text{CH}_3}{\underset{|}{\text{C}}}\text{--CHCH}_2\text{CH}_3} \qquad 3,3\text{-二甲基-4-乙基庚烷}$$

d. 其他情况
- 含多个长度相同的碳链时，选取代基最多的链为主链。例如：

2,5-二甲基-3,4-二乙基己烷

- 在保证从距离取代基最近一端开始编号的前提下，尽量使取代基的位次和最小。例如：

2,2,4-三甲基戊烷

（3）环烷烃的命名

环烷烃的命名与烷烃相似。根据构成环碳原子的数目，以相应的烷烃名称冠以"环"字命名，叫环"某"烷，而把环上的支链作为取代基。

① 单环烷烃 如下所示。

$$\begin{array}{cccc} \bigcirc\text{即} & \underset{\text{环戊烷}}{\begin{array}{c}\text{CH}_2 \\ \text{CH}_2\quad\text{CH}_2 \\ \text{CH}_2\text{-CH}_2\end{array}} & \underset{\text{甲基环丁烷}}{\square\text{--CH}_3} & \underset{\text{1,2-二甲基环戊烷}}{\begin{array}{c}\text{CH}_3 \\ \bigcirc\text{--CH}_3\end{array}} \end{array}$$

② 二环烷烃 分子中含有两个碳环的是双环化合物。两环共用一个碳原子的双环化合物叫作螺环化合物；共用两个或更多个碳原子的叫作桥环化合物。

| 联二环己烷 | 螺[4,4]壬烷 | 二环[4,4,0]癸烷 | 二环[2,2,1]庚烷 |
| (联环烃) | (螺环烃) | (稠环烃) | (桥环烃) |

（4）烷烃和环烷烃的物化性质

① 物理性质 烷烃的物理性质随分子中碳原子数的增加，呈现规律性的变化。随着碳原子数的递增，沸点依次升高。原子数相同时，支链越多，沸点越低。这是由于沸点的高低与分子间引力——范德华引力（包括静电引力、诱导力和色散力）有关。烃的碳原子数目越多，分子间的力就越大，沸点越高。支链增多时，分子间的距离增大，分子间的力减弱，因而沸点降低。

固体分子的熔点也随相对分子质量增加而增高，这不但与质量大小及分子间作用力有关，还与分子在晶格中的排列有关。分子对称性高，排列比较整齐，分子间吸引力大，熔点就高。

烷烃的相对密度随相对分子质量增大而增大，这也是分子间相互作用力的结果。密度增加到一定数值后，相对分子质量增加而密度变化很小（最后接近于0.8）。

与碳原子数相等的烷烃相比，环烷烃的沸点、熔点和密度均要高一些。这是因为链形化合物可以比较自由地摇动，分子间"拉"得不紧，容易挥发，所以沸点低一些。由于这种摇动，比较难以在晶格内做有次序的排列，所以熔点也低一些。由于没有环的牵制，链形化合物的排列也较环形化合物松散些，所以密度也低一些。表11-2是一些烷烃和环烷烃的物理常数。

表 11-2 一些烷烃和环烷烃的物理常数

名称	分子式	沸点/℃	熔点/℃	相对密度(d_4^{20})
甲烷	CH_4	-161.5	-183	0.424
乙烷	C_2H_6	-88.6	-172	0.546
丙烷(环丙烷)	$C_3H_8(C_3H_6)$	-42.1(-32.9)	-188(-127.6)	0.501(0.720)
正丁烷(环丁烷)	$C_4H_{10}(C_4H_8)$	-0.5(12)	-135(-80.0)	0.579(0.703)
正戊烷(环戊烷)	$C_5H_{12}(C_5H_{10})$	36.1(49.3)	-130(-93.0)	0.626(0.745)
正己烷(环己烷)	$C_6H_{14}(C_6H_{12})$	68.7(80.8)	-95(6.5)	0.659(0.779)
正庚烷(环庚烷)	$C_7H_{16}(C_7H_{14})$	98.4(118.0)	-91(-12.0)	0.684(0.810)
正辛烷(环辛烷)	$C_8H_{18}(C_8H_{16})$	125.7(148.0)	-57(11.5)	0.703(0.836)
正壬烷	C_9H_{20}	150.8	-54	0.718
正癸烷	$C_{10}H_{22}$	174.1	-30	0.730
十一烷	$C_{11}H_{24}$	195.9	-26	0.740
十二烷	$C_{12}H_{26}$	216.3	-10	0.749
十五烷	$C_{15}H_{32}$	270.6	10	0.769
十六烷	$C_{16}H_{34}$	280.0	18	0.775
二十烷	$C_{20}H_{42}$	342.7	37	0.786
三十烷	$C_{30}H_{62}$	446.4	66	0.810

② 化学性质　烷烃是饱和烃，键比较牢固，是很稳定的化合物。在常温、常压条件下与大多数试剂，如强酸、强碱、强氧化剂、强还原剂及金属钠等都不起反应，但稳定性是相对的，在一定条件下烷烃也显示一定的反应性能。环烷烃的化学性质与烷烃相似，但由于碳环结构的存在也具有其特殊性，尤其是小环的环丙烷和环丁烷容易进行开环加成反应。

a. 卤化反应。在光、热或催化剂的作用下，烷烃和环烷烃（小环环烷烃除外）分子中的氢原子被卤原子取代，生成烃的卤素衍生物和卤化氢。

$$CH_3-CH_3 + Cl_2 \xrightarrow[78\%]{420℃} CH_3-CH_2Cl + HCl$$

$$\bigcirc + Cl_2 \xrightarrow[92.7\%]{hv} \bigcirc-Cl + HCl$$

b. 氧化反应。烷烃和环烷烃在空气中完全燃烧生成二氧化碳和水，并放出大量的热能。

$$CH_4 + 2O_2 \xrightarrow{燃烧} CO_2 + 2H_2O + 891 kJ/mol$$

$$C_nH_{2n+2} + \frac{3n+1}{2}O_2 \xrightarrow{燃烧} nCO_2 + (n+1)H_2O + 热量$$

$$\bigcirc + 9O_2 \xrightarrow{燃烧} 6CO_2 + 6H_2O + 3954 kJ/mol$$

c. 异构化反应。化合物转变成它的异构体的反应，通过烷烃异构化反应可提高汽油质量。

$$CH_3CH_2CH_2CH_3 \xrightarrow[95\sim150℃,\ 1\sim2MPa]{AlCl_3,\ HCl} CH_3CHCH_3 \ (CH_3)$$

d. 裂化反应。在高温及没有氧气的条件下烷烃分子中的 C—C 键和 C—H 键发生断裂，裂化反应主要用于提高汽油的产量和质量。

$$CH_3CH_2CH_2CH_3 \xrightarrow{500℃} \begin{cases} CH_4 + CH_3CH=CH_2 \\ CH_2=CH_2 + CH_3CH_3 \\ H_2 + CH_3CH_2CH=CH_2 \end{cases}$$

e. 加成反应。如下所示。

$$\triangle + H_2 \xrightarrow[80℃]{Ni} CH_3CH_2CH_3$$

$$\triangle + HBr \longrightarrow CH_2-CH_2-CH_2 \ (Br\ \ \ \ H)$$

2. 烯烃和炔烃

含有碳碳重键（C=C 或 C≡C）的烃类称为不饱和烃，其中含有一个碳碳双键的称为烯烃，含有一个碳碳三键的称为炔烃。

（1）烯烃和炔烃的命名

① 烯基和炔基　烯烃和炔烃分子从形式上去掉一个氢原子后，剩下的基团分别称为烯基和炔基；不饱和烃去掉两个氢后，形成亚基。

$CH_2=CH-$ 乙烯基　　$CH_3-CH=CH-$ 丙烯基　　$CH_2=CH-CH_2-$ 烯丙基　　$CH_3-C=CH_2$ 异丙基

$HC≡C-$ 乙炔基　　$CH_3-C≡C-$ 丙炔基　　$HC≡C-CH_2-$ 炔丙基　　$-CH=CH-$ 1,2-亚乙烯基

② 系统命名法　烯烃和炔烃与烷烃的系统命名规则类似，主要采用系统命名法。

a. 要选择含有 C=C 或 C≡C 的最长碳链为主链。

b. 编号从距离双键或三键最近的一端开始，并用阿拉伯数字表示双键的位置。例如：

$CH_3CH_2CH_2CH=CH_2$　　　$CH_3CH_2C≡CCH_3$
1-戊烯　　　　　　　　2-戊炔

$CH_3CH_2CH=CH_2 \ (CH_3)$　　$CH_3C=CHCH_3 \ (CH_3)$　　$CH_3CHC≡CH \ (CH_3)$
2-甲基-1-丁烯　　2-甲基-2-丁烯　　3-甲基-1-丁炔

c. 分子中同时含有双键和三键时，先叫烯后叫炔，编号要使双键和三键的位次和最小。

$\overset{1}{CH}≡\overset{2}{C}-\overset{3}{CH}=\overset{4}{CH}\overset{5}{CH_3}$　　3-戊烯-1-炔

$\overset{6}{CH}≡\overset{5}{C}-\overset{4}{CH}=\overset{3}{C}-\overset{2}{CH}=\overset{1}{CH_2} \ (CH_2CH_3)$　　3-乙基-1,3-己二烯-5-炔

(2) 烯烃和炔烃的物化性质

① 物理性质　烯烃和炔烃的物理性质与烷烃相似，随着相对分子质量的增加，沸点和相对密度升高。与相应的烷烃相比，烯烃的沸点、折射率、水中溶解度和相对密度等都比烷烃的略小些。同碳数正构烯烃的沸点比带支链的烯烃沸点高。相同碳架的烯烃双键由链端移向链中间，沸点、熔点都有所增加。表 11-3 是一些烯烃和炔烃的物理常数。

表 11-3　一些烯烃和炔烃的物理常数

名称	分子式	熔点/℃	沸点/℃	相对密度(d_4^{20})
乙烯	$H_2C=CH_2$	-169.5	-103.7	0.570
丙烯	$CH_3CH=CH_2$	-185.2	-47.7	0.610
1-丁烯	$CH_3CH_2CH=CH_2$	-130.0	-6.4	0.625
1-戊烯	$CH_3(CH_2)_2CH=CH_2$	-166.2	30.1	0.641
1-己烯	$CH_3(CH_2)_3CH=CH_2$	-139.0	63.5	0.673
1-十八碳烯	$CH_3(CH_2)_{15}CH=CH_2$	17.5	179.0	0.791
乙炔	$HC≡CH$	-81.8	-83.4	0.618
丙炔	$CH_3C≡CH$	-101.5	-23.3	0.671
1-丁炔	$CH_3CH_2C≡CH$	-122.5	8.5	0.668
1-戊炔	$CH_3(CH_2)_2C≡CH$	-98.0	39.7	0.695
1-己炔	$CH_3(CH_2)_3C≡CH$	-124.0	71.4	0.719
1-十八碳炔	$CH_3(CH_2)_{15}C≡CH$	22.5	180.0	0.870

② 化学性质　烯烃的化学性质很活泼，可以和很多试剂作用，主要发生在碳碳双键上，能起加成、氧化和聚合等反应。此外，由于双键的影响，与双键直接相连的碳原子（α-碳原子）上的氢也可发生一些反应。

a. 催化加氢。在催化剂（Pt、Pd、Rh、Ni 等）作用下，烯烃或炔烃与氢加成生成烷烃。

$$CH_2=CH_2 + H_2 \xrightarrow{催化剂} CH_3-CH_3$$

$$RC≡CH + H_2 \xrightarrow{Ni\ 或\ Pd,\ Pt} RCH_2CH_3$$

b. 亲电加成。烯烃、炔烃具有供电子性能，易受到缺电子试剂（亲电试剂）的进攻而发生反应，这种由亲电试剂的作用而引起的加成反应称为亲电加成反应。亲电试剂通常为路易斯酸。如：Cl_2、Br_2、I_2、HCl、HBr、HOCl、H_2SO_4、BF_3、$AlCl_3$ 等。

$$\underset{红棕色}{\overset{}{C=C + Br_2}} \xrightarrow{CCl_4} \underset{无色}{\overset{Br\ Br}{C-C}}$$

$$RC≡CH \xrightarrow[(或\ Br_2)]{Cl_2} RCCl=CHCl \xrightarrow[(或\ Br_2)]{Cl_2} RCCl_2CHCl_2$$
$$(RCBr_2CHBr_2)$$

c. 亲核加成。乙炔的电子云更靠近碳核，可使亲核试剂首先进攻，炔烃较易与 ROH、RCOOH、HCN 等含有活泼氢的化合物进行亲核加成反应。

$$CH≡CH + CH_3OH \xrightarrow[\triangle,\ P]{20\%KOH\ 水溶液} CH_2=CH-OCH_3$$

甲基乙烯基醚

d. 氧化反应。碳碳重键的活泼性表现为容易被氧化，氧化剂和氧化条件的不同产物也各不相同，其中碳碳双键比碳碳三键容易被氧化。

$$>\!C\!=\!C\!<\ \xrightarrow{\text{过氧酸}}\ >\!C\!-\!C\!<\ (\text{O})$$

$$>\!C\!=\!C\!<\ +\ KMnO_4\ \xrightarrow{OH^-,\ H_2O}\ >\!\underset{OH}{C}\!-\!\underset{OH}{C}\!<\ +\ MnO_2$$

$$CH_2\!=\!CH_2 + O_2\ \xrightarrow[120℃]{PdCl_2\text{-}CuCl_2}\ CH_3\!-\!\underset{O}{\overset{\|}{C}}\!-\!H + H_2O$$

e. 聚合反应。在适当条件下，烯烃或炔烃通过加成自身结合在一起，由于烯烃或炔烃的构造和反应条件不同，它们可以聚合成两类不同的聚合物：低聚物和高聚物。

$$2CH\!\equiv\!CH\ \xrightarrow{CuCl\text{-}NH_4Cl}\ \underset{\text{乙烯基乙炔}}{CH_2\!=\!CH\!-\!C\!\equiv\!CH}\ \xrightarrow[CuCl\text{-}NH_4Cl]{CH\equiv CH}\ \underset{\text{二乙烯基乙炔}}{CH_2\!=\!CH\!-\!C\!\equiv\!C\!-\!CH\!=\!CH_2}$$

$$nCH_2\!=\!CH_2\ \xrightarrow{(C_2H_5)_3Al\text{-}TiCl_4}\ \underset{(\text{低压聚乙烯})}{\pm CH_2\!-\!CH_2\!\pm_n}$$

$$nCH_2\!=\!\underset{CH_3}{CH}\ \xrightarrow[50℃,\ 1MPa]{(C_2H_5)_3Al\text{-}TiCl_4}\ \pm CH_2\!-\!\underset{CH_3}{CH}\pm_n\ (\text{聚丙烯})$$

3. 芳香烃

芳香烃通常指分子中含有苯环结构的碳氢化合物。早期发现的这类化合物多是从天然树脂（香精油）里取得的具有芳香气味，所以称这些烃类物质为芳香烃。目前已知的芳香族化合物中，大多数是没有香味的。因此，芳香这个词已经失去了原有的意义，只是由于习惯而沿用至今。

（1）芳香烃的分类

芳烃按其结构分为三类。

a. 单环芳香烃。分子中只含有一个苯环的芳香烃。例如：

苯　　甲苯　　间二甲苯

b. 多环芳香烃。分子中含有两个或两个以上的芳香烃。例如：

联苯　　三苯甲烷

c. 稠环芳香烃。分子中含有由两个或多个苯环彼此间通过共用两个相邻碳原子稠合而成的芳香烃。例如：

萘　　蒽　　菲

（2）命名

① 一元取代苯的命名

a. 当苯环上连的是烷基（R—），—NO₂，—X 等基团时，则以苯环为母体，叫作某基苯。

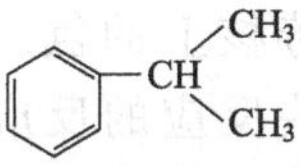

异丙基苯 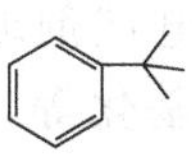　　叔丁基苯 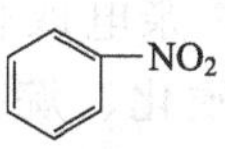　　硝基苯 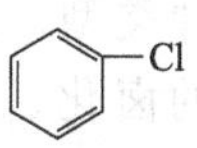　　氯苯

b. 当苯环上所连接的烃基较长、较复杂，或烃链上有多个苯环，或是不饱和烃基，则以烃链为母体，苯环作取代基。

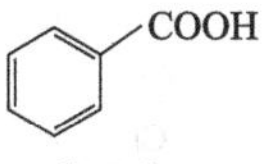

苯甲酸 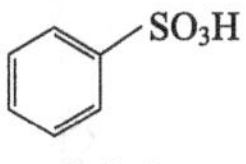　　苯磺酸 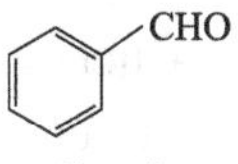　　苯甲醛 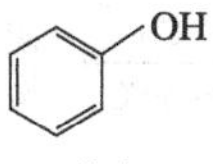　　苯酚 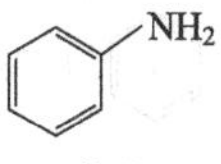　　苯胺

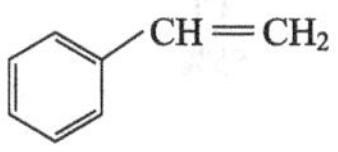

苯乙烯 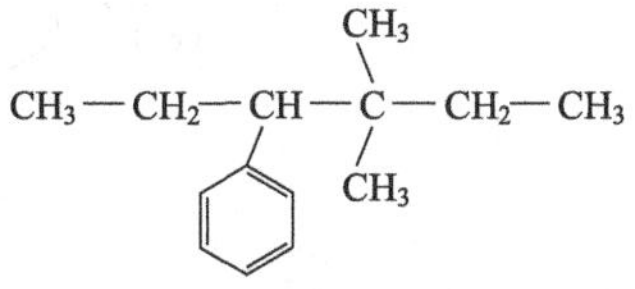　　　　3,3-二甲基-4-苯基己烷

② 二元取代苯的命名　取代基的位置用邻、间、对或"1,2"、"1,3"、"1,4"表示。

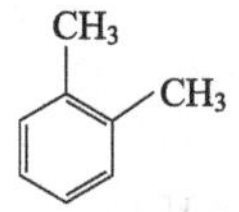

1,2-二甲苯　　1,3-二甲苯　　1,4-二甲苯
邻二甲苯　　间二甲苯　　对二甲苯

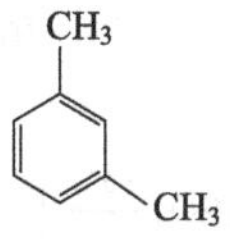

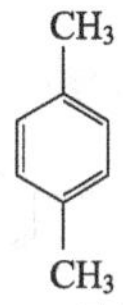

③ 多取代苯的命名　如下所示。

对氯苯酚 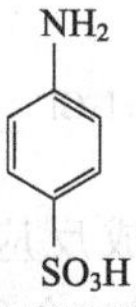　　对氨基苯磺酸 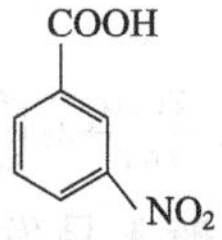　　间硝基苯甲酸 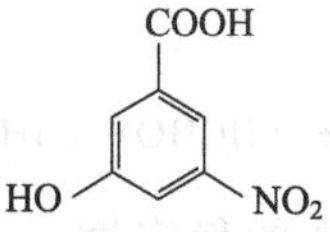　　3-硝基-5-羟基苯甲酸 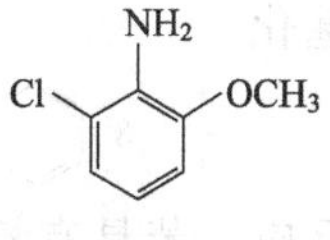　　2-甲氧基-6-氯苯胺

(3) 单环芳香烃的物化性质

① 物理性质　一般芳香烃均比水轻，不溶于水，但溶于有机溶剂。沸点随相对分子质量升高而升高。熔点除与相对分子质量有关外，还与其结构有关，通常对位异构体由于分子对称，熔点较高。一些常见芳香烃的物理性质见表 11-4。

表 11-4　一些常见芳香烃的物理性质

名称	熔点/℃	沸点/℃	相对密度(d_4^{20})
苯	5.5	80.1	0.879
甲苯	−95.0	110.6	0.867
邻二甲苯	−25.2	144.4	0.880
间二甲苯	−47.9	139.1	0.864
对二甲苯	13.2	138.4	0.861
乙苯	−95.0	136.1	0.867
正丙苯	−99.6	159.3	0.862
异丙苯	−96.0	152.4	0.862

② 化学性质

a. 亲电取代反应。芳香族化合物芳核上的取代反应从机理上讲包括亲电、亲核以及自由基取代三种类型。所谓芳香亲电取代是指亲电试剂取代芳核上的氢。典型的芳香亲电取代有苯环的卤化、硝化、磺化、烷基化和酰基化等，这些反应的反应机理大体是相似的。

- 卤化

$$C_6H_6 + Cl_2 \xrightarrow[40\sim60℃]{FeCl_3} C_6H_5Cl + HCl$$

$$\xrightarrow[FeCl_3]{Cl_2} \text{邻-二氯苯}(39\%) + \text{对-二氯苯}(55\%) + \text{间-二氯苯}(6\%)$$

- 硝化

$$C_6H_6 + HNO_3 \xrightarrow[50\sim60℃]{\text{浓}H_2SO_4} C_6H_5NO_2 \text{（硝基苯）} + H_2O$$

- 磺化

$$C_6H_6 + \text{浓}H_2SO_4 \xrightarrow{80℃} C_6H_5SO_3H + H_2O$$

- 烷基化

$$C_6H_6 + RX \xrightarrow{AlCl_3} C_6H_5-R + HX \quad (X = Br、Cl)$$

- 氯甲基化

$$3C_6H_6 + (HCHO)_3 + 3HCl \xrightarrow[60℃]{ZnCl_2} 3C_6H_5CH_2Cl + 3H_2O$$

b. 加成反应。苯具有特殊的稳定性，一般不易发生加成反应。在特殊情况下，芳香烃也能发生加成反应，而且总是三个双键同时发生反应，形成一个环己烷体系。

$$C_6H_6 + 3H_2 \xrightarrow[\text{或}Ni,300℃]{Pt,175℃} C_6H_{12}$$

$$C_6H_6 + 3Cl_2 \xrightarrow{h\nu} C_6H_6Cl_6 \text{（六氯化苯，六、六、六）}$$

c. 氧化反应。苯即使在高温下也不会被高锰酸钾、铬酸等强氧化剂氧化，只有在五氧化二钒的催化作用下，苯才能在高温下被氧化成顺丁烯二酸酐。

$$2C_6H_6 + 9O_2 \xrightarrow[450\sim500℃]{V_2O_5} 2 \text{顺丁烯二酸酐} + 4CO_2 + 4H_2O$$

d. 聚合反应。用氯化铝作催化剂，氯化铜为氧化剂，于35～50℃作用下，则苯聚合成聚苯。

$$n\,C_6H_6 \xrightarrow[35\sim50℃]{AlCl_3, CuCl_2} \text{[聚苯]}_n$$

第二节 石油化学基础知识

一、石油的化学组成

1. 石油的元素组成与馏分组成

石油（或称原油，Petroleum 或 Crude Oil）是一种从地下深处开采出来的可燃性黏稠液体。石油主要是由远古海洋或湖泊中的生物在地下经过漫长的地球化学演化而形成的烃类和非烃类的复杂混合物。其沸点范围很宽，从常温到500℃以上，分子量的范围为数十至数千。

石油大部分是暗色的，呈暗绿，深褐以至深黑色，还有一些石油则呈赤褐、浅黄色。如我国四川盆地开采出来的原油是黄绿色的，玉门原油是黑褐色的，大庆原油则是黑色的。

在常温下，多数石油是流动或半流动的黏稠液体。相对密度一般小于1，绝大多数石油的相对密度在0.8~0.98之间。表11-5为我国主要石油的一般性质，表11-6为国外若干种石油的一般性质。由表中可见，我国石油的相对密度大多在0.85~0.95之间，属偏重的常规石油。

表11-5 我国主要石油的一般性质

石油名称	大庆	胜利	孤岛	辽河	任丘	中原	新疆土哈
密度(20℃)/(g/cm³)	0.8554	0.9005	0.9495	0.9204	0.8837	0.8466	0.8197
运动黏度(20℃)/(mm²/s)	20.19	83.36	333.7	109.9	57.1	10.32	2.72
凝点/℃	30	28	2	17(倾点)	36	33	16.5
蜡含量(吸附法)(质量分数)/%	26.2	14.6	4.9	9.5	22.8	19.7	18.6
庚烷沥青质(质量分数)/%	0	<1	2.9	0	<0.1	0	0
残炭(质量分数)/%	2.9	6.4	7.4	6.8	6.7	3.8	0.90
硫含量(质量分数)/%	0.10	0.80	2.09	0.24	0.31	0.52	0.03
氮含量(质量分数)/%	0.16	0.41	0.43	0.40	0.38	0.17	0.05

表11-6 国外若干种石油的一般性质

原油名称	沙特(轻质)	沙特(中质)	沙特(轻重混合)	伊朗(轻质)	科威特	阿联酋(穆尔班)	伊拉克	印尼(米纳斯)
密度(20℃)/(g/cm³)	0.8578	0.8680	0.8716	0.8531	0.8650	0.8239	0.8559	0.8456
运动黏度(50℃)/(mm²/s)	5.88	9.04	9.17	4.91	7.31	2.55	6.50(37.8℃)	13.4
凝点/℃	−24	−7	−25	−11	−20	−7	−15(倾点)	34(倾点)
蜡含量(质量分数)/%	3.36	3.10	4.24	—	2.73	5.16	—	—
庚烷沥青质(质量分数)/%	1.48	1.84	3.15	0.64	1.97	0.36	1.10	0.28
残炭(质量分数)/%	4.45	5.67	5.82	4.28	5.69	1.96	4.2	2.8
硫含量(质量分数)/%	1.91	2.42	2.55	1.40	2.30	0.86	1.95	0.10
氮含量(质量分数)/%	0.09	0.12	0.09	0.12	0.14	—	0.10	0.10

(1) 石油的元素组成

石油产地不同，其在组成和性质上差别很大，即使在同一油区不同油层和油井的石油在组成和性质上也可能有很大差别。

石油的物理性质与其化学组成关系密切，为了较深刻地认识石油，必须研究其化学组成，而化学组成的研究应从分析其元素组成入手。

组成石油的元素主要有碳、氢、硫、氮、氧等5种。表11-7是某些石油的元素组成。

表 11-7 某些石油的元素组成

原油名称	元素组成(质量分数)/%				H/C(原子比)
	C	H	S	N	
大庆	85.87	13.73	0.10	0.16	1.90
胜利	86.26	12.20	0.80	0.44	1.68
孤岛	85.12	11.61	2.09	0.43	1.62
辽河	85.86	12.65	0.18	0.31	1.75
新疆	86.13	13.30	0.05	0.13	1.84
大港	85.67	13.40	0.12	0.23	1.86
欢喜岭	86.36	11.13	0.26	0.40	1.53
井楼	85.06	12.10	0.32	0.74	1.69
江汉	83.00	12.81	2.09	0.47	1.84
伊朗,轻质	85.14	13.13	1.35	0.17	1.84
印度尼西亚,米纳斯	86.24	13.61	0.10	0.10	1.88
加拿大,阿萨巴斯卡	83.44	10.45	4.19	0.48	1.49
美国,加州文图拉	84.00	12.70	0.40	1.70	1.80
美国,堪萨斯	84.20	13.00	1.90	0.45	1.84

从表11-7可以看出，组成石油的最主要元素是碳和氢，它们占95%～99%，其中碳为83%～87%，氢为11%～14%。大部分石油中硫、氮、氧总量不超过1%～5%，各种石油中所含的硫、氮、氧等杂原子的含量相差甚大，单纯用它的碳含量或氢含量不易进行比较，而碳、氢这两种元素的比值则可以作为反映石油化学组成的一个重要参数。这两者的比值，可以用碳氢重量比、氢碳重量比或氢碳原子比来表示，其中以氢碳原子比最为直观。

除碳、氢、硫、氮、氧外，石油中还含有微量的金属和非金属元素，它们的含量一般只是百万分之几（$\mu g/g$）甚至十亿分之几（ng/g）。这些元素虽然含量甚微，但往往对石油炼制过程中的催化剂有很大影响，甚至会使之丧失活性，因此也必须加以重视，并设法予以脱除。石油中含量较多的微量金属元素为镍（Ni）、钒（V）、铁（Fe）、铜（Cu）。我国石油中的含镍量一般为几十$\mu g/g$，而钒最多也只有几个$\mu g/g$。除上述4种金属元素外，石油中还含有许多微量元素，如氯（Cl）、硅（Si）、磷（P）、砷（As）等。

(2) 石油的馏分组成

石油是由分子量为数十到数千的、数目众多的烃类和非烃类化合物组成的复杂混合物，其沸点范围很宽，从常温一直到500℃以上。所以，无论是对石油进行研究还是进行加工利用，都必须首先用分馏的方法，将原油按其沸点的高低切割为若干部分，即所谓馏分，每个馏分的沸点范围简称为馏程或沸程。从原油直接蒸馏得到的馏分称为直馏馏分，以便与二次加工产物相区别，如表11-8所示。一般把石油中从常压蒸馏开始馏出的温度（初馏点）到200℃（或180℃）之间的轻馏分称为汽油馏分，也称轻油或石脑油；常压蒸馏200℃（或

180℃)～350℃之间的中间馏分称为柴油馏分，或称为常压瓦斯油；而＞350℃的馏分则称为常压渣油或常压重油。由于一般原油从350℃开始即有明显的分解现象，所以对于沸点高于350℃的馏分必须在减压下蒸出，一般情况下，减压蒸馏只能蒸出相当于常压下＜500℃的馏分。所得的减压馏分，可根据其利用途径称为润滑油馏分或减压瓦斯油，而减压蒸馏后残留的油则称为减压渣油。

表 11-8　石油馏分划分

沸点范围/℃	名称
初馏点～200(或 180)	汽油馏分、轻油或石脑油
200(或 180)～350	柴油馏分、常压瓦斯油(AGO)
350～500	减压馏分、润滑油馏分、减压瓦斯油(VGO)
＞500	减压渣油

馏分并不等同于石油产品。如汽油馏分、煤油馏分、柴油馏分、润滑油馏分，只是从沸程上看可作为制取汽油、煤油、柴油及润滑油产品的原料，它们往往要经过进一步的加工处理才能符合相应的石油产品规格要求。

用常减压蒸馏方法所得到的、石油中沸点范围不同的一系列馏分的百分含量，就是它的馏分组成。我国原油馏分组成的特点是＞500℃的减压渣油的含量较高，有不少是占40％以上，汽油馏分含量较少。见表11-9。

直馏馏分是石油经过蒸馏（一次加工）得到的，基本上不含不饱和烃。若是经过催化裂化（二次加工）等过程得到的，其所得的馏分与相应的直馏馏分不同，其中含有不饱和烃。

表 11-9　国内外若干种石油的馏分组成

原油名称	初馏点～200℃ (质量分数)/%	200～350℃ (质量分数)/%	350～500℃ (质量分数)/%	＞500℃ (质量分数)/%
大庆	11.5	19.7	26.0	42.8
胜利	7.6	17.5	27.5	47.4
辽河	9.4	21.5	34.9	39.9
新疆	15.4	26.0	29.9	29.7
孤岛	6.1	14.9	27.2	51.8
沙特,轻质	23.3	26.3	25.1	25.3
沙特,混合	20.7	24.5	23.2	31.6
英国,北海	29.0	27.6	25.4	18.0
印尼,米纳斯	11.9	30.2	24.8	33.1

2. 石油及石油馏分的烃类组成

石油是由碳、氢两种元素组成的烃类和碳、氢与其他元素组成的非烃类所组成的混合物。这些烃类和非烃类的化学组成和结构决定了石油及其产品的性质。

（1）石油的烃类组成

石油中的烃类，按其结构可分为烷烃、环烷烃、芳香烃。一般天然石油中不含有烯烃，而二次加工产物中常含有数量不等的烯烃。

① 烷烃　烷烃是组成石油的基本组分之一。石油中的烷烃总含量一般约为 40％～50％（体）。在某些石油中烷烃含量可达到 50％～79％，然而也有一些石油的烷烃含量只有 10％～15％。我国石油的烷烃含量一般较高，随着馏分变重，烷烃含量减少。

烷烃以气态、液态、固态三种状态存在于石油中。

$C_1 \sim C_4$ 的气态烷烃主要存在于石油气体中。石油气因其来源不同，可分为天然气和石油炼厂气两类。从纯气田开采的天然气主要是甲烷，其含量大约为 93％～99％，还含有少量的乙烷、丙烷以及氮气、硫化氢和二氧化碳等。从油气田得到的油田气除了含有气态烃类外，还含有少量低沸点的液体烃类。石油加工过程中产生的炼厂气因加工条件不同可以有很大的差别。这类气体的特点是除了含有气态烷烃外，还含有烯烃、氢气、硫化氢等。

$C_5 \sim C_{11}$ 的烷烃存在于汽油馏分中，$C_{11} \sim C_{20}$ 的烷烃存在于煤、柴油馏分中，$C_{20} \sim C_{30}$ 的烷烃存在于润滑油馏分中。C_{16} 以上的正构烷烃一般多以溶解状态存在于石油中，当温度降低时，以固态结晶析出，称为蜡。蜡又分为石蜡和地蜡。

石蜡主要分布在柴油和轻质润滑油馏分中，其分子量为 300～500，分子中碳原子数为 17～35，熔点在 30～70℃。地蜡主要分布在重质润滑油馏分及渣油中，其分子量为 500～700，分子中碳原子数为 35～55，熔点在 60～90℃。从结晶形态来看，石蜡是互相交织的片状或带状结晶，结晶容易；而地蜡则是细小针状结晶，结晶较困难。

石蜡与地蜡的化学结构不同导致了其性质之间的显著差别。石蜡主要由正构烷烃组成，还含有少量异构烷烃、环烷烃以及微量的芳香烃；地蜡则以环状烃为主，正、异构烷烃的含量都不高。

存在于石油及石油馏分中的蜡，严重影响石油及油品的低温流动性，对石油的输送和加工及产品质量都有影响。但从另一方面看，蜡又是很重要的石油产品，可以广泛应用于电气工业、化学工业、医药和日用品等工业。

② 环烷烃　环烷烃是石油中第二种主要烃类，石油中所含的环烷烃主要是环戊烷和环己烷的同系物。此外在石油中还发现有各种五元环与六元环的稠环烃类，其中常常含有芳香环，称为混合环状烃。

环烷烃在石油馏分中含量不同，它们的相对含量随馏分沸点的升高而增多，只是在沸点较高的润滑油馏分中，由于芳香烃的含量增加，环烷烃逐渐减少。

石油低沸点馏分主要含单环环烷烃，随着馏分沸点的升高，还出现了双环和三环环烷烃等。研究表明，分子中含 $C_5 \sim C_8$ 的单环环烷烃主要集中在初馏点～125℃的馏分中。石油高沸点馏分中的环烷烃包括从单环、双环直至六环甚至高于六环的环烷烃，其结构以稠合型为主。

③ 芳香烃　芳香烃在石油中的含量通常比烷烃和环烷烃的含量少。这类烃在不同石油中总含量的变化范围相当大，平均为 10％～20％（重）。

芳香烃的代表物是苯及其同系物，以及双环和多环化合物的衍生物。在石油低沸点馏分中只含有单环芳香烃，且含量较少。随着馏分沸点的升高，芳香烃含量增多，且芳香烃环数、侧链数目及侧链长度均增加。在石油高沸点馏分中甚至有四环及多于四环的芳香烃。此外在石油中还有为数不等、多至 5～6 个环的环烷烃-芳香烃混合烃，它们也主要呈稠型。

(2) 石油馏分烃类组成表示法

要了解石油的烃类组成，必须首先了解烃类组成的表示方法。为满足生产和科研上对烃类组成的要求，可用以下三种方法表示石油馏分的烃类组成。

① 单体烃组成　单体烃组成表明了石油及其馏分中每一种烃（单体化合物）含量。由于石油馏分的组成十分复杂，馏分愈重，化合物的种类和数目也就愈多，分离和鉴定出各种

单体化合物也就愈困难。要全部搞清石油的单体化合物组成几乎是不可能的。目前，利用气相色谱技术已可分析鉴定出汽油馏分中上百种单体化合物，而对于煤柴油馏分以上的较重的馏分，已无法从单体化合物的层次上进行分析。所以，目前单体烃组成的表示法一般还只用于说明石油气和汽油馏分。

② 族组成　族组成表示法是以石油馏分中各族烃相对含量的组成数据来表示。这种方法简单而实用。至于分为哪些族则取决于分析方法以及实际需要。一般对汽油馏分的分析就以烷烃、环烷烃、芳香烃这三族烃的含量表示。如果是裂化汽油再加上一项不饱和烃。煤油、柴油以上馏分，族组成通常是以饱和烃（烷烃＋环烷烃）、轻芳烃（单环芳烃）、中芳烃（双环芳烃）、重芳烃（多环芳烃）及非烃组分等含量表示。减压渣油目前一般还只是用溶剂处理及液相色谱法把它分成饱和分、芳香分、胶质、沥青质四个组分，如有需要还可将芳香分和胶质分别再进一步分离为轻、中、重三个亚组分。

石油各馏分的族组成是比较容易得到的。从实用角度看，有关烃类各族含量的信息是特别重要的，因为石油产品的性质与其烃族组成是密切相关的，同时这些数据还可以作为选择其适宜加工方案的重要依据。

③ 结构族组成　高沸点石油馏分组成和结构十分复杂，往往在一个分子中同时含有芳香环、环烷环及相当长的烷基侧链，若按上述族组成表示法就很难准确说明它究竟属于哪一族烃类。此时就用结构族组成来表示它们的化学组成。

这种方法是把整个石油馏分看成是由某种"平均分子"所组成。这一"平均分子"则是由某些结构单位（芳香基、环烷基及烷基侧链）所组成。结构族组成情况，用"平均分子"上的环数（芳香环和环烷环）或碳原子在某一结构单位上的百分数来表示。常用结构参数如下所示。

R_A——分子中的芳香环数；
R_N——分子中的环烷环数；
R_T——分子中的总环数，$R_T = R_A + R_N$；
$C_A\%$——分子中芳香环上碳原子数占总碳原子数的百分数；
$C_N\%$——分子中环烷环上碳原子数占总碳原子数的百分数；
$C_R\%$——分子中总环上碳原子数占总碳原子数的百分数，$C_R\% = C_A\% + C_N\%$；
$C_P\%$——分子中烷基侧链上的碳原子数占总碳原子数的百分数。

为了说明这种方法，举例说明如下：某一复杂混合物统计意义的"平均分子"结构为：

该"平均分子"中有 20 个碳原子，6 个在芳香环上，4 个在环烷环上，10 个在烷基侧链上，则：

$$C_A\% = \frac{6}{20} \times 100 = 30$$

$$C_N\% = \frac{4}{20} \times 100 = 20$$

$$C_R\% = 20 + 30 = 50 \qquad R_A = 1$$

$$\qquad\qquad\qquad\qquad\qquad R_N = 1$$

$$C_P\% = \frac{10}{20} \times 100 = 50 \qquad R_T = 2$$

采用上述六个结构参数，就可以大致描述该分子的结构了。

石油馏分的某些物理常数（相对密度、折射率等）与族组成有关。在各类烃中芳香烃的相对密度和折射率最大，烷烃的相对密度和折射率最小，环烷烃介于二者之间。因此提出利用物理常数来测定石油馏分结构族组成的方法，其中最常用的是 n-d-M 法（n 是折射率，d 是相对密度，M 是分子量）和 n-d-ν 法（ν 是黏度）。

3. 石油中的非烃化合物

烃类是石油的主要组成部分，是加工和利用的主要对象，然而石油中的非烃类也是不可忽视的。硫、氮、氧元素在石油中通常占 1%～5%左右，但是硫、氮、氧不是以元素形态存在，而是以化合物形态存在，则硫、氮、氧化合物的含量可达 10%～20%，对石油加工和产品质量带来严重影响。

石油中的非烃化合物主要包括含硫、含氮、含氧化合物以及胶状沥青状物质。

(1) 含硫化合物

硫是石油的组成元素之一。不同石油的含硫量相差很大，从万分之一到百分之几。由于硫对石油加工、油品质量和环境保护的影响很大，所以硫含量常作为评价石油的一项重要指标。通常把硫含量高于 2.0%的石油称为高硫石油，低于 0.5%的称为低硫石油，介于 0.5%～2.0%之间的称为含硫石油。我国石油大多属于低硫石油（如大庆等石油）和含硫石油（如孤岛等石油）。

石油中的硫并不是均匀分布的，从表 11-10 可以看出，它是随着馏分沸程的升高而呈增加的趋势，其中汽油馏分的硫含量最低，而以减压渣油中的硫含量为最高，我国石油中约有 70%的硫集中在减压渣油中。由于部分含硫化合物对热不稳定，在蒸馏过程中易于分解，因此测得的各馏分含硫量并不能完全表示原油中硫分布的原始状况，中间馏分的硫含量有可能偏高，而重馏分的硫含量有可能偏低。

表 11-10　石油中各馏分中硫分布

馏分 （沸程/℃）	硫含量/(μg/g)							
	大庆	胜利	孤岛	辽河	中原	江汉*	伊朗轻质	阿曼①
原油	1000	8000	20900	1800	5200	18300	14800	9500
<200	108	200	1600	60	200	600	800	300
200～250	142	1900	5200	130	1300	4400	4300	1400
250～300	208	3900	8800	460	2200	5900	9300	2900
300～350	457	4600	12300	880	2800	6300	14400	6200
350～400	537	4600	14200	1190	3400	10400	17000	7400
400～450	627	6300	11020	1100	3400	15400	17000	9200
450～500	802	5700	13300	1460	4300	16000	20000	11600
>500（渣油）	1700	13500	29300	3600	9400	23500	34000	21700
$\dfrac{\text{渣油中硫}}{\text{原油中硫}}$/%	74.7	73.3	75.0	70.0	68.0	72.2	55.9	66.1

① 江汉、阿曼原油的馏分切割温度稍有差异。

石油中所含硫的存在形式有元素硫、硫化氢以及硫醇、硫醚、二硫化物、噻吩等类型的有机含硫化合物，此外尚有少量既含硫又含氧的亚砜和砜类化合物。这些含硫化合物按性质划分，可分为两类：活性硫化物和非活性硫化物。活性硫化物主要包括元素硫、硫化氢和硫醇等，它们对金属设备有较强的腐蚀作用；非活性硫化物主要包括硫醚、二硫化物和噻吩等对金属设备无腐蚀作用的硫化物，经受热分解后一些非活性硫化物将会转变成活性硫化物。石油中的硫化物除了元素硫和硫化氢外，其余均以有机硫化物的形式存在于石油和石油产品中。

① 硫醇（RSH）。硫醇一般集中在轻馏分中，主要是汽油馏分，有时在煤油馏分中也有发现。在轻馏分中硫醇硫占其中硫含量的 40%～50%，甚至达 70%～75%。随着馏分沸程的升高，硫醇含量急剧下降，在 300℃ 以上的馏分中基本已不含硫醇。所有硫醇都有极难闻的臭味，尤其是它的低级同系物。空气中含甲硫醇浓度达 $2.2\times10^{-12}\,g/m^3$ 时，人的嗅觉就可以感觉到，因此可用来作为生活用气的泄漏指示剂。

当加热到 300℃ 时硫醇分解而生成硫醚，在更高的温度下生成烯烃和硫化氢。如：

$$2C_4H_9SH \xrightarrow{300℃} C_4H_9SC_4H_9 + H_2S$$

$$C_4H_9SH \xrightarrow{500℃} C_4H_8 + H_2S$$

硫醇可与氢氧化钠反应生成硫醇钠。

$$RSH + NaOH \longrightarrow RSNa + H_2O$$

在缓和条件下硫醇氧化生成二硫化物，从而脱除臭味。

$$2C_3H_7SH \xrightarrow{[O]} C_8H_7SSC_8H_7 + H_2O$$

② 硫醚（RSR）。硫醚是中性硫化物，是石油中含量较多的硫化物之一。硫醚的含量是随着馏分沸点的升高而增加的，大量集中在煤、柴油馏分中。

硫醚对热比硫醇稳定，加热到 400℃ 时二烷基硫醚会分解，生成硫化氢和相应的烯烃。环硫醚及芳基硫醚对热更稳定。但在有催化剂存在的情况下，将硫醚加热到 300～450℃，就会分解生成硫化氢、硫醇和相应的烃类。硫醚能在一定条件下，如与硝酸或过氧化氢作用时，会氧化为亚砜和砜。

③ 二硫化物（RSSR）。二硫化物在石油馏分中含量很少，而且较多集中于高沸点馏分中。二硫化物也是中性硫化物，不与金属作用，其化学性质与硫醚类似，但热稳定性较差，受热分解成硫醚和元素硫，也可分解成硫醇、烯烃和元素硫。

④ 噻吩及其同系物。噻吩及其同系物是石油里的一种主要含硫化合物，一般存在于石油的中沸点和高沸点馏分中。噻吩的物理、化学性质与苯系芳香烃很接近，如能很好地溶解于浓硫酸中，并起磺化作用。噻吩没有难闻的气味，对热的稳定性很高，故在热分解产物中噻吩含量相当高。目前，在石油馏分中已分离出许多噻吩的同系物，如苯并噻吩、二苯并噻吩、萘并噻吩等。苯并噻吩系、二苯并噻吩系、萘并噻吩系化合物主要集中于石油重质馏分中，它们的结构及性质都与苯系稠环化合物相似，热稳定性都很高，化学反应性质也不活泼。除上述含硫化合物外，石油中还有一部分硫存在于渣油及其胶质、沥青质中。

⑤ 元素硫和硫化氢。石油馏分中元素硫和硫化氢多是其他含硫化合物的分解产物（在 120℃ 左右的温度下，有些含硫化合物已开始分解）。然而也曾从未蒸馏的石油中发现它们。元素硫和硫化氢又可以互相转变，硫化氢被空气氧化可生成元素硫，硫与石油烃类作用也可生成硫化氢及其他硫化物（一般在 200～250℃ 以上已能进行这种反应）。

所有上述各种硫化物从整体来说是石油和石油产品中的有害物质，因为它们给石油炼制过程和石油产品质量带来不少危害。危害主要有以下几个方面。

① 腐蚀设备。炼制含硫石油时，各种含硫化合物受热分解均能产生 H_2S，它在与水共存时，会对金属设备造成严重腐蚀。此外，如果石油中含有 $MgCl_2$、$CaCl_2$ 等盐类，它们水解生成 HCl 也是造成金属腐蚀的原因之一。如果既含硫又含盐，则对金属设备的腐蚀更为严重。石油产品中含有硫化物，在储存和使用过程中同样会腐蚀金属。同时含硫燃料燃烧产

生的 SO_2 及 SO_3 遇水后生成 H_2SO_3 和 H_2SO_4，也会强烈腐蚀机件。

② 催化剂中毒。在石油炼制催化加工过程中，硫是某些催化剂的毒物，会造成催化剂中毒丧失活性，如铂重整催化剂。

③ 影响产品质量。硫化物的存在严重影响油品的储存安定性，使储存和使用中的油品易氧化变质，生成黏稠状沉淀，进而影响发动机或机器的正常工作。

④ 环境污染。含硫石油在炼油厂加工过程中产生的 H_2S 及低分子硫醇等有恶臭的毒性气体，会有碍人体健康。含硫燃料油品燃烧后生成的 SO_2 和 SO_3，会严重污染环境。

由于含硫化合物有以上害处，在清洁燃料产品质量中对硫含量的限制越来越严格，故炼油厂常采用精制的办法将其除去。

(2) 含氮化合物

石油中的氮含量一般比硫含量低，在万分之几到千分之几范围内。我国石油含氮量变化范围在 0.1%～0.5% 之间，属于含氮量偏高的石油。和其他石油非烃化合物一样，含氮化合物在石油各馏分中的分布也是不均匀的，一般随沸点的升高而增加，约有 80% 的氮集中在 400℃ 以上的重油中。煤油以前的馏分中，只有微量的氮化物存在。

石油中的氮化物可分为碱性和非碱性两类，所谓碱性氮化物是指在冰醋酸和苯的样品溶液中能够被高氯酸-冰醋酸溶液滴定的氮化物，非碱性氮化物则不能。从石油中分离出来的碱性氮化物主要为吡啶、喹啉及其同系物，非碱性氮化物主要是吡咯、吲哚及其同系物。

石油及其产品中的氮化物应予以脱除。在石油加工过程中碱性氮化物会使催化剂中毒。石油中的非碱性含氮化合物（如吡咯、吲哚等衍生物）性质不稳定，易被氧化和聚合，是导致石油加工油品颜色变深和产生沉淀的主要原因。

(3) 含氧化合物

石油中的氧含量随产地不同而异，一般小于 1%，个别地区石油含氧量达 2%～3%。但是，若石油在加工前或加工后长期暴露在空气中，其氧含量会大大增加。石油中氧含量多是从元素分析中减差求得的，包含了全部的分析误差，因此数据并不十分可靠。

石油中的含氧化合物可分为酸性和中性两类，酸性含氧化合物包括羧酸类和酚类，而羧酸又包括环烷酸、脂肪酸和芳香酸，通常总称为石油酸，在石油中含量较多，特别是环烷酸。石油中的中性含氧化合物则有醛、酮、酯、醚和呋喃等，含量极少。石油中的含氧化合物大部分集中在高沸点馏分中，环烷酸约占石油酸性含氧化合物的 90% 左右。环烷酸为难挥发的无色油状液体，相对密度介于 0.93～1.02 之间，有强烈的臭味，不溶于水而易溶于油品、苯、醇及乙醚等有机溶剂中。环烷酸在石油馏分中的分布很特殊，在中间馏分中（沸程 250～400℃）环烷酸含量最高，而在低沸点馏分及高沸点重馏分中含量都比较低。环烷酸呈弱酸性，当有水存在且升高温度时，它直接与很多金属作用腐蚀设备，生成的环烷酸盐留在油品中将促进油品氧化。环烷酸含量较多的石油易于乳化，这对石油加工不利，因此必须将其除去。但环烷酸却是非常有用的化工产品。

石油中含有少量的酚类，多是苯酚的简单同系物。酚有强烈的气味，呈弱酸性，故石油馏分中的酚可以用碱洗法除去。酚能溶于水，因此炼油厂污水中常含有酚，导致污染环境。

(4) 胶质、沥青质

石油中的大部分硫、氮、氧以及绝大多数金属均集中在渣油的胶质、沥青质中。关于胶质和沥青质，目前国际上尚无统一的分析方法和确定的定义。胶质、沥青质的成分并不十分固定。由于分离方法和所采用的溶剂不同，所得结果也不相同。目前的方法大多是根据胶状沥青状物质在各种溶剂中的不同溶解度来区分的。一般把在石油不溶于低分子正构烷烃（$C_5 \sim C_7$），但能溶于热苯的物质称为沥青质。在生产和科学研究中常用到的是正戊烷沥青质和正庚烷沥青质。既能溶于苯，又能溶于低分子正构烷烃的物质称为可溶质。采用氧化铝吸附色谱法，用不同的溶剂进行洗提，可将渣油中的可溶质再分离成为饱和分、芳香分和胶质，因此渣油中的可溶质实际上包括了饱和分、芳香分和胶质。见表 11-11。

表 11-11 国内外渣油的族组成（质量分数）/%

	渣油名称	饱和分	芳香分	胶质	庚烷沥青质	戊烷沥青质
我国渣油	大庆	40.8	32.2	26.9	<0.1	0.4
	胜利	19.5	32.4	47.9	0.2	13.7
	孤岛	15.7	33.0	48.5	2.8	11.3
	单家寺	17.1	27.0	53.5	2.4	17.0
	高升	22.6	26.4	50.8	0.2	11.0
	双喜岭	28.7	35.0	33.6	2.7	12.6
	任丘	19.5	29.2	51.1	0.2	10.1
	大港	30.6	31.6	37.5	0.3	—
	中原	23.6	31.6	44.6	0.2	15.5
	新疆白克	47.3	25.2	27.5	<0.1	3.0
	新疆九区	28.2	26.9	44.8	<0.1	8.5
	井楼	14.3	34.3	51.3	0.1	5.4
国外渣油	科威特	15.7	55.6	22.6	6.1	13.9
	卡夫基	13.3	50.8	22.3	13.6	22.6
	卡奇萨兰(伊朗)	19.6	50.5	23.0	6.9	13.3
	阿哈加依(伊朗)	23.3	51.2	21.1	4.4	9.6
	米纳斯(印度尼西亚)	46.8	28.8	22.6	1.8	12.2
	阿拉伯(轻质)	21.0	54.7	18.5	5.8	11.1

胶质通常是褐色至暗褐色的流动性很差的黏稠液体或无定形固体，相对密度稍大于 1，平均分子量一般为 1000～3000（蒸气压平衡法）。从不同沸点馏分中分离出来的胶质，其分子量随着馏分沸点的升高而逐步增大，而且比所在馏分的平均分子量高。胶质是一种不稳定的化合物，当受热或氧化时可以转变为沥青质。在常温下，它易被空气氧化而缩合成沥青质。即使在没有空气的情况下，若温度升高到 260～300℃，胶质也能转变为沥青质。当温度升高到 350℃ 以上，胶质即发生明显的分解，产生气体、液体产物、沥青质以及焦炭状物质。若用硫酸处理时，胶质很易磺化而溶于硫酸。

胶质是道路沥青、建筑沥青和防腐沥青等的重要组分之一。它的存在提高了石油沥青的延展性。但油品中若含有胶质，则使用时会产生炭渣，造成机器零件的磨损和堵塞。因此，在精制过程中要脱除石油馏分中的胶质。

沥青质是暗褐色或黑色的脆性无定形固体。其相对密度稍高于胶质，平均分子量约为 3000～10000（蒸气压平衡法），H/C 为 1.1～1.3，加热不熔融，但当温度升到 350℃ 以上时，它会分解为焦炭状物质和气态、液态物质。沥青质没有挥发性，石油中的沥青质全部集中在渣油中。

胶质、沥青质分子的基本结构，一般认为是以稠环的芳香环系为核心且并合若干环烷环，在芳香环和环烷环上带有若干个长度不等的烷基侧链，在其分子中还杂有各种硫、氮、氧的基团，并络合有镍、钒、铁等金属。胶质、沥青质分子是由若干个上述的单元结构所组成。在单元结构之间一般以长度不等的烷基桥和硫醚桥等相连接。胶质的结构单元数较少，一般为1～3个，沥青质的单元结构数较多，一般为4～6个。但它们的单元结构分子量相差不大，一般为800～1200。

胶质、沥青质的存在使石油或渣油形成一种比较稳定的胶体分散体系。在这个分散体系中，分散相是以沥青质为核心，外围附有一部分胶质而构成的胶束；分散介质则主要有油分和其余部分胶质组成。胶体分散体系的稳定性质是与体系中分散相和分散介质的相对含量及二者的结构性质有密切关系。上述因素的改变将会破坏胶体分散体系的稳定性。

二、石油及石油产品的物理性质

石油及其产品的物理性质是评定产品质量和控制生产过程的重要指标，也是设计和计算石油加工工艺装置的重要数据。

油品的物理性质与其化学组成有着密切的关系，油品的物理性质在很大程度上取决于其中所含烃类的物理性质和化学性质。油品是各种烃类和非烃类的复杂混合物，它的物理性质是各种化合物性质的宏观综合表现。它们之中有的性质有可加性，有的则没有，而且多数不具有可加性，所以对油品的物理性质常常是采用一些条件性的试验方法来测定，即使用特定的仪器并按规定的实验条件测定。因此，离开了专门的仪器和规定的条件，所测油品的性质数据没有意义。

1. 蒸气压、沸程和平均沸点

（1）蒸气压

在某一温度下液相与其上方的气相呈平衡状态，这时气相所产生的压力称为饱和蒸气压，简称为蒸气压。蒸气压的高低表明了液体气化或蒸发的能力，蒸气压愈高说明液体愈容易气化。

在石油加工工艺中经常要用到蒸气压的数据。例如计算平衡状态下烃类的气相和液相组成以及在不同压力下烃类及其混合物的沸点换算或计算烃类的液化条件等都要以烃类蒸气压数据为依据。

纯烃和其他纯液体一样，其蒸气压随液体的温度和摩尔汽化热的不同而不同。液体的温度愈高，摩尔汽化热愈小，则蒸气压愈高。对于同一族烃类，在同一温度下，相对分子质量较大的烃类的蒸气压较小，就某一种纯烃而言，其蒸气压是随着温度的升高而增大的。石油是各种烃类的复杂混合物，因此其蒸气压不仅取决于温度，同时也取决于其组成。在一定的温度下，只有其气相、液相或整体组成一定，其蒸气压才是定值。

石油馏分的蒸气压一般可分为两种情况：一种是工艺计算中常用的，汽化率为零时的蒸气压，即泡点蒸气压或称之为真实蒸气压；另一种是汽油规格中所用的雷德蒸气压。雷德蒸气压按国家标准 GB/T 8017—1987 进行测试。

（2）沸程

对于纯化合物在一定外压下，当加热达到某一温度时，其饱和蒸气压和外界压力相等时的温度，称为该液体在该外压下的沸点。在一定的外压下，沸点是一个恒定值。石油产品与纯化合物不同，在一定的外压下其沸腾温度并不是恒定的，随着气化过程中液相里较重组分的不断富集，其沸点会逐渐升高。所以，对于石油馏分这种组成复杂的混合物，一般常用沸点范围来表征其蒸发及气化性能。沸点范围又称为沸程。在某一沸程或温度范围内蒸馏出的馏出物称为馏分。它还是一个混合物，只不过包含的组分数目少一些。

在石油产品的质量控制或原油的初步评价时，实验室常用比较粗略而又最简便的馏程测定（恩氏蒸馏）来测定油品的沸点范围。馏程测定是一种在标准设备中，按照石油产品蒸馏测定法 GB/T 6536—1997 规定的方法进行的简单蒸馏。恩氏蒸馏装置如图 11-1 所示。

当油品进行加热蒸馏时，馏出第一滴冷凝液时的气相温度，称为初馏点。继续加热，烃类分子按其沸点高低逐渐馏出，气相温度也逐渐升高，直到沸点最高的烃分子最后汽化出来为止。蒸馏所能达到的最高气相温度称为终馏点或干点。蒸馏完毕后剩余的物质称为残留物（或残渣）。馏出体积为 10%、50%、90% 时的气相温度分别称为 10%点、50%点、90%点馏出温度。

在生产实际中常称初馏点、10%点、50%点、90%点、干点（或分的更细些）这一组数据为油品的馏程。馏程是评价石油产品蒸发性的主要指标。从馏程可以看出油品的沸点范围，又可以判断油品组分的轻重。根据馏程可确定加工和调和方案、检查工艺和操作条件，控制产品质量和使用性能。

根据馏程测定的数据，以气相馏出温度为纵坐标，以馏出体积百分数为横坐标，绘制成的曲线称为油品的恩氏蒸馏曲线，图 11-2 为大庆原油中汽油、喷气燃料及轻柴油馏分的蒸馏曲线。由图可见，这些曲线的

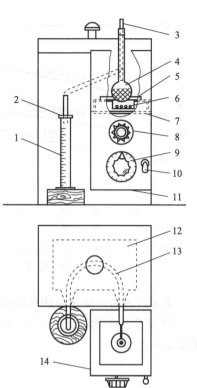

图 11-1　石油产品蒸馏测定法（采用电加热器）
1—量筒；2—吸水纸；3—温度计；4—蒸馏烧瓶；5—石棉板；6—电加热元件；7—蒸馏烧瓶支架平台；8—蒸馏烧瓶调节旋钮；9—热量调节盘；10—开关；11—无底罩；12—冷凝器；13—冷凝管；14—金属罩

形状是相似的，其中，10%～90% 这一段很接近于直线。因此，往往可以用蒸馏曲线的 10%～90% 之间的斜率 S(℃/%) 来表示该油品沸程的宽窄，具体计算如下式：

$$斜率\ S = \frac{90\%馏出温度 - 10\%馏出温度}{90 - 10}$$

此斜率越小，表示其沸程越窄。

（3）平均沸点

恩氏蒸馏馏程虽然在原油评价和油品规格上用处很大，但在工艺计算中却不能直接应用，因此引出了平均沸点的概念。严格说来平均沸点并无物理意义，但在工艺计算及求定其他物理常数时却很有用。平均沸点有多种表示法，其求法和用途也各不一样。

① 体积平均沸点 t_V。体积平均沸点是最容易求得的。因为油品恩氏蒸馏的馏出量是以体积为单位的，所以将恩氏蒸馏的馏出温度平均值称为油品的体积平均沸点。

$$t_V = \frac{t_{10} + t_{30} + t_{50} + t_{70} + t_{90}}{5} \tag{11-1}$$

式中，t_{10}、t_{30}、…、t_{90} 恩氏蒸馏 10%、30%、…、90%的馏出温度，℃。

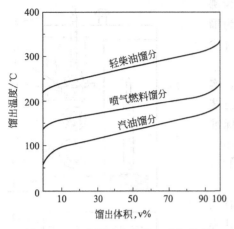

图 11-2　大庆原油中汽油、喷气燃料
及轻柴油馏分的馏程

体积平均沸点是加权平均值。上式中每一个馏出温度均代表每馏出 20％体积时馏出温度的平均值，即以 t_{10} 作为馏出 0～20％这一段体积时馏出温度的平均值，t_{30} 作为馏出 20％～40％这一段体积时馏出温度的平均值等。

体积平均沸点主要用于求取其他难于直接求得的平均沸点。

② 重量平均沸点 t_w。油品中各组分的重量分数和相应的馏出温度的乘积之和称为重量平均沸点。

$$t_w = \sum_{i=1}^{n} w_i t_i \quad (11\text{-}2)$$

式中，t_w 为重量平均沸点，℃；w_i 为各组分的重量分数；t_i 为各组分的沸点，℃。

当采用图表求取油品的真临界温度时用重量平均沸点。

③ 实分子平均沸点 t_m。实分子平均沸点是油品中各组分的分子分数和相应的馏出温度乘积之和。

$$t_m = \sum_{i=1}^{n} x_i t_i \quad (11\text{-}3)$$

式中，t_m 为实分子平均沸点，℃；x_i 为各组分的分子分数；t_i 为各组分的沸点，℃。

对于石油窄馏分，如果沸程只有几十度时，可简略地用恩氏蒸馏 50％馏出温度代替实分子平均沸点。当用图表求烃类混合物或油品的假临界温度和偏心因子时需用实分子平均沸点。实分子平均沸点可简称为分子平均沸点。

④ 立方平均沸点 T_{cu}。立方平均沸点是油品中各组分的体积分数和相应馏出温度的立方根乘积之和的立方。

$$T_{cu} = (\sum_{i=1}^{n} v_i T_i^{\frac{1}{3}})^3 \quad (11\text{-}4)$$

式中，T_{cu} 为立方平均沸点，K；v_i 为各组分的体积分数；T_i 为各组分的沸点，K。
用图表求取油品的特性因数和运动黏度时用立方平均沸点。

⑤ 中平均沸点 t_{me}。中平均沸点是实分子平均沸点与立方平均沸点的算术平均值。

$$t_{me} = \frac{t_m + t_{cu}}{2} \quad (11\text{-}5)$$

式中，t_{me} 为中平均沸点，℃。

中平均沸点用于求油品氢含量、特性因数、假临界压力、燃烧热和平均分子量等。

上述五种平均沸点，除了体积平均沸点可根据油品恩氏蒸馏数据直接计算外，其他几种都难以直接计算。因此通常总是先利用恩氏蒸馏数据求得体积平均沸点，然后再从体积平均沸点利用图表求出其他各种平均沸点。

2. 密度、平均密度、特性因数和平均分子量

(1) 密度和相对密度

油品的密度和相对密度在生产和储运中有着重要意义。如在产品计量、原油分类、工艺设计和计算等处常用到。有的石油产品如航空煤油在质量指标中对密度有严格的要求。由于相对密度与原油或产品的物理性质、化学性质有关，所以相对密度不单是石油和油品的重要特性之一，也是用来联系油品其他物理、化学性质的一个重要常数。

物质的密度是该物质单位体积的质量。油品的体积随温度变化，在不同温度下，同一油品的密度是不相同的，所以应标明温度。油品在 t℃时的密度用 ρ_t 来表示。我国规定油品 20℃时密度作为石油产品的标准密度，表示为 ρ_{20}。

液体油品的相对密度是其密度与规定温度下水的密度之比，是无因次的。因为水在 4℃ 时的密度等于 $1 \mathrm{g/cm^3}$，所以通常以 4℃水为基准，将温度为 t℃的油品密度对 4℃时水的密度之比称为相对密度，常写为 d_4^t，它在数值上等于油品在 t℃时的密度，因此可以说液体油品的相对密度与密度在数值上相等。

我国常用的相对密度是 d_4^{20}，国外常用 $d_{60°F}^{60°F}$，若换算为摄氏温度，则为 $d_{15.6℃}^{15.6℃}$。

在欧美各国液体相对密度常以比重指数表示，称为 API 度，它与 $d_{15.6}^{15.6}$ 的关系如下：

$$\mathrm{API} = \frac{141.5}{d_{15.6}^{15.6}} - 131.5 \tag{11-6}$$

随着相对密度增大，比重指数的数值下降。

表 11-12 列出了原油及其石油馏分相对密度的大致范围。

表 11-12　石油及其馏分的相对密度

石油及其馏分	石油	汽油	航空煤油	轻柴油	减压馏分	减压渣油
相对密度 d_4^{20}	0.8～1.0	0.70～0.77	0.78～0.83	0.82～0.87	0.85～0.94	0.92～1.00

温度升高油品受热膨胀，体积增大，密度减小，相对密度减小，反之则增大。不同温度下的油品相对密度可按经验式相互换算或查专门图表获取。液体受压后体积变化很小，通常压力对液体油品密度的影响可以忽略。只有在几十兆帕的极高压力下才考虑压力的影响，具体运用可从有关图表中查得。

油品相对密度取决于组成它的烃类分子大小及化学结构。

表 11-13 列出了几种烃类的相对密度，从表中可以看出相同碳原子数的烃类，以芳香烃的相对密度为最大，环烷烃次之，烷烃最小。

表 11-13　各族烃类的相对密度 d_4^{20}

烃类	C_6	C_7	C_8	C_9	C_{10}
正构烷烃	0.6594	0.6837	0.7025	0.7161	0.7300
正构 α-烯烃	0.6732	0.6970	0.7149	0.7292	0.7488
正烷基环己烷	0.7785	0.7694	0.7879	0.7936	0.7992
正烷基苯	0.8789	0.8670	0.8670	0.8620	0.8601

表 11-14 为原油及其馏分相对密度的一般范围，显然沸程愈高的馏分其相对密度愈大。表 11-14 中大庆、胜利、孤岛、羊三木 4 种原油各馏分的相对密度数据表明，不同原油的相同沸程的馏分的相对密度是有相当差别的，而且是与原油的基属有关，其大小顺序为：环烷基的＞中间基的＞石蜡基的。显然，这是由其族组成所决定的。环烷基原油的馏分中环烷烃及芳香烃含量较高，所以其相对密度也较大，而石蜡基原油的相应馏分中则烷烃含量较高，因而其相对密度较小。所以，对于沸点范围相近的馏分，根据其密度的大小即可大致判明其化学属性。

表 11-14　不同原油各馏分的相对密度 d_4^{20}

馏分(沸程/℃)	大庆原油	胜利原油	孤岛原油	羊三木原油
初馏～200	0.7432	0.7446		0.7650
200～250	0.8039	0.8204	0.8625	0.8630
250～300	0.8167	0.8270	0.8804	0.8900
300～350	0.8283	0.8350	0.8994	0.9100
350～400	0.8368	0.8606	0.9149	0.9320
400～450	0.8574	0.8874	0.9349	0.9433
450～500	0.8723	0.9067	0.9390	0.9483
>500	0.9221	0.9698	1.002	0.9820
原油	0.8554	0.9005	0.9495	0.9492
原油基属	石蜡基	中间基	环烷-中间基	环烷基

(2) 特性因数

特性因数是表示烃类和石油馏分化学性质的一个重要参数。在分析油品相对密度时我们知道，不同沸点范围的石油馏分相对密度各不相同，平均沸点越高，相对密度越大；相同沸点范围的石油馏分相对密度也会因化学组成不同而不相同，含烷烃高的油品相对密度小，含芳香烃多的油品相对密度大。由此可见石油馏分的相对密度、平均沸点和它的化学组成三者之间存在一定的关系。

由此，人们总结出特性因数的数学表达式：

$$K = \frac{1.216 T^{1/3}}{d_{15.6}^{15.6}} \tag{11-7}$$

式中，K 为特性因数；T 为烃类的沸点，K；$d_{15.6}^{15.6}$ 为烃类的相对密度。

上式中的 T 最早用的是分子平均沸点，后改用立方平均沸点，近年来又多使用中平均沸点。

表 11-15 列出了几种烃类的特性因数。可以看出，烷烃的 K 值最大，芳香烃的 K 值最小，环烷烃的 K 值介于二者之间。研究表明，富含烷烃的石油馏分 K 值为 12.5～13.0，富含环烷烃和芳香烃的馏分 K 值为 10～11。这说明特性因数 K 也可以用来大致表征石油馏分的化学组成特性。表 11-16 列出了国内石油特性因数及其基属。可以看出，我国石油大多具有较高的 K 值。

表 11-15　烃类的特性因数

化合物	特性因数 K	化合物	特性因数 K
正己烷	12.81	丙基环己烷	11.51
正庚烷	12.71	丁基环己烷	11.64
正辛烷	12.67	苯	9.72
正壬烷	12.66	甲苯	10.14
正癸烷	12.67	乙苯	10.36
环己烷	10.98	丙苯	10.62
甲基环己烷	11.32	丁苯	10.83
乙基环己烷	11.36		

表 11-16　国内石油特性因数及其基属

石油	特性因数 K	原油基属
大庆	12.0～12.6	石蜡基
华北	11.9～12.5	石蜡基
中原	11.7～12.6	石蜡基
新疆	11.8～12.4	石蜡-中间基
胜利	11.2～12.2	中间基
辽河	11.4～11.9	中间基
孤岛	11.1～11.7	环烷-中间基
羊三木	11.1～11.7	环烷基

特性因数对于了解石油及其馏分的化学性质、分类、确定原油加工方案等是很有用的，也可以利用特性因数及相对密度或平均沸点来求定油品其他理化常数如分子量、热焓等。混合物的特性因数可认为具有可加性，等于各组分的重量分数与其特性因数乘积之和。

（3）平均分子量

由于石油和石油产品是各种烃类的复杂混合物，所以分子量为其各组分分子量的平均值，因而常称为平均分子量。石油馏分的平均分子量在工艺计算中是必不可少的。对于石油及其产品这种不均一的多分散体系，用不同的统计方法可以得到不同定义的平均分子量，石油常用的平均分子量有两种，数均分子量和重均分子量。其中数均分子量是应用最广泛的一种平均分子量，它的定义是体系中具有各种分子量的分子的摩尔分率与其相应的分子量的乘积的总和，也就是体系的质量除以其中所含各类分子的摩尔数总和的商。数均分子量的测定方法依据溶液的依数性，具体方法有冰点降低法、沸点升高法、蒸气压渗透法和渗透压法等，其中对于石油常用的是冰点降低法和蒸气压渗透法，沸点上升法极少用于石油。而渗透压法则是适用于分子量几万到上百万的高分子体系的。

石油馏分的平均分子量随沸点升高而增大。石油各馏分的平均分子量见表 11-17。

表 11-17　石油各馏分的平均分子量

馏分	沸点范围/℃	碳数范围	平均碳数	平均分子量
汽油馏分	<200	C_5～C_{11}	8	100～120
轻柴油馏分	200～350	C_{11}～C_{20}	16	220～240
减压馏分	350～500	C_{20}～C_{35}	30	370～400
减压渣油	>500	>C_{35}	70	900～1100

同一沸点范围的石油馏分若来自不同原油，其分子量亦不相同。这是由于这些馏分的烃类组成、化学组成和结构不相同的缘故。

3. 黏度和黏温性质

黏度是评定油品流动性的指标，是油品特别是润滑油质量标准中的重要项目之一。在油品流动及输送过程中，黏度对流量、压降等参数起重要作用，因此又是工艺计算过程中不可缺少的物理常数。任何真实流体，当其内部分子作相对运动时都会因流体分子间的摩擦而产生内部阻力。黏稠液体比稀薄液体流动困难，这是因为黏稠液体在流动时产生的分子内摩擦阻力较大的缘故。黏度值就是用来表示流体流动时分子间摩擦产生阻力大小的标志。

(1) 黏度的表示方法

黏度可用动力黏度、运动黏度和条件黏度等来表示。

① 动力黏度。两液体层相距 1cm，其面积各为 1cm²，相对移动速度为 1cm/s 时所产生的阻力叫动力黏度。动力黏度又称绝对黏度，通常用 η 表示，单位为 Pa·s。

② 运动黏度。液体的动力黏度与同温度、同压力下液体密度之比称为运动黏度。

在炼油工艺计算中广泛采用运动黏度。运动黏度的单位是斯。油品质量指标中运动黏度的单位常用 mm^2/s（厘斯）。石油产品运动黏度测定和动力黏度计算按 GB 265—1988 进行。

③ 条件黏度。除了上述两种黏度外，在石油商品规格中还有各种条件黏度，如恩氏黏度、赛氏黏度、雷氏黏度等。它们都是用特定仪器在规定条件下测定的。例如恩氏黏度是将 200ml 的油品置于恩氏黏度计中使其 t℃时通过底部特定尺寸的细孔所需流出时间与同体积蒸馏水在 20℃时通过同一细孔所需时间的比值，即该油品 t℃时的恩氏黏度，按 GB/T 266—1988 进行。赛氏和雷氏黏度是在赛氏和雷氏黏度计中测定油品在 t℃时的黏度，也是计量一定体积的油品在 t℃时通过规定尺寸的管子所需要的时间，直接用秒数作为黏度的数值而不是比值。在欧美各国常用这类条件黏度。

各种黏度计所测定的黏度，其表示方法和单位往往各不相同。它们之间的换算可利用图表来进行。

(2) 黏度与化学组成的关系

黏度反映了液体内部分子的摩擦，因此它必然与分子的大小和结构有密切关系。

当相对密度增大，平均沸点升高时，也就是说油品中烃类分子增大时则黏度迅速上升。

当油品的平均沸点相同时，不同性质的原油，则其特性因数不同，所以黏度也不同。随着特性因数 K 值的减小，黏度增大，即相同沸点范围的馏分，含环状烃（K 值小）多的会比含烷烃（K 值大）多的油品具有更高的黏度。

(3) 黏度与压力的关系

除水以外任何液体的黏度均随压力的增高而增大。试验表明在 4MPa 以下，压力对油品黏度的影响不大，高于这个压力值，油品黏度随压力升高而增大。在 7MPa 时油品黏度比常压黏度提高 20%~25%，20MPa 时比常压黏度提高 50%~60%，60MP 时则比常压黏度提高 250%~350%。可见油品黏度在高压下显著增大。因此在工艺计算中凡压力在 4MPa 以上的设备（如加氢装置等）应对油品的常压黏度作压力校正。

油品黏度因压力增高而发生的变化与分子结构有关。分子构造复杂，环上的碳原子数愈多则黏度因压力增高而变化的愈快。沥青质和环烷-芳香族油品黏度因压力增高而变化比石蜡基油品要快。在极高的压力下（500~1000MPa），润滑油因黏度增大而失去流动性变为塑性物质，这对于在重负荷下应用的润滑油（如齿轮油）特别重要。

(4) 黏度与温度的关系

温度对液体的黏度有极其重要的影响。温度升高时液体分子的运动速度增大，分子间互相滑动比较容易。同时由于分子间距离增大，分子间引力相对减弱，所以液体的黏度总是随温度的升高而降低。油品与所有液体一样，其黏度同样随温度升高而降低、温度降低而升高，所以使用黏度数值时应标明温度。

油品黏度随温度变化的性质称为黏温性质。油品黏度与温度的关系一般用经验式来确定：

$$\lg\lg(v+a)=b+m\lg T \tag{11-8}$$

式中，v 为油品的运动黏度，mm^2/s；a、b、m 为与油品有关的经验常数，对于我国的石油产品，常数 a 取 0.6 较为合适；T 为油品的绝对温度，K。

对润滑油来说，希望在温度升高时黏度不要下降太大；而在温度降低时黏度也不过分增高，以保持其润滑性能及冬夏两季的通用性，就是说黏度随温度变化的幅度不要过大。

油品黏温性质的表示方法有许多种，最常用的有两种，即黏度比和黏度指数。

① 黏度比。采用两个不同温度下的黏度之比来表示油品的黏温性质。常用的黏度比是 50℃与 100℃运动黏度的比值，但它只能表示 50~100℃间的黏温关系，反映不出低温下的情况，因而也有用-20℃与 50℃黏度之比来表示的。

黏度比越小，说明油品的黏度随温度变化越小，黏温性质越好。这种表示法比较直观，可以直接得出黏度变化的数值。油品黏度大，其黏度随温度的变化就大，因此黏度比只适用于比较黏度相近的油品的黏温性质，如果两种油品的黏度相差很大，用黏度比就不能判断其黏温性质的优劣。

② 黏度指数 VI。它是衡量润滑油黏度受温度影响变化程度的一个相对比较指标。用黏度指数来表示油品的黏温性质是国际通用方法，我国也采用此方法。为了进行比较，要把一种黏温性质较好的油（宾夕法尼亚原油）切割成黏度不同的窄馏分，把这一组标准油称为 H 组，黏度指数定为 100；把另一组黏温性质较差的油（德克萨斯海湾沿岸原油）切割成另一组标准油称为 L 组，黏度指数定为 0。然后测定每一窄馏分在 100℃及 40℃的黏度，在二组中分别选出 100℃黏度相同的两个窄馏分组成一对列成表格。

若欲确定一未知油品的黏度指数时，先测定其在 40℃和 100℃时的黏度，然后在表中选出 100℃时与试油黏度相同的标准组按下式计算黏度指数。

当黏度指数为 0~100 时：

$$\mathrm{VI}=\frac{L-U}{L-H}\times 100 \tag{11-9}$$

当黏度指数等于或大于 100 时：

$$\mathrm{VI}=\frac{10^N-1}{0.00715}+100 \tag{11-10}$$

$$N=\frac{\lg H-\lg U}{\lg Y} \tag{11-11}$$

式中，U 为试油在 40℃的黏度，mm^2/s；Y 为试油在 100℃的黏度，mm^2/s；H 为与试油 100℃运动黏度相同，黏度指数为 100 的 H 标准油在 40℃的运动黏度，mm^2/s；L 为与试油 100℃运动黏度相同，黏度指数为 0 的 L 标准油在 40℃的运动黏度，mm^2/s。

(5) 油品的混合黏度

在炼油厂中润滑油等产品常常用两种或两种以上馏分调和以后出厂，因此需要确定油品混合物的黏度。黏度没有可加性，相混合的两组分其组成及性质相差愈远，黏度相差愈大。混合后的黏度常比用加和法计算出的黏度小。工业上计算混合物黏度的方法很多，有很多经验公式和图表。

(6) 石油及石油馏分的黏度和黏温性质

石蜡基及中间基的原油均含有一定量的蜡，这样，它们在较低温度下往往呈现出非牛顿流体的特性。所以，对于原油或其重馏分除测定其不同温度下的黏度外，往往还要测定其流变曲线，以便了解其黏度随剪切速率的变化情况，这对于原油和重质油的输送和利用都是很重要的。

表 11-18 中的数据表明，石油各馏分的黏度都是随其沸程的升高而增大的，这一方面是由于其相对分子质量增大，更重要的是由于随馏分沸程的升高，其中环状烃增多所致。当馏分的沸程相同时，石蜡基原油的黏度最小，环烷基的最大，中间基的居中。至于黏温性质，则以石蜡基原油馏分的最好，中间基的次之，环烷基的最差。这些显然是由其化学组成所决定的，也就是说在石蜡基原油中含有较多的黏度较小的黏温性质较好的烷烃和少环长侧链的环状烃，而在环烷基原油中，则含较多的黏度较大而黏温性质不好的多环短侧链的环状烃。

表 11-18　石油减压馏分的黏度比和黏度指数

原油	沸程/℃	$v_{50}/(mm^2/s)$	$v_{100}/(mm^2/s)$	黏度比 v_{50}/v_{100}	黏度指数 VI
大庆 （石蜡基）	350~400	6.91	2.66	2.60	200
	400~450	15.82	4.65	3.40	140
	450~500	—	8.09	—	—
新疆 （中间基）	350~400	13.00	3.70	3.51	80
	400~450	39.74	7.45	5.33	70
	450~500	128.8	16.20	7.95	60
孤岛 （环烷-中间基）	350~400	16.03	3.99	4.02	40
	400~450	102.0	12.15	8.40	12
	450~500	219.3	19.22	11.41	0
羊三木 （环烷基）	350~400	23.27	4.72	4.93	0
	400~450	146.3	13.66	10.71	−35
	450~500	356.9	23.37	15.27	<−100

4. 热性质

炼油工艺的设计计算离不开各种油品的热性质。最常用的热性质有比热、汽化潜热、热焓等。虽然油品的各种热性质可用实验方法确定，但都比较复杂。在工艺计算中，一般都是通过一些经验公式或图表来确定的。

(1) 比热容

单位物质（按重量或按分子计）温度升高 1℃ 所需要的热量称为比热容或热容。其国际单位是 kJ/kg·℃。

油品温度由 t_1 升高到 t_2 所需的热量为 Q，则油品在 $t_1 \sim t_2$ 间的平均比热容为：

$$C_{平} = \frac{Q}{t_2 - t_1} \tag{11-12}$$

气体和石油蒸汽的比热容随着压力及体积的变化而变化，所以有恒压比热容与恒容比热容之分。恒压比热容 C_p 比恒容比热容 C_v 大，差值相当于气体膨胀时所做的功。

烃类的分子比热容随温度和分子量的增加而增加。碳原子数相同的烃类中，烷烃比热容最大，环烷烃次之，芳烃的比热容最小。因为分子量的变化较相对密度变化更为明显，所以油品愈重，分子量愈大时，以单位重量计算的比热容值反而下降。液体油品的比热容因温度和油品性质不同而异，可由图表查得。

(2) 汽化潜热

单位物质在一定温度下由液态转化为气态所需的热量称为汽化潜热，用 Δh 表示，单位为 kJ/kg。所谓潜热是指物质在汽化或冷凝时所吸收或放出的热量，此时并无温度的变化。

如果没有特别注明，通常指常压沸点下的汽化潜热。当温度和压力升高时，汽化潜热逐渐减小，到临界点时，汽化潜热等于零。

油品越重，蒸发潜热越低。油品蒸发潜热随分子量的增加而减小。

油品烃类组成对蒸发潜热也有影响，烷烃蒸发潜热最小，环烷烃较大，芳香烃最大。这就是说当分子量与平均沸点相同时，含烷烃多的油品蒸发潜热比含芳香烃多的低。

石油馏分常压汽化潜热根据中平均沸点、相对密度和分子量这三个数据中的两个，直接查出常压沸点时的汽化潜热。

(3) 热焓

在炼油工艺设计计算中广泛地应用热焓，因为它比比热、汽化潜热应用起来更为简便。

使1kg油品从某一基准温度加热到 t ℃（包括相变化在内）所需要的热量称为热焓，以 kJ/kg 表示。

基准状态是任意选定的，基准状态的压力通常都选用常压。基准状态的温度则各不相同，对烃类来说，多采用－129℃，油品热焓的基准温度一般为－17.8℃，而有些常用气体焓的基准温度为0℃。任何一种物质的焓值在基准温度时都人为地定为零，而实际上各种物质（例如烃类）在同一基准温度的绝对焓值并不是相等的，因此从焓图查得的焓值不能用来计算化学反应中的热效应。对于物理变化过程，只要基准温度相同，就可以通过焓值的加减来计算过程的热效应，在计算中，任意的基准条件均被相互抵消。

油品的焓值是油品性质、温度和压力的函数。不同性质的油品从基准温度恒压升温至某个温度时所需的热量不同，因此其焓值也不同。在同一温度下，相对密度小及特性因数大的油品具有较高的焓值。在同一温度下，汽油的焓值高于润滑油的焓值，烷烃的焓值高于芳香烃的焓值。压力对液相油品的焓值影响很小，可以忽略，但是压力对气相油品的焓值却有较大的影响，因此对于气相油品，在压力较高时必须考虑压力对焓值的影响。

在工艺计算中，纯烃及常用气体的焓可由有关图表查得。按可加性法则，石油馏分的焓可根据组成通过纯烃的焓求定，但多数情况下是利用石油馏分焓图。当油品处于气、液混相状态时，应分别求定气、液相的性质，在已知汽化率的情况下按可加性求定其焓的变化。

5. 其他物理性质

(1) 低温流动性

油品在低温下使用的情况很多，例如我国北方，冬季气温可达零下 30~40℃左右，室外的机器或部件如发动机在启动前使用温度和气温基本相同，对发动机燃料和各种润滑油就要求具有相应的低温流动性能，同时油品的低温流动性对其输送也有重要意义。

油品在低温下失去流动性的原因有两个，含蜡量极少的油品，当温度降低时黏度迅速增加，最后因黏度过高而失去了流动性，变成为无定形的玻璃状物质，这种情况称为黏温凝固；对于含蜡较多的油品来说，油品冷却时，油中所含的蜡就逐渐结晶出来，当析出的蜡逐渐增多形成一个网状的骨架后，将尚处于液体状态的油品包在其中，使整个油品失去了流动性，这种情况称为构造凝固。相应的失去流动性的温度称为凝点（或凝固点）。从上述分析可以看出，所谓凝固即油品失去流动性的状态，实际上并未凝成坚硬的固体，所以凝固一词并不确切。

对于油品来说，并不是在失去流动性的温度下才不能使用，而是在比凝固点更高的温度下就有结晶析出，就会妨碍发动机的正常工作。因此对不同油品规定了浊点、结晶点、冰点、凝点、倾点和冷滤点等一系列评定其低温性能的指标，这些指标都是在特定仪器中按规定的标准方法测定的。

浊点、结晶和冰点：油品在规定条件下冷却，开始呈现浑浊时的最高温度称为浊点。这是由于油品中出现了许多肉眼看不到的微小晶粒，使其不再呈现透明状态所至，在油品到达浊点后，若将其继续冷却，则可出现肉眼观察到的结晶，此时的最高温度称为结晶点。浊点和结晶点的测定按 SH/T 0179—2000 标准方法进行。

冰点是油品在测定条件下，冷却至出现结晶后，再使其升温至所形成的结晶消失时的最低温度。测定按 GB/T 2430—1981 标准方法进行。结晶点和冰点之差不超过 3℃。

浊点是灯用煤油的质量指标之一，浊点高的灯油在冬季室使用时会出现堵塞灯芯现象。结晶点和冰点主要是用来评定航空汽油和喷气燃料，我国习惯用结晶点，而欧美等国则采用冰点作为质量指标。航空汽油和喷气燃料在低温下使用时，若出现结晶就会堵塞输油管路和滤清器，使供油不足甚至中断，这对高空飞行来说是非常危险的。

凝点和倾点：油品的凝固过程是一个渐变的过程，所以与测定条件有关。常以油品在试验规定条件下冷却到液面不移动时的最高温度称为凝点。测定按 GB510—1983 标准方法进行。倾点则是油品在试验规定的条件下冷却时，能够继续流动的最低温度，又称流动极限，是按 GB/T 3535—2006 标准方法测定的。

凝点和倾点都是评定原油、柴油、润滑油、重油等油品低温性能的指标。我国惯于使用凝点，欧美各国则使用倾点。

浊点、倾点、凝点均可作为评定柴油低温流动性能的指标，但实践证明，柴油在浊点时仍能保持流动，若用浊点作为柴油最低使用温度的指标则过于苛刻。倾点是柴油的流动极限，凝点时已失去流动性能，因此若以倾点或凝点作为柴油的最低使用温度的指标又嫌偏低，不够安全。经过大量行车试验和冷启动试验表明，柴油的最低使用温度是在浊点和倾点之间的某一温度——冷滤点。

冷滤点是指在规定条件下，油品开始不能通过滤清器 20ml 时的最高温度。冷滤点测定的方法原理是模拟柴油在低温下通过滤清器的工作状况而设计的。测定按 SH/T 0248—2006 标准方法进行。

(2) 燃烧性能

石油产品绝大多数都用作燃料。油品是极易着火的物质。因此研究油品与着火、爆炸有关的几种性质如闪点、燃点和自燃点等对于石油及其产品的贮存、运输、应用和炼制的安全有极其重要的意义。石油产品燃烧发出的热量，更是获得能量的重要来源。

① 闪点。闪点是指可燃性液体（如烃类及石油产品）的蒸气同空气的混合物在有火焰接近时，能发生闪火（一闪即灭）的最低温度（油温）。

在闪点温度下，只能使油蒸气与空气组成的混合气燃烧，而不能使液体油品燃烧。这是因为在闪点温度下液体油品蒸发较慢，油气混合物很快烧完后，来不及再立即蒸发出足够的油气使之继续燃烧，所以在此温度下，点火只能一闪即灭。

这种闪火想象的实质是爆炸。油气和空气的混合气并不是在任何浓度下都能闪火爆炸。闪火的必要条件是混合气中烃或油气的浓度要有一定范围。低于这一范围，油气不足，高于这一范围，则空气不足，均不能闪火爆炸。因此这一浓度范围就称为爆炸界限，其下限浓度称为爆炸下限，上限浓度称为爆炸上限。

将油品加热时，温度逐渐升高，液面上的蒸气压也升高，在空气混合气中，油蒸气的浓度逐渐增加到一定程度就达到爆炸下限，然后再增至爆炸上限。油品的闪点通常都是指达到爆炸下限的温度。而汽油则不同，在室温下汽油的蒸气压较高。在混合气中其蒸气浓度已大大超过爆炸上限，只有冷却降低汽油的蒸气压，才能达到发生闪火时的蒸气浓度，故测得汽油的闪点是它的爆炸上限时的温度。

测定油品闪点的方法有两种：一种为闭口杯闪点，油品蒸发是在密闭的容器中进行的，对于轻质石油产品和重质石油产品都能测定，按 GB/T 261—2008 或 SH/T 0733—2004 标准方法进行；另一种为开口杯闪点，测定时油蒸气可以自由地扩散到空气中，一般用于测定重质油料如润滑油和残渣油等的闪点，按 GB/T 3536—2008 或 SH/T 0768—2005 标准方法进行。油品的开口杯闪点值比闭口杯闪点值高，且油品闪点越高，两者的差别越大。

油品的闪点与馏分组成、烃类组成及压力有关。油品的沸点越高，其闪点也越高。如减压渣油的闪点（开口杯）高达 300℃以上，减压馏分油的闪点（开口杯）约在 200～300℃ 之间，柴油馏分的闪点（闭口杯）为 50～70℃。但只要有极少量轻质油品混入到高沸点油品中，就可以使其闪点显著降低。

② 燃点和自燃点。在油品达到闪点温度以后，如果继续提高温度，则会使闪火不立即熄灭，生成的火焰越来越大，熄灭前所经历的时间也越来越长，当到达某一油温时，引火后所生成的火焰不再熄灭（不少于 5s），这时油品就燃烧了，发生这种现象的最低温度（油温）称为燃点。显然燃点也是条件性的数值。按 GB/T 267—1988 标准方法进行测定。

汽化器式发动机燃料、喷气燃料以及锅炉燃料等的燃烧性能与燃点是有关系的。测定闪点和燃点的时候需要从外部引火。如果将油品预先加热到很高温度，然后使之与空气接触，则无须引火，油品即可因剧烈的氧化而产生火焰自行燃烧，这就是油品的自燃。能发生自燃的最低温度（油温），称为自燃点。

油品的沸点越低，则越不易自燃，故自燃点也就愈高。这一规律似乎与通常的概念——油愈轻愈容易着火相矛盾。事实上这里所谓的着火，应该是指被外部火焰所引着，相当于闪点和燃点。油越轻，其闪点和燃点越低，但自燃点却越高。

自燃点与化学组成有关。烷烃比芳香烃容易氧化，所以烷烃的自燃点比较低。在同族烃中，随分子量升高，自燃点降低。

自燃点是油品的一个重要性质。柴油在柴油机中的燃烧就是靠它能在一定条件下发生自燃。此外，当炼油装置高温管线接头、法兰或炉管等地方漏出热油时，一遇空气往往会燃烧起来而发生火灾，这种现象与油品自燃点有密切关系。我国原油大多数为石蜡基原油，自燃点较低，应特别注意安全。

③ 发热值。油品完全燃烧时放出的热量称为发热量（或热值），国际单位为 kJ/kg。它是加热炉工艺设计中的重要数值，也是某些燃料规格中的指标。

石油和油品主要是由碳和氢组成的。完全燃烧后的主要生成物为二氧化碳和水。依照燃烧后水存在的状态不同，发热值可分为高热值和低热值。

高热值又称为理论热值。它规定燃料燃烧的起始温度和燃烧产物的最终温度均为 15℃，并且是燃烧生成的水蒸气完全被冷凝成水，所放出的热量。

低热值又称为净热值。它与高热值的区别在于燃烧生成的水是以蒸汽状态存在。因此，如果燃料中不含水分，高、低发热值之差即为 15℃ 和其饱和蒸气压下水的蒸发潜热。

在实际燃烧中，排出烟气的温度要比水蒸气冷凝温度高得多，水分并没有冷凝，而是以水蒸气状态排出。所以在通常计算中，均采用低热值。

组成石油产的各种烃类的低热值约在 39775～43961kJ/kg 之间。当碳原子数相同时，各种烃类的热值依烷烃、环烷烃、芳香烃的顺序递减。

石油及其馏分的发热值见表 11-19。

表 11-19　石油及其馏分的发热值

石油产品	高热值/(kJ/kg)	石油产品	高热值/(kJ/kg)
原油	43000~46000	煤油和柴油	44000~47000
汽油	46000~48000	燃料油	40000~43000

(3) 溶解性质

① 苯胺点。苯胺点是石油馏分的特性数据之一，它也能反映油品的组成和特性。

烃类在溶剂中的溶解度决定于烃类和溶剂的分子结构，两者的分子结构越相似，溶解度也越大，升高温度能增大烃类在溶剂中的溶解度。在较低温度下将烃类与溶剂混合，由于两者不完全互溶而分成两相，加热此混合物，因为溶解度随温度升高而增大，当加热至某温度时，两者就达到完全互溶，界面消失，此时的温度即为该混合物的临界溶解温度。因此临界溶解温度低也就反映了烃类和溶剂的互溶能力大，同时也说明了两者的分子结构相似程度高。溶剂比不同时，临界溶解温度也不同，苯胺点就是以苯胺为溶剂，与油品以 1:1（体）混合时的临界溶解温度。

分子量相近的各类烃中，芳香烃的苯胺点比烷烃和环烷烃都低很多，而多环芳烃的苯胺点则比单环芳烃更低。至于对同族烃类而言，苯胺点虽随着分子量增大而升高，但是上升的幅度却很小，因此油品或烃类的苯胺点可以反映它们的组成特性，根据油品的苯胺点可以求得柴油指数、特性因数、分子量等。

② 水在油品中的溶解度。水在油品中的溶解度很小，但对油品的使用性能却会产生很坏的影响，其原因主要是水在油品中的溶解度随温度而变化，当温度降低时溶解度变小，溶解的水就析出成为游离水。

从炼油厂装置中送出的汽、煤、柴油成品的温度往往在 40℃ 左右，贮运过程中温度降低时就有游离水析出，这些水大部分沉积在罐底，一部分仍保留在油品中。微量的游离水存在于油品中使油品贮存安定性变坏，引起设备腐蚀，同时使油品的低温性能（如航空燃料的结晶点）变差。因此，在生产过程中，应密切注意水在油品中的溶解度随温度变化的问题。

油品的化学组成对水的溶解度是有影响的，一般说来，水在芳香烃和烯烃中的溶解度比在烷烃和环烷烃中的溶解度大；当碳原子数相同时，水在环烷烃中的溶解度又稍低于烷烃。因此，富含环烷烃的航空煤油馏分，当除去大部分芳香烃后，则对水的溶解度很低，低温性能良好。在同一类烃中，随着分子量的增大和黏度增加，水在其中的溶解度减小。

(4) 光学性质

石油及油品的光学性质对研究石油的化学组成具有重要的意义。利用光学性质可以单独进行单体烃类或石油窄馏分化学组成的定量测定或与其他的方法联合起来研究石油宽馏分的化学组成。石油和油品的光学性质中以折射率最为重要。

折射率即光的折射率又称折光率，是真空中光的速度和物质中光的速度之比，以 n 表示。

不同烃类之间折射率的区别是很显著的。碳数相同时，芳香烃的折射率最高，其次是环烷烃和烯烃，烷烃的折射率最低。在同族烃中，分子量变化时折射率也随之在一定范围内增减，但远不如分子结构改变时的变化显著。烃类混合物的折射率服从可加性规律。

折射率与光的波长、温度有关。光的波长越短，折射率越大。温度升高，折射率变小。为了得到可以比较的数据，通常以 20℃ 时，钠的黄色光来测定折射率，以 n_D^{20} 表示。对于含蜡润滑油,一般测定70℃时的折射率,用n_D^{70}表示。有机化合物在20℃时的折射率一般为1.3~1.7。

油品的折射率常用来测定油品的族组成,也用来测定柴油、润滑油的结构族组成,例如n-d-M法和n-d-v法。此外炼油厂的中间控制分析也采用折射率来求定残炭值。

三、石油产品的分类及使用

1. 石油产品分类

石油产品种类繁多,大约有数百种。我国现将石油产品分为燃料、润滑剂、石油沥青、石油蜡、石油焦、溶剂和化工原料六大类。本章仅就石油燃料的基本要求加以叙述。

(1) 燃料

燃料主要有汽油、喷气燃料、煤油、柴油和燃料油等,主要作为发动机燃料、锅炉燃料和照明等用。

从数量上说,燃料油占全部石油产品的80%以上,是用量最大的油品,其中又以发动机燃料占主要地位。发动机燃料包括以下几种。

① 点燃式发动机燃料(汽油)用于各种汽车、螺旋桨飞机及小型移动机械(摩托车、农用喷药机、插秧机等)。

② 喷气发动机燃料(喷气燃料)用于各种喷气式飞机等。

③ 压燃式发动机燃料(柴油)用于各种大马力载重汽车、坦克,拖拉机以及内燃机车和船舶等。

(2) 润滑剂

润滑剂包括润滑油和润滑脂。润滑油是由石油中高沸点馏分经过加工精制而成。润滑脂则是由油和稠化剂所组成。它们主要用于减少机械的摩擦、延长使用寿命及减少动力消耗。润滑油是石油的主要产品之一,它仅次于石油燃料,约占全部石油产品的2%左右。润滑油品种繁多,用途极广。润滑脂的品种也较多,但产量比润滑油少得多。

(3) 蜡、沥青和石油焦

蜡、沥青和石油焦是生产燃料和润滑油时的副产品经进一步加工得到的固体产品,产量约为所加工原油的百分之几,数量虽不多,但在国民经济中有重要的用途。

(4) 石油化工原料

石油炼制过程中得到的石油气、芳香烃以及其他副产品是石油化学工业特别是基本有机合成工业的基础原料和中间体,有的还可直接利用。

2. 石油燃料的使用要求

随着工农业生产、交通运输以及国防建设的迅速发展,不仅对石油燃料(特别是发动机燃料)的数量要求日益增加,而且对质量要求也更加严格。提高燃料质量,可以提高发动机效率,延长设备的使用年限,减少燃料消耗和废气对环境的污染。

国家对石油燃料规定了统一的规格标准,作为控制产品质量的依据。

(1) 汽油

使用汽油作燃料的有小汽车、摩托车、载重汽车和螺旋桨飞机等。这种类型的发动机称为点燃式发动机或汽油机。它们有单位功率所需金属重量小,发动机比较轻巧,转速高等优点。汽油分两类,一类是车用汽油;另一类是航空汽油。

① 汽油机工作过程和对燃料的使用要求。汽车的设计制造和汽油的使用性质是密切相关的,汽油的质量必须满足点燃式发动机的要求。

a. 点燃式发动机工作过程。按照燃料供给方式,汽油机分为化油器式及喷射式两类。

点燃式发动机的一般原理构造如图 11-3 所示,其工作过程分为四个步骤。

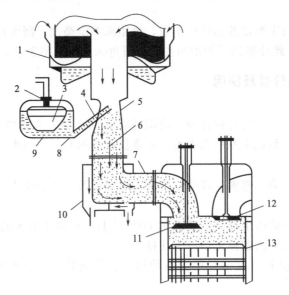

图 11-3　汽油机（点燃式发动机）结构示意图
1—空气滤清器；2—针形阀；3—浮子；4—喷管；5—喉管；6—节气门；7—进气管；
8—量孔；9—浮子室；10—预热管；11—进气阀；12—排气阀；13—活塞

进气（空气和油气）：进气过程开始时，进气阀打开，活塞从汽缸顶部运动。此时由于气缸内活塞上方的空间容积逐渐增大，气缸内压力逐渐降至 70～90kPa，于是空气通过喉管进入混合室，同时汽油经导管、喷嘴在喉管处与空气混合进入混合室。在混合室中汽油开始气化，气化程度不断增加，混合物进入汽缸后受到汽缸壁余热加热而继续气化。进气终了时，进气阀关闭，混合气温度约为 80～130℃。

压缩：当进气过程终止时，活塞处于下止点，此时活塞在飞轮惯性力的作用下转而上行，开始压缩过程。汽缸中的可燃性混合气体逐渐被压缩，压力和温度随之升高。通常压缩过程终了时，可燃混合气的压力和温度分别上升到 0.7～1.5MPa 和 300～450℃。

点火燃烧（做功）：当活塞运动到接近上止点时，火花塞闪火，可燃性混合气体被火花塞产生的电火花点燃，并以 20～35m/s 的速度燃烧，最高燃烧温度达 2000～2500℃，最高压力为 3.0～4.0MPa。高温高压燃气推动活塞下行，活塞通过连杆使曲轴旋转对外做功，燃料燃烧时放出的热能转变为机械能。当活塞到达下止点时，做功过程结束，此时燃气温度降至 900～1200℃，压力降至 0.4～0.5MPa。

排气：活塞下行至下止点时，排气阀打开，开始排气过程。活塞被曲轴带动上行，将燃烧后的废气排出气缸。

活塞经历上述四个过程之后，汽油机就完成了一个工作循环。当活塞继续转向下运动时，排气阀关闭，进气阀打开，发动机又进入了下一个工作循环，如此周而复始，循环不止。一般汽油机都是由四个或六个气缸按一定顺序组合进行工作。

压缩终了的压力对发动机的经济性影响很大，它取决于压缩比，压缩终了的压力随压缩比的增加而增高。当活塞下行到下止点时，汽缸内吸入的可燃性混合气体的体积为 V_1，活塞上行到上止点时，被压缩后的可燃性混合气体的体积为 V_2。参见图 11-4 可燃性混合气体的压缩前后的体积比，也就是汽缸总容积 V_1 与燃烧室容积 V_2 的比值称为压缩比。压缩比越大，在燃烧前汽缸中混合气被压缩得越厉害，发动机就能更有效地利用汽油燃烧的热能，使发动机发出的功率增大，燃料消耗量减少。

提高压缩比后，发动机工作得更加经济。增大压缩比可以提高发动机的工作效率，节省燃料。但是随着压缩比的提高，混合气被压缩的程度增大，使压力增大，温度迅速上升，促进大量过氧化物产生，影响发动机正常工作，因此发动机的压缩比越高对燃料质量的要求也越高。

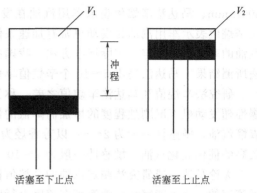

图 11-4　汽油机上止点与下止点示意图

近年来，越来越多的汽油机尤其是小型轿车采用喷射进油系统来取代化油器进油系统。在此类汽油机中，汽油可在进气口喷射，也可在进气冲程期间直接向汽缸内喷射。喷油过程由计算机程序控制。在喷射式汽油机中，燃料可更均匀地分配给各个汽缸；同时，由于不需要喉管而减少了进气的阻力等，可提高汽缸内的平均有效压力和热效率；此外，还可以减弱或避免爆震燃烧。

b. 车用汽油的使用要求。根据汽油机的工作特点，对汽油的使用要求主要有：在所有的工况下，具有足够的挥发性以形成可燃混合气；燃烧平稳，不产生爆震燃烧现象；储存安定性好，生成胶质的倾向小；对发动机没有腐蚀作用；排出的污染物少。

② 抗爆性。抗爆性是发动机燃料的主要性能指标之一。汽油的牌号就是按抗爆性来划分的。

a. 汽油机的爆震燃烧。吸入汽缸的燃料与空气的混合气在汽缸中被压缩，当活塞行至上止点附近时，混合气因压缩而使温度升高，遇电火花即行点燃。在正常情况下，燃烧平稳，火焰以 20～35m/s 的速度向外扩展。汽缸内温度、压力的变化很均匀，活塞被均匀地推动。在这种情况下，发动机处于良好的工作状态。但在某些情况下，当混合气被点燃后，火焰尚未到达的部分因受高温的影响，过氧化物的浓度已经很高，不等火焰传到就自行猛烈分解产生爆炸燃烧，使火焰传播速度急剧上升达 1500～2500m/s，比正常情况下大几十倍。这样高速的爆炸燃烧，产生冲击波，猛烈撞击活塞头和汽缸壁，发出金属敲击声。由于火焰的瞬间掠过，使得某些部位的燃料来不及完全燃烧而被排出，形成黑烟，这就是爆震现象。

产生爆震燃烧，对发动机工作极为不利，不仅使功率降低，汽油消耗量增加，而特别严重的是使发动机零件受到损坏，缩短发动机的工作寿命。如不及时处理很容易造成活塞顶与汽缸盖撞裂，汽缸剧烈磨损和气门变形，甚至连杆折断，迫使发动机停止工作。

点燃式发动机产生爆震主要与两方面的因素有关：一是燃料性质，如果燃料很容易氧化，氧化后的过氧化物又不易分解，自燃温度较低，那么爆震现象就容易发生；另一方面是与发动机的工作条件有关，如果发动机的压缩比大，气缸壁温度过高，则会促使爆震现象发生。

b. 辛烷值。车用汽油的抗爆性是指车用汽油在发动机气缸内燃烧时抵抗爆震的能力，用辛烷值评定。辛烷值测定是在标准单缸发动机中进行的。所用标准燃料由抗爆性很高的异辛烷（2,2,4-三甲基戊烷，其辛烷值定为100）和抗爆性很低的正庚烷（辛烷值定为0），按不同体积百分比混合而成。在同样发动机工作条件下，若待测燃料与某一标准燃料的爆震情况相同，则标准燃料中异辛烷的体积百分含量即为所测燃料的辛烷值。例如标准燃料含有 90%（体）的异辛烷，它与某一汽油进行比较试验时二者抗爆性相同，则此汽油的辛烷值即为 90。汽油的辛烷值越高，表示其抗爆性能越好。

评定辛烷值的方法有马达法和研究法两种。评定用的发动机转速分别为 900r/min 和

600r/min。马达法辛烷值表示车用汽油在发动机重负荷条件下高速运转时的抗爆性；研究法辛烷值表示车用汽油在发动机常有加速条件下低速运转时的抗爆性。目前研究法测定车用汽油的辛烷值已被定为国际标准方法，我国的车用汽油的牌号就是采用研究法辛烷值。研究法所测结果比马达法高出 5~10 个辛烷值单位。

研究法辛烷值和马达法辛烷值之差，称为汽油的敏感性。车用汽油的敏感性可反映其抗爆性随发动机工况剧烈程度的增加而降低的情况。它的高低由化学组成决定，以烷烃为主的直馏汽油，敏感性一般为 2~5；以芳香烃为主的重整汽油，敏感性一般为 8~12；烯烃含量较高的催化裂化汽油，敏感性一般为 7~10。

无论马达法或研究法测定汽油的辛烷值都是在实验室中用单缸发动机在严格规定的条件下测定的，它不能完全反映汽车在道路上行驶时车用汽油的实际抗爆性能。所以一些国家采用行车法来评定汽油的实际抗爆能力，它是在一定的温度条件下，用多缸汽油机进行辛烷值测定的一种方法。用行车法测得的辛烷值称为道路辛烷值。

爆震不但与发动机的构造和操作情况有关，更主要的是与燃料本身的性质有着密切关系。汽油的抗爆性不仅与汽油中烃类分子大小有关，而且与所含烃类的化学组成与结构有着密切关系。对于同一族烃类，分子量愈小或者说沸点愈低，则爆震现象愈不易发生，即烃类的抗爆性随分子量的增大而降低。因此从同一原油所制取的汽油，馏分较轻的比馏分较重的抗爆性好。从表 11-20 中可以看出，随着终馏点的升高，馏分变重，辛烷值逐渐降低。

表 11-20　直馏汽油的辛烷值与馏分轻重的关系

原油产地	直馏汽油不同馏分的马达法辛烷值		
	初馏点~130℃	初馏点~180℃	初馏点~200℃
大庆	53	42	37
胜利	63	58	55
大港	62	54	50
任丘	52	44	41
江汉	63.5	55.4	52

烃类的抗爆性随分子结构不同而变化，其变化范围很大。表 11-21 列出了不同烃类的马达法辛烷值。从表中数据可以看出：分子大小相近时，正构烷烃辛烷值最低；异构烷烃的辛烷值比正构烷烃高很多；在异构烷烃中碳链分支越多，排列越紧凑，辛烷值越高；芳香烃辛烷值最高，多数都在 100 以上；环烷烃的辛烷值比正构烷烃高，比芳香烃和异构烷烃低，且五元环烷烃的辛烷值比六元环烷烃高；正构烯烃的辛烷值比碳原子数相同的正构烷烃高，但比异构烷烃低；异构烯烃的辛烷值也比碳原子数相同的异构烷烃高，且双链的位置越是向分子中心移，则辛烷值越高；环烯烃的辛烷值低于环烷烃和链烯烃。

汽油的抗爆性因族组成不同差异甚大。直馏汽油特别是石蜡基原油的直馏汽油辛烷值最低；催化裂化汽油因为含有较多的烯烃和芳香烃，辛烷值较高；烷基化汽油的辛烷值很高，它的主要组分是高度分支的异构烷烃。

③ 蒸发性。汽油进入发动机汽缸之前，先在汽化器中汽化并同空气形成可燃性气体混合物。现代汽油发动机的转速很高，车用汽油在发动机内蒸发和形成混合气的时间非常短，例如在进气管中停留时间只有 0.005~0.05s；在汽缸内的蒸发时间也只有 0.02~0.03s。要在这样短的时间内形成均匀的可燃混合气，除了汽油发动机的技术状况、环境温度和压力等使用条件以及驾驶操作人员的技术水平外，更主要地是由车用汽油本身的蒸发性所决定。

表 11-21　各族烃类的马达法辛烷值

烃类名称	化合物名称	研究法辛烷值（RON）	烃类名称	化合物名称	研究法辛烷值（RON）
正构烷烃	正戊烷	62	烯烃	1-己烯	76
	正己烷	25		2-己烯	93
	正庚烷	0		4-甲基-2-戊烯	99
异构烷烃	2-甲基丁烷	92		1-辛烯	29
	2,2-二甲基丙烷	85		2-辛烯	56
	2-甲基戊烷	73		3-辛烯	72
	2,2-二甲基丁烷	92		2,2,4-三甲基-1-戊烯	>100
	2-甲基己烷	42	环烷烃	甲基环戊烷	91
	2,2-二甲基戊烷	93		乙基环戊烷	67
	2,2,3-三甲基丁烷	>100		环己烷	83
	2-甲基庚烷	22		甲基环己烷	75
	2,2-二甲基己烷	72		乙基环己烷	46
	2,2,3-三甲基戊烷	100	芳香烃	苯	>100
	2,2,4-三甲基戊烷	100		甲苯	>100
				二甲苯	>100
				乙基苯	>100
				1,3,5-三甲基苯	>100

汽油中轻馏分含量愈多，它的蒸发性能就愈好，同空气混合就愈均匀，因而进入汽缸内燃烧愈平稳，发动机工作也愈正常。若汽油的蒸发性能不好，在可燃性混合气体中悬浮有未气化的油滴，便破坏了混合气体的均匀性，使发动机工作变得不均衡，不稳定；同时还会增加汽油消耗量，一些汽油未经燃烧就随废气排出或燃烧不完全使排气冒黑烟，另一些汽油则窜入润滑油中，稀释了润滑油。但汽油的蒸发性能过高，汽油在进入汽化器之前，就会在输油管中气化，形成气阻，中断供油，迫使发动机停止工作，在贮存和运输过程中蒸发损失也会增大。

评定汽油蒸发性能的指标有馏程和蒸气压。

a. 馏程。馏程是判断燃料蒸发性的重要指标。一般要求测出 10％、50％、90％馏出体积的温度和干点等，它们反映了不同工作条件下汽油的蒸发性能。

10％馏出温度可以表示燃料中含有轻馏分的相对数量，它表明汽油在发动机中低温启动性能的好坏。汽油 10％馏出温度过高，在冬季严寒地区使用时冷车启动就困难。10％馏出温度过低，汽油容易在输油管路中迅速气化，产生气阻现象中断燃料供应。

表 11-22 列出了汽油 10％馏出温度与保证汽车发动机易于启动的最低温度间的关系，可见 10％馏出温度愈低，愈能保证发动机在低温下的启动。

表 11-22　汽油 10％馏出温度与发动机最低启动温度的关系

10％馏出温度/℃	54	60	66	71	77	82
最低启动温度/℃（大气温度）	−21	−17	−13	−9	−6	−2

汽油中轻组分过多时，容易使发动机产生气阻现象，特别是当发动机在炎热夏季或低气压下工作时更是如此。10%馏出温度与开始产生气阻的温度之间的关系见表11-23，从表中可以看到，10%馏出温度愈低，发动机产生气阻的倾向愈大。

表11-23 汽油10%馏出温度与开始产生气阻温度的关系

10%馏出温度/℃	40	50	60	70	80
开始产生气阻的温度/℃	−13	7	27	47	67

综上所述汽油10%馏出温度不宜过高，否则低温下不易启动，但该温度也不宜过低，否则有产生气阻的危险。要提高10%馏出温度，汽油产量必然减少，成本也相应增加，而且还会降低车用汽油的抗爆性和启动性，因此汽油的规格应在国家生产能力保证供应的条件下合理规定。目前汽油规格标准中只规定了10%馏出温度的上限，其下限实际上由另一个蒸发性能指标——蒸气压来控制。我国车用汽油质量标准要求10%馏出温度不高于70℃。

车用汽油的50%馏出温度表示燃料的平均汽化性能，它与发动机启动后升温时间的长短以及加速时是否及时有密切关系。

为了延长发动机的使用寿命和避免熄火，冷发动机在启动以后到车辆起步，需要使发动机的温度上升到50℃左右时，才能带负荷运转。如果汽油的平均气化性良好，则在启动时参加燃烧的汽油数量较多，发出的热量较多，因而能缩短发动机启动后的升温时间并相应地减少耗油。

车用汽油的50%馏出温度还直接影响汽油发动机的加速性能和工作稳定性。50%馏出温度低则发动机加速灵敏，运转平和稳定。这一馏出温度过高，当发动机由低速骤然变为高速时，加大油门，进油量多，燃料就会来不及完全汽化，因而燃烧不完全，甚至难以燃烧，发动机就不能发出需要的功率。我国车用汽油质量标准要求50%馏出温度不高于120℃。

90%馏出温度和终馏点都是用来控制汽油中重质馏分的。前者提示燃料中重质馏分的含量，后者提示燃料中含有的最重馏分的沸点。它们与燃料是否完全燃烧以及发动机的耗油率和磨损率均有密切关系。这个温度过高，说明汽油中重质成分过多，不能完全气化而燃烧，还会因燃烧不完全在燃烧室内生成积炭，这时除了增加汽油消耗量以及由于未气化的汽油稀释润滑油而缩短润滑油的使用周期外，还降低了发动机的功率和经济性并增加磨损。我国车用汽油质量标准要求90%馏出温度不高于190℃，终馏点不高于205℃。

b. 蒸气压。蒸气压说明汽油的蒸发性能和在进油系统中形成气阻的可能性。汽油的蒸气压过大，说明汽油中轻组分含量过多，使用在南方、夏季或高原地带的汽车上，由于气温高或气压低，就会形成气阻，堵塞输油管，中断供油，迫使发动机停止工作。我国车用汽油质量标准规定，从11月1日至4月30日，汽油的饱和蒸气压为45～85kPa；从5月1日至10月31日，汽油的饱和蒸气压为40～65kPa。

④ 抗氧化安定性。抗氧化安定性表明汽油在贮存中抵抗氧化的能力，是汽油的重要使用性能之一。安定性好的汽油贮存几年都不会变质，安定性差的汽油贮存很短的时间就会变质。汽油中的不饱和烃，特别是二烯烃是汽油变质的主要组分，它们与空气接触后发生氧化作用，迅速生成胶质。这种含胶质的汽油在使用时将产生一系列的不良恶果，不蒸发的胶状物质将会沉淀于油箱、汽油导管和汽油滤清器上，堵死汽油导管和气化器喷嘴，并且在进气

阀门杆上积聚成黏稠的黄黑色的胶状物质，将进气门堵塞，中断供油，迫使发动机停止工作。胶质在高温下变成积炭聚在汽缸盖、活塞顶上，缩小了燃烧室的体积，相对地提高了压缩比，并且积炭使散热不良而提高汽缸温度，因而增加爆震燃烧的倾向。

汽油的抗氧化安定性用实际胶质和诱导期来评定。

a. 实际胶质。实际胶质用100ml燃料在试验条件下所含胶质的毫克数，即 mg/100ml 表示。测定时将过滤后的试油放入油浴中加热，同时用流速稳定的热空气吹扫油面直至蒸发完毕，不能蒸发的残留物，即为实际胶质。由此可见实际胶质只是燃料在试验条件下加速蒸发时所产生的胶质，它包括燃料中实际含有的胶质和试验过程中产生的胶质。

实际胶质一般用来说明燃料在使用过程中在进气管道及进气阀上能生成沉积物的倾向。实际胶质小的燃料在进气系统中很少产生沉淀，能保证发动机顺利工作。实际胶质愈大，发动机能正常行驶的里程就愈短。

安定性不好的汽油在常温下贮存时，能生成三种不同类型的胶质，第一种是不溶性胶质，也称为沉渣，它在汽油中形成沉淀，可以经过滤加以分离；第二种是可溶性胶质，这种类型的胶质以溶解状态存在于汽油中，只有将汽油蒸发，使它作为不挥发物质残留下来才能获得，用实际胶质法测定的就是这类物质；第三种是黏附胶质，其特点是能黏附在容器壁上，并且不溶于有机溶剂中。

直馏汽油中的胶质属于可溶性胶质，因而用实际胶质评定直馏汽油的安定性是比较确切的。用催化裂化汽油调和的车用汽油，其生成的胶质约有10%～50%是不溶性胶质和黏附胶质，因而用实际胶质评定裂化汽油的安定性不能确切反映其使用性能。

我国车用汽油的胶质要求见表11-24。

b. 诱导期。燃料的诱导期是指在规定的温度和压力下，由试油和氧接触的时间算起，到试油开始大量吸入氧为止的这一段时间，以分为单位。诱导期用以表示汽油在贮存期间产生氧化和形成胶质的倾向。诱导期愈长，一般表示汽油的抗氧化安定性愈好，愈适于长期贮存。

不同加工方法所得汽油的诱导期不同。直馏和加氢汽油的诱导期很长，其他二次加工汽油，特别是焦化汽油的诱导期很短。

在生产和贮存汽油时，都要注意改善汽油的安定性。在生产时要选择适当的组分作汽油。焦化汽油因含有较多的烯烃，不安定，必需和安定性较好的直馏汽油、催化裂化汽油、加氢裂化汽油、催化重整汽油调和。采用适当的精制方法，如酸碱精制、加氢精制，可改善汽油的安定性。还可以加入抗氧化添加剂以改善汽油的安定性，延缓氧化反应的进行，延长诱导期。汽油贮存时，应尽可能将容器装满，缩小容器内空气的空间，安装冷却设备降温；贮存在地下油罐或密封容器里，都可以延缓油品氧化，延长贮存期。

我国车用汽油的诱导期要求不小于480min。

⑤ 腐蚀性。汽油的腐蚀性说明汽油对金属腐蚀的能力。汽油在贮存、运输和使用过程中都会同金属接触，为了保证发动机正常工作，机件和容器不受腐蚀，延长工作寿命，就要求汽油对金属没有腐蚀性，这也是汽油的重要质量指标之一。

汽油是各种烃类组成的，实际上任何烃类对金属都没有腐蚀作用，但是汽油中除烃类以外的各种杂质，其中包括硫及硫化物，水溶性酸碱、有机酸性物质等，都对金属有腐蚀作用。

评定汽油腐蚀性的指标有：硫含量、水溶性酸碱、铜片腐蚀、酸度等。

硫及各类含硫化合物在燃烧后均生成 SO_2 及 SO_3，它们对金属有腐蚀作用，特别是当温度较低遇冷凝水形成亚硫酸及硫酸后，更具有强烈腐蚀性。硫的氧化物排放到大气中还会造成环境污染，因此对汽油的总硫含量有严格要求。元素硫在常温下即对铜等有色金属有强烈的腐蚀作用，当温度较高时对铁也能腐蚀。汽油中所含的含硫化合物中相当一部分是硫醇，硫醇不仅具有恶臭还有较强的腐蚀性，同时对元素硫的腐蚀具有协同效应。为此，在汽油的质量标准中对硫醇含量也做了要求，规定硫醇硫含量不大于 0.001% 或用博士试验定性不含硫醇。此外，还要求汽油通过最直观的反映汽油腐蚀性的铜片腐蚀试验（铜片放入油中恒温 50℃，3h 后观察铜片腐蚀情况）。

水溶性酸是指能溶于水的酸。这种酸包括低分子有机酸和无机酸。水溶性碱指能溶于水的碱。汽油中的水溶性酸碱都是指在工厂硫酸精制和碱中和后，因水洗过程操作不良而留在汽油里，或由于成品油贮存时间较长或保管不善使烃类被氧化生成的低分子有机酸。如果在精制过程中加以注意，一般不会有水溶性酸碱。汽油里的水溶性酸和碱除对金属有强烈的腐蚀作用外，还能促进汽油中的各种烃氧化、分解和胶化，所以不允许有水溶性酸碱存在。

有机酸主要是环烷酸。环烷酸溶于汽油，对金属有腐蚀作用，能与金属作用生成环烷酸的金属盐。汽油中的有机酸和无机酸含量，都可以用测定汽油的酸度来判断。所谓酸度，就是指中和 100ml 汽油中的酸性物质所需 mgKOH 数，用 mg/100ml 表示。如酸度大到影响使用的程度，可用同牌号，酸度小于规格标准的优质汽油来调和。

⑥ 清洁性。在车用汽油的规格标准中用不含机械杂质和水分两项来保证车用汽油的清洁性。

由炼油厂炼制的成品车用汽油本身是不含机械杂质和水分的，但在运输、贮存和使用过程中，车用汽油不可避免地会受到外界污染，例如输油管、泵和贮油容器不干净；油罐底部垫水；加油工具不清洁；桶口封盖不严密，新的或经过大修理的发动机供给系统中有残存物以及汽车油箱呼吸器吸入灰尘等。

国内外大量使用经验证明汽油发动机发生故障 50% 以上是因为车用汽油的清洁性不好所造成的。因此车用汽油的清洁性是一项很重要的使用性能，绝对不可忽视。

机械杂质的存在使发动机零件磨损增加，导致发动机功率下降，耗油率上升。水分的存在会加速汽油的氧化，降低安定性，此外水分本身对金属就有锈蚀作用，并且在低温下易于结冰堵塞油路。

由于机械杂质和水分的危害性很大，所以国家标准中规定汽油中不允许含有水分和机械杂质。规格中要求燃料不含水分，通常是指游离水和悬浮水，因为炼制中的溶解水是很难去掉的。

⑦ 汽油产品的规格和牌号。我国车用汽油牌号是按照研究法辛烷值（RON）分为 89号、92号和 95号三个牌号。我国的车用汽油质量标准见表 11-24。

（2）柴油

柴油主要用于农用机械、重型车辆、坦克、铁路机车、船舶舰艇、工程和矿山机械等。柴油是压燃式发动机的燃料。

柴油分为轻柴油和重柴油两种。轻柴油是转速 1000r/min 以上的高速柴油机的燃料，重柴油是转速 500～1000r/min 的中速柴油机和转速 500r/min 以下的低速柴油机的燃料。

表 11-24　车用汽油的质量标准（国家标准 GB 17930—2013）

项目	质量指标			试验方法
	89 号	92 号	95 号	
抗爆性： 　研究法辛烷值(RON)　不小于 　抗爆指数(MON+RON)/2　不小于	89 84	92 87	95 90	GB/T 5487 GB/T 50(3)和 GB/T 5487
铅含量/(g/L)　不大于	0.005			GB/T 8020
馏程： 　10%馏出温度/℃　不高于 　50%馏出温度/℃　不高于 　90%馏出温度/℃　不高于 　终馏点/℃　不高于 　残留量/%(体积分数)　不大于	70 120 190 205 2			GB/T 6536
蒸气压/kPa 　11月1日至4月30日 　5月1日至10月31日	45～85 40～65			GB/T 8017
胶质含量/(mg/100ml)　不大于 　未洗胶质含量(加入清净剂前) 　溶剂洗胶质含量	30 5			GB/T 8019
诱导期/min　不小于	480			GB/T 8018
硫含量/(mg/kg)　不大于	10			SH/T 0689
硫醇(满足下列要求之一)： 　博士试验 　硫醇硫含量/%　不大于	通过 0.001			SH/T 0174 GB/T 1792
铜片腐蚀(50℃,3h)/级　不大于	1			GB/T 5096
水溶性酸或碱	无			GB/T 259
机械杂质及水分	无			目测
苯含量/%(体积分数)　不大于	1.0			SH/T 0713
芳烃含量/%(体积分数)　不大于	40			GB/T 11132
烯烃含量/%(体积分数)　不大于	24			GB/T 11132
氧含量/%(质量分数)	2.7			SH/T 0663
甲醇含量/%(质量分数)　不大于	0.3			SH/T 0663
锰含量/(g/L)　不大于	0.002			SH/T 0711
铁含量/(g/L)　不大于	0.01			SH/T 0712
密度(20℃)/(kg/m³)	720～775			GB/T 188(4)和 GB/T 1885

① 压燃式发动机的工作过程和对燃料的使用要求　压燃式发动机是以柴油为原料，所以也被称为柴油机。柴油发动机和汽油发动机都是内燃机，但前者属于压燃式，后者属于点燃式，它们虽有相同之处，但在工作过程上却有本质的区别，因而对其所用燃料柴油与汽油的质量要求也不尽相同。

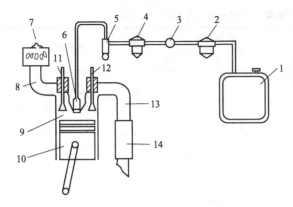

图 11-5 柴油机的原理构造图
1—油箱；2—粗滤清器；3—输油泵；
4—细滤清器；5—高压油泵；6—喷油嘴；
7—空气滤清器；8—进气管；9—汽缸；
10—活塞；11—进气阀；12—排气阀；
13—排气管；14—消声器

柴油机的工作循环跟汽油机基本一样，包括进气、压缩、膨胀做功和排气四个过程。图 11-5 为柴油机的原理构造图。从图中可以看到，有一套复杂和精细的燃料系统来保证燃料供应，以便定时向气缸提供一定数量的柴油。柴油经喷嘴雾化并使它与空气均匀混合。

现以四冲程柴油机为例说明其工作过程。

进气：当活塞从气缸顶往下运动时，进气阀打开，空气经空气滤清器被吸入气缸，活塞运行到下止点时，进气阀关闭。

压缩：当活塞自下止点往上运动时，空气受到压缩（压缩比可达 16～20）。压缩是在近于绝热的情况下进行的，因此空气温度和压力急剧上升，到压缩终了，温度可达 500～700℃，压力可达 3.5～4.5MPa。

喷入柴油、自燃（做功）：当活塞快到上止点时，柴油由雾化喷嘴喷入气缸。由于气缸内空气温度已超过柴油的自燃点，因此喷入的柴油迅速着火燃烧，燃烧温度高达 1500～2000℃，压力可达 5～12MPa。燃烧产生的大量高温气体迅速膨胀，推动活塞向下运动做功。

排气：当活塞经过下止点靠惯性往上运动时，排气阀打开，燃烧产生的废气被排出。然后再开始一个新的循环。

从以上的工作过程可以看出柴油机和汽油机的两点本质区别是：第一，在柴油机中被压缩的只是空气，而不是空气和柴油的混合物，因此发动机压缩比的设计不受燃料性质的影响，可以设计得高一些，一般柴油机的压缩比可达 13～24。第二，在汽油机中汽油是靠电火花点火而燃烧的，而在柴油机中燃料则是由于喷散在高温高压的热空气中自燃的，因此汽油机称为点燃式发动机，柴油机则叫作压燃式发动机。

柴油发动机和汽油发动机相比，单位功率的金属耗量大，但其热效率高，耗油少，当二者功率相同时，柴油机可节约燃料 20%～30%，而且柴油机使用的是来源多而成本低的较重馏分——柴油作为燃料，所以大功率的运输工具和一些固定式动力机械等都普遍采用柴油机。

柴油机对燃料的使用要求包括：一是具有良好的雾化性能、蒸发性能和燃烧性能；二是具有良好的燃料供给性能；三是要求燃料对机件没有腐蚀和磨损作用；四是具有良好的储存安定性和热安定性。

② 抗爆性　柴油燃烧性能好是指喷入燃烧室内的柴油，能迅速与高温空气形成均匀的可燃混合气，然后在较短的时间内发火自燃，并正常地完全燃烧对外做功。

在柴油机中空气被压缩到 3.5～4.5MPa，温度达 500～700℃，此时活塞快接近上止点，柴油以雾状喷入，喷入后立即蒸发并氧化，当氧化过程逐渐加剧以至猛烈进行时，燃料就会着火燃烧。从柴油喷入气缸到自燃开始要经过一段时间，这段时间就称为滞燃期（迟燃期）。各种燃料的滞燃期不同，由百分之几秒到千分之几秒。一般来说，柴油的自燃点越低，燃烧滞燃期越短，发动机的工作就越平稳。燃料的自燃点高，燃烧的滞燃期长，发动机就会发生爆震。

当使用燃烧性能不好的柴油时，它也会发生爆震现象，从表面看与汽油机相似，但发生的原因不同。汽油机的爆震是由于气缸内未燃烧的混合气中烃类太易氧化，过氧化物积聚过多，以至在火焰前峰到达之前发生自燃而引起的。柴油机的爆震恰恰相反，是由于最初喷入气缸的燃料太不易氧化，过氧化物生成量不足，迟迟不能自燃，以至喷入的燃料积聚过多，自燃一开始，这些燃料同时自燃造成压力增长过快，大大超过正常燃烧的压力，引起爆震，冲击活塞头，发出金属敲击声，使得发动机功率下降，零件损坏。因此，柴油机要求燃料易于自燃，即自燃点低的燃料，而汽油机则要求燃料不易氧化，即自燃点高的燃料。

柴油的抗爆性用十六烷值来表示。它以易氧化的正十六烷和难氧化的 α-甲基萘为原料，按照不同的体积比混合配成标准燃料，在标准的试验用单缸发动机中测定的。人为规定正十六烷的十六烷值为 100，α-甲基萘的十六烷值为 0。将欲测定十六烷值的试油与一定配比的标准燃料在同一发动机（十六烷值测定机）、同一条件下进行比较试验，若待测试样与某一标准燃料的爆震情况相同，则标准燃料中正十六烷的体积百分含量即为所测试油的十六烷值。例如若某试油与含有 45%（体）的正十六烷标准燃料的爆震情况相同，则此试油的十六烷值即为 45。

现在改用六甲基壬烷代替 α-甲基萘，规定其十六烷值为 15，如采用六甲基壬烷时，标准燃料十六烷值应按下式计算。

$$十六烷值 = 正十六烷体积百分数 + 0.15 \times 七甲基壬烷体积百分数 \qquad (11\text{-}13)$$

我国石油产品标准中规定轻柴油的十六烷值一般不低于 45，对于由中间基原油生产或混有催化裂化组分的轻柴油，则其十六烷值允许不低于 40。

柴油的抗爆性也可用柴油指数来表示，它与十六烷值有如下的关系：

$$十六烷值 = \frac{2}{3} \times 柴油指数 + 14 \qquad (11\text{-}14)$$

$$柴油指数 = \frac{(1.8A + 32)(141.5 - 131.5 d_{15.6}^{15.6})}{100 d_{15.6}^{15.6}} \qquad (11\text{-}15)$$

式中，A——柴油的苯胺点，℃。

除柴油指数外，还可用十六烷值指数表示柴油的抗爆性，它是根据燃料性质和由图表或经验公式计算而得。

$$十六烷指数 = 162.41 \frac{\lg t_{50}}{\rho_{20}} - 418.51 \qquad (11\text{-}16)$$

式中，t_{50} 为柴油 50% 的馏出温度（恩氏蒸馏）；ρ_{20} 为柴油在 20℃ 时的密度（g/cm³）。同一柴油的十六烷指数一般与十六烷值比较接近。

柴油的十六烷值与其化学组成和馏分组成有密切的关系，其大致规律为：碳数相同的不同烃类中，正构烷烃的十六烷值最高，且随着碳链的增长而增加；异构烷烃的十六烷值比正构烷烃低，链分支越多，十六烷值越低；烯烃的十六烷值略低于相应的烷烃，支链的影响与烷烃类似；环烷烃的十六烷值低于烷烃和烯烃；芳香烃，尤其是稠环芳香烃，十六烷值在各族烃中最低；环烷烃和芳香烃的十六烷值随侧链长度的增加而增大，随侧链分支的增多和环数的增加而减少。结构相似的烃类，分子量越大，即分子中碳原子数越多，十六烷值也越高。

由上述规律可以认识到：直馏柴油的十六烷值较高，催化裂化柴油因含较多的芳香烃，所以十六烷值较低；催化裂化柴油及焦化柴油经加氢精制后芳香烃转变为其他烃类，所以十六烷值有所提高；石蜡基原油（如大庆原油）生产的柴油十六烷值比环烷基原油（如孤岛原油）生产的柴油高。

柴油十六烷值影响发动机的整个燃烧过程。十六烷值高的柴油燃烧均匀，热转化为功的效率高，节省燃料；低十六烷值的柴油燃烧过程所发出的热量不均匀，增加了燃料消耗。不同转速的柴油机对柴油十六烷值的要求不同。研究表明，转速大于1000r/min以上的高速柴油机使用十六烷值为40～50的轻柴油为宜；转速低于1000r/min的中、低速柴油机可以使用十六烷值为35～45的重柴油。

柴油十六烷值过高并不好，因为，一方面减少了燃料来源；另一方面当十六烷值高于65后排气冒黑烟，燃料消耗量反而增加，这种现象的产生是由于燃料的着火滞燃期太短，在尚未空气形成均匀混合气时就开始自燃，以致空气供应不充足，燃烧不完全，部分烃类热分解而形成炭烟。可见使用十六烷值适当的柴油才经济合理。

③ 蒸发性　柴油在柴油机气缸中发火和燃烧都是在气态下进行的，因此，要想使柴油正常燃烧对外做功，首先必须使柴油喷入发动机燃烧室后，在高温、高压空气中先迅速蒸发气化，形成均匀的可燃混合气体。所以柴油与空气形成混合气的速度除取决于燃烧室内的温度和压力条件外，还与燃料的雾化程度和蒸发速度密切相关。

在相同的燃烧室工作条件下，混合气形成的速度就决定于燃料本身的蒸发性。馏程是表示柴油蒸发性的指标。柴油馏程要求主要指标是50％和90％馏出温度。

50％馏出温度越低，说明柴油中轻馏分越多，柴油机越容易启动。我国规定轻柴油的50％馏出温度不高于300℃。

90％馏出温度及95％馏出温度越低，说明柴油中的重馏分越少，我国国家标准规定轻柴油的90％馏出温度不高于355℃，95％馏出温度不高于365℃。

为了控制柴油的蒸发性不至于过高，国家标准中规定了各牌号柴油的闭口杯闪点，要求－35号和－50号轻柴油的闪点不低于45℃，－20号轻柴油的闪点不低于60℃，其他牌号柴油闪点均要求不低于65℃。

④ 黏度　黏度是柴油的一个重要指标，它对柴油机供油量大小以及雾化的好坏和泵的润滑等都有密切的关系。柴油的黏度大，柴油分子间互相作用力增大，雾化形成的平均油滴直径大，喷射的射程远；反之，柴油的黏度小，油滴的平均直径小，射程也近。柴油的雾化程度对蒸发速度影响很大，雾化后液滴的平均直径越小，蒸发速度就越快，就越有利于均匀混合气的形成。喷射的射程也有影响，射程太远时，油滴将落在燃烧室壁和活塞头上因燃烧不完全而形成积炭；射程太近时，则喷入的燃料集中在喷油嘴附近，与空气混合不均匀，使靠近喷油嘴附近的空气不足导致燃烧不完全，使发动机功率下降。最好的情况是喷出的油滴能分布到燃烧室全部容积以保证燃烧完全。柴油同时又是输油泵和高压油泵的润滑剂，柴油黏度如果过大或过小，都会影响泵的可靠润滑，使磨损加剧；黏度过大还可能使输油泵的效率降低而减少发动机的供油量。因此，对柴油的黏度范围有明确的规定。

⑤ 低温流动性　柴油在低温下的流动性能，关系到在低温下柴油机供油系统能否正常供油，以及柴油在低温下的储存、运输等问题。我国评定柴油低温流动性的指标为凝固点（或倾点）和冷滤点。

柴油的凝固点不能代表它的最低使用温度，因为在凝固点前5～10℃的浊点时就开始有蜡结晶析出，它们将堵塞柴油过滤器的小孔，减低供油量，降低发动机的功率，严重时会中断供油，使发动机停止工作。但柴油在浊点时由于析出的石蜡晶体较少不足以堵塞过滤器的滤网，柴油机还能正常工作。所以用浊点作为柴油的最低极限使用温度过于严格。在倾点时柴油尚能流动，但柴油在倾点时其结构黏度骤增使柴油在燃油系统中不能顺利通过过滤器，造成柴油机燃油供应不足而熄灭。显然用倾点作为柴油的最低极限使用温度也不合理，往往在气温接近倾点时柴油机就不能正常工作。经过大量的行车和冷起动试验表明，柴油的最低极限使用温度是在浊点与倾点之间的冷滤点。因此，用冷滤点作为柴油的最低使用温度是合适的。它比用浊点、倾点、凝点作为柴油低温性能指标更合理，与柴油实际使用情况较吻合，且不管柴油是否加有流动改进剂，冷滤点方法均适用。

柴油的凝点与其烃类组成密切相关。在烃类中，烷烃特别是正构烷烃的凝点最高，环状烃的凝点比相同碳数的正构烷烃低。因此石蜡基原油的直馏柴油凝点要比环烷基原油的直馏柴油凝点高。例如大庆原油（石蜡基）的轻柴油馏分（180～300℃）凝点为－21.5℃，而孤岛原油（环烷基）的轻柴油馏分（180～300℃）凝点为－48℃。

⑥ 腐蚀性。柴油机同汽油机一样，同样对燃料的水溶性酸或碱、酸度、硫含量、水分、腐蚀等指标作出规定，以免对发动机零件和贮运设施产生腐蚀。

⑦ 安定性。柴油的贮存安定性是指柴油在贮存、运输和使用过程中保持其外观、组成和使用性能不变的能力，也就是说，安定性好的柴油在贮存过程中颜色和实际胶质变化不大，基本上不生成不可溶的胶质和沉渣。国产柴油用实际胶质作为贮存安定性的指标。

柴油的热安定性或称热氧化安定性，是反映在发动机的高温条件和溶解氧的作用下柴油发生变质的倾向。含有不安定的烃类或非烃类的柴油，当发动机运转时会在燃料系统的关键部位和喷油嘴等处生成不溶性凝聚物、漆膜状沉淀物以及积炭等，因而破坏燃料供应，加剧设备磨损。

柴油安定性取决于其化学组成。二烯烃、多环芳烃和含硫含氮化合物都是不安定组分，它们会使发动机中沉积物的数量显著增加。

柴油经精制过程，除去不安定组分或其他杂质后会提高其安定性。此外，在柴油中加入抗氧剂、金属钝化剂、清净分散剂等添加剂也可改善柴油的安定性。

⑧ 柴油产品的品种和牌号。我国的柴油产品分为轻柴油和重柴油。轻柴油按凝点划分为 5 号、0 号、－10 号、－20 号、－35 号和－50 号六个牌号；重柴油则按其 50℃ 运动黏度（mm^2/s）划分为 10 号、20 号、30 号三个牌号。

不同凝点的轻柴油适用于不同的地区和季节，不同黏度的重柴油适用于不同类型和不同转速的柴油发动机。0 号轻柴油适用于在全国地区 4～9 月使用，长江以南地区冬季也可使用。－10 号轻柴油适用于长城以南地区冬季和长江以南地区严冬使用。－20 号轻柴油适用于长城以北地区冬季和长城以南、黄河以北地区严冬使用。－35 号和－50 号轻柴油适用于东北和西北地区严冬使用。10 号重柴油用于 500～1000r/min 的中速柴油机。20 号重柴油用于 300～700r/min 的中速柴油机。30 号重柴油用于 300r/min 以下的低速柴油机。

我国一些重要牌号的轻柴油的质量标准见表 11-25。

（3）喷气燃料

喷气燃料也叫航空煤油，用于喷气式发动机。

近几十年来，喷气发动机在航空上得到越来越广泛的应用。目前，不仅在军用上而且在民用上已基本取代了点燃式航空发动机。点燃式航空发动机受高空空气稀薄及螺旋桨效率所限，只能在 10000m 以下的空域飞行，时速也无法超过 900km。喷气发动机是借助高温燃气从尾喷管喷出时所形成的反作用力推动前进的，它的突出优点是可以在 20000m 以上高空以 2 马赫（马赫数即为速度与音速的比数，通常用 M 表示。音速约为 1190km/h）以上高速飞行。喷气式发动机还有一个突出的优点：即飞行速度越高，燃料转化为功的效率越高，燃料消耗也越少。

表 11-25 轻柴油的质量标准（GB 19147—2013）

项目	5号	0号	-10号	-20号	-35号	-50号	试验方法
氧化安定性 总不溶物/(mg/100ml) 不大于	2.5						SH/T 0175
硫含量/(mg/kg) 不大于	10						SH/T 0689
酸度(以 KOH 计)/(mg/100ml) 不大于	7						GB/T 258
10%蒸余物残炭(质量分数)/% 不大于	0.3						GB/T 268
灰分(质量分数)/% 不大于	0.01						GB/T 508
铜片腐蚀(50℃,3h)/级 不大于	1						GB/T 5096
水分(体积分数)/% 不大于	痕迹						GB/T 260
机械杂质	无						GB/T 511
润滑性 校正磨痕直径(60℃)/μm 不大于	460						SH/T 0765
多环芳烃含量(质量分数)/% 不大于	11						SH/T 0606
运动黏度(20℃)/(mm²/s)	3.0~8.0	3.0~8.0	2.5~8.0	2.5~8.0	1.8~7.0	1.8~7.0	GB/T 265
凝点/℃ 不高于	5	0	-10	-20	-35	-50	GB/T 510
冷滤点/℃ 不高于	8	4	-5	-14	-29	-44	SH/T 0248
闪点(闭口)/℃ 不高于	55	55	50	50	45	45	GB/T 261
十六烷值 不小于	51	51	49	49	47	47	GB/T 386
十六烷指数 不小于	46	46	46	46	43	43	SH/T 0694
馏程 50%回收温度/℃ 不高于 90%回收温度/℃ 不高于 95%回收温度/℃ 不高于	300 355 365						GB/T 6536
密度(20℃)/(kg/m³)	810~850	810~850	810~850	790~840	790~840	790~840	GB/T 1884 GB/T 1885

① 涡轮喷气发动机的工作过程及其对燃料的使用要求。涡轮喷气发动机主要是由离心式压缩器、燃烧室、燃气涡轮和尾喷管等部分构成。现以涡轮喷气式发动机为例介绍喷气发动机工作过程。其工作原理如图 11-6 所示。

在涡轮喷气发动机中，空气经进气道进入离心式压缩机。压缩机把空气压缩，使其压力提高到 0.3~0.5MPa，温度升到 150~200℃，然后以 40~60m/s 的速度进入燃烧室。在燃烧室中，经过压缩的空气与燃料混合成可燃混合气，并在燃烧室内连续不断地燃烧。燃烧室中心的燃气温度可达 1900~2200℃。为防止因高温使涡轮中的叶片受损，需通入部分冷空气，使燃气温度至 750~800℃左右进入涡轮，推动涡轮高速旋转并带动离心式压缩器旋转，旋转的速度为 8000~16000r/min。最后进入尾喷管，尾气在 500~600℃下以高速喷出，由此产生反作用推动力推动飞机前进。

可见，喷气发动机与活塞式发动机（汽油机和柴油机）有很大的区别，这种区别概括如下。

a. 在喷气发动机中，燃料与空气同时连续进入燃烧室。在一次点燃后，燃料连续喷入

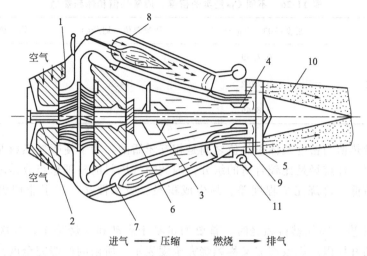

图 11-6　涡轮喷气发动机工作原理
1—双面供气离心式压缩机；2—前轴承；3—中轴承；4—后轴承；5—燃气涡轮；
6—供冷却空气叶轮；7—燃料油喷嘴；8—燃烧室；9—涡轮整流窗；
10—尾喷管；11—冷却空气出口

燃烧室，整个雾化、蒸发形成混合气的过程是连续的，燃烧过程也是连续进行。而活塞式发动机燃料供给和燃烧则是周期性的。

b. 在喷气发动机中，燃料的燃烧是在 35～40m/s 的高速气流中进行，要求燃料的燃烧速度必须大于 40m/s，否则会造成火焰中断。而活塞式发动机燃料的燃烧是在密闭的空间内进行。

由于喷气发动机工作环境的特殊性，因此它对燃料的质量要求特别严格，这些要求包括：具有良好的燃烧性能；具有适宜的蒸发性；具有较高的热值和密度；具有良好的安定性；具有良好的低温性；对机件没有腐蚀作用；有良好的洁净性；有较小的起电性和适当的润滑性能。

② 燃烧性能

a. 热值和密度。喷气燃料的热值是一个重要的使用指标。因为喷气式飞机的飞行高度较高，续行里程较远，飞行速度大，发动机功率高，需要足够的热能转化成动能来带动机械工作。如使用的燃料热值低，必须增大燃料单位消耗量，以致限制了飞机的飞行高度和续行里程。

对于喷气燃料，不仅要求有较高的质量热值（kJ/kg），而且也要求较高的体积热值（kJ/dm^3），数值越大表示能量特性越好。质量热值越高，发动机的推力越大，耗油率越低。为了使航程尽可能长，除质量热值应保持在一定的水平外，还要求尽可能高的体积热值，或者说需要用较大密度的喷气燃料，所以喷气燃料另一个重要指标是密度。很显然，燃料的密度越大，在一定容量的油箱中就可装更多的燃料，储备更多的热量。

喷气燃料的密度和热值与油品的化学组成和馏分组成密切相关。由于氢的质量热值比碳大得多，因此，氢碳比越高的燃料其质量热值也越大。对于不同族烃类，以烷烃的氢碳比最高，其质量热值最大，环烷烃次之，芳香烃最低。而密度正好相反，即芳香烃最大，环烷烃其次，烷烃最小。也就是说芳香烃的体积热值最高，环烷烃次之，烷烃最小。见表 11-26。

表 11-26　不同 C_{10} 烃类的密度、质量热值和体积热值

烃类	密度(20℃)/(g/cm³)	质量热值/(kJ/kg)	体积热值/(kJ/dm³)
正癸烷	0.7299	44254	32300
丁基环己烷	0.7992	43438	34716
丁基苯	0.8646	41504	35884

可见，质量热值与密度及体积热值之间是相互矛盾的，为了使喷气燃料兼有较高的质量热值和体积热值，环烷烃是比较合适的组分，因此喷气燃料的较理想组分是环烷烃。而芳香烃不仅质量热值低、燃烧完全程度差、易生成积炭、吸水性强，属于非理想组分，要加以限制。

b. 燃烧完全度。喷气燃料燃烧时，首要的是易于启动和燃烧稳定，其次是要求燃烧完全。燃料燃烧的好坏以燃烧效率 η 又称燃烧完全度表示。所谓的燃烧完全度是指单位质量燃料燃烧时实际放出的热量占燃料净热值的百分率，它直接影响到飞机的动力性能、航程远近和经济性能。如以 θ_s 表示单位质量燃料燃烧时实际放出的热量（kJ），θ_j 表示燃料的净热值，则：

$$燃烧完全度 \varphi = \frac{\theta_s}{\theta_j} \times 100\% \tag{11-17}$$

显然，燃料燃烧完全度低，说明有部分燃料燃烧的热能没能释放出来，单位时间产生 9.8 牛顿推力所消耗的燃料量便增加，同时飞行航程相应缩短。

影响燃料燃烧完全度的主要是黏度、蒸发性和化学组成。

黏度。燃料的黏度与其雾化质量有直接的关系，而且对供油量及燃料泵的润滑都有直接影响。使用黏度过大的燃料，喷射射程远，液滴大，雾化不良，燃料燃烧不均匀、不完全，发动机的功率降低。燃烧不完全的气体进入燃气涡轮后继续燃烧，容易使涡轮叶片过热或烧坏。此外黏度过大时在低温下不易流动，供油量小。但燃料黏度过小，喷射射程近，火焰燃烧区域宽而短，容易引起局部过热。同时黏度过小使燃料泵磨损加大。因此对喷气燃料既规定20℃时的黏度不能小于某一定值（如1号和2号航煤为 $1.25 mm^2/s$），又规定了低温（-20℃或-40℃）时的黏度不能大于某一定值（1号和2号航煤-40℃黏度为 $8.0 mm^2/s$）。

蒸发性。燃料的蒸发性对燃烧完全度影响也很大。蒸发性好的燃料能形成均匀的混合气，有利于连续而稳定的燃烧，同时燃烧也完全。若蒸发性差则不利于混合气的形成。馏分组成过重，则可能喷入燃烧室后不能立即蒸发燃烧，待积留相当多的燃料后，突然燃烧造成发动机受震击而损坏，而且未蒸发燃烧的燃料受热分解使积炭增加。此外，馏分过重时雾化不良，在燃烧室中雾状燃料细滴不能迅速蒸发完全燃烧，而使火焰拉长通过涡轮叶片，叶片由于过热而弯曲。在设计时为了避免火焰直接扑到烟气轮机的叶片上，势必把燃烧室拉长，这样就会增加发动机的尺寸和重量。因此应该控制燃料的90%或98%馏出温度。但蒸发性太高时将对发动机的工作产生三方面的影响：其一是在空中燃料系统产生气阻现象，使供油时断时续甚至完全中断；其二是蒸发性过高将导致燃料在高空中大量蒸发损失；其三是蒸发性高的燃料在输送时将混有部分蒸气，因而需用较大的泵，否则将影响泵送量。

化学组成。各种烃类燃烧完全度从低到高次序是：双环芳香烃＜单环芳香烃＜带侧链的单环芳香烃＜双环环烷烃＜单环环烷烃＜异构烷烃＜正构烷烃。燃料中芳烃含量越高，其燃烧完全度越差，因此，这也是限定喷气燃料中的芳烃含量不大于20%重要原因之一。同时当馏分组成变重时，燃烧完全度会降低。

c. 生成积炭的倾向。喷气燃料在燃烧过程中生成的积炭会对发动机正常操作造成一系列的不良影响。如果燃烧室火焰筒壁上形成积炭则会恶化热传导，造成局部过热，使筒壁变形甚至破裂。如果喷油嘴上生成积炭，则会使燃料雾化变坏，加速火焰筒壁生成积炭。若点火器电极形成积炭则会出现积炭连桥，以致造成燃烧室点不着火的故障。积炭如果脱落下来随燃气进入燃气涡轮，则会造成堵塞、打坏叶片的事故。

影响喷气燃料生成积炭的主要因素是蒸发性和烃类结构。

燃料的蒸发性差，在燃烧过程中处于液态的时间较长，其高温下裂化的倾向便增大，因而容易生成积炭。根据试验，组成相近的燃料生成积炭的倾向随燃料沸点的上升而增大。因此对喷气燃料的馏程有一定要求，不能过重。

积炭的形成与燃料的烃类组成有密切关系。不同烃类在喷气发动机燃烧室中生成积炭的倾向按下列顺序递减：双环芳香烃＞单环芳香烃＞带侧链芳香烃＞环烷烃＞烯烃＞烷烃。在各族烃中最易生成积炭的是芳香烃，尤其是双环芳香烃。燃料中的芳香烃含量越多，在燃烧室中生成积炭的数量也越大。因此，在喷气燃料的质量标准中除限定芳香烃的含量外，还明确规定萘系烃类的体积分数不高于3.0%。

喷气燃料质量标准中，烟点、辉光值和萘系烃含量是表征积炭倾向的指标。

烟点也称无烟火焰高度，是指油料在一标准灯具内，于规定条件下作点灯试验所测得不冒烟时火焰的最大高度，以mm为单位。烟点的数值越大说明燃料的生炭倾向越小。喷气燃料的无烟火焰高度也是控制燃料中的化学组成，保证燃料正常燃烧的主要质量指标。燃料中含芳香烃越多，无烟火焰高度越小。我国规定喷气燃料的烟点不小于25mm。

喷气燃料的辉光值就是在规定的条件下，人为规定一种标准燃料异辛烷的辉光值为100，另一种标准燃料四氢萘的辉光值为0，然后将试样的辉光值与异辛烷和四氢萘进行比较所得的相对值。燃料的辉光值越高表示燃料的燃烧性能越好，燃烧越完全，燃烧时生成积炭的倾向越小。辉光值的大小决定于燃料的化学组成，大致按下列顺序递减：正构烷烃＞异构烷烃＞环烷烃＞烯烃＞芳香烃。我国规定喷气燃料的辉光值不小于45。

③ 低温性能。喷气燃料的低温性能，是指在低温下燃料在发动机燃料系统中能顺利地泵送和通过滤网，从而保证发动机正常供油的性能。作为喷气燃料，就必须要求它能在高空的低温条件下顺利地工作。

如果燃料的低温性能不好，在低温下使用时因失去流动性，出现烃类结晶以及燃料中的水分结成细小冰粒，都会妨碍燃料在导管和滤网中顺利通过，使供油量减少甚至中断。喷气燃料需要有很好的低温性能，就是要有低的结晶点及低温时良好的输送能力。

喷气燃料的结晶点与其烃类组成和馏分组成有关。各种烃的结构不同，它们的结晶点也不相同。相同碳数正构烷烃和芳香烃的结晶点较高，环烷烃和烯烃的结晶点较低。在同一族烃中，结晶点随分子量的增大，沸点的升高而升高。因此若喷气燃料中含有较多的大分子正构烷烃与芳香烃时，燃料的低温性能就变差。

除了燃料的组成外，水分也是影响喷气燃料低温性能的重要因素。喷气燃料是不允许含有水分的，但是在贮存和使用过程中，由于燃料本身的溶水性，雨露冰霜的侵入以及容器中水蒸气凝结等原因，往往会含有一些水分。这些水分通常以游离状态、悬浮状态或溶解状态存在。在低温情况下，这些微量水从燃料中呈细小冰晶析出，引起过滤器或燃料系统其他部位堵塞，影响燃料的正常供应，严重时可造成飞行事故。

各种烃类对水的溶解度是不同的，在相同温度下，芳香烃特别是苯对水的溶解度最大，不饱和烃次之，环烷烃较小，烷烃最小。因而从降低燃料对水溶解度的角度考虑，也必须要限制芳香烃的含量。同一类烃中，随着分子量和黏度的增大，水在烃中的溶解度减小。

为了防止喷气燃料中出现结晶，可以采取加热过滤器或预热燃料的方法，也可以在燃料中加入 0.5%～1.0% 的异丙醇或乙二醇单甲醚、乙二醇单乙醚等防冰剂以防止冰粒的析出，但一般情况下不加防冰剂。

④ 安定性。喷气燃料安定性包括储存安定性和热安定性。如航空军用燃料在平时消耗不多，但在战时消耗量猛增，因此需要有一定的储备。这种燃料的储备期限往往长达数年之久，因此要求它们有很好的贮存安定性。

各种喷气燃料在长期贮存过程中都会有不同程度的变色。这是由于燃料氧化生成胶质的结果，只要各项指标符合规格，一般不影响使用。但通过对比试验表明，变色燃料的氧化安定性有所下降。因此在实际工作中应尽量防止燃料的变色。

对喷气燃料的安定性还有一个热安定性的要求。热安定性又称热氧化安定性，是指燃料在发动机燃油系统中受到温度和油品中溶解氧的作用时抗沉渣生成的能力。

评定喷气燃料的热安定性有两种方法：动态热安定性和静态热安定性。

喷气燃料的热安定性主要取决于其化学组成。研究表明，烃类中最易生成沉渣的是萘类及四氢萘类，其中环上带烷基侧链的比不带侧链的更不安定，生成更多的沉渣。异构烷烃及环烷烃的热安定性最好，烷基苯比相应的环烷烃热安定性差。

燃料中的非烃类在喷气燃料热氧化沉渣形成过程中最先氧化，并对不安定烃类的氧化起引发剂的作用。因此为了获得热安定性良好的燃料，其组成中非烃含量应为最小。

⑤ 润滑性。在喷气发动机中，燃料油泵及喷油嘴的润滑是依靠燃料自身来达到的。若燃料的润滑性能不好，燃油泵的磨损便会增大，不仅会降低油泵的使用寿命，而且会影响油泵的正常工作，引起发动机转速降低甚至停车等故障。

喷气燃料的润滑性能是由其化学组成决定的。润滑性大致按下列顺序递减：带极性的非烃化合物＞多环芳香烃＞单环芳香烃＞环烷烃＞烷烃。所谓带极性的某些非烃化合物是指环烷酸、酚类化合物以及某些含硫和氮的极性化合物。这些物质具有较强的极性，易被金属吸附在表面，形成牢固的油膜，有效地降低金属间的摩擦。

燃料中如含有水分也会降低燃料的润滑性能。燃料中溶解的氧（空气）在有水分存在的情况下会引起油泵的腐蚀磨损。

⑥ 腐蚀性。喷气燃料的腐蚀主要是指喷气燃料对储运设备，以及喷气燃料在燃烧过程中，燃烧产物对发动机的火焰筒、涡轮和喷管等部件产生的腐蚀。

燃气的高温气相腐蚀或称为烧蚀，表现为腐蚀表面被烧成麻坑或者表层起泡并呈鳞片状剥落。发动机中许多零件是由耐热合金制成的，其中的镍含量很高。在 1000℃ 以上的高温条件下，燃料中含有的硫化合物会与金属镍作用生成镍—硫化镍低熔点合金（熔点只有 650℃），造成机件损坏。喷气燃料在中温和常温下的液相腐蚀原因、危害及控制指标与汽油类似，不同之处是喷气发动机的高压燃油泵的结构特殊。为了提高柱塞泵的耐磨性，采用了镀银机件，而银对于硫化物的腐蚀极为敏感。因此航煤除了规定通常控制腐蚀的指标外，还增加了一项银片腐蚀的指标。为了提高航煤的抗烧蚀能力，通常在燃料中加入抗烧蚀添加剂。

⑦ 喷气燃料牌号。由于喷气燃料是在高空使用，必须安全可靠，因此，对其质量有严格的要求。喷气燃料按生产方法可分为直馏喷气燃料和二次加工喷气燃料两类。按馏分的宽窄、轻重又可分为宽馏分型、煤油型及重煤油型。我国三个牌号喷气燃料的质量标准见表 11-27。

表 11-27 喷气燃料的质量标准

项目				1号喷气燃料 GB 438—1977 (1988)	2号喷气燃料 GB 1788—1979 (1988)	3号喷气燃料 GB 6537—2006
密度(20℃)/(g/cm³)			不小于	0.775	0.775	0.775～0.830
馏程	初馏点/℃		不高于	150	150	实测
	10%馏出温度/℃			165	165	205
	50%馏出温度/℃			195	195	232
	90%馏出温度/℃			230	230	实测
	98%馏出温度/℃			250	250	300(终馏点)
	残留量及损失量/%		不大于	2.0	2.0	1.5
闪点(闭口)/℃			不低于	28	28	38
运动黏度/(mm²/s)		20℃	不小于	1.25	1.25	1.25
		−40℃	不大于	8.0	8.0	8.0(−20℃)
冰点/℃			不高于	—	—	−47
结晶点/℃			不高于	−60	−50	—
芳香烃含量(体积分数)/%			不大于	20	20	20
烯烃含量(体积分数)/%			不大于			5
总硫含量(质量分数)/%			不大于	0.2	0.2	0.2
酸度/(mgKOH/100ml)			不大于	1.0	1.0	0.15
硫醇性硫(质量分数)/%			不大于	0.005	0.002	0.002
铜片腐蚀(100℃,2h)/级				1	1	1
银片腐蚀(50℃,4h)/级				1	1	1
燃烧性能	净热值/(MJ/kg)		不小于	42.9	42.9	42.8
	烟点/mm		不小于	25	25	25
	或萘系烃含量(体积分数)/%		不大于	3	3	3
	或辉光值		不小于	45	45	45
实际胶质/(mg/100ml)			不大于	5	5	7
水反应	体积变化/ml		不大于	1	1	1
	界面情况/级		不大于	1b	1b	1b
	分离程度/级		不大于	实测	实测	2

续表

项目			1号喷气燃料 GB 438—1977 (1988)	2号喷气燃料 GB 1788—1979 (1988)	3号喷气燃料 GB 6537—2006
固体颗粒污染物含量/(mg/L)		不大于	—	—	1
机械杂质和水分			无	无	—
水溶性酸或碱			无	无	—
热安定性	压力降/kPa	不大于	—	—	3.3
	管壁评级/级	小于	—	—	3
电导率(20℃)/(pS/m)			—	—	50～450
外观			—	—	清澈透明
灰分/%		不大于	0.005	0.005	—
水分离系数	未加抗静电剂	不小于	—	—	85
	加抗静电剂	不小于	—	—	70
磨痕直径 WSD/mm		不大于	—	—	0.65

1号与2号喷气燃料均为煤油型燃料，馏程约为150～250℃，不同的是1号结晶点为－60℃，而2号的结晶点为－50℃，两者均可用于军用飞机和民航飞机。3号喷气燃料为较重煤油型燃料，馏程约为180～300℃，冰点不高于－47℃，民航飞机、军用飞机通用，正逐步取代1号和2号喷气燃料。

（4）燃料油

燃料油为家用和工业燃烧器上所用的液体燃料。它广泛用于船舶锅炉燃料、加热炉燃料、冶金炉和其他工业炉燃料。我国燃料油消费主要集中在发电、交通运输、冶金、化工、轻工等行业。一般是以直馏渣油或裂化渣油和二次加工轻柴油调和而成。

① 燃料油的主要性能。燃料油应具有良好的雾化性能和低腐蚀性，并含有较少的胶质和沥青质，以期燃料油能充分燃烧及较少结焦，使炉子的使用周期得以延长。

a. 黏度。黏度是燃料油的重要指标。黏度过大会导致燃料的雾化性能恶化，喷出的油滴过大，造成燃烧不完全，燃烧炉热效率下降。所以，使用黏度较大的燃料油时必须经过预热，以保证喷嘴要求的适当黏度。低黏度的燃料油的质量指标中规定了其40℃运动黏度的范围，而对于高黏度燃料油则以其100℃运动黏度为指标。

燃料油的黏度与其化学组成有关。从石蜡基原油生产的燃料油中含蜡较多，含胶质较少，当加热到倾点以上后其流动性较好，黏度较小。而从中间基尤其是环烷基原油生产的燃料油，含胶质较多，黏度也较高。

b. 低温性能。燃料油的低温性能一般用倾点来评定。燃料油的倾点与其含蜡量有关，石蜡基原油生产的燃料油因其含蜡较多而倾点较高。对于低黏度的燃料油，质量标准中要求其倾点不能太高，以保证它在储运和使用中的流动性。质量指标中规定1号燃料油的倾点不高于－18℃，2号、4号轻及4号燃料油的倾点不高于－6℃。而对于黏度较大的燃料油，因使用时均需加热，所以一般不控制其倾点。

c. 含硫量。燃料油中的含硫化合物在燃烧后均生成二氧化硫和三氧化硫，它们会污染环境，危害人体健康，同时遇水后变成的亚硫酸和硫酸会严重腐蚀金属设备。所以在1号和

2号燃料油质量指标中规定其硫含量不大于0.5%。对于高黏度燃料油的含硫量,目前尚无控制指标。

d. 安定性。高黏度燃料油往往是以减黏渣油为原料通过调和进行生产的。由于渣油在热转化过程中,其化学组成与物理结构均会发生变化,若所用的条件不当,就有可能导致在储存及使用中出现沉淀、分层现象,从而会影响输送供油并降低传热效率。为此,要求高黏度的燃料油要具有较好的热安定性和储存安定性。

② 燃料油的分类。目前我国还没有关于燃料油的强制性国家质量标准。现在通用标准是行业标准SH/T 0356—1996,依据此标准燃料油可分为1号、2号、4号轻、4号、5号轻、5号重、6号和7号八个牌号。1号和2号是馏分燃料油,适用于家用或工业小型燃烧器上使用,特别是1号适用于汽化型燃烧器,或用于储存条件要求低倾点的场合。4号轻和4号燃料油是重质馏分燃料油或是馏分燃料油与残渣燃料油混合而成。适用于要求该黏度范围的工业燃烧器上。5号轻、5号重、6号和7号是黏度和馏程范围递增的残渣燃料油,适用于工业燃烧器,为了装卸和正常雾化,在温度低时一般都需要预热。我国使用较多的是5号轻、5号重、6号和7号燃料油。

国产燃料油的规格标准如表11-28所示。

表11-28 国产燃料油主要技术要求(SH/T 0356—1996)

项目		质量指标							
		1号	2号	4号轻	4号	5号轻	5号重	6号	7号
闪点(闭口)/℃	不低于	38	38	38	55	55	55	60	—
闪点(开口)/℃	不低于	—	—	—	—	—	—	—	130
馏程/℃									
10%回收温度,不高于		215	—	—	—	—	—	—	—
90%回收温度,不低于		—	282	—	—	—	—	—	—
90%回收温度,不高于		288	388	—	—	—	—	—	—
运动黏度/(mm²/s)									
40℃,不小于		1.3	1.9	1.9	5.5	—	—	—	—
40℃,不大于		2.1	3.4	5.5	24	—	—	—	—
100℃,不小于		—	—	—	—	5.0	9.0	15	—
100℃,不大于		—	—	—	—	8.9	14.9	50.0	185
10%蒸余物残炭(质量分数)/%	不大于	0.15	0.35	—	—	—	—	—	—
灰分(质量分数)/%	不大于	—	—	0.05	0.1	0.15	0.15	—	—
硫含量(质量分数)/%	不大于	0.5	0.5	—	—	—	—	—	—
铜片腐蚀(50℃,3h)/级	不大于	3	3	—	—	—	—	—	—
密度(20℃)/(kg/m³)									
	不小于	—	—	872	—	—	—	—	—
	不大于	846	872	—	—	—	—	—	—
倾点/℃,不高于		−18	−6	−6	−6	—	—	—	—

第三节 化工基础知识

一、化工生产常用指标

在化工生产过程中,要想获得好的生产效果,就必须达到高产、优质、低耗,由于每个产品的质量指标不同,其保证措施也不相同。对于一般化工生产过程来说,总是希望消耗最少的原料生产最多的优质产品。因此,如何采取措施,降低消耗,综合利用能量,是评价化工生产效果的重要方面之一。

1. 转化率

转化率是指某一反应物参加反应而转化的数量占该反应物起始量的分率或百分率。转化率的大小说明某物质在反应过程中转化的程度。转化率越大,说明该物质参加反应的越多。一般情况下,通入反应体系中的每一种物质都难以全部参加反应,所以转化率常小于100%。由于反应本身的条件和催化剂性能的限制,在很多情况下,通入反应器的原料转化率可能不高,于是就需要将未反应的物料从反应产物中分离出来以循环使用,提高原料的利用率。因此转化率又分为单程转化率和总转化率。

① 单程转化率。以反应器为研究对象,参加反应的原料量占通入反应器原料总量的百分数称为单程转化率。

② 总转化率。以包括循环系统在内的反应器、分离设备的反应体系为研究对象,参加反应的原料量占进入反应体系总原料量的百分数称为总转化率。

③ 平衡转化率。指某一化学反应到达化学平衡状态时转化为目的产物的某种原料量占该种原料起始量的百分数。平衡转化率由体系的热力学性质和操作条件确定,是转化率的最高极限值,任何反应的转化率都不可能超过平衡转化率。由于化学反应达到平衡状态需要无限长的时间,因此实际生产过程是不可能达到的。

2. 收率和产率

收率也称为产率,是从产物角度来描述反应过程的效率。一般说来,产率是指化学反应过程中生成的目的产物量占某反应物初始量的百分率。常用的产率指标为理论产率,指转化为目的产物的某反应物的量与该反应物的起始量之比。而将目的产物的质量与某原料的起始量之比称为质量收率。

3. 生产能力和生产强度

(1) 生产能力

生产能力是指一个设备、一套装置或一个工厂在单位时间内生产的产品量,或在单位时间内处理的原料量。其单位为 $kg \cdot h^{-1}$,$t \cdot h^{-1}$,$kt \cdot a^{-1}$,$Mt \cdot a^{-1}$ 等。对于化学反应过程以产品量表示生产能力;对于物理过程以加工原料量表示生产能力。如 $200kt \cdot a^{-1}$ 的乙烯装置表示该装置生产能力为每年可生产乙烯 300kt,而 6000kt/a 的炼油装置表示该装置每年可加工原油 6000kt。

(2) 生产强度

生产强度为设备的单位特征几何尺寸的生产能力。即设备的单位体积的生产能力,或单位面积的生产能力。其单位为 $kg \cdot h^{-1} \cdot m^{-3}$,$kg \cdot h^{-1} \cdot m^{-2}$ 等。生产强度主要用于比较那些相同反应过程或物理加工过程的设备或装置的优劣。在分析对比催化反应器的生产强度时,通常要看在单位时间内,单位体积催化剂所获得的产品量,亦即催化剂的生产强度,有时也称为空时收率,单位为 $kg \cdot h^{-1} \cdot m^{-3}$,$kg \cdot h^{-1} \cdot kg^{-1}$。

另外在化工生产过程中,在保证完成目的产品的产量和质量的同时,还要努力降低物耗、能耗,以求获得最佳的经济效益,因此各化工企业在工艺技术规程中根据产品的设计数据和本企业的具体情况规定各种原材料和能量的消耗定额,作为本企业的技术经济指标。所谓消耗定额是指生产单位产品所消耗的各种原料及辅助材料——水、燃料、电和蒸汽等的数量。消耗定额愈低,生产过程的经济效益愈好。在消耗定额的各项内容中,虽然水、电、燃料和蒸汽(统称公共工程)的消耗对于生产成本影响很大,但是影响最大的往往还是原料消耗定额,因为大部分化学过程中原料成本约占总成本的 60%~70%。所以要降低产品成本,关键是降低原料消耗。

二、工业催化剂基础

1. 催化剂的基本特征

在化学反应体系中,因加入了某种物质而使化学反应速率明显加快,但该物质的数量和化学性质在反应前后不变,该物质称为催化剂,而这种作用则称为催化作用。

催化剂之所以能加速化学反应,是因为它能与反应物生成不稳定的中间化合物,使活化能降低,从而改变了反应的途径,使反应速率增大,加快了反应的进行。

催化剂在化学反应中的催化作用具有以下几个基本特征。

① 催化剂只能加速化学反应到达平衡,缩短到达平衡所需要的时间,而不影响平衡的位置。也就是说,当反应的始末状态相同时,不论有无催化剂,该反应的热效应、平衡常数、平衡转化率和自由能变化均相同。可见催化剂不能使热力学上不能进行的反应发生。

② 催化剂具有加速某一特定反应的能力,即催化剂对反应具有明显的选择性。

③ 催化剂具有一定的使用周期。虽然催化剂参加了化学反应,但是在反应前后催化剂的量、组成和性质没有发生变化,所以,某一反应所使用的催化剂原则上可以反复使用。但是考虑到催化剂在使用过程中的各种物理因素和化学因素,造成催化剂中毒、流失等,所以催化剂不能无限期地具备所希望的性能,其使用周期是有一定限度的。

2. 工业催化剂的性能指标

催化剂的活性和选择性是重要的性能指标,在选择和制造催化剂过程中也要尽量考虑其他因素的影响。

下面介绍几个表示催化剂性能的常用概念和指标。

① 比表面:通常把 1 克催化剂所具有的表面积称为该催化剂的比表面,m^2/g。

由于气—固相催化反应是在固体催化剂表面上进行的,所以催化剂比表面积的大小直接影响到催化剂的活性,进而影响催化反应的速率。工业催化剂常加工成一定粒度的、多孔性物质并使用载体使活性组分高度的分散,其目的是增加催化剂与反应物的接触表面。

② 活性:催化剂的活性是指催化剂改变化学反应速率的能力。它取决于催化剂本身的化学特性,同时也与催化剂的微孔结构有关。

工业催化剂应有足够的活性,活性越高则原料的转化率越高,或者在转化率及其他条件相同时,催化剂活性愈高则需要的反应温度愈低。提高催化剂的活性,可以有效地加快主反应的反应速率,提高设备的生产能力和生产强度,创造较高的经济效益。但是在实际生产过程中下还要考虑催化剂的选择性。

③ 选择性:指反应所消耗的原料中有多少转化为目的产物。它反映了加速主反应速率

的能力。催化剂选择性好说明得到的目的产物的产率高。所以衡量催化剂的选择性也就是衡量反应效果的选择性。

选择性是催化剂的重要特性之一。选择性越高,抑制副反应的能力就越强,原料消耗和产品的生产成本就越低,也就越有利于产物的后处理,故工业催化剂的选择性应当高。

④ 寿命:指催化剂使用周期的长短。它表征的是催化剂从投入使用开始直至经过再生也不能恢复活性,达不到生产所要求的转化率和选择性为止的时间。

催化剂的寿命越长,催化剂正常发挥催化能力的使用时间就越长,不仅可以减少因为更换催化剂而带来的开停车的次数及造成的物料损失,也可以减少催化剂消耗量,从而降低产品成本。

催化剂的寿命受化学稳定性、热稳定性、机械稳定性及耐毒性等性能的影响。

化学稳定性:催化剂的化学组成和化合状态在使用条件下发生变化的难易程度。催化剂在一定的反应条件下长期使用时,有些催化剂的化学组成可能流失;有的化合状态可能变化,从而使催化剂的活性和选择性下降,导致寿命缩短。

热稳定性:催化剂在反应条件下对热破坏的耐受力。在长期高温作用或温度突变情况下,催化剂的某些物质的晶型可能转变,微晶可能烧结,配合物会分解,生物菌种和酶会死亡,这都会导致催化剂性能的衰退。

机械稳定性:固体催化剂在反应条件下的机械强度。在使用中,若固体催化剂易破裂或粉化,就会造成反应器内流体流动状况恶化,甚至发生堵塞,迫使停产。

耐毒性:催化剂对有毒物质的抵抗力。多数催化剂易受到一些物质的毒害,使其活性和选择性显著降低甚至完全失去,缩短其寿命。常见的毒物有砷、硫、氯的化合物及铅等重金属。

可见,催化剂在使用过程中活性会逐渐下降,其原因主要有三个方面:首先是化学因素,包括表面结焦、毒物的毒害;其次是超温过热,在反应温度下或突然过热引起晶相转变或烧结;第三是由磨损、脱落和破碎等机械原因所致。

催化剂表面结焦是最常见的失活原因。这种现象通常发生在金属及酸性催化剂上进行加氢、脱氢、裂解、异构化等反应,特别是当反应温度较高时更为明显。不过,由结焦引起的催化剂失活一般是暂时性的,即将催化剂表面的积炭烧掉后,催化剂的活性得以恢复。由于中毒造成催化剂失活与结焦有明显不同之处,毒物只要少量存在就可以使催化剂明显地甚至全部地失去活性,这种失活即使经过再生也不能恢复活性,造成永久性失活。

工业生产对催化剂的要求首先是要有适当高的活性,即在同一条件下能使反应具有较大的速率,对于可逆反应能缩短达到平衡的时间。其次是活性温度要低。一般催化剂在一定的温度范围内具有较高的活性。活性温度低,反应可在较低的温度下进行,对提高转化率,减少反应物的预热,降低反应设备对材质的要求及简化热量回收装置都有好处,尤其对可逆放热反应,由于高温在热力学上不利于放热反应的进行,使用活性温度低的催化剂显得尤为重要。第三,要求催化剂具有较好的选择性。当反应物能按照热力学上可能的方向同时发生几种不同反应时,要求所选用的催化剂只能加速主反应,而不能加速副反应。第四,要求机械强度高,即在使用过程中受振动或摩擦后破碎少。第五,要求抗毒性能好,即受到毒物损害后活性下降少。第六,要求耐热性好,在受到较高的温度冲击或较大的温度波动后,活性下降少。第七,要求寿命长。此外,还要求价格低廉、原料易得,具有良好的流体力学特性。

三、物料与能量衡算

为了计算化工生产过程的原料消耗指标、热负荷和产品产率,为设计和选择反应器与其他设备的尺寸、类型、数量提供定量依据;核查生产过程中各物料量及有关数据是否正确,有无泄漏,能量回收利用是否合理,从而查出生产上的薄弱环节,为改善操作和进行系统最优化提供依据,必须进行物料衡算和能量衡算。这是化工计算的基础。

1. 物料衡算

物料衡算,即物料平衡计算,是以质量守恒定律为基础而进行的。对于一个化工系统(或化工设备),进入系统的物料总质量等于离开系统的及系统积累与损耗的物料量之和。物料衡算的基本方程式为:

$$\sum(m_i)_\text{入} = \sum(m_i)_\text{出} + \sum(m_i)_\text{积} + \sum(m_i)_\text{损}$$

即:

输入物料的总质量=输出物料的总质量+系统内积累的物料质量+系统损耗的物料质量

对于连续稳流操作过程,由于操作条件不随时间而变,系统内无物料积累,则物料衡算方程式中的$\sum(m_i)_\text{积}=0$;对于间歇操作过程,其物料衡算的基本方程式为:

$$\sum(m_i)_\text{入} = \sum(m_i)_\text{出}$$

2. 能量衡算

各种生产过程都会发生能量的传递和不同形式能量间的转化,能量衡算就是按照能量守恒原理研究过程中能量传递和转化的数量关系。对化工生产过程进行能量衡算,可以了解工艺过程在加热、冷却和动力等方面的能量及其损耗情况(如热损失等),从而确定设备的工艺尺寸、载热体用量及过程的能量利用效率;也可以考察能量的传递和转化对过程操作条件的影响。因此,能量衡算是一项很重要的化工计算。

化工生产中最具代表性的是稳流过程,其能量衡算的基本依据是稳流体系热力学第一定律,能量衡算通式为:

$$\Delta H + g\Delta h + 1/2\Delta u^2 = Q + W_s$$

若体系与环境之间无轴功交换,体系的宏观动能和宏观位能可以忽略不计,则上式可变成:

$$\Delta H = Q$$

此式即为热量衡算通式,在化工过程中的能量衡算主要是热量衡算。

四、化工生产工艺条件选择与控制

化学反应是化工生产过程的核心环节,只有通过化学反应,原料才能转变成目的产物。然而由于化学反应的复杂性,原料一般难以全部转化为目的产物,因此生产上常将反应物的转化率控制在一定的范围内,再把未转化的反应物分离出来加以回收利用。若要实现最少的原料消耗得到最多的目的产品,必须分析影响工艺过程的基本因素,选择和确定最佳的工艺操作条件,以实现化工生产的最佳效果。工艺条件的选择实际上是化工生产过程优化控制的基础。影响反应达到工艺上最佳点的因素很多,如温度、压力、浓度、进料组成、空速(流量)、循环比等。本节主要讨论一些基本工艺条件的一般选择方法。

1. 反应温度

提高反应温度可以加快化学反应的速率,且温度升高会更有利于活化能较高的反应。由于催化剂的存在,主反应一定是活化能最低的。因此,温度越高,从相对速率看,越有利于副反应的进行。由于受到设备材质的限制,所以在实际生产上,用升温的方法来提高化学反应的速率应有一定的限度,只能在有限的适宜范围内使用。

温度的变化对催化剂的性能和使用有一定的影响，对某一特定产品的生产过程来说，只有在催化剂能正常发挥活性的起始温度以上，使用催化剂才是有效的。反应温度升高，催化剂活性也上升，但催化剂的中毒系数也增大，会导致催化剂活性急剧衰退。当温度继续上升，达到催化剂使用的终极温度时，催化剂会完全失去活性，主反应难以进行，反应便会失去控制，因此操作温度应在催化剂活性的起始温度和终极温度间。

反应温度对反应产物的分布和质量也有影响。在催化剂适宜的温度范围内，当温度较低时，由于反应速率慢，原料转化率低，但选择性比较高；随着温度的升高，反应速率加快，可以提高原料的转化率。然而由于副反应速率也随温度的升高而加快，致使选择性下降，且温度越高选择性下降得越快。一般在温度较低时，随反应温度的升高，转化率上升，单程收率也呈现上升趋势，若温度过高，会因为选择性下降导致产物单程收率也下降。因此，升温对提高反应效果有好处，但不宜升得太高，否则反应效果反而变差，而且选择性的下降还会使原料消耗量增加。

此外，适宜温度的选择还必须考虑设备材质等因素的约束。如果反应是吸热反应，无论从热力学还是动力学来看，提高温度对反应都是有利的。为了提高设备生产强度，希望反应在高温下进行，此时，必须考虑材质承受能力，在材质的约束下选择。

2. 反应压力

压力的选择应根据催化剂的性能要求，以及化学平衡和化学反应速率随压力变化的规律来确定。对于气相反应，增加压力可以缩小气体混合物的体积，从化学平衡角度看，对分子数减少的反应是有利的。对于一定的原料处理量，意味着反应设备和管道的容积都可以缩小；对于确定的生产装置来说，则意味着可以加大处理量，即提高设备的生产能力，这对于强化生产是有利的。但随着反应压力的提高对设备的材质和耐压强度要求高，使设备造价和投资增加；而且对反应气体加压需要设置压缩机，能量消耗增加很多。此外，压力提高后，对有爆炸危险的原料气体，其爆炸极限将会扩大，因此，安全条件要求就更高。

3. 原料配比

原料配比是指化学反应有两种以上的原料时，原料的摩尔数（或质量）之比，一般多用原料摩尔配比表示。原料配比应根据反应物的性能、反应的热力学和动力学特征、催化剂性能、反应效果及经济核算等综合分析后予以确定。

从化学平衡的角度看，两种以上的原料中，任意提高一种反应物的浓度（比例），均可达到提高转化率的目的。从反应速率的角度分析，若其中一种反应物的浓度指数为0，则反应速率与该反应物的浓度无关，不必采用过量的配比；若某反应物浓度的指数大于0，则说明反应速率随该反应物的浓度的增加而加快，可以考虑采用较大的配比。在提高某种原料配比时，还应注意该原料在反应过程中会有剩余，这就要求在分离反应物后，要实现该种物料的循环使用，以提高其总转化率与生产的经济性。

如果两种以上的原料混合物属爆炸性混合物，则首要考虑的问题是其配比应在爆炸范围之外，以保证生产的安全进行。

4. 空速和停留时间

对于气-固相催化反应过程，空间速度一般是指在单位时间内单位体积（或质量）催化剂上所通过的原料气体（相当于标准状态）的体积流量，简称空速。停留时间是指物料从进入设备到离开设备所需要的时间，若有催化剂存在则指物料与催化剂的接触时间，停留时间为空速的倒数。一般空速越大，停留时间越短，原料转化率越低，产物的选择性越高，设备的生产能力越大。但空速过大不利于原料的转化。相反，空速越小，停留时间越长，越有利于副反应的发生，使反应选择性下降；同时，单位时间内通过的原料气量减少，会大大降低设备的生产能力。故生产中应根据实际情况选择适当的空速和停留时间。

五、化工生产工艺流程

1. 工艺流程

原料经过一系列的物理加工和化学加工生成目的产物，该过程称为"化工过程"。尽管化工产品数以万计，其生产过程也各式各样，但通过对大量化工生产过程进行归纳总结，不难发现：每个化工生产过程基本包括三个步骤，即原料的预处理、化学反应、产物的分离及精制。每个实施步骤都需要相应的功能单元来完成，按物料加工顺序将这些功能单元有机地组合起来，即一个生产装置的设备、机泵、工艺管线和控制仪表按生产的内在联系而形成的有机组合则构成工艺流程。化工生产工艺流程反映了由若干个单元过程按一定的逻辑顺序组合起来，完成从原料变成目的产品的全过程。

化工生产中的工艺流程是多种多样的，不同产品的生产工艺流程固然不同，同一产品用不同原料来生产，工艺流程会有所不同；即使原料相同，产品也相同，若采用的工艺路线或加工方法不同，在工艺流程上也有区别。

2. 工艺流程图

一种工艺流程，既可以用文字表述，也可以用图来描述。用图来表述要比用文字更方便、直观和简洁。这种用图来表述的工艺流程称为工艺流程图。

工艺流程有多种，根据其用途，繁简程度差别很大。一般最简单也最粗略的一种流程图是方框流程图。如果描述一套生产装置，一个方框可代表一个加工设备。方框之间用带箭头的直线连接，代表设备之间的管线连接，箭头的方向表示物料流动的方向。画流程图时，一般按照原料转化为产品的顺序，采用由左向右、自上而下展开，设备的名称可以表示在方框中，也可在近旁标出，次要设备可以忽略。流程管线也可加注必要的文字说明，如原料从哪里来，产品、中间产物、废物去哪里等。

为了表示一个化工生产过程中物料及能量的变化始末，通常也以形象的图像、符号和代号来表示化工设备、管道和主要附件等，这样的流程图也是在工艺学中经常见到的所谓原理工艺流程图，实际上是一种简易流程示意图。它简明地反映了由原料到产品过程中各物料的流向和经历的加工步骤，从中可了解每个操作单元或设备的功能及其相互关系、能量的传递和利用情况等重要工艺和工程信息。

还有一种以车间（装置）或工段（工序）为主项绘制的工艺流程图，称之为带控制点的工艺流程图。一般包括生产装置各层地平线及标高、设备示意图、设备流程号、物料及动力管线、主要阀件和管道附件、必要的计量控制仪表、图例及标题栏等。

流程图的类型较多，不再一一叙述。由于流程图能形象直观地用较小篇幅传递较多的信息，故无论在化工生产、管理过程中，或在化工过程开发和技术革新设计时，还是在查阅资料或参观工厂时，常常要用到流程图，因此学会阅读、配置和绘制流程图具有重要的现实意义。

> **思考题**

1. 什么是有机化合物？有机化合物具有哪些特征？
2. 烃的概念是什么？烃类化合物主要包括哪些？
3. 饱和烃、不饱和烃及芳烃具有哪些主要物化性质？

4. 什么是石油？它的一般性质如何？
5. 石油由哪些元素组成？它们在石油中的含量如何？
6. 按照馏分组成石油可以分为哪几个馏分？
7. 石油中有哪些烃类化合物？它们在石油中的分布情况如何？
8. 石油中的非烃化合物有哪些？它们对石油加工和产品质量有何影响？
9. 表示油品蒸发性质、流动性质、热性质、燃烧性质的指标有哪些？它们是如何定义的？
10. 什么叫油品的特性因数？其与化学组成的关系如何？
11. 什么叫闪点、燃点、自燃点？它们与化学组成的关系如何？
12. 什么叫浊点、凝点、冷滤点？
13. 石油产品可分为哪几类？
14. 汽油的使用要求有哪些？
15. 汽油的主要质量指标有哪些？
16. 什么叫辛烷值？其与化学组成的关系如何？
17. 柴油的使用要求有哪些？
18. 汽油的主要质量指标有哪些？
19. 什么叫十六烷值？其与化学组成的关系如何？
20. 喷气燃料的主要质量指标有哪些？
21. 什么叫转化率和产率？
22. 催化剂的基本特征和性能指标有哪些？
23. 化工过程主要的工艺条件有哪些？

第十二章 石油加工过程

第一节 原油蒸馏

原油是极其复杂的混合物，必须经过一系列加工处理，才能得到合格的石油产品。原油蒸馏是原油加工过程中必不可少的第一道工序，也就是首先将原油分割为不同沸程的馏分，然后按照油品的使用要求，除去这些馏分中的非理想组分，或经化学加工形成所需要的组分，进而获得合格的石油产品。所谓的原油一次加工，就是指原油蒸馏而言。借助于蒸馏过程，将原油分割成相应的直馏汽油、煤油、轻柴油或重柴油馏分及各种润滑油馏分等。这些半成品馏分经过适当地精制和调和便成为合格的产品。在蒸馏装置中，也可以按不同的生产方案分割出一些二次加工过程所用的原料，如重整原料、催化裂化原料、加氢裂化原料等，以便进一步提高轻质油的产率或改善产品质量。

一、原油蒸馏的基本原理

1. 基本概念

原油是极其复杂的混合物，多数石油产品也是由多种不同沸点烃类组成的混合液。原油加工过程中经常依据这一特点，通过汽化和冷凝将其分离为不同沸点范围的馏分，以进一步加工成各种石油产品。

将液体混合物加热使之汽化，然后再将蒸汽冷凝的过程称为蒸馏。反复进行的多次汽化和冷凝称为精馏。蒸馏和精馏的理论基础是相平衡原理、相律、拉乌尔定律和道尔顿分压定律。

液体混合物与纯液体的液-汽相变过程规律有很大的差别。例如在一定的体系压力下，纯液体有一个固定的沸腾温度即沸点。而混合液体由于其中各组分具有不同的挥发度，轻组分较重组分更易于汽化，因此在汽化时液相（以及汽相）组成在不断地改变，轻组分逐渐减少，重组分相对增多，沸腾温度也随之升高，表现出一个沸腾的温度范围（亦称沸程）。此温度范围的数值和体系的压力、混合液的性质与组成有关。

在一个汽、液两相体系中，当其分子从液相变为汽相的速率等于从汽相变为液相的速率时就达到了相平衡状态，此时汽、液相的温度和压力相等，但两相的组成不同，汽相中轻组分的浓度较液相中轻组分浓度为大，此时的液体称为饱和液体，蒸汽称为饱和蒸汽。当外界条件改变时，例如升高温度或降低压力，则分子从液相逸出的速率增加；相反，当温度下降或压力增大时，分子从汽相返回液相的速率大于逸出速率，上述的汽液平衡状态被破坏，直至体系在另一条件下重新建立起新的平衡为止。

汽液平衡时某组分在汽相中的浓度与其在液相中浓度的比值称为相平衡常数。

$$K_i = y_i / x_i \tag{12-1}$$

式中，K_i 为 i 组分的相平衡常数；y_i 为 i 组分在平衡汽相中的浓度；x_i 为 i 组分在平衡液相中的浓度。

在同样温度和压力下各组分具有不同的 K_i 值，这是精馏过程赖以进行的基础，因此确定相平衡常数，对于分析汽、液平衡体系的特性及进行有关的工艺计算都是很重要的。当汽相为理想气体，液相为理想溶液时，应用拉乌尔定律和道尔顿分压定律得到如下关系：

$$K_i = p_i^0/p \tag{12-2}$$

式中，p_i^0 为在该体系温度下，混合物中 i 组分纯态时的饱和蒸气压；p 为体系压力。

从式（12-2）可明显地看出，相平衡常数 K_i 值与物质的属性和体系的温度、压力有关。在高压下或对非理想溶液，由于组分之间的互相影响，不能直接应用上式求取相平衡常数时，可通过专门图表或特殊的状态方程加以计算。原油及油品不同于一般的两元或多元混合物，而有其自身的特殊性，通常都不去直接计算其相平衡常数，而是用经验的或半经验的方法来解决，但汽液平衡的基本规律及其主要研究方法则是相同的。

2. 蒸馏方式

蒸馏是石油加工过程最常使用的分离手段之一，由于它具有经济、方便等特点，所以凡是需要分离的地方，总是首先考虑选用蒸馏操作。蒸馏可归纳为闪蒸（平衡汽化或一次汽化）、简单蒸馏（渐次汽化）和精馏三种。

(1) 闪蒸（亦称平衡汽化或一次汽化）

闪蒸是指加热液体混合物，使之达到一定的温度和压力，然后引入一个汽化空间（如闪蒸罐、蒸发塔、蒸馏塔的汽化段等），使之一次汽化分离为平衡的汽液两相，将含轻组分较多的汽相冷凝下来，使混合液得到相对分离的过程。由于在加热混合液过程中产生的汽相是在达到一定的温度和压力下迅速分离，即一次汽化分开的，故又称一次汽化。又由于分开的汽液两相是呈平衡状态的两相，故从其汽化方式而言，也称为平衡汽化。实际上并不存在真正意义的平衡汽化，因为真正的平衡汽化需要汽、液两相有无限长的接触时间和无限大的接触面积。但在适当的条件下，气、液两相可以接近平衡，可以近似地按平衡汽化来处理。如连续精馏塔的每层塔板均可近似地看做平衡汽化。如图 12-1 所示。

平衡汽化的逆过程称为平衡冷凝。如催化裂化分馏塔顶气相馏出物，经过冷凝冷却，进入接受罐中进行分离，此时汽油馏分冷凝为液相，而裂化气和一部分汽油蒸气则仍为气相（裂化富气）。此过程可以近似看做平衡冷凝。

(2) 简单蒸馏

简单蒸馏是用来浓缩物料或粗略分离油料的一种手段，如图 12-2 所示。将混合液置于蒸馏釜中，加热到达混合物的泡点温度时将产生的汽相随时引出，加以冷凝冷却收集。随着蒸馏的进行，液相逐渐变重（轻组分浓度逐渐减小），沸腾温度随之升高，汽化生成的气相

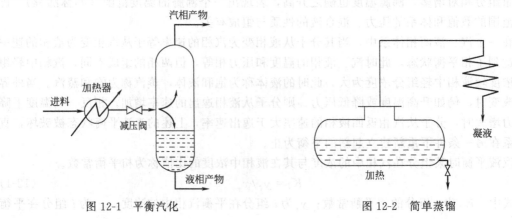

图 12-1 平衡汽化　　　　　　　　　图 12-2 简单蒸馏

浓度也在不断变化。釜底残液只与瞬时产生的气相成平衡，而不是与前面产生的全部气相成平衡。简单蒸馏得到气相冷凝液是一个组成不断变重的混合液，最早得到的气相冷凝液中轻组分含量最高，以后轻组分含量逐渐减少，但总比残液中的轻组分含量要高。因此简单蒸馏虽然可以使混合液中的轻重组分得到相对的分离，但不能将轻重组分彻底分开，所以它只能用于分离要求不太严格的场合。简单蒸馏是一种间歇过程，而且分离程度不高，一般只是在实验室中使用。如广泛用于油品馏程测定的恩氏蒸馏就可近似看作是简单蒸馏过程。

（3）精馏

由于闪蒸和简单蒸馏都无法使液体混合物精确分开，为了适应生产发展的需要，就出现了多次汽化，并发展成精馏过程。人们从一次汽化可以使轻重组分得到相对分离的实践中受到启发，把一次汽化得到的汽液两相继续进行平衡冷凝和平衡汽化，如此反复多次最终可得到纯度较高的轻重组分，即所谓多次汽化过程。以后又采用了精馏，把多次汽化和多次冷凝过程巧妙地组合起来，构成可以把混合液精确分开的精馏过程。

3. 精馏及实现精馏的条件

图 12-3 为精馏塔示意图。它由两段组成，进料段以上为精馏段，进料段以下为提馏段。该精馏塔由多层塔板组成，每层塔板均是一个汽液接触单元，加热到一定温度的混合液体进入塔的中部（汽化段），一次汽化分为平衡的汽液两相，蒸汽沿塔上升进入精馏段。由于在塔顶部送入一股与塔顶产品组成相同或相近的较低温度的液体回流，使上升蒸汽在各层塔板上不断部分冷凝，使其中的重组分转入液相又逐层回流下去，最后在塔顶可以得到一个纯度较高的轻组分。汽化段产生的平衡液相则沿塔下流，进入提馏段，并在塔底供热使塔底产品部分汽化，产生一个汽相热回流，使下流液体不断部分汽化，最终在塔底得到一个较纯的重组分。整个塔内蒸汽与液体逆向流动，密切接触形成一系列接触级进行传热和传质，使轻重组分多次进行分离，达到精确分离的目的。塔内温度自下而上逐渐降低，形成一个温度梯度。轻组分浓度自下而上逐步增加，形成一个浓度梯度。

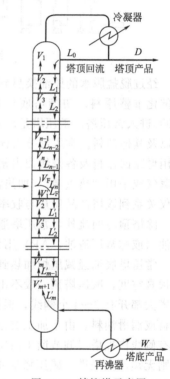

图 12-3 精馏塔示意图

精馏过程的实质是不平衡的汽、液两相逆向流动，多次密切接触，进行传质和传热使轻重组分达到精确分离的过程。实现精馏过程的必要条件如下所示。

① 必须有汽、液两相充分接触的设备，即精馏塔内的塔板或填料。

② 具有传热和传质的推动力，即温度差和浓度差。在各层塔板或填料段相遇的汽、液流处于不平衡状态，为此必须在塔顶提供一个组成与塔顶产品相近的液相冷回流，在塔底提供一个组成与塔底产品相近的汽相热回流。

二、原油蒸馏的工艺流程

目前炼油厂最常采用的原油蒸馏流程是两段汽化流程和三段汽化流程。所谓汽化段数就是原油经历的加热汽化蒸馏的次数。两段汽化流程包括两个部分：常压蒸馏和减压蒸馏。三段汽化流程包括三个部分：原油初馏、常压蒸馏和减压蒸馏。下面介绍典型的三段汽化工艺流程。

1. 原油三段汽化常减压蒸馏工艺流程

典型的三段汽化常减压蒸馏流程如图 12-4 所示。

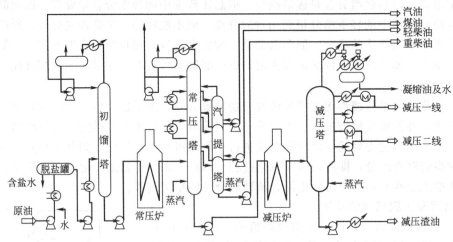

图 12-4 三段汽化常减压蒸馏流程

经过脱盐脱水的原油换热到 230～240℃进初馏塔（又称预汽化塔），塔顶出轻汽油馏分或催化重整原料。初馏塔底油称为拔头原油，经一系列换热后，在常压炉加热至 360～370℃进入常压塔。常压塔是原油的主分馏塔，塔顶出汽油。侧线自上而下分别出煤油、柴油以及其他油料。常压部分大体可以得到相当于原油实沸点馏出温度约为 360℃ 的产品。除了用增减回流量及各侧线馏出量以控制塔的各处温度外，通常各侧线处设有汽提塔，用吹入水蒸气或采用"热重沸"（加热油品使之汽化）的方法调节产品质量。常压部分拔出率高低不仅关系到该塔产品质量与收率，而且也将影响减压部分的负荷以及整个装置生产效率的提高。除塔顶冷回流外，常压塔通常还设置 2～3 个中段循环回流。塔底用水蒸气汽提，塔底重油（或称常压渣油，AR）用泵抽出送减压部分。

常压塔底油经减压炉加热到 405～410℃进入减压塔，为了减少管路压力降和提高减压塔顶真空度，减压塔顶一般不出产品而直接与抽真空设备连接，并采用顶循环回流方式。减压塔大都开有 2～4 个侧线，根据炼油厂的加工类型（燃料型或润滑油型）不同可生产裂化原料或润滑油料。由于加工类型不同，塔的结构及操作控制也不一样。润滑油型装置减压塔设有侧线汽提塔以调节馏出油质量，除顶回流外，也设有 2～3 个中段循环回流。燃料型装置则无须设汽提塔。减压塔底重油（或称减压渣油，VR）用泵抽出经换热冷却送出装置，也可以直接送至下道工序作为热进料。

从原油的处理过程来看，上述常减压蒸馏装置分为原油初馏（预汽化）、常压蒸馏和减压蒸馏三部分，油料在每一部分都经历一次加热-汽化-冷凝过程，故称之为"三段汽化"。如从过程的原理来看，实际上只是常压蒸馏与减压蒸馏两部分，而常压蒸馏部分可采用单塔（一个常压塔）流程或者用双塔（初馏塔和常压塔）流程。

原油蒸馏是否采用初馏塔应根据具体条件对有关因素进行综合分析后决定，其中原油性质是主要因素，下面分别讨论几种可能因素。

（1）原油轻馏分含量

原油在加热升温时，当其中轻质馏分逐渐汽化，原油通过系统管路和换热器的流动阻力就会增大，因此在处理轻馏分含量高的原油时设置初馏塔。换热后的原油在初馏塔中分出部分轻馏分再进入常压炉，可显著减小换热系统压力降，避免原油泵出口压力过高，减少动力消耗和设备泄漏的可能性。原油中的轻质馏分含量到多少才应该采用初馏塔还与换热流程的安排有关，需通过综合对比才能得到合理的方案。一般认为，原油中汽油馏分含量接近或超过20%就应考虑设置初馏塔。

(2) 原油脱水效果

当原油脱盐脱水不好，在原油加热时，水分汽化会增大流动阻力及引起系统操作不稳。水分汽化的同时盐分析出附着在换热器和加热炉管壁影响传热，甚至堵塞管路。采用初馏塔可减小或避免上述不良影响。

(3) 原油的硫含量和盐含量

在加工含硫、含盐高的原油时，虽然采取一定的防腐措施，但很难彻底解决塔顶和冷凝系统的腐蚀问题。设置初馏塔后，可使大部分腐蚀转移到初馏塔系统，从而减轻主塔（常压塔）塔顶系统腐蚀，经济上是合算的。

(4) 原油的砷含量

汽油馏分中砷含量取决于原油中砷含量以及原油被加热的程度，如作重整原料，砷是重整催化剂的严重毒物。例如加工大庆原油时，初馏塔的进料仅经换热温度达230℃左右，此时初馏塔顶重整原料砷含量<200μg/kg，而常压塔进料因经加热炉加热温度达370℃，常压塔顶汽油馏分砷含量达1500μg/kg。当处理砷含量高的原油，蒸馏装置设置初馏塔可得到含砷量低的重整原料。

此外，设置初馏塔有利于装置处理能力的提高，设置初馏塔并提高其操作压力（例如达0.3MPa）能减少塔顶回流油罐轻质汽油的损失等。因此蒸馏装置中常压部分设置双塔，虽然增加一定投资和费用，但可提高装置的操作适应性。当原油含砷、含轻质馏分量较低，并且所处理的原油品种变化不大时，可以采用二段汽化，即仅有一个常压塔和一个减压塔的常减压蒸馏流程。

为了节能，一些炼油厂对蒸馏装置的流程作了某些改动。例如初馏塔开侧线并将馏出油送入常压塔第一中段回流中，或将初馏塔改为预闪蒸塔，塔顶油气送入常压塔内。

2. 常压精馏塔的工艺特征

原油精馏塔的工作原理与一般精馏塔相同，但也有其自身的特点，这主要是它所处理的原料和所得到的产品组成比较复杂，不同于处理有限组分混合物的一般精馏塔。概括地说，结构上是带有多个侧线汽提的复合塔，在操作上是固定的供热量和小范围调节的回流比。

原油常压蒸馏就是原油在常压（或稍高于常压）下进行的蒸馏，所用的蒸馏设备叫作原油常压精馏塔，简称常压塔（如图12-5所示），它具有以下工艺特征。

(1) 常压塔是一个复合塔和不完全塔

原油通过常压蒸馏要切割成汽油、煤油、轻柴油、重柴油和重油等五种馏分。按照一般的多元精馏办法，需要有$n-1$个精馏塔才能把原料分割成n个馏分。而常压塔却是在塔的侧部开若干侧线以得到如上所述的多个馏分，就像n个塔叠在一起一样，故称为复合塔或复杂塔。这样的塔由于侧线产品未经严格的提馏，分离能力较低，不可能分离得到较纯的组分，但由于对石油产品的分馏精确度要求不高，还是可以满足分离要求的，且具有占地面积小，投资少，能耗低的优点，因此被广泛应用于原油蒸馏中。

(2) 设置汽提段和侧线汽提塔

对原油精馏塔而言，提馏段的底部常常不设再沸器，因为塔底温度较高，一般在350℃左右，在这样的高温下，很难找到合适的再沸器热源，通常向底部吹入少量过热水蒸气，以降低塔内的油汽分压，使混入塔底重油中的轻组分汽化，这种方法称为汽提。因此，原油精

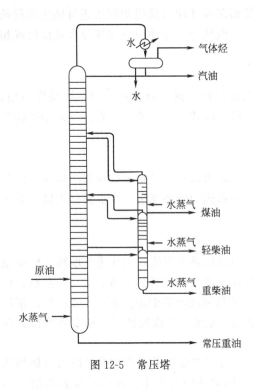

图 12-5　常压塔

馏塔的提馏段习惯上被称为汽提段，汽提段的分离效果不如一般精馏塔的提馏段。汽提所用的水蒸气通常是 400～450℃，约为 0.3MPa 的过热水蒸气。

在复合塔内，汽油、煤油、柴油等产品之间只有精馏段而没有提馏段，侧线产品中会含有相当数量的轻组分，这不仅影响本侧线产品的质量（如闪点等），而且降低了较轻馏分的收率。所以通常在常压塔的旁边设置若干个侧线汽提塔。侧线产品从常压塔中抽出，送入汽提塔上部，从该塔下部注入水蒸气进行汽提，汽提出的低沸点组分同水蒸气一道从汽提塔顶部引出返回主塔，侧线产品由汽提塔底部抽出送出装置。侧线汽提塔相当于一般精馏塔的提馏段，塔内通常设置 3～4 层塔板，因此可将这些汽提塔重叠起来，但相互之间是隔开的。

当某些侧线产品需严格控制水分含量时（如生产喷气燃料），不能采取水蒸气汽提，而需用"热重沸"的方式，即侧线油品与温度较高的下一侧线油品换热，使之部分汽化，产生气相回流，起到提馏作用，这与使用重沸器的提馏段完全一样。

(3) 基本固定的供热量和小范围调节的回流比

原油主要是各种烃类的混合物，在高于 350℃ 的温度下就会因受热分解而影响产品质量。因此常压塔进料温度通常限制在 360～370℃，允许油料有轻微的分解，但又不至于严重影响产品质量。原油精馏所需的供热，主要是靠进料在加热炉中获得，使其加热到限定的最高温度后进入塔内，而不像一般精馏塔用塔底重沸器供热，但这就意味着原油精馏塔的供热量大体上是固定的，因此回流比也大体上是固定，在正常生产中调节余地很小，但由于原油精馏的分离精确度要求不高，这样做还是能满足生产要求的。

(4) 进料应有一定的过汽化率

原油精馏所需的热量，主要靠原油本身带入，因此原油在进料段的汽化率应略高于塔顶和各侧线产品收率的总和，以保证要求的拔出率或轻质油收率。这个过量的汽化百分率称为过汽化率。过量汽化的目的是使精馏塔最低侧线以下的几层塔板有一定的内回流，以保证其分馏效果。常压塔的过汽化率一般为 2%～4%。但过汽化率也不宜太高，以免使进料温度过高而引起进料分解和能量消耗。

(5) 恒分子回流的假定不成立

在二元和多元精馏塔的设计计算中，为了简化计算，对性质及沸点相近的组分所组成的体系作出了恒分子回流的近似假设，即在塔内的气、液相的摩尔流量不随塔高而变化。但石油是复杂混合物，各组分间的性质有很大的差别，它们的摩尔汽化潜热可以相差很远，沸点之间的差别甚至可达几百度，例如常压塔顶和塔底之间的温差就可达 250℃ 左右。显然，以精馏塔上、下部温差不大、塔内各组分的摩尔汽化潜热相近为基础所作出的恒分子回流这一假设对常压塔是完全不适用的。

3. 回流方式

原油精馏塔除在塔顶采用冷回流或热回流外，根据原油精馏处理量大，产品质量要求不太严格，一塔出多个产品等特点，还采用了一些特殊的回流方式。

(1) 塔顶冷回流

将塔顶汽相馏出物在冷凝冷却器中全部冷凝并进一步冷却为低于相平衡温度的过冷液体，将其中一部分送回塔内作为回流。冷回流在塔内重新汽化时需吸收升温显热和相变潜热，因此用量少，但由于塔顶温度低，回流热不好利用。

(2) 塔顶热回流

将塔顶汽相馏出物部分冷凝为饱和液体作为回流。在同等条件下与冷回流相比，热回流用量较多。但在某些情况下，例如需要将冷凝器安装在精馏塔顶空间时，也常使用这种回流。此时产品蒸汽被部分冷凝随即返回成回流液，这就是热回流。塔内各层塔板之间由上层流到下层的液体称为内回流，以区别于塔外引入的回流，内回流都是饱和液体，其特点与热回流相同。

(3) 塔顶油气二级冷凝冷却

如图 12-6 所示。它是塔顶回流的一种特殊形式。首先将塔顶汽相馏出物冷凝（温度约为 55～90℃），回流送回塔内，产品则进一步冷却到安全温度（约 40℃）以下。第一步在温差较大情况下取出大部分热量，第二步虽然传热温差较小，但热量也较少。与一般塔顶回流方式相比，二级冷凝冷却所需传热面积较小，设备投资较少，但流程复杂，回流液输送量较大，操作费用增加，一般来说大型装置采用此方式较为有利。

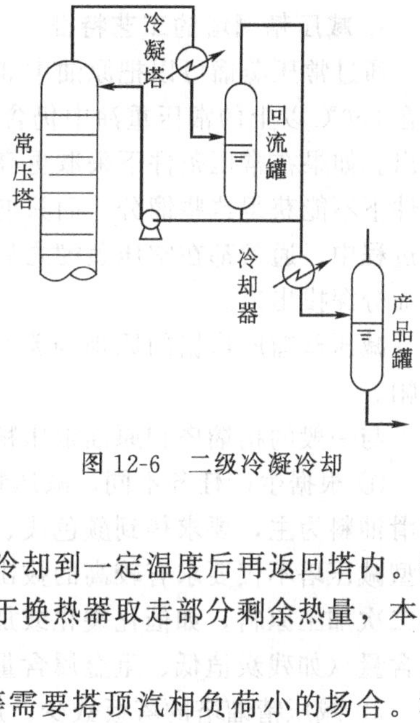

图 12-6 二级冷凝冷却

(4) 循环回流

循环回流按其所在部位分为塔顶、中段和塔底三种方式。循环回流是从塔内某个位置抽出部分液体，经换热冷却到一定温度后再返回塔内。物流在整个过程中处于液相，只是在塔内外循环流动，借助于换热器取走部分剩余热量，本身没有相变化，故用量较大。

① 塔顶循环回流。多用于减压塔、催化裂化分馏塔等需要塔顶汽相负荷小的场合。塔顶循环回流如图 12-7 所示。由于塔顶没有回流蒸汽通过，塔顶馏出线和冷凝冷却系统的负荷大为减小，故流动压降变小，使减压塔的真空度提高。对催化裂化分馏塔来讲，则可提高富气压缩机的入口压力，降低气压机功率消耗。

② 中段循环回流。又称中段回流，如图 12-8 所示。它是炼油厂分馏塔最常采用的回流方式之一。中段回流不能单独使用，必须与塔顶回流配合。采用这种回流方式，可以使回流热在高温部位取出，充分回收热能，同时还可以使汽液负荷沿塔高均匀分布，减小塔径（对设计来说）或提高塔的处理能力（对现成设备来说）。当然采用中段回流也会带来某些弊端，例如回流抽出板至返回板之间的塔板只起换热作用，分离能力通常仅为一般塔板的 50%。而且采用中段回流后，会使其上部塔板上的返回流量大大减少，影响塔板效率。基于上述原因，为保证塔的分馏效果，就必须增加塔板数，因而将使塔高增加。此外还要增设泵和换热器，工艺流程也将变得复杂。要根据需要综合考虑，一般来说，对有 3、4 个侧线的分馏塔，推荐用两个中段回流，对有 1、2 个侧线的塔可采用一个中段回流，在塔顶和一线之间通常不设中段循环回流。中段回流出入口间一般相隔 2～3 块塔板，其间温差可选在 80～120℃。

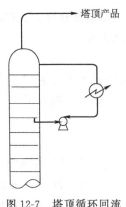
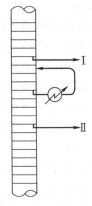

图 12-7　塔顶循环回流　　　　　　　　图 12-8　中段循环回流

③ 塔底循环回流。只用于某些特殊场合（例如催化裂化分馏塔的油浆循环回流）。

4. 减压精馏塔的工艺特征

通过常压蒸馏可以把原油中 350℃ 以前的汽油、煤油、轻柴油等直馏产品分馏出来。然而在 350℃ 以上的常压重油中仍含有许多宝贵的润滑油馏分和催化裂化、加氢裂化原料未能蒸出。如果在常压条件下采取更高温度进行蒸馏，它们就会受热分解，所以在常压塔的操作条件下不能获得这些馏分，而只能在减压和较低的温度下通过减压蒸馏取得。因此在原油分馏过程中，通常都在常压蒸馏之后安排一级或两级减压蒸馏，以便把沸点高达 550～600℃ 的馏分深拔出来。

减压蒸馏所依据的原理与常压蒸馏相同，关键是采用抽真空措施，使塔内压力降到几千帕。

与一般的精馏塔和原油常压精馏塔相比，减压精馏塔有如下几个特点。

① 根据生产任务不同，减压精馏塔分润滑油型与燃料型两种。润滑油型减压塔以生产润滑油料为主，要求得到颜色浅、残炭值低，馏程较窄、安定性好的减压馏分油，因此润滑油型减压塔不仅要求有较高的拔出率，而且应具有足够的分馏精确度。燃料型减压塔主要生产二次加工原料，如催化裂化或加氢裂化原料，对分馏精确度要求不高，主要希望在控制杂质含量（如残炭值低、重金属含量少）的前提下，尽可能提高拔出率。

② 减压精馏塔的塔板数少，压降小，真空度高，塔径大。为了尽量提高拔出深度而又避免分解，要求减压塔在经济合理的条件下尽可能提高汽化段的真空度。因此，一方面要在塔顶配备强有力的抽真空设备，同时要减小塔板的压力降。减压塔内应采用压降较小的塔板或填料。减压馏分之间的分馏精确度一般比常压馏分要求低，因此通常在减压塔的两个侧线馏分之间只设 3～5 块精馏塔板。在减压下，塔内的油气、水蒸气、不凝气的体积变大，减压塔塔径变大。

③ 塔底和塔顶采用缩径。塔底减压渣油是最重的物料，如果在高温下停留时间过长，则会造成分解、缩合等反应加剧，导致不凝气增加，使塔的真空度下降，同时塔底也会结焦。因此，减压塔底部常常采用缩径，以缩短渣油在塔内的停留时间。另外，减压塔顶不出产品，上部气相负荷小，通常也采用缩径，这样减压塔就成为一个中间粗、两头细的精馏塔。

图 12-9 为润滑油型减压塔示意图。该塔除具有上述一般减压塔的特点外，其设计计算与常压塔大致相同。燃料型减压分馏塔如图 12-10 所示。由于现代炼油厂的二次加工能力不断扩大，致使燃料型减压塔处理量剧增。因此，如何使塔尽可能提高处理能力，是燃料型减压塔的关键问题。由于裂化原料的馏分组成要求不严格，所以燃料型减压塔可以优先考虑采

用压降小的塔板，塔内板数减少并设置多处循环回流，这样就能尽量减少塔内蒸汽负荷。在每一处循环回流抽出板与返回板之间的塔段中，冷的回流液体与通过该塔段的产品蒸汽直接接触而使之冷凝。因此，塔段内的塔板实际上成了换热板，在其上进行的是平衡冷凝过程。在每一个塔段中，循环回流取走的热量，大体相当于所在塔段侧线产品的冷凝热（严格地说应加上以上各侧线产品蒸汽以及通过该塔段的水蒸气和不凝气温降放出的显热）。

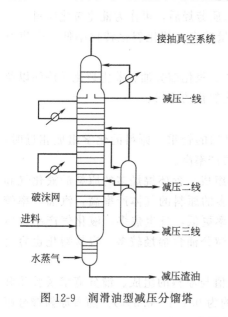

图 12-9　润滑油型减压分馏塔

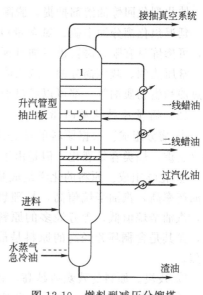

图 12-10　燃料型减压分馏塔

第二节　催化裂化

一、概述

催化裂化是重要的石油二次加工过程，是原料油中大分子在高温（460~540℃）和酸性催化剂（分子筛）的作用下发生裂化反应，转化为汽油、柴油、油浆和液化气的过程。由于在催化裂化反应过程中，催化剂结焦较快，需要循环再生，目前催化裂化装置均采用流化床提升管反应技术，因此催化裂化又称为流化催化裂化（FCC）。

由于催化裂化装置的转化率高，汽油和柴油产率可达 80% 左右，汽油质量好，因而在石化工业中占有举足轻重的地位。进入 21 世纪以来，为了满足日益严格的对车用汽油和车用柴油的环保要求以及市场对烯烃（特别是丙烯）需求的日益增长，催化裂化工艺技术也在进一步发展和改进。催化裂化已经成为我国石化工业的主要支柱之一。

1. 催化裂化的原料和产品

（1）催化裂化原料

催化裂化原料油主要是减压馏分油，也可以掺入减压渣油、脱沥青油、回炼油经芳烃抽提后的抽余油、延迟焦化馏分油等各种重质油。以掺入上述重质油的减压馏分油为原料的催化裂化称为重油催化裂化。

减压馏分油是常压渣油经过减压蒸馏得到的馏分油，由于其胶质、沥青质和金属等难裂化易生焦、易使催化剂失活和中毒的杂质较少，是最主要的催化裂化原料。

减压渣油是减压塔底产品，是原油中最重的部分，含有大量胶质、沥青质和稠环烃类。

其氢碳比小，残炭值高，焦炭产率高，对产品分布和装置热平衡都有很大影响。减压渣油中富集了原油中大部分的硫、氮、重金属以及盐类等杂质，易使催化剂中毒。掺炼部分减压渣油可以提高原油的加工深度和装置的经济效益，减压渣油的掺入量应视渣油性质而定。

减压渣油采用溶剂脱沥青技术进行预处理，脱除减压渣油中绝大部分胶质、沥青质和金属后，直接掺入减压馏分油作为催化裂化原料。

催化裂化回炼油溶剂抽提，脱除其中含有的大量重质芳烃后，可作为催化裂化原料。

延迟焦化馏分油中硫、氮含量以及烯烃、芳烃含量较高，催化裂化转化率低、生焦率高，可掺炼量有限，需要进行加氢预处理。

常压渣油、减压馏分油、减压渣油、溶剂脱沥青油、焦化馏分油、催化裂化回炼油以及煤焦油和生物质油等，都可以经过加氢处理后作为催化裂化的原料。

(2) 衡量原料性质的指标

① 馏分组成。根据原料的馏分组成可以判断原料油的轻重。原料的化学组成相近时，馏分越重，烃类容易裂化，但是由于杂质含量高，焦炭产率高。

② 化学组成。原料的化学组成是指原料的烃类族组成。含环烷烃多的原料的液化气和汽油产率高，汽油辛烷值高，是理想的原料；含烷烃多的原料的气体产率高，汽油产率较低，汽油辛烷值低；含芳烃多的原料难裂化，汽油产率更低，且生焦多，液化气产率也较低，尤其是含稠环芳烃高的原料是最差的原料。焦化馏分油含烯烃较多，容易裂化也容易生焦。

③ 残炭。原料的残炭值越高，越容易生焦。残炭值与原料的组成、馏分宽窄及胶质和沥青质含量等因素有关。减压馏分油的残炭值较低（约为 0.1%～0.3%）。随着原料馏分越重和掺渣油越多，残炭值越高。一般要求原料的残炭值低于 5%。

④ 含氮和含硫化合物。原料馏分越重，含硫、含氮量越高。含氮化合物，特别是碱性含氮化合物会使催化剂严重中毒，催化剂活性下降，硫化物对催化剂活性无明显的影响，但会增加设备的腐蚀。硫和氮化物在催化裂化反应过程中，一部分转移到汽油和柴油中，使产品硫含量高和安定性差，绝大部分以焦炭的形式富集到催化剂上，在烧焦过程中转化为 NO_x、SO_x，对环境产生污染。

⑤ 重金属。原料中的重金属主要指铁、镍、钒等金属，主要以金属有机化合物的形式存在于减压渣油中。在催化裂化过程中，重金属几乎全沉积在催化剂上，造成氢气和焦炭产率增加、液体产品产率下降、产品质量变差。对于重金属含量高原料，需要预先进行加氢处理。

(3) 催化裂化产品特点

催化裂化产品有气体（干气和液化气）、汽油、柴油（轻循环油 LCO）、油浆（澄清油 DO），其中间产品是重循环油（回炼油 HCO）。所用原料、催化剂及反应条件不同，所得产品的产率和性质也不相同。

① 气体。催化裂化副产大量的液化气（C_3～C_4）和干气（C_1～C_2）。一般干气的产率为 3%～6%，液化气的产率为 8%～15%。干气中还含有氢气和硫化氢。

② 液体产品。催化裂化液体产品主要有汽油、柴油、回炼油和油浆。

催化裂化汽油产率为 40%～60%，含有较多烯烃（30%～60%）、异构烷烃和芳烃，辛烷值较高（RON 约为 88～93），汽油硫含量较高（约为 100～1000μg/g）。催化裂化汽油是车用汽油烯烃和硫的主要来源。

催化裂化轻柴油（轻循环油）其产率为 20%～40%，芳烃含量高（约为 50%～80%），十六烷值较低（约 30），硫、氮含量偏高，安定性差。

催化裂化回炼油是指产品中 343～500℃ 的馏分油（又称重循环油），一般作为中间产品，返回反应器再次裂化。

澄清油是催化裂化分馏塔底油经油浆沉降器沉降分离得到的馏分。澄清油密度大，芳烃含量、胶质含量和残炭值高。澄清油中含有大量芳烃，是生产重芳烃、针状焦和炭黑的好原料。

③ 焦炭。催化裂化的焦炭沉积在催化剂上，不能作产品。常规催化裂化的焦炭产率约为 5%～7%，当以渣油为原料时可高达 10% 以上。

2. 催化裂化催化剂

（1）催化剂组成

自 1936 年工业催化裂化催化剂问世以来，工业上曾经使用的催化剂主要有天然白土、全合成硅酸盐、半合成硅铝和沸石分子筛等催化剂。

目前工业应用的催化裂化催化剂由基质和沸石分子筛组成。一般分子筛占 20% 左右，其余是基质。

目前用于催化裂化催化剂的沸石分子筛主要是 Y 型分子筛，包括 REY、HY、REHY、USY 和 REUSY 等。当原料特性因数小、掺渣比和重金属含量较高时，需要的操作苛刻度高、剂油比大，一般选用 REHY、USY 或 REUSY 分子筛型催化剂；当产品方案是最大轻质油收率时，一般选用 REY 或 REHY 型催化剂；当产品方案是最大辛烷值至最高辛烷值时，一般选用 REHY、USY 或 REUSY 分子筛型催化剂；当产品方案是提高柴汽比和降低汽油烯烃含量时，复合型改性分子筛催化剂。采用微介孔复合分子筛来提高催化剂活性中心的可接近性是目前催化剂研究的热点。

经过磷和稀土改性 HZSM-5 沸石分子筛常用作提高汽油产率与汽油辛烷值的助剂，也用作提高催化剂的丙烯等烯烃产率的助剂。

基质的主要作用一是分散分子筛，使催化剂更好地发挥作用，同时防止催化剂因分子筛活性高而结焦失活过快，反应无法进行；二是大量基质的存在，使催化剂用量增多，热量得以快速传递；三是基质具有中孔（8～10nm）和较大孔径（>10～100nm）和一定的弱酸性，可使原料中的胶质、沥青质等大分子化合物先在基质大孔中初步裂化为中分子烃类，产物迅速扩散，中分子进入基质的中孔进一步裂化为小分子，小分子在分子筛的中微孔内进行反应，有利于提高催化剂的重质油裂化能力；四是基质可以提高催化剂的热和水热稳定性以及抗机械磨损性能；五是基质对镍、钒、钠等金属具有捕集能力，减轻催化剂的金属污染。常用的基质有合成无定形硅酸铝和惰性高岭土。

我国分子筛裂化催化剂的工业化生产始于 20 世纪 70 年代中期，开发出 Y 型、稀土 Y 型分子筛（REY）催化剂的性能达到当时的国际先进水平。20 世纪 80 年代初，我国采用大孔道、低比表面、低活性半合成基质的新型半合成稀土 Y 型分子筛开发出第一代重油催化裂化催化剂。20 世纪 80 年中期，我国开发了选择性优良的超稳 Y 型分子筛（USY）、兼顾活性与选择性的改性稀土氢 Y 型分子筛（REHY）等新型 Y 型分子筛催化剂。90 年代中期开始，新一代复合型超稳 Y 型分子筛催化剂朝着重油裂化活性高、（干气和焦炭）选择性好、水热稳定性强、原料适应能力广泛、抗重金属能力高、目的产品多样化、汽油辛烷值高、耐磨性好的方向全方位发展。进入 21 世纪以来，我国开发了一系列降低汽油烯烃和硫含量、减低 SO_x 排放等的复合型重油催化裂化催化剂。

（2）催化剂的物理性能

催化剂的物理性能包括密度、筛分组成和机械强度以及结构特性。

催化剂的密度有三种表示方法，即骨架密度、颗粒密度和堆积密度。骨架密度是扣除颗粒内微孔体积时的净催化剂密度，又称真实密度，其值约为 2080～2300kg/m³。颗粒密度是指单个颗粒包括孔体积在内的密度，一般为 900～1200kg/m³。堆积密度是包括微孔和颗粒间的空隙在内的密度，一般为 400～900kg/m³。

催化裂化催化剂的粒度范围在 20～100μm 之间。不同大小颗粒所占的百分数称为筛分组成或粒度分布。催化剂的粒度过小、机械强度过低，跑损严重。机械强度过高则设备磨损严重。机械强度用磨损指数表示。

分子筛催化剂的结构特性是分子筛与基质性能的综合体现。孔体积是多孔性催化剂颗粒内孔的总体积，以 mL/g 表示。比表面积是催化剂孔内外表面积的总和，以 m²/g 表示。新鲜 REY 分子筛催化剂的比表面积在 400～700m²/g 之间，而平衡催化剂会降到 120m²/g 左右。孔径是催化剂孔道（包括分子筛和基质）的平均直径。

（3）催化剂的使用性能

催化剂的使用性能包括催化剂的活性和稳定性、选择性与抗金属污染性能。

催化裂化催化剂的活性是指催化剂促进催化裂化反应的能力，活性评价目前主要采用固定流化床活性评价方法或循环流化床活性评价方法等。

稳定性是表示催化剂在使用条件下保持活性的能力。工业装置催化剂需要反复进行反应和再生，由于高温及水蒸气的作用使催化剂表面结构受到破坏，活性会下降。通常是在常压、800℃下用水蒸气处理4h或17h对催化剂进行老化，然后测定其活性并与新鲜催化剂的活性（初活性）相比，由活性下降的情况来评价催化剂的稳定性。由于生产过程中催化剂会有一部分损失，故需要定期补充一定量的新鲜催化剂，所以在生产装置中的催化剂活性可能保持在一个稳定的水平上，这时的活性称为平衡催化剂活性。

选择性是表示催化剂生产目的产物（轻质油品）和减少副产物（干气与焦炭）的能力。衡量催化剂选择性的指标很多，一般以增产汽油为标准，主要指标是裂化效率，即汽油产率与转化率的比值。也可用汽油与干气、汽油与焦炭或汽油与干气加焦炭产率的比值来表示催化剂的选择性。

催化剂抗重金属污染性能是指催化剂为保持其活性和选择性允许原料铁、镍、钒、铜等重金属含量高低的能力。重金属对活性与选择性影响越小，催化剂的抗重金属污染性能越强。

（4）助剂

为了改善催化裂化的生产，在催化裂化过程中，除使用裂化催化剂外，还先后发展了多种起辅助作用的助催化剂（简称助剂），主要有一氧化碳助燃剂、辛烷值助剂、金属钝化剂、钒捕集剂、SO_x 转移助剂、降低再生烟气 NO_x 助剂、降低 FCC 汽油烯烃助剂和降低 FCC 汽油硫含量助剂等。

3. 我国催化裂化工艺的发展

我国第一套流化催化裂化装置（0.6Mt/a）于 1965 年 5 月在抚顺石油二厂建成投产，采用同高并列式密相流化床技术（见图 12-11）。1974 年 8 月，石油化工科学研究院成功将玉门炼油厂 120kt/a 同高并列式床层催化裂化装置改造成高低并列式提升管装置。此后，我国催化裂化装置全部采用提升管技术。某石化公司高低并列式渣油催化裂化反应—再生系统示意图见图 12-12。

由于我国原油普遍偏重，发展重油催化裂化是重油深度加工的需要，也是提高炼油厂经济效益的有效手段。1985 年前后，石油化工科学研究院成功研制出以性能更好的超稳 Y 型

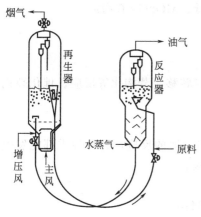

图 12-11 密相床流化催化裂化
反应—再生系统示意图

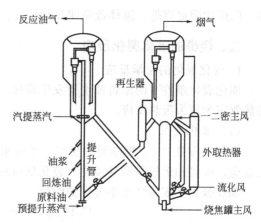

图 12-12 高低并列式渣油催化裂化提升
管反应—再生系统示意图

沸石为主要成分的渣油裂化催化剂（商品名称为 ZCM-7），1988 年首次应用于武汉石油化工厂重油催化裂化装置，并很快应用到其他渣油催化裂化装置。1982 年 10 月，我国首套大型工业化内取热器在兰州炼油厂催化裂化装置试验应用取得成功。北京设计院开发的密相下流式外取热器于 1983 年 9 月在牡丹江炼油厂催化裂化装置上试验应用取得成功。洛阳设计院开发的上流式外取热器于 1985 年 2 月在九江石化厂催化裂化装置上试验成功。同轴式渣油催化裂化装置如图 12-13 所示。

多产异构烷烃的串联变径提升管催化裂化工艺于 2002 年 2 月 4 日在高桥分公司 1.40Mt/a 催化裂化装置上实现了工业化，如图 12-14 所示。该工艺串联变径提升管的预提升段直径和下部反应段直径与常规提升管相同，提升管上部直径与下部反应段直径相当，在提升管中部增加了一个扩径段，其扩径段直径约为下部反应段直径的 2.0～3.5 倍，高度约为 10m，沉降器新增两个溢流斗，其中一个在沉降器壁上有抽出口，通过循环待生管线与提升管反应二区连通，此管线内的催化剂流量用单动滑阀控制。

加工石蜡基渣油时，与等直径提升管催化裂化工艺相比，串联变径提升管催化裂化工艺的转化率增加、干气产率明显降低、汽油产率明显增加、柴油产率降低、油浆产率明显下

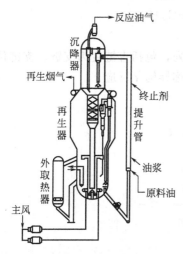

图 12-13 同轴式渣油催化裂化提升管
反应—再生系统流程图

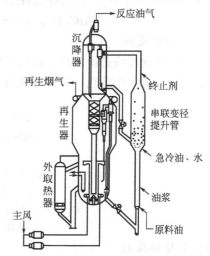

图 12-14 串联变径提升管催化裂化
反应—再生系统流程图

降、回炼比明显降低、液体收率明显增加、汽油烯烃降低、MON略有增加。

二、烃类的催化裂化反应

1. 催化裂化的化学反应

催化裂化条件下的原料油主要发生裂化、异构化、氢转移、芳构化等反应。催化裂化总的热效应表现为吸热反应。

（1）裂化反应

裂化反应是C—C键断裂的反应，反应速度较快，是主要的反应，各种烃类都能发生裂化反应，烷烃和烯烃最容易裂化。裂化反应是强吸热反应。

烷烃裂化生成烯烃及小分子的烷烃。

$$C_nH_{2n+2} \longrightarrow C_mH_{2m} + C_pH_{2p+2}$$

式中，$n=m+p$。

烯烃裂化生成两个较小分子的烯烃。其裂化反应规律与烷烃相似，而且烯烃分解速度比烷烃高得多。

$$C_nH_{2n} \longrightarrow C_mH_{2m} + C_pH_{2p}$$

式中，$n=m+p$。

环烷烃开环裂化生成烯烃。当烷基侧链较长时，侧链发生类似于烷烃的反应。

$$C_nH_{2n} \longrightarrow C_mH_{2m} + C_pH_{2p}$$

式中，$n=m+p$。

在催化裂化条件下，芳烃芳环的裂化反应速度很慢。烷基芳烃主要发生脱烷基反应，即芳环与侧链相连的C—C键断裂，生成较小的芳烃和烯烃。当烷基侧链较长时，侧链发生类似于烷烃的反应。

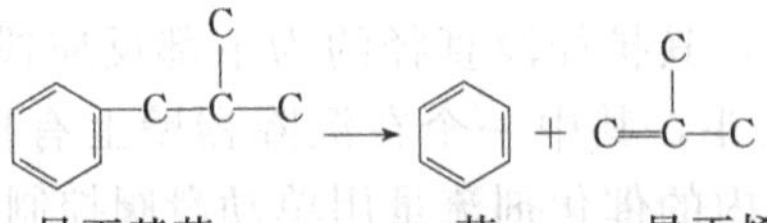

异丁基苯 → 苯 + 异丁烯

环烷芳烃裂化时，环烷烃开环断裂，生成烷基芳烃。

$$ArC_nH_{2n+1} \longrightarrow ArH + C_nH_{2n}$$

$$ArC_nH_{2n+1} \longrightarrow ArC_mH_{2m+1} + C_pH_{2p+2}$$

（2）异构化反应

烃类的异构化反应是微放热，烃分子中碳链重新排列，包括直链变为支链、支链位置发生变化、双键位置发生变化、五元环变为六元环等，统称异构化反应。

二甲基环戊烷 → 甲基环己烷

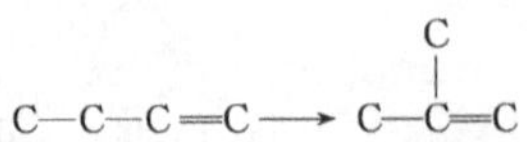

1-丁烯 → 异丁烯

1-己烯 → 3-己烯

（3）氢转移反应

活泼氢原子从供氢分子转移到受氢分子上，使受氢分子饱和反应称为氢转移反应，是微放热反应。氢转移是催化裂化特有的反应，反应速度也比较快，是氢原子的转移过程。供氢分子主要是环烷烃和焦炭前身物，环烷烃则变成环烯烃，进而成为芳烃；较大分子的烯烃或芳烃在发生环化与缩合反应的同时放出氢原子，最终变为焦炭。烯烃接受氢原子转化成烷烃，二烯烃接受氢原子变为单烯烃。

$$3C_nH_{2n} + C_nH_{2n} \longrightarrow 3C_nH_{2n+2} + C_mH_{2m-5}$$
（烯烃）　　（环烷烃）　　（烷烃）　　　（芳烃）

$$4C_nH_{2n} \longrightarrow 3C_nH_{2n+2} + C_nH_{2n-5}$$
（烯烃）　　　　（环烷烃）　　（芳烃）

$$3C_mH_{2m+2} \longrightarrow 2C_mH_{2m} + C_mH_{2m-5}$$
（环烯）　　　　（环烷烃）　　（芳烃）

烯烃 + 焦炭前身 ⟶ 烷烃 + 焦炭

氢转移是放热反应。采用较低的反应温度和活性较高的催化剂，可以促进氢转移反应，降低汽油中的烯烃含量。反应温度高，可抑制氢转移反应，可使汽油中烯烃含量增加，辛烷值提高。

（4）芳构化反应

芳构化反应是催化裂化的主要反应，包括六元环烷烃经脱氢生成芳烃、五元环烷烃异构化成六元环再脱氢生成芳烃、烷烃裂化生成烯烃再环化脱氢生成芳烃，总体是吸热反应。例如：

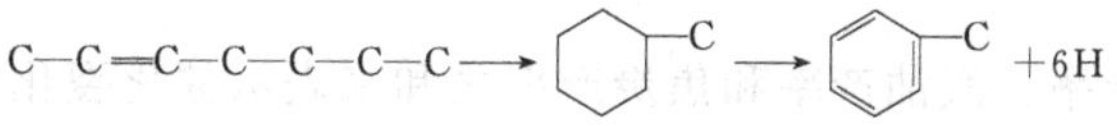

C—C=C—C—C—C—C ⟶ 甲基环己烷 ⟶ 甲苯 +6H
2-庚烯　　　　　　　　　　　　　　　　　　供氢转移加氢

（5）烷基化反应

烯烃与芳烃或烷烃的加成反应都称为烷基化反应。烷基化是放热反应，是裂化反应的逆反应。

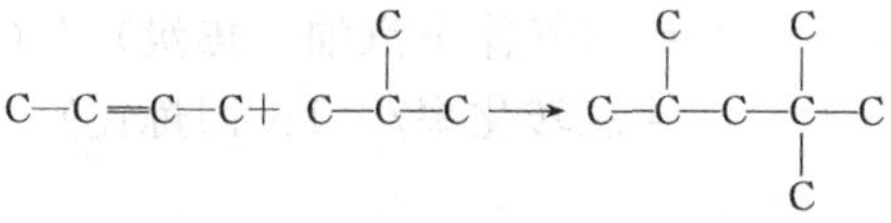

2-丁烯　　异丁烷　　异辛烷

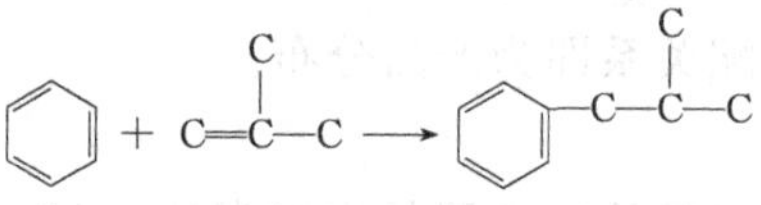

苯　　异丁烯　　异丁基苯

（6）缩合反应

缩合是有新 C—C 键生成的小分子变成大分子的反应，主要在烯烃与烯烃、烯烃与芳烃及芳烃与芳烃之间发生，是放热反应。

2. 催化裂化反应的特点

（1）催化裂化反应是气—固非均相反应

原料油进入反应器，首先要汽化，再与催化剂接触进行反应。原料分子在催化剂表面的吸附和扩散、反应以及产物的脱附和扩散均对催化裂化反应有较大程度的影响。

碳原子数相同的各种烃类在催化剂表面吸附的顺序为：稠环芳烃＞稠环环烷烃＞烯烃＞单烷基侧链的单环芳烃＞环烷烃＞烷烃。

各种烃类在催化剂表面化学反应速度大小的顺序为：烯烃＞大分子单烷基侧链的单环芳烃＞异构烷烃与烷基环烷烃＞小分子单烷基侧链的单环芳烃＞正构烷烃＞稠环芳烃。

原料中的稠环芳烃，由于它最容易被吸附而反应速度又最慢，因此，吸附后牢牢地占据了催化剂表面，阻止其他烃类的吸附和反应，并且由于在催化剂表面停留时间长，容易发生缩合生焦不再脱附，所以原料中含稠环芳烃越多，催化剂失活越快。

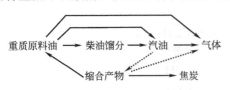

图 12-15　重质原料油的催化裂化反应
（虚线表示次要反应）

(2) 催化裂化反应是平行—顺序反应

原料烃类在裂化时，同时朝着几个方向进行反应，这种反应叫作平行反应。同时随着反应深度的增加，中间产物又会继续反应，这种反应叫作顺序反应。重质原料油的催化裂化反应如图 12-15 所示。

平行—顺序反应的一个重要特点是反应深度对各产品的产率有着重要影响。即随着反应深度提高，转化率不断增加，最终产物气体和焦炭的产率一直增加，而汽油和柴油的产率随着反应深度提高，先增加，经过一个最高点后又下降。催化裂化原料大分子裂化为小分子烯烃和烷烃的反应称为一次反应，小分子烯烃再继续进行的反应为二次反应。

为了得到理想的产品产率分布和提高产品质量，应促进烯烃异构化反应和环烷烃氢转移反应，控制烯烃进一步裂化为小分子烯烃和高分子烯烃及芳烃缩合生成焦炭的反应。

3. 催化裂化反应有关概念

(1) 转化率

工业上采用气体产率、汽油产率和焦炭产率之和来表示催化裂化的转化率。如果回炼油全回炼，则以新鲜原料油为基准，此时转化率称为总转化率。回炼油与新鲜原料之比称为回炼比。如果回炼油不回炼，则转化率为单程转化率。

总转化率＝（气体＋汽油＋焦炭）/新鲜原料油

单程转化率＝（气体＋汽油＋焦炭）/总进料

　　　　　＝（气体＋汽油＋焦炭）/（新鲜原料＋回炼油）

　　　　　＝总转化率/（1＋回炼比）

(2) 产品分布

催化裂化所得各种产品产率的总和为 100％，各产品干气、液化气、汽油、柴油、回炼油、油浆等产品产率之间的分配关系即为产品分布。

(3) 反应温度

催化裂化的反应温度是指提升管反应器的出口温度，反应温度对反应速度、产品分布、产品质量都有较大影响。提高温度可加快反应速度，提高转化率。提高反应温度可以提高裂化反应和芳构化反应速率，而降低氢转移反应速率，使汽油产率降低、气体产率增加、焦炭产率降低、汽油中烯烃和芳烃含量增加、汽油辛烷值提高。

对于多产汽油和烯烃方案，可采用较高反应温度（500～530℃），对于低烯烃汽油和柴油方案，可采用较低反应温度（450～470℃）。

(4) 反应时间

提升管催化裂化的反应时间是以油气在提升管内的停留时间表示，一般为 1～4s。对于汽油方案，常采用高反应温度和短反应时间（2～3s）。对于柴油方案，常采用较低反应温度和较长反应时间（3～4s）。渣油催化裂化一般控制反应时间在 2s 左右。

(5) 剂油比

剂油比为催化剂循环量与总进料量之比。增加剂油比，相当于延长了反应时间，可以提高转化率。增加剂油比，意味着活性中心数量增加，双分子氢转移反应增加，会使焦炭产率升高，汽油烯烃含量下降。工业上一般选择剂油比为 5～10。

（6）反应压力

催化裂化反应压力是指提升管反应器出口的压力。提高反应器压力，使油气分压提高，相当于延长了反应时间，使转化率提高，但同时焦炭产率增加，汽油产率下降。提升管催化裂化反应压力一般固定为 0.13～0.27MPa（表）。

（7）回炼比

回炼比是指回炼油量与新鲜原料油量之比。采用回炼操作可以改善产品分布，提高轻质油收率。当以生产汽油和烯烃为目的时，一般采用高反应温度和低回炼比；当以生产柴油为目的时，一般应采用较低反应温度和高回炼比。

三、催化裂化工艺流程

催化裂化装置主要由反应—再生系统、产品分馏系统和吸收稳定系统组成。

1. 反应—再生系统

反应—再生系统除反应器、再生器外，还有催化剂储藏、输送和加入等设施以及主风机和烟气能量回收设施。现以高低并列式提升管催化裂化装置为例，说明反应—再生系统的工艺流程，如图 12-16 所示。

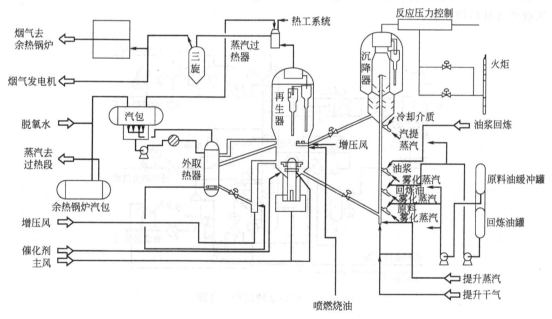

图 12-16　反应—再生系统流程示意图

新鲜原料油经换热后与回炼油混合，经加热炉加热至 300～400℃后，借助蒸汽雾化，由喷嘴喷入提升管反应器底部（油浆不进加热炉直接进提升管）与来自再生器的高温再生催化剂（650～700℃）接触，立即汽化并发生反应。油气与蒸汽以 7～8m/s 的线速度携带催化剂向上流动，停留时间 2～3s，在 470～530℃的温度下发生反应，并以 13～20m/s 的线速度通过提升管出口，经快速分离器进入沉降器，大部分催化剂落入沉降器底部，安装快速分离器是为了避免二次反应。携带少量催化剂的油气与蒸汽的混合气，经旋风分离器分出携带的催化剂，经集气室，离开沉降器顶部，进入分馏系统。

经快速分离器分出的催化剂和经旋风分离器回收的待生催化剂通过料腿流入沉降器的汽提段，汽提段装有多层挡板，在底部通入过热水蒸气吹脱吸附的油气。待生催化剂经待生斜管和待生单动滑阀以切线方式进入再生器，与来自再生器底部由主风机提供的空气接触，形成流化床层，进行烧焦反应，同时放出大量的热，使再生器床层密相段温度维持在 650～700℃，床层线速度维持在 0.7～1m/s，再生器顶部压力维持在 0.24～0.38MPa（表）。含炭量降到 0.02% 以下的再生催化剂经淹流管、再生斜管和再生单动滑阀进入提升管反应器，完成催化剂的循环。重油催化裂化生焦量大，烧焦放出的热量会超过反应－再生系统热平衡，因此需要在再生器内部或外部设取热器。

烧焦产生的再生烟气，经再生器稀相段进入旋风分离器。经两级旋风分离除去携带的大部分催化剂，烟气通过集气室和双动滑阀去能量回收系统，回收的催化剂经料腿返回床层。

2. 产品分馏系统

催化裂化装置分馏系统工艺流程见图 12-17。由沉降器顶部出来的高温反应油气进入催化分馏塔的下部，经过装有挡板的脱过热段后进入分馏段，经分馏得到富气、粗汽油、轻柴油、重柴油（可以不出）、回炼油和油浆。塔顶的富气和粗汽油去吸收稳定系统；轻柴油和重柴油分别经过汽提、换热、冷却后出装置。一部分轻柴油经冷却后送至吸收稳定系统的再吸收塔，作为吸收剂，然后返回分馏塔。回炼油返回提升管反应器进行回炼。塔底抽出的油浆（带有细催化剂粉末）一部分可回炼；一部分作为塔底循环回流换热后返回分馏塔脱过热段上方，用于冲洗进料油气中的催化剂粉末和脱过热，得到净化后的饱和油气；另一部分回炼或经冷却后出装置。

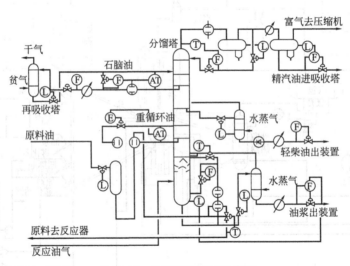

图 12-17　分馏系统流程示意图

3. 吸收稳定系统

催化裂化装置吸收稳定系统的作用是将从分馏塔顶油气分离器出来的富气和粗汽油重新分离成干气（≤C_2 组分）、液化气（C_3、C_4）和蒸气压合格的稳定汽油，见图 12-18。吸收稳定系统包括气压机、吸收解析塔、再吸收塔及相应的冷换设备。

从油气分离器出来的富气经气压机压缩，然后冷却分出凝缩油后从底部进入吸收塔，稳定汽油和粗汽油作为吸收剂由塔顶部进入。吸收解吸系统维持 1.0～2.0MPa 的操作压力。因为吸收是放热过程，较低的操作温度对吸收有利，故在吸收塔设有1～2 个中段循环回流。吸收剂吸收了 C_3、C_4（同时也会吸收部分 C_2）作为富吸收油由塔底抽出送至解吸塔顶，从吸收塔顶出来的贫气中夹带有汽油，经再吸收塔用轻柴油作为吸收剂，回收这部分汽油组分后返回分馏塔。再吸收塔顶出来的是干气送至瓦斯管网。

解吸塔的任务是将富吸收油中的 C_2 解吸出来。从压缩富气中分出的凝缩油（为含有 C_3、C_4 的轻汽油组分）与富吸收油一起由顶部进入解吸塔。由于解吸是吸热过程，操作温度比吸收塔高，塔底有再沸器供热。解吸出来的 C_2 从塔顶出来，由于其中还含有相当数量的 C_3、C_4，所以经冷凝冷却后又返回压缩富气中间罐，重新平衡后气相混入压缩富气进吸收塔，液相混入凝缩油送入解吸塔。解吸塔底出来的为脱乙烷汽油是稳定塔的进料，脱乙烷汽油中的 C_2 含量应严格控制，否则会恶化稳定塔顶冷凝冷却器工作效率，并且会由于需要排出不凝气而损失的 C_3、C_4。

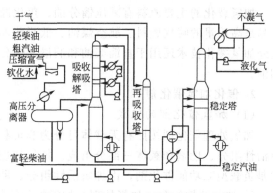

图 12-18　吸收稳定系统的工艺流程图

稳定塔的原料为脱乙烷汽油，由塔的中部进入，塔底产品是蒸气压合格的稳定汽油，塔顶产品是液化气。稳定塔的实质是一个粗汽油中分出 C_3、C_4 的精馏塔，其操作压力为 $1.0 \sim 1.5 MPa$。

第三节　催化加氢

一、概述

催化加氢是石油加工中在氢气存在下对石油馏分进行催化加工过程的总称。催化加氢技术按照在加氢反应过程中烃类裂化程度的大小分为加氢处理和加氢裂化两大类。

加氢处理是指在加氢反应过程中只有低于 10% 的原料油分子裂化为较小分子的加氢过程。加氢处理的反应条件比较缓和，原料油的平均摩尔质量以及分子骨架结构变化较小。加氢处理包括传统意义上的加氢精制和加氢处理过程。

加氢裂化是指在加氢反应过程中有大于 10% 的原料油分子裂化为较小分子的加氢过程。加氢裂化反应条件比较苛刻，需要高温、高压和较长的反应时间，原料的平均摩尔质量以及分子骨架结构变化较大，煤油、柴油和尾油是加氢裂化工艺的主要产物。加氢裂化包括传统意义上的高压加氢裂化（反应压力 $>14.5MPa$）和中压加氢裂化（反应压力 $<12.0MPa$）过程。

随着原油重质化和劣质化程度不断增加和市场对清洁油品需求不断提高，对催化加氢技术的需求越来越高。加氢处理和催化加氢技术得到了迅速发展，已经成为炼油工业的支柱技术，发挥着不可替代的作用。

1. 催化加氢的原料与产品

催化加氢过程的原料极为广泛，石油的各种馏分或各种加工过程的原料及产品均可作为催化加氢的原料。

加氢处理主要用于各种加工过程原料预处理和产品的精制，直馏石脑油、焦化石脑油经加氢处理后作为催化重整或蒸汽裂解的原料；减压馏分油、减压渣油加氢处理后作为催化裂化或加氢裂化的原料；煤油、催化裂化汽油、催化裂化柴油、直馏柴油、润滑油料、石蜡和凡士林等经过加氢处理后，提高了产品质量。

加氢裂化的主要原料有减压馏分油、焦化馏分油、催化裂化循环油、脱沥青油等，主要产品是高质量的喷气燃料、航空煤油、低凝柴油和润滑油等，同时副产石脑油和加氢尾油。此外加氢裂化技术还用于直馏柴油和润滑油馏分的加氢脱蜡，生产低凝柴油和优质润滑油基础油。

2. 催化加氢催化剂

（1）加氢催化剂的组成

加氢处理催化剂按照有无载体可分为非负载型（本体型）和负载型两类。负载型催化剂由活性组分、助剂和载体三部分组成。加氢处理催化剂主要是负载型催化剂。加氢裂化催化剂是负载型双功能催化剂，由加氢活性组分、助催化剂和酸性载体三部分组成。

① 加氢活性组分。加氢处理与加氢裂化催化剂的金属活性组分主要是ⅥB族的Mo、W和Ⅷ族的Fe、Co、Ni等金属硫化物。目前常用的硫化型催化剂主要有双金属的Mo-Co系、Mo-Ni系和W-Ni系，还有选用三组分的W-Mo-Ni系和Mo-Co-Ni系以及四组分的W-Mo-Ni-Co系。选用哪种组合要根据原料油性质、产品质量标准以及加氢处理的主要反应是脱硫、脱氮还是脱芳（芳烃加氢饱和）等而加以选择。

Mo-Co型催化剂对C—S键断裂具有高活性，低温下脱硫性能显著，对C—N、C—O键断裂也有活性，但是对C—C键断裂活性低。因此Mo-Co型催化剂具有液体收率高、氢耗低、结焦失活缓慢等优点。轻质馏分油（如催化裂化汽油）加氢处理时，通常选择Mo-Co系金属组分。

Mo-Ni型活性组分具有高加氢脱硫、加氢脱氮及芳烃饱和活性。催化裂化和加氢裂化原料含氮及芳烃量比较高，含有的硫化合物是烷基苯并噻吩类（如4,6-二甲基二苯并噻吩等）难以直接脱除，必须经过先行加氢后脱硫的反应历程，所以一般选用具有较高加氢活性的Mo-Ni型催化剂。

W-Ni型活性组分加氢活性高于Mo-Ni型活性组分，因此在很多加氢处理催化剂以及加氢裂化催化剂，多选用W-Ni或W-Mo-Ni作为加氢的活性组分。

金属硫化物的加氢活性见表12-1。

表12-1 不同金属硫化物的加氢活性

催化剂	烯烃和芳烃加氢饱和	加氢脱硫	加氢脱氮
纯硫化物	Mo>W≫Ni>Co	Mo>W>Ni>Co	Mo>W>Ni>Co
硫化物组合	NiW>NiMo>CoMo>CoW	CoMo>NiMo>NiW>CoW	NiW≥NiMo>CoMo>CoW

活性组分的加入量以及ⅥB族金属与Ⅷ族金属的比例对催化剂活性有显著的影响。Ⅷ族金属/（ⅥB族金属＋Ⅷ族金属）的比值在0.25～0.40较为适宜。活性金属氧化物的质量分数以15%～25%为宜，其中CoO或NiO约为3%～6%，MoO_3或WO_3约为10%～20%。

对于某些特殊的加氢裂化过程如芳烃加氢、润滑油临氢降凝也可采用贵金属，包括Pt、Pd、Ir和Ru等活性金属组分。

② 助催化剂。常用的加氢催化剂助剂有P、B、F、Si、Ti、Zr、K、Li等。其中P、B、F、Si等助剂有利于提高载体的表面性质、表面酸性和活性组分分散度，有利于减少活性金属与载体之间的相互作用。Ti、Zr有利于调节载体的电表面性质和减少活性金属与载体之间的相互作用。K、Li等助剂可降低载体的表面酸性，提高活性组分的分散度。通常助剂的加入量不超过10%。

③ 酸性载体。目前工业上常用的加氢处理催化剂载体主要是$\gamma\text{-}Al_2O_3$，具有高比表面

积和理想的孔结构（有利于提高金属活性组分和助催化剂的分散度），具有良好的机械强度和结构可调性，其孔径分为小孔（＜20nm）、中孔（20～50nm）和大孔（＞50nm），其表面积为100～400m²/g，孔体积为0.1～1.0mL/g。加氢处理原料的特殊性要求催化剂载体具有较大的比表面积、平均孔径以及适宜的孔分布。对于馏分油加氢处理多选用介孔较多的载体，而对于渣油加氢处理则选用介孔和大孔都比较集中的双峰型孔径分布的载体。加氢处理催化剂载体通常含有少量的 SiO_2（＜10%）。为了提高催化剂的加氢脱氮和加氢脱芳活性，载体中也可加入少量分子筛。含 TiO_2 和 ZrO_2 的复合载体也在开发之中。

加氢裂化催化剂的载体分为酸性和弱酸性两种，常用的载体主要包括活性氧化铝（γ-Al_2O_3）、无定形硅酸铝和沸石分子筛。γ-Al_2O_3 属弱酸性载体，具有高比表面积、理想的孔结构、良好的机械强度和稳定性。SiO_2 含量＞8%的无定形硅酸铝属弱酸性载体，酸性适中，适合于生产中间馏分油。沸石分子筛是结晶型硅酸铝，通常与不同比例的无定形硅酸铝合用，调制成酸性不同的复合型酸性载体。沸石分子筛具有较多的强酸性中心，其裂化活性比无定型硅酸铝高几个数量级，故以其为载体的加氢裂化催化剂具有较高的活性，可在较低的压力和温度下操作，具有较强的抗氨性能，对碱性氮化物很敏感而对氨不敏感。常用的沸石分子筛是 Y 型和 β 型分子筛。

(2) 加氢催化剂的预硫化

工业制备的加氢处理和加氢裂化催化剂的金属组分通常呈氧化态，加氢活性较低，使用前需要进行活化。贵金属催化剂的活化，一般采用反应器内通氢气还原的方式进行。ⅥB族和Ⅷ族金属则需要进行预硫化。预硫化是在一定温度下或有氢气的存在下将氧化态催化剂转化为硫化态的过程，是强放热反应，反应过程如下：

$$4NiO+3H_2S+H_2 \longrightarrow NiS+Ni_3S_2+4H_2O$$

$$9CoO+8H_2S+H_2 \longrightarrow Co_9S_8+9H_2O$$

$$WO_3+2H_2S \longrightarrow WS_2+3H_2O$$

$$2MoO_3+5H_2S+H_2 \longrightarrow MoS_2+MoS_3+6H_2O$$

加氢处理催化剂的预硫化分为器内预硫化（又称原位预硫化）和器外预硫化。

器内预硫化是在反应器中进行预硫化的过程，又称原位预硫化。根据硫化剂的不同又分为干法预硫化和湿法预硫化。干法预硫化的方法是同时向反应器内通入含有一定浓度硫化氢、二硫化碳或者其他有机硫化物的氢气，在一定温度下完成催化剂的硫化反应。湿法硫化是在通入氢气的条件下，向装有催化剂的反应器内通入含有1%～2%二硫化碳或二甲基二硫等的馏分油（一般是航空煤油），在程序升温的条件下完成硫化反应。硫化温度、硫化时间、H_2S 分压、硫化剂的浓度及种类等均对硫化过程有影响，其中硫化温度影响最大。根据经验，预硫化的最佳温度范围为 280～300℃，超过 320℃金属氧化物有被热氢还原为低价氧化物或金属状态的可能，这样将影响催化剂的活性。

器外预硫化是先将硫化剂用特定的方法充填入催化剂颗粒的孔隙中，使硫化物与催化剂的金属成分以某种形态结合，形成"预硫化催化剂"。器外预硫化比器内预硫化方法投资更少，硫化效果更好，而且硫化时间短，对环境的影响小。

目前工业上多采用器外预硫化方式，实验室一般采用器内预硫化方式。

(3) 加氢催化剂的失活与再生

加氢催化剂在运行过程中会出现失活。失活原因主要有积炭失活、金属硫化物纳米粒子聚集长大活性下降以及金属沉积在催化剂上沉积堵塞孔道，造成催化剂永久失活。

积炭失活的加氢处理和加氢裂化催化剂可以通过烧焦除去积炭恢复其活性。在烧焦的过程中，金属硫化物也将发生燃烧，并放出大量的热，如不加控制会使再生温度急剧升高。过高的再生温度会造成活性金属组分的晶粒增大，甚至熔结，导致催化剂活性的降低甚至丧失。当有蒸汽存在时，在高温下由于水热作用上述变化更为严重。一般加氢处理催化剂的最高再生温度控制在450～480℃范围内，再生气体采用含低浓度氧气的惰性气体（如氮气），再生过程中氧含量从0.5%逐渐提高到1.0%。

对于金属沉积造成的失活，一般在工业上利用催化剂沉积物主要集中在顶部的特点，进行催化剂撇头，或将催化剂卸出并将一部分或全部催化剂过筛。

加氢催化剂的再生可以采取器外再生的方式。器外再生可以去除催化剂结块和粉尘、再生完全、活性恢复度高，避免对加氢装置的腐蚀和再生器飞温的风险。目前工业上加氢催化剂的再生已全部采用器外再生。

二、催化加氢过程化学反应

1. 加氢处理反应

（1）加氢脱硫

石油及其馏分中的硫化物主要包括硫醇、硫醚、二硫化物、噻吩、苯并噻吩、二苯并噻吩等类型。在加氢过程中，硫化物中的C—S键断裂，生成相应的烃类和H_2S。例如：

$$RSH + H_2 \longrightarrow RH + H_2S$$
$$RSR' + 2H_2 \longrightarrow RH + R'H + H_2S$$
$$RSSR' + 3H_2 \longrightarrow RH + R'H + 2H_2S$$

噻吩 $+2H_2 \longrightarrow C_4H_{10} + H_2S$

四氢噻吩 $+4H_2 \longrightarrow C_4H_{10} + H_2S$

二苯并噻吩 $+2H_2 \longrightarrow$ 联苯 $+H_2S$

含硫化合物的加氢难易程度与其分子结构和相对分子质量大小有关，不同类型的含硫化合物的加氢反应活性按以下顺序依次增大：

二苯并噻吩＜苯并噻吩＜噻吩＜四氢噻吩≈硫醚＜二硫化物＜硫醇

（2）加氢脱氮

石油中的含氮化合物分为碱性氮化物和非碱性氮化物两大类。石油中的碱性氮化物主要有吡啶系、喹啉系、异喹啉系、吖啶系和苯胺类衍生物，随着馏分沸点的升高，碱性氮化物的环数也相应增多。石油中的弱碱性和非碱性氮化物主要有吡咯系、吲哚系和咔唑系。随着馏分沸点的升高，非碱性氮化物的含量逐渐增加，主要集中在石油较重的馏分和渣油中。氮化物加氢脱氮生成相应的烃类和氨，例如：

$$R-NH_2 + H_2 \longrightarrow RH + NH_3$$
$$RCN + 3H_2 \longrightarrow RCH_3 + NH_3$$

吡咯 $+4H_2 \longrightarrow C_4H_{10} + NH_3$

吲哚 $+3H_2 \longrightarrow$ 乙基苯 $+ NH_3$

吡啶 $+5H_2 \longrightarrow C_5H_{12} + NH_3$

喹啉 $+4H_2 \longrightarrow$ 丙基苯 $+ NH_3$

加氢脱氮反应速率与氮化物的分子结构和大小有关，苯胺、烷基胺、腈等非杂环化合物的反应速率比杂环含氮化合物快得多。在杂环化合物中，五元杂环的反应速率比六元杂环快，六元杂环最难加氢，其稳定性的大小与苯环相近。而且氮化物的相对分子质量越大，其加氢脱氮越困难。其中喹啉脱氮速率最高，且随着芳环的增加脱氮速率略有下降。不同类型的含氮杂环化合物加氢脱氮反应活性按以下顺序依次增大：

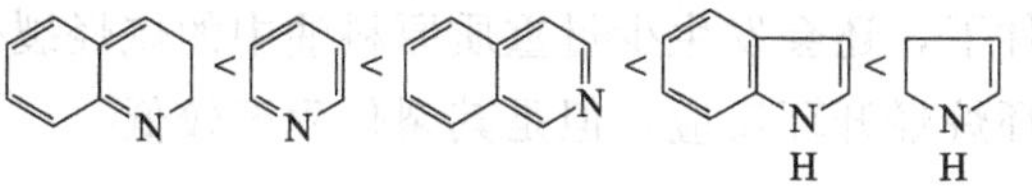

（3）加氢脱氧

石油中的含氧化合物分为酸性和中性两类。酸性含氧化合物包括环烷酸、芳香酸、脂肪酸和酚类等，总称为石油酸；中性含氧化合物包括醇、酯、醛及苯并呋喃等，它们的含量非常少。含氧化合物加氢后转化为相应的烃和水。

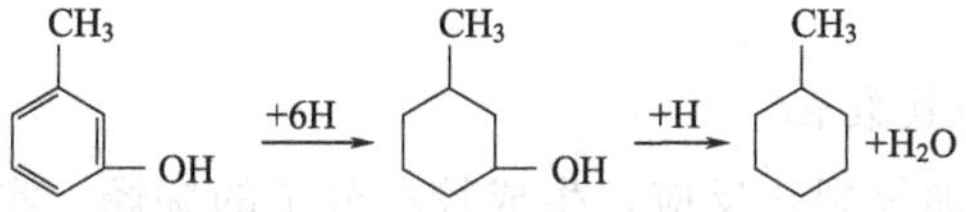

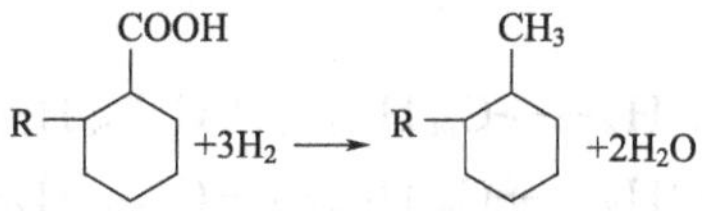

含氧化合物的加氢反应速率的顺序为：呋喃环类＜酚类＜酮类＜醛类＜烷基醚类。

（4）加氢脱金属

石油中的金属主要存在于减压渣油中，并且主要以金属卟啉化合物形式和环烷酸盐（如铁、钙、镍）的形式存在，加氢后生成相应的烃类和金属，金属沉积在催化剂表面上。

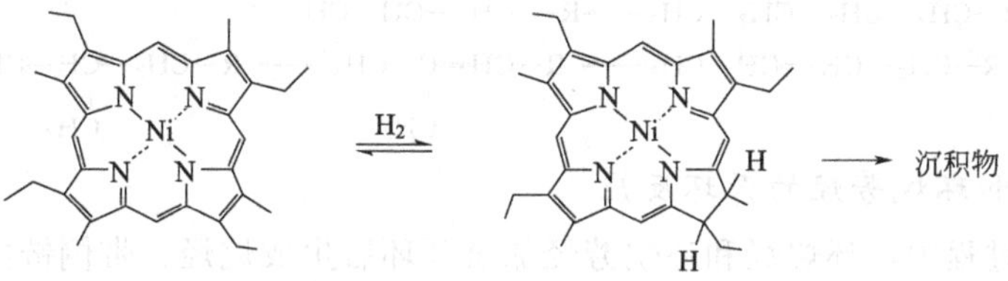

（5）加氢饱和

柴油（特别是催化裂化柴油）中的芳烃严重影响柴油的十六烷值，芳烃（特别是多环芳烃）会增加汽车尾气中有毒有害物质的排放，在现行车用汽油标准对苯含量和芳烃含量、车用柴油标准对多环芳烃含量有严格的限制。芳烃加氢饱和后主要生成环烷烃。

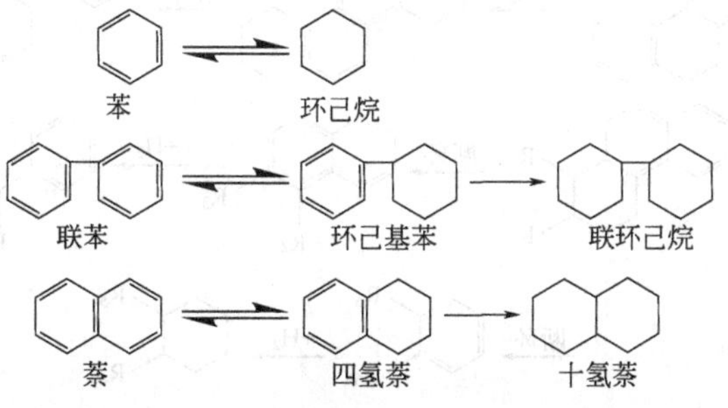

延迟焦化和催化裂化产物中含有烯烃和二烯烃，其性质不稳定，借助加氢可使其双键饱和，其反应如下：

$$R{-}CH{=}CH_2 + H_2 \longrightarrow RCH_2CH_3$$

$$R{-}CH{=}CH{-}CH{=}CH_2 + 2H_2 \longrightarrow RCH_2CH_2CH_2CH_3$$

（6）加氢裂化

在深度加氢处理条件下，还会发生少量重质原料油中的烷烃裂化成小分子烷烃反应、烷基芳烃脱烷基反应以及环烷烃开环反应，但是其裂化程度较低。

2. 加氢裂化反应

加氢裂化过程主要发生两类反应。一类是加氢处理反应，另一类是烃类的加氢裂化反应。

加氢裂化与催化裂化过程很相似，是复杂的平行—顺序反应过程，除了加氢和裂化反应外，还有烷烃的异构化、环烷芳烃和环烷烃的开环裂化、长侧链芳烃和环烷烃的侧链断裂等反应。

（1）烷烃和烯烃的加氢裂化

烯烃和烷烃容易发生加氢裂化反应，生成较小分子的烷烃。实际生产中需要控制裂化深度，以获得高液体产品收率。

$$C_nH_{2n+2} + H_2 \longrightarrow C_mH_{2m+2} + C_{n-m}H_{2(n-m)+2}$$

$$C_nH_{2n} + 2H_2 \longrightarrow C_mH_{2m+2} + C_{n-m}H_{2(n-m)+2}$$

（2）烷烃异构化

在加氢裂化过程中，烷烃发生异构化反应生成异构烷烃。烷烃的异构化反应速率随分子量的增加而增加。异构烷烃的冰点和倾点低、十六烷值和黏度指数高，是喷气燃料、低凝柴油和润滑油基础油的理想组分。

$$R{-}CH_2{-}CH_2{-}CH_2{-}CH_3 \longrightarrow R{-}CH_2{-}\underset{}{\overset{CH_3}{\overset{|}{C}H}}{-}CH_3$$

$$R{-}CH_2{-}CH{=}CH{-}CH_3 \longrightarrow R{-}CH{=}\underset{CH_3}{\underset{|}{C}}{-}CH_3 \longrightarrow R{-}CH_2{-}\underset{CH_3}{\underset{|}{C}H}{-}CH_3$$

（3）环烷烃和环烷芳烃的开环反应

在加氢裂化过程中，环烷烃和环烷芳烃加氢开环后生成烷烃、带侧链的单环环烷烃和单环芳烃。多环芳烃及稠环芳烃首先被部分加氢，接着被饱和的环开裂成为芳烃的侧链，然后发生断侧链，即逐环加氢饱和、开环、断侧链，最终成为较小分子的单环芳烃或单环环烷烃。

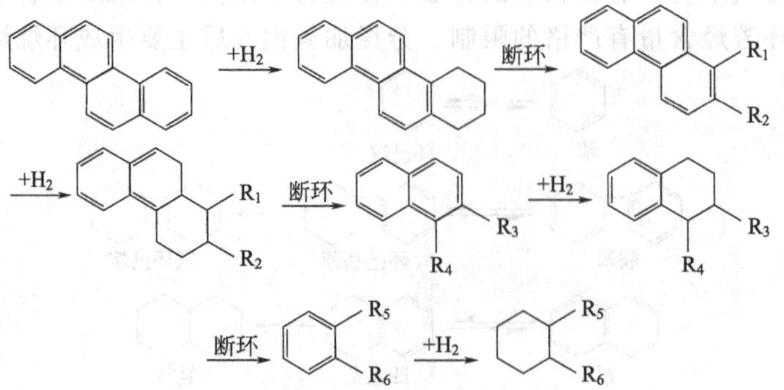

上述加氢反应速度是递减的,即环数越少加氢越难,苯的加氢最困难。要使稠环芳烃较完全地加氢裂化转化成相应环烷烃,须要高温、高压条件和高活性的催化剂。芳烃分子量越大、侧链数目越多、侧链越长,越容易发生加氢裂化反应。

(4) 烷基芳烃和烷基环烷烃的侧链断裂反应

加氢裂化过程中,由于环烷烃和芳烃的单环很稳定,不易开环,所以带长侧链的单环环烷烃和芳烃容易发生断侧链反应。单环环烷烃(如六元环)相对比较稳定,需先通过异构化反应转化为五元环烷环,才能开环成为相应的烷烃。芳烃的芳香环十分稳定,在缓和条件下,带有烷基侧链的芳烃只发生断侧链反应,而芳香环保持不变。在较苛刻的加氢条件下,单环芳烃先发生侧链断裂,然后芳环加氢饱和,再发生异构和开环裂化反应,最终得到烷烃。

[反应式示意图]

(5) 缩合反应

在加氢裂化过程中会发生裂化产物缩合反应以及稠环芳烃的进一步缩合反应,最终形成焦炭,沉积在催化剂上。由于加氢裂化氢分压较高,缩合反应受到抑制,不像催化裂化那样容易缩合生焦,因此加氢裂化催化剂活性稳定,使用寿命长。

3. 催化加氢的影响因素

(1) 原料性质的影响

① 原料杂质。原料杂质主要有氧化沉渣、水分、固体颗粒和硅。

原料在储存时产生的氧化沉渣是焦炭的前驱物,容易在反应器顶部进一步缩合结焦,堵塞催化剂孔道,造成反应器压降升高。为防止产生氧化沉渣,原料在储存时通常采用惰性气体(氮气或瓦斯气)保护和内浮顶储罐保护。

原料油中含水会引起装置操作波动。催化剂在高温下长时间与水蒸气接触,容易引起催化剂表面活性金属组分的聚集,造成活性下降。需要在原料油进加热炉前设置聚结器,将加氢原料中的水分脱至 $300\mu g/g$ 以下。

来自焦化装置的原料油中常含有一定量的碳粒,当原料油酸值高时设备腐蚀会生成一些腐蚀产物。这些颗粒沉积在催化剂床层中,导致反应器压降升高而使装置无法操作。一般在反应器前加过滤装置,来脱除固体颗粒物。

原料油中含有少量的硅沉积就可使催化剂孔口堵塞、活性下降、床层压降上升、装置运转周期缩短、并使得催化剂无法再生使用。硅主要是随焦化产物进入原料油中的,通常在反应器上部装填专门吸附硅的催化剂,或者在反应器前加保护反应器。

② 含硫、含氮化合物。原料油馏分越重,硫含量和氮含量越高,难脱除的噻吩类、苯并噻吩类和双 β 位取代的二苯并噻吩类含硫化合物以及吡啶类、喹啉类等杂环含氮化合物越多。因此馏分越重,需要活性更高的催化剂,反应条件越苛刻。

原料中的碱性氮化物及加氢脱氮反应的碱性中间产物,可与催化剂的金属活性中心产生强吸附作用，对催化剂反应活性产生抑制作用或暂时性中毒。碱性氮化物可以与催化剂的酸性中心作用，降低催化剂的裂化与异构化活性。

③ 烯烃和芳烃。来自延迟焦化和催化裂化装置的加氢原料中含有烯烃。烯烃容易发生聚合反应，聚合产物会引起床层顶部催化剂表面结焦，使床层压降迅速增加，缩短运转周期。烯烃加氢饱和是强放热反应，原料中烯烃含量高会引起催化剂床层温升提高和氢耗增加。原料油中的芳烃对加氢脱硫反应有一定的抑制作用。当原料油中存在大量稠环芳烃时，会增加催化剂的积炭，引起氢耗增加。

④ 沥青质。减压渣油中含有的沥青质是焦炭的前驱物，因此通常要求原料中的沥青质含量低于 $200\mu g/g$。

⑤ 金属。石油馏分的金属大部分富集于重质油，特别是减压渣油中。铁、钙、镁、钠、镍、钒、铜、铅、砷等对加氢装置操作有比较大的影响。铁容易转化为硫化物而沉积在催化剂床层表面，在催化剂床层顶部结壳，引起床层压降增加，严重时被迫停工。钙、镁等盐类也有类似的影响。一般要求原料中铁含量小于 $1\sim 2\mu g/g$ 或在反应器顶部加装脱铁保护剂。镍、钒、铜、铅等重金属极易沉积在催化剂的孔道中，覆盖催化剂活性中心，导致催化剂永久失活，通常要求铁以外金属含量小于 $1\mu g/g$。砷是加氢催化剂的毒物，加氢处理催化剂能耐受的原料油砷含量约为 $200\mu g/kg$。一般在反应器顶部加装脱砷剂或在主反应器前设置脱砷反应器。

(2) 工艺条件的影响

① 工艺条件对加氢处理反应的影响。氢分压用反应器入口的氢分压表示，等于反应器入口总压×室温状态下反应器入口气体中氢气的体积分率。加氢是体积缩小的反应，提高反应压力对于反应平衡有利。提高反应压力，氢分压提高，加氢反应速率加快，脱硫和脱氮率提高。氢分压过高，芳香环的饱和增加，氢消耗增加。轻质油加氢处理的操作压力一般为 $1.5\sim 2.5MPa$，氢分压为 $0.6\sim 0.9MPa$。柴油馏分加氢处理的操作压力一般为 $3.5\sim 8.0MPa$，氢分压约为 $2.5\sim 7.0MPa$。减压渣油加氢处理所需的操作压力高达 $12\sim 17.5MPa$，氢分压约为 $10\sim 15MPa$。

加氢处理的反应温度一般为 $280\sim 420℃$。提高反应温度可以提高反应速率。但是过高的反应温度对反应平衡不利。过高的反应温度还会加剧裂化反应，加快催化剂积炭失活。芳烃分子的共轭 π 键非常稳定，因此芳烃加氢饱和反应需要较高的反应温度，受热力学平衡的影响，通常芳烃脱除率只有 $50\%\sim 60\%$。重整原料预加氢的反应温度为 $260\sim 360℃$，催化裂化汽油加氢处理反应温度为 $280\sim 340℃$，柴油加氢处理的反应温度为 $300\sim 400℃$，润滑油加氢处理的反应温度为 $260\sim 320℃$，减压馏分油加氢处理的反应温度为 $340\sim 420℃$，减压渣油加氢处理的反应温度为 $340\sim 420℃$。另外，由于加氢处理是强烈放热反应，为控制催化剂床层温度，需向反应器中分段通入冷氢。

降低空速可使反应物与催化剂的接触时间延长，加氢反应程度加深，有利于提高产品质量。但是过低的空速会使反应时间过长，产生过度裂化反应，增大氢耗，降低装置的处理能力。通常根据原料性质、催化剂活性、加氢深度的要求等多方面考虑来选择合理的空速。石脑油馏分的加氢处理可以采用的空速为 $2.0\sim 4.0h^{-1}$，柴油加氢处理适宜的空速为 $1.0\sim 2.0h^{-1}$。蜡油馏分加氢处理的适宜空速为 $0.5\sim 1.5h^{-1}$。渣油加氢处理的空速一般为 $0.1\sim 0.4h^{-1}$。

氢油比是指进到反应器中的标准状态下的氢气与冷态（20℃，重质油60℃）进料的体积比。氢油比的高低影响反应物与生成物的汽化率、氢分压以及反应物与催化剂的实际接触时间。氢油比提高，反应器内氢分压上升，有利于提高加氢深度，有助于抑制积炭前驱物的脱氢缩合反应；氢气有较高的比热容，氢油比提高，可带走更多的反应热，降低催化剂床层的温升；氢油比提高，可改善氢气对原料油的雾化效果，提高原料油汽化率，促进原料油与氢气混合，使原料在反应器内分布更均匀，改善原料与催化剂间的接触效率，提高反应转化率。但是氢油比过高，原料停留时间缩短，不利于加氢反应的进行。氢油比越大、循环氢压缩机负荷越高，能耗越高。通常汽油馏分加氢处理的氢油体积比为60~250，柴油馏分加氢处理的氢油体积比为150~500，减压馏分油加氢处理的氢油体积比为200~800。

② 工艺条件对加氢裂化反应的影响。反应压力的高低取决于原料加氢的难易程度。原料的不饱和度越高、原料越重、稠环芳烃和含氮化合物等难加氢组分越多，需要的反应压力越高。加氢裂化的原料一般是较重的馏分油或减压渣油，其中含有较多的稠环芳烃，需要采用较高的反应压力。但是反应压力的提高，会抑制异构化反应，使加氢裂化产品异构化程度下降。一般常压馏分油加氢裂化需要反应压力大约为7.0MPa，减压馏分油和催化裂化循环油加氢裂化需要反应压力10.0~15.0MPa，而减压渣油加氢裂化需要反应压力约20.0MPa。

提高反应温度，加氢裂化反应速度加快。由于加氢是放热反应，提高反应温度对平衡不利。一般加氢裂化所选用的温度范围较宽（260~440℃）。重馏分油的加氢裂化温度控制在370~440℃范围内。在运转初期催化剂的活性较高，可采用较低的反应温度。随着催化剂活性的降低可逐步提高反应温度，以保持一定的加氢裂化深度。加氢裂化反应是放热反应，反应热约为251~837kJ/kg。为防止反应器床层飞温，催化剂需要分层装填，通过在催化剂床层间打入一定量的冷氢，来控制各床层的温升不超过10~20℃，并且尽量控制各床层的入口温度相同，以利于延长催化剂寿命和实现操作最优化。

空速增大，单位时间内通过催化剂的原料油增多，原料油在催化剂上的停留时间缩短，裂化转化率低；空速降低，停留时间延长，反应深度提高。加氢裂化采用的空速通常为 $0.5~1.0h^{-1}$。

氢油比提高，反应器内氢分压提高，有利于提高加氢反应深度，有助于抑制结焦前驱物的脱氢缩合反应，有利于原料油的汽化和降低催化剂的液膜厚度，提高转化率。氢油比过大，会缩短原料油的停留时间，不利于加氢裂化反应的进行。对于重油加氢裂化一般采用较大的氢油比，通常为1000~2000（体积比）。

三、催化加氢工艺流程

1. 催化裂化汽油加氢脱硫工艺流程

以中国石油化工研究院自主开发的DSO技术为例介绍FCC汽油加氢脱硫装置工艺流程。FCC汽油加氢脱硫装置主要由脱砷反应器、预加氢反应器、分馏塔、加氢脱硫反应器、加氢后处理反应器、稳定塔、辅助系统7个部分组成，见图12-19所示。

(1) 预加氢与分馏部分

原料首先进入脱砷反应器进行脱砷反应，防止后续反应器中的催化剂中毒。脱砷后的原料经过过滤器过滤掉>10μm的固体颗粒，然后与重整新氢气混合，换热到一定温度后进入预加氢反应器，主要发生硫醚化和二烯烃的选择加氢反应，使轻硫醇转化为重硫醚、双烯烃到单烯烃的转换，防止双烯烃在后续反应器中聚合结焦。同时伴有少量烯烃的双键异构化反应，可增加原料的辛烷值，弥补后续汽油加氢脱硫过程辛烷值的损失。

预加氢反应器产物与预加氢反应器进料换热后流入分馏塔，将汽油切割成轻汽油

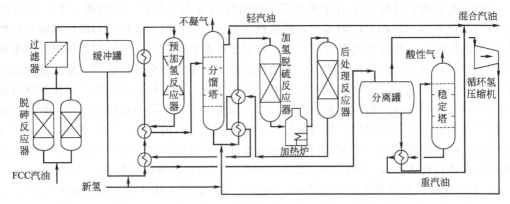

图 12-19 典型 FCC 汽油加氢脱硫装置工艺流程示意图

(LCN) 和重汽油 (HCN) 二个馏分。利用催化裂化汽油硫化物富集在高沸点馏分、烯烃集中在轻馏分中的特点,仅对重馏分汽油进行加氢脱硫,以求在催化裂化汽油脱硫的同时减少辛烷值损失。一般根据原料性质和产品目标,选择合适的切割点为 80~100℃。

(2) 选择性加氢脱硫与后处理部分

重汽油馏分与新氢气、循环氢气混合后,经与后处理反应器产物换热到一定温度后流入加氢脱硫反应器,加氢脱硫反应器出口产物再经加热炉加热升温后进入后处理反应器。重汽油馏分经两反应器反应后,脱除了大量硫化物和少量氮化物,还避免了单一反应器达到同样脱硫深度造成的辛烷值损失。油气混合产物经换热冷却后流入分离罐,进行油、气、水三相分离,罐顶部气体由贫胺液吸收系统吸收硫组分后流入循环氢压缩机进行重复利用,避免循环氢中硫化氢积累,进入反应器后与烯烃反应生成硫醇,造成加氢脱硫转化率下降和汽油硫醇含量超标。一般要求循环氢中硫化氢质量分数低于 $500\mu g/g$。

(3) 加氢汽油稳定

分离罐底部油相流入稳定塔。稳定塔塔底分离出重汽油,与分馏塔顶部抽出的轻汽油混合后外送出装置。

2. 柴油加氢处理工艺流程

典型的柴油加氢处理流程见图 12-20。柴油加氢处理装置主要由两个串联的加氢反应器、高分罐和低分罐及分馏塔组成。原料油与加氢生成油在换热器中换热后,进入加热炉,在炉出口与循环氢混合,依次进入串联的两个加氢处理反应器。在该流程中循环氢不经加热

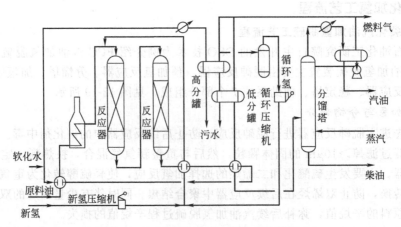

图 12-20 典型的柴油加氢处理流程图

炉而是在炉后与原料油混合，此时为了保证混合后能达到反应器入口温度 330～410℃ 的要求，循环氢应在混合前先与加氢生成油换热。

加氢生成油经过与循环氢、分馏塔进料和原料油换热后注入软化水，以清洗加氢反应时生成的氨和硫化氢，防止生成多硫化铵或其他铵盐堵塞设备，然后经过冷却，再进入高压分离器，分出含铵盐的污水排出装置。高压分离器分出的循环氢进入分液器，进一步分离携带的油滴后，进入循环氢压缩机，并在临氢系统中循环。若处理的原料油含硫较高，为了保证循环氢的纯度，避免 H_2S 在系统中积累，需要用醇胺溶液吸收循环氢中的硫化氢。加氢过程消耗的氢气由新氢压缩机补充。

加氢生成油分出循环氢后经减压进入低压分离器中，上部排出燃料气，底部分出的油品经与加氢生成油换热后进入分馏塔，塔底吹入过热水蒸气，以保证柴油的闪点和腐蚀合格。塔顶油气经冷凝冷却后进入油水分离罐，分出的汽油一部分打回流控制塔顶温度，其余送出装置。塔底加氢柴油经与进塔油换热并经冷却后送出装置。

3. 渣油加氢处理工艺流程

典型的减压渣油加氢脱硫（VRDS）装置流程见图 12-21。该装置能力为 $1.5 \times 10^6 \, t/a$，原料重金属（Ni+V）含量 $95 \mu g/g$，硫的质量分数 3.5%。

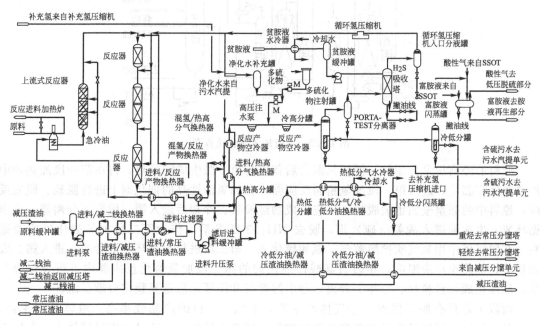

图 12-21 减压渣油加氢处理典型流程图

原料油从缓冲罐抽出，经分馏部分低压余热换热到要求的温度，并经过滤后进入进料缓冲罐。经高压泵升压，并与氢气混合，再经过热高分气和反应产物换热器换热，经加热炉加热到需要的温度，进入反应器。反应产物经换热达到控制的温度，进热高压分离罐。热高分顶部气体与混氢原料、氢气换热后，再经空冷器进冷高压分离罐进行三相分离。冷高分分出的酸性水与其他酸性水一起经酸性水汽提后回用于本装置注水。循环氢经特殊的除氨设备，进循环氢脱硫塔。脱硫氢气大部分经循环氢压缩机升压后，部分作为急冷氢气，另一部分与补充氢一起，经与热高分气体换热后与原料混合，再进一步换热和加热升温至要求温度，进入反应器。冷高分出来的生成油进入冷低分，冷低分气脱硫。低分油与热低分闪蒸冷凝油一起经换热器后去分馏。

热高分油进热低分,热低分油直接去分馏。热低分气经换热冷却后,气体含氢较多,作为补充氢的一部分再用。液体去冷低分。

分馏塔顶出气体和石脑油,侧线出柴油,塔底重油可直接出装置作为重油催化裂化原料,也可部分经加热炉加热后进减压塔。侧线出的减压瓦斯油为催化裂化原料,塔底减压渣油作为低硫燃料油或重油催化裂化原料。

4. 加氢裂化工艺流程

目前在工业应用的加氢裂化工艺主要有单段工艺、一段串联工艺、两段工艺等三种。这里以两段工艺和一段串联工艺为例,介绍加氢裂化工艺流程。

(1) 两段加氢裂化工艺

两段加氢裂化流程中有两个反应器。第一个反应器主要进行原料油的加氢处理,第二个反应器主要进行加氢裂化,其示意图如图 12-22 所示。

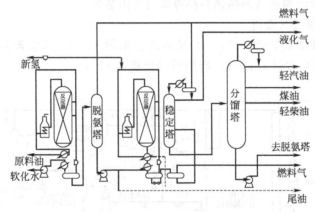

图 12-22 两段加氢裂化流程图

原料油经高压泵升压并与循环氢混合后首先与第一段生成油换热,再在第一段加热炉中加热至反应温度,进入第一段加氢精制反应器,在加氢活性高的催化剂上进行脱硫、脱氮反应,原料中的微量金属也被脱掉。反应生成物经换热、冷却后进入第一段高压分离器,分出循环氢。生成油进入脱氨(硫)塔,脱去 NH_3 和 H_2S 后,作为第二段加氢裂化反应器进料。在脱氨塔中用氢气吹掉溶解气、氨和硫化氢。第二段进料与循环氢混合后,进入第二段加热炉,加热至反应温度,在装有高酸性催化剂的第二段加氢裂化反应器内进行裂化等反应。反应生成物经换热、冷却、分离,分出溶解气和循环氢后送至稳定分馏系统。

两段工艺具有如下优点:①气体产率低,干气少,目的产品收率高,液体总收率高;②产品质量好,特别是产品中芳烃含量非常低;③氢耗较低;④产品方案灵活性大;⑤原料适应性强,可加工更重质、更加劣质的原料。

(2) 一段串联加氢裂化工艺

一段串联至少使用两台反应器,第一个反应器使用加氢处理催化剂,第二反应器使用加氢裂化催化剂,两个反应器的反应温度及空速不同,比单段工艺操作灵活。由于第二个反应器使用了抗氨、抗硫化氢的分子筛加氢裂化催化剂,所以取消了两段流程中的脱氨塔,使加氢处理和加氢裂化两个反应器直接串联起来,省掉了换热、加热、加压、冷却、减压和分离设备。

一段串联工艺使用了性能更好的加氢处理催化剂和加氢裂化催化剂,具有优点:产品方案灵活,仅需通过改变操作方式和工艺条件,或更换不同性能的裂化催化剂,就可实现大范围调整产品结构的目的;原料适应性强,可以加工更重的原料油;可在相对较低的温度下操作,可大大降低干气产率。见图12-23。

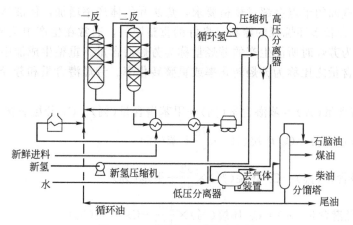

图12-23　串联加氢裂化流程图

第四节　催化重整

一、概述

催化重整（Catalytic Reforming）是以重石脑油为原料,在一定温度、压力、临氢和催化剂存在的条件下进行烃类分子结构重排反应,生产芳烃、高辛烷值重整汽油和副产大量氢气的工艺过程。

近年来,车用燃料低硫化对高辛烷值汽油组分的需求以及石油化工对芳烃原料需求的增加,促进了催化重整快速发展。在欧美等发达国家重整汽油在汽油池中比例已达到1/3。重整芳烃是化纤、塑料和橡胶的基础原料,其产量占全球芳烃产量的70%以上。重整氢气是廉价的氢源,其产量占炼化企业氢气需求量的50%以上。近年来催化重整加工能力占原油加工能力的比例保持在12%左右,成为继催化裂化和加氢处理之后加工能力最大的二次加工装置。随着石化行业炼化一体化程度的不断提高,作为现代炼油和石油化工支柱技术的催化重整的地位和作用将越来越重要。

1. 催化重整的原料与产品

（1）催化重整的原料

催化重整原料主要来源包括直馏石脑油和加氢裂化石脑油。选择重整原料需要考虑原料的馏分组成、族组成和毒物及杂质含量。

① 馏分组成。对重整原料馏分组成的要求根据生产目的来确定。生产不同的目的产品采用直馏石脑油的不同馏分作原料,这是由重整的化学反应所决定的。<60℃馏分中碳原子数小于6的环烷烃及烷烃不能转化为芳烃。C_6、C_7和C_8环烷烃和烷烃可以生成苯、甲苯和二甲苯。C_6烃类沸点在60~80℃,C_7沸点在90~110℃,C_8沸点大部分在120~144℃。

当生产芳烃为目的时,一般选择60~180℃馏分为原料。

以生产高辛烷值汽油为目的时,一般采取两种途径降低重整汽油中的苯含量。一是脱除重整原料中的苯以及苯的前驱物,即选择90~180℃馏分为原料;二是选择60~180℃馏分为原料,进行催化重整反应,然后从重整生成油中除去苯。目前国内重整装置最常用的方式是第二种途径,即以C_6^+馏分为原料进行重整反应,配套苯抽提装置脱除苯,抽余油作为高辛烷值汽油调和组分。近年来，一些炼油厂选择 C_7^+ 馏分作为重整反应原料。如果原料的干点过高，则重整汽油的干点会超过规格要求，焦炭和气体产率增加，使液体收率降低。

② 族组成。含较多环烷烃的原料是良好的重整原料，通常在生产中把原料中 $C_6 \sim C_8$ 的环烷烃全部转化为芳烃时所能生产的芳烃量称为芳烃潜含量。重整生成油中的实际芳烃含量与原料的芳烃潜含量之比称为芳烃转化率或重整转化率。芳烃潜含量和芳烃转化率的计算方法如下：

$$芳烃潜含量(\%) = 苯潜含量(\%) + 甲苯潜含量(\%) + C_8 芳烃潜含量(\%)$$

$$苯潜含量(\%) = C_6 环烷(\%) \times \frac{78}{84} + 苯(\%)$$

$$甲苯潜含量(\%) = C_7 环烷(\%) \times \frac{92}{98} + 甲苯(\%)$$

$$C_8 芳烃潜含量(\%) = C_8 环烷(\%) \times \frac{106}{112} + C_8 芳烃(\%)$$

$$重整转化率(\%) = \frac{芳烃产率(\%)}{芳烃潜含量(\%)}$$

式中，78、84、92、98、106、112 分别为苯、C_6环烷烃、甲苯、C_7环烷烃、C_8芳烃和 C_8环烷烃的相对摩尔质量。

重整原料要求环烷烃含量高，环烷烃含量高的原料不仅在重整时可以得到较高的芳烃产率和氢气产率，而且可以采用较大的空速，催化剂积炭少，运转周期较长。

③ 杂质含量。重整原料中含有少量的砷、铅、铜、硫、氮等杂质会使催化剂中毒失活。水和氯含量控制不当也会造成催化剂失活或减活，其中砷和硫对催化剂的影响最大。为了保证催化剂的长周期运转，必须严格限制原料的杂质含量。详见表 12-2。

表 12-2　双（多）金属重整催化剂对原料中杂质含量的限制

杂质	含量	杂质	含量
砷/(ng/g)	1	硫/(μg/g)	0.5
铅/(ng/g)	10	水/(μg/g)	5
铜/(ng/g)	10	氯/(μg/g)	0.5
氮/(μg/g)	0.5		

(2) 原料的预处理

催化重整催化剂比较容易被多种金属及非金属杂质中毒，因此对重整原料中杂质的要求非常严格，必须进行预处理。重整原料的预处理主要包括预脱砷、预加氢、预分馏和脱水等单元。其工艺流程见图 12-24 所示。

预脱砷就是在加氢脱砷催化剂的作用下，砷化物加氢转化为砷化镍，留在催化剂上。预脱砷加氢催化剂的容砷量约为 4.5%，可将原料油中砷从 1000μg/g 脱至小于 1μg/g。

预加氢采用 W-Ni、Mo-Co-Ni 或 W-Ni-Co 催化剂，在脱除原料中硫、氮、氧等杂质以及砷、铅等重金属的同时，使烯烃变为饱和烃。

预分馏就是根据生产目的不同，对原料进行精馏，切取>C6 或 C7 的石脑油作为重整原料，拔头油做汽油调和组分。

脱水即通过蒸馏型汽提方式脱除原料中溶解的 H_2S、NH_3 和 H_2O 等杂质。如果原料中氯含量高，还需要增加脱氯设施。

(3) 催化重整产品

① 重整汽油。重整汽油研究法辛烷值高达 95～105，是高标号汽油的重要调和组分。催

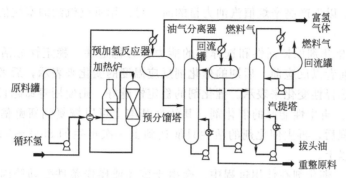

图 12-24 原料预处理原则流程图

化重整汽油的烯烃含量少（一般小于 1.0%）、硫含量低（小于 $2\mu g/g$），作为车用汽油调和组分可大幅度地降低成品油中的烯烃含量和硫含量。催化重整汽油的头部馏分辛烷值较低，后部馏分辛烷值很高，与催化裂化汽油恰好相反，二者调和可以改善汽油辛烷值分布。

② 三苯。苯、甲苯和二甲苯（统称三苯）是重要的化纤、塑料和橡胶的基础原料，也是催化重整的主要产品，是由重整汽油经过溶剂萃取和分馏得到的。苯、甲苯和二甲苯的产率主要取决于重整原料的芳烃潜含量的高低。

③ 氢气。由于低硫燃料油规格的实施，加氢裂化和加氢处理装置等加氢工艺迅速发展，造成对氢气的需求急剧增加。催化重整过程副产氢气产率较高（一般为 2.5%～4.0%），是清洁燃料生产过程急需的廉价氢源。

④ C_9、C_{10} 重芳烃。重整副产的 C_9、C_{10} 重芳烃几乎不含烯烃，以 C_9 芳烃组分为主。C_9 芳烃具有较高的辛烷值，主要用于汽油调和，也可用于生产化工原料，如偏三甲苯、均三甲苯等。C_{10} 芳烃可通过加氢转化为轻质芳烃或溶剂油。

2. 催化重整催化剂

(1) 催化剂组成

重整催化剂由金属活性组分（铂）、助催化剂（铼、锡、铱等）和酸性载体（含卤素 $\gamma\text{-}Al_2O_3$）组成。

① 贵金属。重整催化剂的活性和稳定性随铂含量的增加而增强。重整催化剂向低铂含量的方向发展，铂含量一般在 0.2%～0.3%。

② 助催化剂。加入铼、锡、铱等助催化剂，可改善铂的分散度，抑制铂晶粒因受高温、氧及水蒸气的影响而聚集。铼和锡是常用的助剂。

铂铼催化剂是应用最广泛的催化剂，其活性稳定性是单铂催化剂的 8～9 倍，选择性也高于单铂催化剂，因而适用于固定床反应器。铂铼催化剂氢解性能强，需要进行预硫化。

铂锡催化剂具有良好的选择性和再生性能，优于单铂催化剂和铂铼催化剂，且价格便宜，不用预硫化，活性稳定性不如铂铼催化剂，适用于连续重整的移动床反应器。

铂铱催化剂脱氢环化能力强，其氢解能力也强，常需引入第三组分作为抑制剂，以改善其选择性和稳定性。铂铱系列催化剂尚未工业应用。

③ 载体。重整催化剂是以活性氧化铝为载体的负载型催化剂。活性氧化铝起着分散贵金属、提高催化剂容炭能力和提供酸性中心的作用。改变氧化铝的氯含量可调节催化剂的酸性，要求氯含量稳定在 0.4%～1.0%。在生产操作中要根据系统中的水-氯平衡状态注氯或注水。在催化剂再生后还要进行氯化更新。

(2) 催化剂的使用性能

① 活性及选择性。以生产芳烃为目的时，用芳烃转化率或芳烃产率表示催化剂的活性

与选择性。例如，以生产高辛烷值汽油为目的时，可以用重整汽油的辛烷值和产率来表示其活性与选择性。

② 稳定性。催化剂保持活性和选择性的能力称为稳定性。稳定性分活性稳定性和选择性稳定性两种，前者以反应前、后期的催化剂反应温度的变化来表示，后者以新催化剂和运转后期催化剂的选择性变化来表示。催化剂的稳定性越好，则使用寿命越长。

③ 再生性能。再生性能好的催化剂，其活性基本上可以恢复到新鲜催化剂的水平。但经过多次再生过程后，再生催化剂的活性只能达到上一次再生的85%~95%左右。铂铼催化剂可使用5年以上。

④ 机械强度。催化剂在使用过程中，会由于装卸或操作条件变动等因素的影响造成粉碎，因而导致床层压降增大，所以要求催化剂必须具有一定的机械强度。

(3) 催化剂的失活

在催化重整条件下，重整催化剂由于物理化学性质的变化，其活性和选择性逐渐降低，甚至导致失活。积炭失活、硫氮中毒失活、金属烧结失活、氯含量降低导致的失活、催化剂颗粒破碎和设备腐蚀产物沉积造成的失活等为可逆失活，可以采取适当的措施使催化剂的性能得到恢复。而载体表面积降低和重金属污染造成的失活为永久性失活，其活性无法恢复，这种催化剂必须进行更换。

(4) 催化剂的水氯平衡

催化重整过程中对体系的氯和水含量有严格要求，目的是控制双功能催化剂中酸性组分与金属组分合适的比例。当原料含氯量过高时，氯会在催化剂上积累而使催化剂含氯量增加；当原料含水量过高或含氧化物加氢生成的水过多时，催化剂上含氯量减少。为了严格控制系统中氯和水的量，国内重整装置限制原料油的氯含量不大于 $5\mu g/g$。工业上采用注氯、注水的办法来保证催化剂最适宜的含氯量，即"水-氯平衡"。

(5) 催化剂的再生

重整催化剂再生包括烧焦、氯化更新、还原和预硫化等过程。

① 烧焦。烧焦是用含氧气体烧去催化剂上的积炭从而使催化剂活性恢复的过程。烧焦之前，反应器应降温，停止进料，并用氮气循环和置换系统中的氢气，直至爆炸试验合格。再生过程是在系统压力为 0.5~0.7MPa，循环气（含氧 0.2%~0.5% 的氮气）量 500~1000m³/(m³催化剂·h) 的条件下分三个段进行的。如果反应器出入口气体氧含量相等，即不再消耗氧气，表明该阶段烧焦结束。

② 氯化更新。氯化更新过程是在空气流中进行的，影响其效果的因素有循环气中氧、氯和水含量以及氯化温度和时间。一般循环气中氧体积分数控制在 13% 以上，气剂体积比 800 以上，温度 490~520℃，时间 6~8h。在氯化更新的过程中，在氧气、氯化剂和 $AlCl_3$ 的作用下，Pt 形成了 $PtCl_2(AlCl_3)_2$ 复合物，然后形成 $PtCl_2O_2$ 复合物，后者易被还原为单分散的活性 Pt 团簇。

③ 还原。氯化更新后的催化剂，用氢气将金属组元从氧化态还原成金属态，具有较高的活性。还原温度控制在 450~500℃，水含量应控制在 $500\mu g/g$ 以下。

④ 预硫化。对还原态催化剂进行预硫化，可以抑制新鲜剂和再生剂的氢解活性，保护催化剂的活性和稳定性，改善催化剂的初期选择性。常用的硫化剂是二甲基二硫醚和二甲基硫醚，硫化剂用量根据催化剂上金属含量以及催化剂上的硫含量来确定。

3. 重整反应的影响因素

影响重整反应的主要操作因素除原料及催化剂的性能以外，主要是反应温度、压力、空速和氢油比。

(1) 反应温度

催化重整反应是以环烷烃脱氢为主的强吸热反应过程。提高反应温度能加快反应速率，提高平衡转化率，提高芳烃产率和重整生成油的辛烷值。但反应温度过高会使加氢裂化反应加剧、液体产物收率下降，催化剂积炭加快。

催化重整采用3~4个串联的绝热反应器。环烷烃脱氢反应主要是在前面的反应器内进行，而反应速度较低的加氢裂化反应和环化脱氢反应则延续到后面的反应器。因此，前面反应器需要较低反应温度和较少的催化剂，后面反应器需要较高温度和较多的催化剂。一般工业上加权平均进口温度一般控制在480~530℃。催化剂的装入比例依次为10%、15%、30%和45%。

催化重整的反应温度用加权平均温度来表示。加权平均温度就是考虑到处于不同温度下的催化剂数量而计算得到的平均温度。加权平均入口温度（WAIT）等于各反应器催化剂装量分数与反应器入口温度乘积之和，即：

$$\text{WAIT} = \sum_{i=1}^{3\sim 4} x_i T_i^\lambda \quad (i_{\max} = 3 \text{ 或 } 4)$$

(2) 反应压力

降低反应压力对生成芳烃的环烷脱氢、烷烃脱氢环化反应有利。但是在低压下催化剂积炭速度较快，操作周期短。由于最后一个反应器的催化剂一般占催化剂量的50%。所以通常以最后一个反应器入口压力表示反应压力。

选择适宜的反应压力，还要考虑到原料的性质、催化剂的性能和工艺类型。例如，对于原料烷烃高、馏分重容易生焦的原料，通常采用较高的反应压力。催化剂的容焦能力大、稳定性好，则可以采用较低的反应压力。铂铼具有较高的稳定性和容焦能力，可以采用较低的反应压力，既能提高芳烃转化率，又可维持较长的操作周期。半再生式铂铼重整一般采用1.8MPa左右的反应压力，新一代的连续再生式重整装置的压力已降低到0.35MPa。

(3) 空速

在催化重整各类反应中，环烷烃脱氢反应的速度很快，在重整条件下很容易达到化学平衡，空速对这类反应影响不大。烷烃环化脱氢反应和加氢裂化反应速度慢，空速对这类反应有较大的影响。在加氢裂化反应影响不大的情况下，采用较低的空速对提高芳烃产率和汽油辛烷值有利。目前重整工业装置采用的体积空速为$1.0 \sim 2.0 \text{h}^{-1}$。

(4) 氢油比

在重整反应中，除反应生成的氢气外，还要在原料油进入反应器之前混合一部分氢，这部分氢并不参与重整反应，工业称之为循环氢。循环氢的作用是抑制生焦反应，减少催化剂上积炭，保护催化剂的活性；同时也起到热载体的作用，减小反应床层的温降。

在总压不变时，提高氢油比意味着提高氢分压，不利于脱氢和脱氢环化反应，可促进加氢裂化反应，有利于抑制催化剂上积炭。氢油比过大，反应时间减少，转化率降低。

对于稳定性高的催化剂和生焦倾向小的原料，可以采用较小的氢油比，反之则需用较大的氢油比。使用铂铼催化剂时氢油比<5（摩尔比），采用铂锡催化剂的连续重整则氢油比小于1~3（摩尔比）。

二、催化重整的化学反应

催化重整中发生的主要化学反应有：六元环烷烃脱氢生成芳烃、五元环烷烃脱氢异构生成芳烃、烷烃脱氢环化生成芳烃、烷烃的异构化、各种烃类的加氢裂化以及积炭反应。

1. 六元环烷烃的脱氢

六元环烷烃脱氢是吸热和体积增大的反应。六元环烷烃的脱氢反应迅速，一般可进行完全。由于存在异构化反应，因此，烷基取代六元环烷烃脱氢产物中有 3 种异构体。

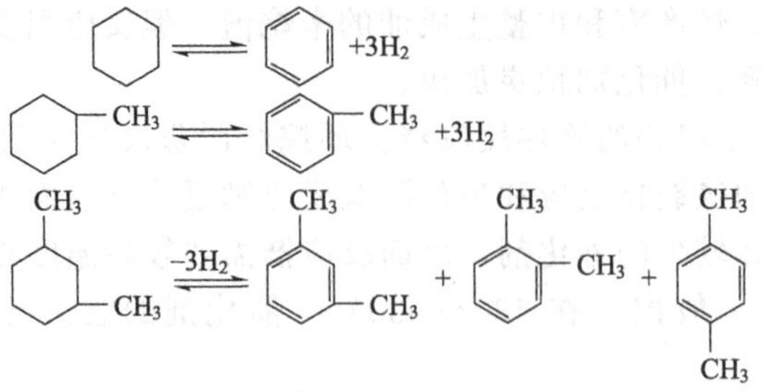

2. 五元环烷烃脱氢异构

五元环烷烃脱氢异构是吸热体积增大的可逆反应。五元环烷烃脱氢异构的反应也比较迅速。

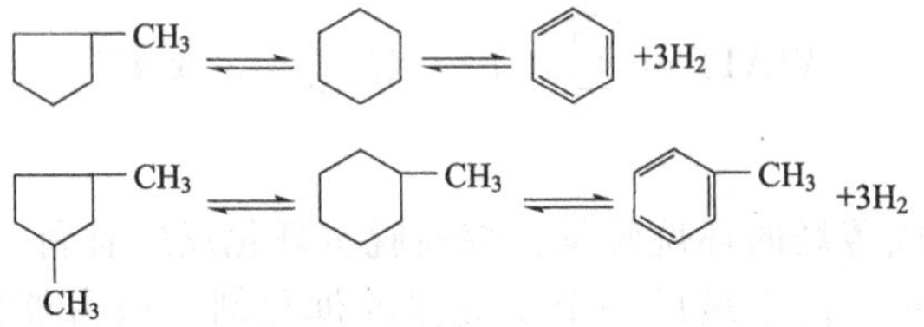

3. 烷烃脱氢环化

六个碳以上的烷烃环化可生成五元以上环烷烃，经异构化或直接生成六元环，最后脱氢生成芳烃。这类反应是吸热和体积增大的可逆反应，但其反应较慢，故要求采用较高的反应温度和较低的空速。

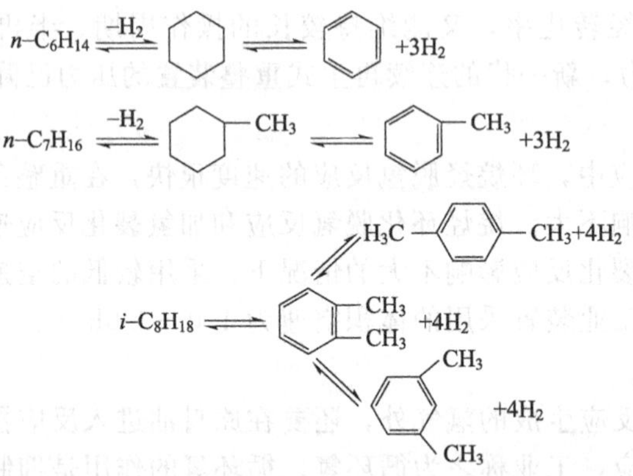

4. 异构化

烃类在重整催化剂上的异构化反应包括烷烃的异构化和芳烃的异构化。正构烷烃异构化后，不仅可提高汽油的辛烷值，而且由于异构烷烃比正构烷烃更容易进行脱氢环化反应，因而也间接地有利于生成芳烃。芳烃的异构化反应对于辛烷值和芳烃产率的影响不大。

$$n\text{-}C_7H_{18} \rightleftharpoons i\text{-}C_7H_{18}$$

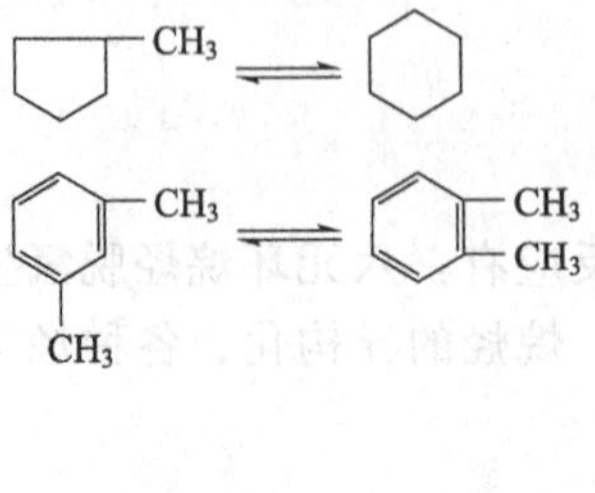

烷烃和五元环烷烃的异构化都是微放热反应，由于催化重整采用较高的反应温度，因此异构化反应相对较弱。五元环烷烃异构化为六元环后，即可很快脱氢转化为芳烃，因此其转化率较高。而正构烷烃的异构化转化率较低，并且产物多为单支链烷烃，因此正构烷烃异构化对汽油辛烷值的贡献并不大。

5. 加氢裂化

烷烃的加氢裂化反生成小分子的 C_3、C_4 烷烃，使液体收率下降。环烷烃开环裂化生成异构烷烃，造成芳烃产率和辛烷值的下降。同时烷烃和环烷烃的加氢裂化反应是耗氢反应，会造成氢气产率下降。烷基芳烃在重整条件下会脱烷基转化为小分子芳烃和烷烃。加氢裂化反应在重整条件下的反应速度最慢，只有在高温、高压和低空速时，其影响才逐渐显著。

$$n\text{-}C_7H_{16}+H_2 \longrightarrow n\text{-}C_3H_8+i\text{-}C_4H_{10}$$

在重整催化剂的金属中心作用下，烷烃或烷基芳烃的分子末端 C—C 键断裂，气体产物以甲烷为主，也称氢解反应。其结果导致液体收率和氢气产率下降。例如：

$$C_6H_{13}\text{—}CH_2\text{—}CH_3 + H_2 \longrightarrow C_6H_{13}\text{—}CH_3 + CH_4$$

6. 积炭反应

烃类脱氢生成烯烃进一步发生叠合和缩合等反应，产生焦炭使催化剂活性降低。但在较高氢压下，由于重整催化剂有较高的活性，可使烯烃饱和而控制焦炭的生成。

三、催化重整工艺流程

催化重整工艺生产过程包括原料预处理、重整、芳烃抽提和芳烃精馏四个主要部分。本节主要介绍重整反应工艺。目前工业应用的催化重整工艺主要是固定床重整工艺和移动床连续再生催化重整工艺，其中固定床工艺又分为固定床半再生式和固定床末反再生式或循环再生式重整工艺，移动床重整工艺又分轴向重叠式和水平并列式重整工艺。

工业重整装置广泛采用的反应系统流程可分为两大类：固定床半再生式工艺流程和移动床连续再生式工艺流程。

1. 固定床半再生式重整工艺流程

固定床半再生式重整的特点是当催化剂运转一定时期后，活性下降而不能继续使用时，需就地停工再生（或换用异地再生好的或新鲜的催化剂），再生后重新开工运转，因此称为半再生式重整过程。

（1）麦格纳重整工艺流程

麦格纳重整属于固定床反应器半再生式过程，其反应系统工艺流程如图 12-25 所示。

麦格纳重整工艺的主要特点是将循环氢分为两路，一路从第一反应器进入，另一路则从第三反应器进入。

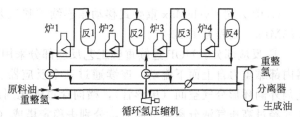

图 12-25 麦格纳重整反应系统工艺流程

在第一、二反应器采用高空速、较低反应温度（460～430℃）及较低氢油比（2.5～3.0摩尔比），这样可有利于环烷烃的脱氢反应，同时抑制加氢裂化反应；后面的1个或2个反应器则采用低空速、高反应温度（485～538℃）及高氢油比（5～10摩尔比），这样可有利于烷烃脱氢环化反应。这种工艺的主要优点是液体收率高，装置能耗低。国内的固定床半再生式重整装置多采用此种工艺流程，这种流程也称作分段混氢流程。

（2）固定床末反再生式重整工艺流程

根据催化重整装置最后一个反应器催化剂的积炭常常比前部反应器高数倍的特点，固定床末反再生式重整过程为重整过程的最后一个反应器配备再生系统（图12-26）。末反应器催化剂可以随时从工作系统切除，单独进行再生，而不必将全装置停工，解决了因再生停工的问题。

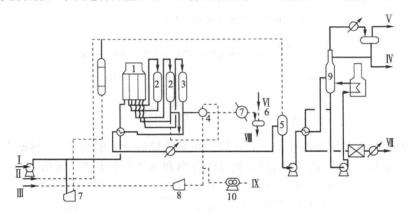

图12-26　末反再生式重整流程

1—重整加热炉；2—重整反应器；3—再生反应器；4—再生气换热器；5—重整分离器；
6—再生分离器；7—氢压机；8—氮气压缩机；9—稳定塔；10—空气压缩机
Ⅰ—原料油；Ⅱ—重整剩余氢；Ⅲ—氮气；Ⅳ—液化石油气；
Ⅴ—燃料气；Ⅵ—再生烟气；Ⅶ—稳定重整油；Ⅷ—脱出水；Ⅸ—空气

2. 连续再生式重整工艺流程

移动床反应器连续再生式重整的主要特征是设有专门的再生器，反应器和再生器都是采用移动床，铂锡催化剂在反应器和再生器之间不断地进行循环反应和再生，一般每3～7天全部催化剂再生一遍。

典型的连续重整工艺有UOP工艺、IFP工艺和RIPP工艺。UOP的连续重整工艺采用三个轴向叠置的反应器，催化剂依靠重力自上而下依次流过各个反应器，从最后一个反应器出来的待生催化剂用氮气提升至再生器的顶部进行再生。IFP的径向并列式连续重整工艺采用三个并行排列的反应器，催化剂在每两个反应器之间是用氢气提升至下一个反应器的顶部，从末段反应器出来的待生催化剂则用氮气提升到再生器的顶部。

（1）重叠式移动床连续重整工艺流程

UOP公司CycleMax重叠式移动床连续重整工艺的反应压力为0.35MPa，再生压力为0.25MPa，流程见图12-27。

① 反应部分。UOP连续重整工艺反应部分采用三个重叠式径向反应器，催化剂在反应器内部靠重力自上而下流动，连续通过三个反应器。反应压力为0.35MPa。反应物料从催化剂外侧环形分气空间（扇形管），横向穿过催化剂床层，进入中间收集管内。反应产物与氢气经过高压气液分离器分离后，分别去稳定塔或（脱C5塔）和循环氢系统。

② 再生部分。CycleMax工艺的再生器分成烧焦、再加热、氯化、干燥、冷却五个区。

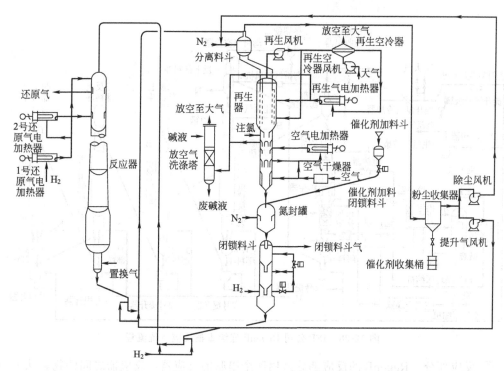

图 12-27 CycleMax 工艺流程图

待生催化剂从反应器底部出来,经过 L 阀用氢气提升到再生器顶部的分离料斗中。催化剂在分离料斗中用氢气吹出其中粉尘,含粉尘的氢气经过粉尘收集器和除尘风机返回分离料斗。

催化剂进入再生器后,先在上部两层圆柱形筛网之间的环形空间进行烧焦,烧焦所用氧气由来自氯化区的气体供给,烧焦气氧含量 0.5%～0.8%。再生器入口温度为 477℃,压力 0.25MPa,烧焦后气体用再生风机抽出,经空冷器冷却(正常操作)或电加热器加热(开工期间)维持一定温度(477℃)后返回再生器。烧焦后的催化剂向下进入再加热区,与来自再生风机的一部分热烧焦气接触,其目的是提高进入氯化区催化剂的温度,同时保证使催化剂上所有的焦炭都烧尽。

催化剂从烧焦和再加热区向下进入同心挡板结构的氯化区进行氯化和分散金属,同时通入氯化物进入再生器的温度为 510℃。然后再进入干燥区用热干燥气体进行干燥。热干燥气体来自再生器最下部的冷却区气体和经过干燥的仪表风,进入干燥区前先用电加热器加热到 565℃。从干燥区出来的干燥空气,根据烧焦需要一部分进入氯化区,多余部分引出再生器。

催化剂从干燥区进入冷却区,用来自干燥器的空气进行冷却,其目的是降低下游输送设备的材质要求和有利于催化剂在接近等温条件下提升,同时可以预热一部分进入干燥区的空气。

干燥和冷却后的催化剂经过闭锁料斗提升到反应器上方的还原罐内进行还原。闭锁料斗分成分离、闭锁、缓冲三个区,按准备、加压、卸料、泄压、加料五个步骤自动进行操作,缓冲区进气温度 150℃。还原罐上下分别通入经过电加热器加热到不同温度的重整氢气,上部还原区 377℃,下部还原区 550℃。还原气体由还原罐中段引出,还原后的催化剂进入第一反应器,并回落到第三反应器,同时进行重整反应,从而构成一个催化剂循环回路。

(2) 并列式移动床连续重整工艺流程

IFP 开发的 RegenB 连续再生重整工艺的反应压力为 0.35MPa,再生器压力稍高于第一反应器为 0.545MPa。工艺流程见图 12-28。

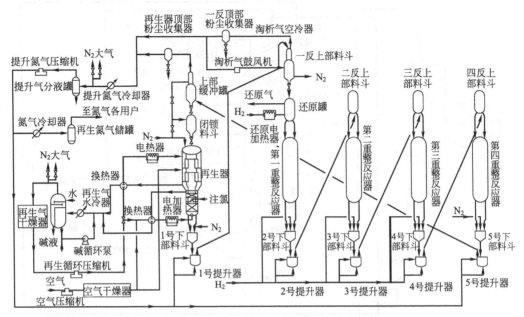

图 12-28　IFP 公司 RegenB 连续重整反应系统流程

① 反应部分。RegenB 的反应部分采用四个串联的反应器，反应器之间的物料从上一个反应器的底部料斗用氢气提升至下一个反应器的顶部料斗。待生催化剂从最后一个反应器出来，用氮气提升到再生器上的上部缓冲料斗内，然后经过闭锁料斗进入再生器。

② 再生部分。再生器自上而下分成一段烧焦、二段烧焦、氧化氯化和焙烧等区，用电加热器加热再生气，设置氮气提升气循环系统，待生及再生催化剂的提升气体为氮气。

催化剂在第一区即一段烧焦区内将大部分焦炭烧掉，然后进入二段烧焦区，在更高的温度下将剩余的焦炭烧净，然后再依次通过氧化氯化区和焙烧区。再生器压力 0.545MPa，一段烧焦区的气体入口温度为 420～440℃，二段烧焦、氧化氯化区和焙烧区的出口温度分别为 480～510℃、480～515℃和 500～520℃。一段烧焦区和焙烧区的气体入口含氧量分别为 0.5%～0.7%和 4%～6%，二段烧焦区控制出口含氧量为 0.25%左右。

再生气从再生气压缩机出来分成两部分：主要的一部分经换热器和电加热器加热后为两段烧焦用；另一部分与空气混合，经换热器、电加热器加热后作焙烧气体，然后进入氧化氯化区并注入氯化物。从再生器出来的上、下两股气体混合后进入洗涤塔，进行碱洗和水洗。再生气通过压缩机循环，再生系统压力用洗涤塔顶放空气控制。

焙烧后的催化剂从再生器出来，在氮气环境下用压缩机送来的氮气提升到第一反应器上面的上部料斗，催化剂淘析粉尘用鼓风机和粉尘收集器分离回收。淘析粉尘后的催化剂进入还原罐，在 0.495MPa 压力下用 480℃热氢气还原。还原后的再生催化剂依次通过四个反应器进行反应。

(3) RIPP 超低压连续重整工艺

超低压连续重整工艺反应——再生部分流程如图 12-29 所示。

反应部分采用了当前的最低反应压力 0.35MPa，使芳烃和氢气等产率最大化；反应器采用两两重叠布置，使大型反应器制造、运输、安装和维护等方便。催化剂循环采用"无阀输送"，闭锁料斗运行采用"氮气稳压流程"等，催化剂实现了严格连续再生、避免了再生器内构件受损，使催化剂破损显著减少。再生部分烧焦循环气体采用"干冷"循环流程，使催化

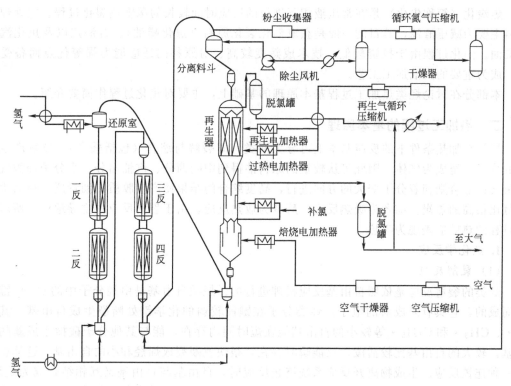

图 12-29 超低压连续重整反应——再生流程部分示意图

剂比表面积下降速度大幅减缓；焙烧区及氯化区采用纯空气，有利于 Pt 的再分散；烧焦及氧氯化气体采用固相脱氯技术，避免了"湿热"循环流程导致催化剂比表面积衰减加快的难题。

第五节 热 加 工

一、概述

在炼油工业中，热加工，也称重油（渣油）热加工，是指利用热的作用，将重质原料油转化成气体、轻质油、燃料油或焦炭的工艺技术。由于在工艺过程中，不需使用催化剂或溶剂之类的辅助材料，所以对原料的适应性较大，可处理馏分油，也可处理渣油；可处理杂质（硫、氮、氧、重金属、沥青质）少的原料，也可处理杂质多的原料。与催化加工和溶剂加工等工艺比较，热加工的能耗和加工费用低，投资一般也低。但热加工产品，其质量往往不够理想，须通过后续处理来达到市场的使用要求。

热加工过程主要包括热裂化、减黏裂化和焦炭化。

热裂化是以常压重油、减压馏分油、焦化蜡油等重质馏分油为原料，以生产汽油、柴油、燃料油以及裂化气为目的的热加工过程。热裂化在石油炼制技术发展过程中曾起过重要作用，但是热裂化汽油与柴油的抗爆性和安定性难以满足现代车用燃料的要求，现已被催化裂化工艺所取代。

减黏裂化是在较低的温度和压力下使重质高黏度渣油通过浅度热裂化，降低其黏度和倾点，来达到燃料油规格要求或者减少掺和的馏分油量。此外，减黏裂化还可以为其他工艺过程（如催化裂化等）提供原料。

焦炭化（简称焦化）是在常压液相下进行的反应时间较长的深度热裂化过程。它处理的原料主要为减压渣油，其目的一般是获取催化裂化原料（焦化蜡油）、石油焦以及焦化汽油和柴油。焦化过程由于投资较低、技术成熟度较高、对原料的适应能力强等优点而备受青睐，成为重要的渣油加工工艺。

本部分在讨论烃类热加工过程基本原理的基础上，主要对焦化过程作简要介绍。

二、热加工过程的基本原理

烃类在加热条件下的反应基本上可分为两类，即裂解与缩合（包括叠合）。裂解产生较小的分子以至成为气体，因此可从较重的原料油得到中间馏分、汽油馏分、小分子烃类气体和氢气；缩合则朝着分子变大的方向进行，高度缩合的结果便产生胶质、沥青质，最后生成碳氢比很高的焦炭。前者为吸热反应，后者为放热反应。由于裂解反应占主导地位，所以整个过程的热效应表现为吸热。

1. 热化学反应

（1）裂解反应

烃类的裂解反应是依照自由基反应机理进行的。烃类自由基是由烃分子中的 C—C 键均裂而成的，它具有未成对的电子。烃类分子在键能较弱的化学键处断裂生成自由基。其中 H·、CH_3·和 C_2H_5·等较小的自由基能在短时间内存在，能与其他分子碰撞生成新的自由基。较大的自由基比较活泼，只能瞬时存在，很快就断裂成烯烃和小的自由基。这样就形成一种连锁反应。生成物离开反应系统终止反应时，自由基与自由基又互相结合成为烷烃。故断裂的最终结果是生成较反应原料分子要小的烯烃和烷烃，其中包括气体烃类，且多为甲烷、乙烯等低分子烷烃和烯烃，很少生成异构物。

① 烷烃。烷烃的热裂解反应主要有 C—C 键断裂和 C—H 键断裂两类。C—C 键断裂生成较小分子的烷烃和烯烃，即断链反应；C—H 键断裂生成相同碳数的烯烃和氢气，即脱氢反应。C—C 键断裂和 C—H 键断裂是强吸热反应。吸热量的大小和反应的难易程度与烷烃的 C—C 键键能和 C—H 键键能的大小有关。

$$C_nH_{2n+2} \longrightarrow C_mH_{2m} + C_{(n-m)}H_{2(n-m)+2}$$

$$C_nH_{2n+2} \longrightarrow C_nH_{2n} + H_2$$

烷烃热裂解反应的规律是：C—H 键键能大于 C—C 键键能，因此 C—C 更易断裂；C—C 键越靠近中间，其键能越小，越容易断裂；烷烃链越长，烷烃中的 C—C 键和 C—H 键键能越小，越容易发生热裂解反应；异构烷烃中的 C—C 键和 C—H 键键能都小于正构烷烃，所以异构烷烃比正构烷烃更易断链和脱氢；烷烃分子中叔碳原子上的氢最容易脱除，其次是仲碳上的氢，而伯碳上的氢最难脱除。

从热力学判断，在 500℃ 左右，烷烃脱氢反应进行的程度不大。

② 环烷烃。环烷烃的热稳定性较高，在高温下（575～600℃）五元环烷烃可裂解成为两个烯烃分子。

$$\square \longrightarrow CH_2 = CH_2 + CH_3 - CH = CH_2$$

除此之外，五元环的重要反应是脱氢反应。

$$\square \longrightarrow \square + H_2 \longrightarrow \square + 2H_2$$

六元环烷烃的反应与五元环烷相似，但脱氢较为困难，需 600～700℃ 才能进行。六元环烷烃的裂解产物中有低分子的烷烃、烯烃、氢气及丁二烯等。

带长侧链的环烷烃，在加热条件下，首先是断侧链，然后才是开环。而各侧链的链越长，越易断裂。断下来的侧链反应与烷烃相似。

$$\text{C}_6\text{H}_{11}\text{-C}_{10}\text{H}_{21} \longrightarrow \text{C}_6\text{H}_{11}\text{-C}_5\text{H}_9 + \text{C}_5\text{H}_{12}$$

或

$$\text{C}_6\text{H}_{11}\text{-C}_{10}\text{H}_{21} \longrightarrow \text{C}_6\text{H}_{11}\text{-C}_5\text{H}_{11} + \text{C}_5\text{H}_{10}$$

多环环烷烃热分解可生成烷烃、烯烃、环烯烃及环二烯烃，同时也可以逐步脱氢生成芳烃，例如：

$$\text{十氢萘} \xrightarrow[500℃左右]{-2\text{H}_2} \text{四氢萘} \xrightarrow{-2\text{H}_2} \text{萘}$$

③ 芳烃。芳香环对热非常稳定，低分子量芳烃，如苯及甲苯对热极为稳定；带侧链的芳烃主要发生断链反应，一般需要在较高的温度下才能发生。直侧链较支侧链不易断裂，而叔碳基侧链则较仲碳基侧链更容易脱去。侧链越长越易脱掉。

$$\text{Ar-R} \longrightarrow \text{Ar-R}' + \text{R}''\text{H}$$

侧链的脱氢反应，在很高的温度下（650℃以上）才能发生，如：

$$\text{Ph-CH}_2\text{-CH}_3 \longrightarrow \text{Ph-CH=CH}_2 + \text{H}_2$$

④ 烯烃。直馏原料中几乎没有烯烃存在，但其他烃类在热分解过程中都能生成烯烃，这些烯烃在加热的条件下进一步裂解，同时与其他烃类交叉地进行反应，这样使反应变得极其复杂。

烯烃在加热条件下，可以发生裂解反应，其碳链断裂的位置一般发生在双键的 β 位上，断裂规律与烷烃相似。

(2) 缩合反应

缩合反应主要是在芳烃、烷基芳烃、环烷芳烃以及烯烃中进行。

当温度超过550℃以上时，苯开始发生缩合反应，产物主要为联苯、气体及焦炭。气体中大部分（88%～91%）为氢气，其他还有甲烷、乙烯等。主要反应为：

$$2\text{C}_6\text{H}_6 \longrightarrow \text{联苯} + \text{H}_2$$

联苯在热解条件下进一步缩合为三联苯等，如：

$$\text{联苯} + \text{苯} \longrightarrow \text{三联苯} \longrightarrow \text{四联苯}$$

三联苯再进一步缩合，最终成为高度缩合的稠环芳烃。

烷基芳烃的主要反应之一也是缩合反应。

$$\text{萘-R}_1 + \text{萘-R}_2 \longrightarrow \text{芘-R}_3 + \text{R}_4\text{H}$$

环烷芳烃进一步脱氢缩合可生成高分子多环芳烃。

2. 渣油热反应的特点

(1) 复杂的平行-顺序反应

渣油热反应过程，是一个复杂的平行-顺序反应过程（如图12-30所示）。随着反应的继续进行，其反应产物的分布变化趋势如图12-31所示。由于反应是平行-顺序进行的，使其

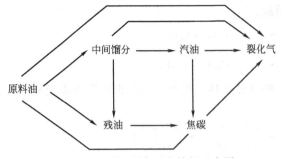

图 12-30　平行-顺序反应特征示意图

所产中间馏分及汽油的产率，在某一反应程度时会出现最大值，而最终产物气体和焦炭的产率则随着反应程度的增加一直上升。

(2) 生焦量大

渣油热反应时容易生焦，除了由于渣油自身含有较多的胶质和沥青质外，还因为不同族的烃类之间的相互作用促进了生焦反应。芳香烃的热稳定性高，在单独进行反应时，不仅裂解反应速度低，而且生焦速度也低。例如在 450℃下进行热反应，欲生成 1% 的焦炭，烷烃（$C_{25}H_{52}$）要 144min，十氢萘要 1650min，而萘则需 670000min。但是如果将萘与烷烃或烯烃混合后进行热反应，则生焦速度显著提高。

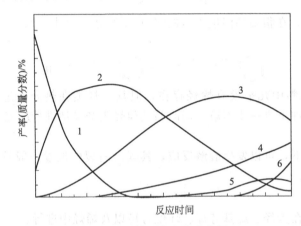

图 12-31　热反应产物分布图
1—原料；2—中间馏分；3—汽油；4—裂化气；5—残油；6—焦炭

根据大量实验结果，热反应中焦炭的生成过程大致如下：

芳烃 ⟶
　　　缩合产物 ⟶ 胶质、沥青质 ⟶ 炭青质 ⟶ 焦炭
烷烃 ⟶ 烯烃 ⟶

可见原料的化学组成对生焦有很大影响，原料中芳烃及胶质含量越多越易生焦。

不同性质的原料油混合进行热反应时，所生成的焦炭性质和产率不同。也就是说改变混合比例就可以改变原料性质，也就改变了焦炭性质和产率。

(3) 热反应过程中的相分离

渣油是一种胶体分散体系，在受热之前是比较稳定的。在热转化过程中，由于体系的化学组成发生变化，当反应进行到一定深度后，渣油的胶体性质就会受到破坏。由于缩合反应，渣油中作为分散相的沥青质含量逐渐增多，而裂解反应不仅使分散介质的黏度变小，还使其芳香性减弱，同时，作为胶溶组分的胶质含量则逐渐减少。这些变化都会导致分散相和分散介质之间的相容性变差。这种变化趋势发展到一定程度后，就会导致部分沥青质发生聚集，在渣油中出现了第二相（液相）。第二相中的沥青质浓度很高，促进了缩合生焦反应。

渣油受热过程中的相分离问题在实际生产中也有重要意义。例如，渣油热加工过程中，

渣油要通过加热炉管，由于受热及反应，在某段炉管中可能会出现相分离现象而导致生焦。如何避免出现相分离现象或缩短渣油在这段炉管中的停留时间对减少炉管内结焦、延长开工周期是十分重要的。又如在降低燃料油黏度的减黏裂化过程中，若反应深度控制不当，引起分相、分层现象，对生产合格燃料油也是不允许的。

三、热加工的工艺流程

焦化过程是渣油轻质化的重要手段之一，又是唯一能生产石油焦的工艺过程，在炼油工业中一直占据着重要地位。中国是焦化能力发展较快的国家之一，加工能力居世界第二位。

炼油工业中曾经采用过的焦化工艺主要有釜式焦化、平炉焦化、接触焦化、流化焦化、灵活焦化和延迟焦化等，其中一些已被淘汰。目前，主要的工业形式是延迟焦化和流化焦化。世界上90%以上的焦化工艺都属于延迟焦化，只有少数国家（如美国）的部分炼厂采用流化焦化。在本节，主要介绍延迟焦化。

1. 延迟焦化工艺流程

延迟焦化过程即原料油以很高的流速在高热强度下通过加热炉管，在短时间内加热到焦化反应所需要的温度，并迅速离开炉管进到焦炭塔，使原料的裂化、缩合等反应延迟到焦炭塔中进行，以避免在炉管内大量结焦，影响装置的开工周期，延迟焦化即由此得名。

延迟焦化装置有一炉两塔、两炉四塔，也有和其他装置直接联合的。典型的延迟焦化流程示意图如图12-32所示。

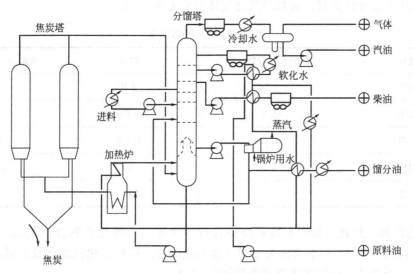

图 12-32 典型的延迟焦化流程图

原料油（减压渣油）经换热及加热炉对流管加热到340~350℃，进入分馏塔底部的换热段，与来自焦炭塔顶部的高温油气（430~440℃）换热，一方面把原料油中的轻质油蒸发出来，同时又加热了原料（约390℃）及淋洗下高温油气中夹带的焦末。原料油和循环油（混合原料）一起从分馏塔底抽出，用热油泵送进加热炉辐射室炉管，快速升温至约500℃后，分别经过两个四通阀进入焦炭塔底部。为了防止油在炉管内反应结焦，需向炉管注水，以加大流速，减少在炉管中的停留时间。油蒸气在塔内发生热裂化反应，重质液体则连续发生裂化和缩合反应，最终转化为轻烃和焦炭。焦炭聚结在焦炭塔内，而反应产生的油气自焦炭塔顶逸出，进入分馏塔，与原料油换热后，经过分馏得到气体、粗汽油、柴油、蜡油和循环油（与原料一起再次进行焦化）。

焦炭塔为周期操作，当一个塔内的焦炭聚结到一定高度时，进行切换，通过四通阀将原料切换进另一个焦炭塔。即需要有两组（2台或4台）焦炭塔进行轮换操作，一组焦炭塔为生焦过程；另一组为除焦过程。切换周期包括生焦时间和除焦操作所需的时间，大约为16~24h。生焦时间与原料的性质（特别是原料的残炭值）及焦炭质量（特别是焦炭的挥发分含量）的要求有关。延迟焦化除焦采用水力除焦外，还使用大约10MPa以上的高压水通过切焦器进行除焦，切下的焦炭落入焦池后送出装置。

2. 焦化过程的产品

焦化产物有气体、汽油、柴油、蜡油以及石油焦。所用原料不同，产品产率也不一样。焦化是在高温下进行的深度裂解和缩合过程。所以其产品产率和性质具有明显的热加工的特点，与催化过程很不相同。

（1）产品产率

在典型操作条件下，延迟焦化过程的产品产率范围如下：焦化汽油8%~15%（质量分数）、焦化柴油26%~36%（质量分数）、焦化蜡油20%~30%（质量分数）、焦化气体（包括液化石油气和干气）7%~10%（质量分数）、焦炭产率国内原油16%~23%（质量分数）；东南亚原油17%~18%（质量分数）；中东原油25%~35%（质量分数）。

（2）产品特点

① 焦化气体。焦化气中含有较多的甲烷、乙烷和少量的烯烃。可用作燃料，也是制取氢气及其他化工过程的原料。典型的焦化气体组成见表12-3。

表12-3 焦化气体组成

组分	组成(质量分数)/%	组分	组成(质量分数)/%
甲烷	51.4	丁烯	2.4
乙烯	1.5	异丁烷	1.0
乙烷	15.9	正丁烷	2.6
丙烯	3.1	氢	13.7
丙烷	8.2	CO_2	0.2

② 焦化汽油。焦化汽油中不饱和烃和含硫、含氮等非烃化合物含量较高，安定性差，辛烷值低（约为50~60），不宜作为车用汽油调和组分。目前焦化汽油一般经过加氢精制生产乙烯或重整石脑油。我国焦化汽油性质见表12-4。

表12-4 我国焦化汽油性质

项目	大庆减渣焦化汽油	胜利减渣焦化汽油	项目		大庆减渣焦化汽油	胜利减渣焦化汽油
相对密度 d_4^{20}	0.7414	0.7392	初馏点		52	54
溴价/(gBr/100g)	41.4	57.0	馏程/℃	10%	89	84
硫含量/(μg/g)	100	—		50%	127	119
氮含量/(μg/g)	140	—		90%	162	159
马达法辛烷值	58.5	61.8	干点		192	184

③ 焦化柴油。焦化柴油和焦化汽油有相同的特点，含有一定量的硫、氮化合物和金属杂质，含有一定量的烯烃，安定性差，且残炭较高，十六烷值低，必须进行精制，脱除硫、氮杂质，使烯烃、芳烃饱和才能作为合格柴油的调和组分。我国焦化柴油的性质见表12-5。

表12-5 我国焦化柴油性质

焦化原料油		大庆减渣	胜利减渣	管输减渣	辽河减渣
相对密度 d_4^{20}		0.822	0.8449	0.8372	0.8355
溴价/(gBr/100g)		37.8	39.0	35.0	35.0
硫含量/(μg/g)		1500	7000	7400	1900
氮含量/(μg/g)		1100	2000	1600	1900
凝点/℃		−12	−11	−9	−15
十六烷值		56	48	50	49
馏程/℃	初馏点	199	183	202	193
	10%	219	215	227	216
	50%	259	258	254	254
	90%	311	324	316	295
	终馏点	329	341	334	320

④ 焦化蜡油。焦化蜡油一般是指350~500℃的焦化馏出油，也称焦化瓦斯油（CGO）。焦化蜡油性质不稳定，与焦化原料油性质和焦化的操作条件有关。它可作为加氢裂化或催化裂化的原料，有时也用于调和燃料油。减压渣油所得的焦化蜡油性质见表12-6。

表12-6 焦化蜡油性质

焦化原料油		大庆减渣	胜利减渣	管输减渣	辽河减渣
相对密度 d_4^{20}		0.8783	0.9178	0.8878	0.8851
运动黏度/(mm²/s)	80℃	5.87	8.13	6.60	—
	100℃	—	6.06	—	3.56
凝点/℃		35	32	30	27
苯胺点/℃		—	77.5	—	77.3
残炭值(质量分数)/%		0.31	0.74	0.33	0.21
元素分析/%	碳	86.77	86.49	86.57	87.29
	氢	12.56	11.60	12.37	11.93
	硫	0.29	1.21	0.65	0.26
	氮	0.38	0.70	0.41	0.52
平均分子质量		323	—	—	316
重金属含量/(μg/g)	镍	0.3	0.5	—	0.3
	钒	0.17	0.01	—	0.01
馏程/℃	初馏点	—	323	290	311
	10%	342	358	337	332
	50%	384	392	387	362
	90%	442	455	486	411
	终馏点	—	494	503	447

⑤ 石油焦。石油焦为黑色或暗灰色坚硬固体，带有金属光泽，呈多孔性，是由微小石墨结晶形成的粒状、柱状或针状构成的炭体物。石油焦是碳氢化合物，含碳90％～97％，含氢1.5％～8％，还含有氮、氯、硫及重金属化合物。延迟焦化过程生产的石油焦称为原焦，又称生焦。由于焦化原料油性质不同，生焦在性质和外形上也有差异。生焦硬度小，易粉碎。水分和挥发分含量高。必须经过煅烧才能用做电极和其他特殊用途。生焦经过煅烧除去挥发分和水分后即称为煅烧焦，又称熟焦。几种国产延迟石油焦质量分数见表12-7。

表12-7 国产石油焦的质量分类

焦化原料油	大庆减渣	胜利减渣	管输减渣	辽河减渣
挥发分/％	8.92	10.32	8.8	9.0
硫含量/％	0.37	1.22	1.66	0.38
灰分/％	0.02	0.17	0.095	0.52
焦炭规格	1A	2B	3A	1B

可以看出，胜利原油、管输原油所产的焦炭硫含量较高，但仍可符合炼铝用焦的质量指标，大庆原油和辽河原油所产的焦炭均为优质石油焦。

生焦按结构和性质的不同可以分为以下几种。

绵状焦（无定形焦）是由高胶质—沥青质含量的原料生成的石油焦。从外观上看，如海绵状，含有很多小孔。当转化为石墨时，具有较高的热膨胀系数，且由于杂质含量较多和导电率低，这种焦不适于制造电极，主要作为普通固体燃料。另一种较大的用途是作为水泥窑的燃料（主要限制是金属含量不能太高），另一个有发展前景的用途是作为气化原料。

蜂窝状焦是由低或中等胶质—沥青质含量的原料生成的石油焦。焦块内小孔呈椭圆状，焦孔内部互相连接，分布均匀，并且是定向的。孔间的结合力较强。焦炭的断面呈蜂窝状结构。蜂窝焦经过煅烧和石墨化后，能制造出合格的电极。其最大的用途是作为炼铝工业中的阳极。此时，要求焦炭中的硫和金属含量比较低，而且要求含较少的挥发分和水分。

弹丸焦（球状焦）是特重的原料油进行焦化时，尤其是在低压和低循环比操作条件下，可生成一种球形的弹丸焦，为粒径5mm的小球，有的大如篮球。弹丸焦不能单独存在，彼此结合成不规则的焦炭。破碎后小球状弹丸焦就会散开。弹丸焦的研磨系数低。只能用作发电、水泥等工业燃料。

针状焦是用高芳香烃含量的渣油或催化裂化澄清油作原料生成的石油焦。从外观看，有明显的条纹，焦块内的孔隙是均匀定向的和呈细长椭圆形。焦块断裂时呈针状结晶。针状焦的结晶度高、热膨胀系数低、导电率高、含硫较低，一般在0.5％以下。

针状焦是延迟焦化过程的特殊产品，经过煅烧、浸渍和石墨化后可制成碳素制品。碳素制品在工业、国防、医疗、航天和特种民用工业中有着广泛的用途。其中以制造超高功率石墨电极的用量最大，用优质针状焦制成的超高功率电极炼钢，效率比普通功率的电极高3倍，能耗降低30％，电极消耗量降低近30％。

生产针状焦，首先要选择合适的原料。芳烃含量高而胶质、沥青质含量低、灰分低、含硫量低的重质油是生产针状焦的良好原料。炼油厂的催化裂化澄清油、润滑油溶剂精制的抽出油等都是良好的生产针状焦的原料；此外，裂解制乙烯的焦油、煤焦油等也是生产针状焦的适宜原料。以生产针状焦为主要目的时，延迟焦化的操作条件也不同，应采用大循环比和延长焦炭塔的生焦周期，并且采用变温操作。

> **思考题**

1. 石油加工的主要工艺过程有哪些？
2. 原油蒸馏的作用是什么？
3. 原油常压蒸馏、减压蒸馏的特点分别是什么？
4. 什么是原油蒸馏三段汽化？
5. 催化裂化的主要反应有哪些？
6. 催化裂化的原料与产品是什么？
7. 催化裂化工艺流程可分为哪几个部分？
8. 催化裂化催化剂的使用性能有哪些？
9. 催化加氢分为几类？其相应的原料和产品是什么？
10. 加氢精制的主要反应有哪些？
11. 加氢裂化工艺流程可分为哪几个部分？
12. 加氢裂化的优点和面临的主要困难有哪些？
13. 催化重整的原料与产品是什么？
14. 催化重整的主要反应有哪些？
15. 催化重整工艺流程包括哪几个部分？
16. 热加工过程分为哪几类？
17. 渣油热反应的特点有哪些？
18. 焦化过程的原料和产品是什么？

第十三章 石油化工过程

第一节 烃类热裂解制烯烃

一、概述

乙烯、丙烯和丁二烯等低级烯烃分子中具有双键,化学性质活泼,能与许多物质发生加成、共聚或自聚等反应,生成一系列重要的产物,是化学工业的重要原料。工业上获得低级烯烃的主要方法是将烃类热裂解。烃类热裂解是将烃类原料(天然气、炼厂气、石脑油、轻油、柴油、重油等)经高温、低压(无催化剂)作用,使烃类分子发生碳链断裂或脱氢反应,生成分子量较小的烯烃、烷烃和其他分子量不同的轻质和重质烃类。

在低级不饱和烃中,以乙烯最重要,产量也最大。乙烯产量常作为衡量一个国家基本化学工业发展水平的标志。由乙烯、丙烯出发,又可以合成很多重要的化工产品。

二、热裂解过程的化学变化与基本原理

1. 烃类裂解的反应规律

烃类裂解的反应十分复杂,有生成目的产物的一次反应和从目的产物进一步反应生成副产物的二次反应。要全面定量地描述该反应系统是困难的,为了对这一反应系统有一个概括的认识,现把烃类在裂解过程中的主要产物变化关系用图 13-1 表示。

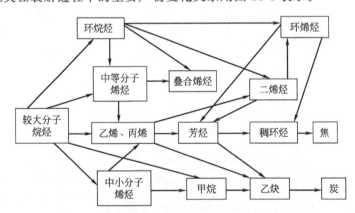

图 13-1 烃类在裂解过程中主要产物变化关系图

(1)烷烃的裂解反应

① 正构烷烃。正构烷烃的裂解反应主要有脱氢反应和断链反应,对于 C_5 以上的烷烃还可能发生环化脱氢反应。

脱氢反应是 C—H 键断裂的反应,生成碳原子数相同的烯烃和氢。

C_5 以上的正构烷烃可发生环化脱氢反应生成环烷烃。

断链反应是 C—C 键断裂的反应，反应产物是碳原子数较少的烷烃和烯烃。

相同烷烃脱氢和断链的难易，可以从分子结构中碳氢键和碳碳键的键能数值的大小来判断。

一般有如下规律：同碳原子数的烷烃 C—H 键能大于 C—C 键能，说明断链比脱氢容易；随着碳链的增长，其键能数据下降，表明热稳定性下降，碳链越长裂解反应越易进行；烷烃裂解（脱氢或断链）是强吸热反应，脱氢反应比断链反应吸热值更高，这是由于 C—H 键能高于 C—C 键能所致，也说明断链比脱氢容易；乙烷不发生断链反应，只发生脱氢反应，生成乙烯，甲烷在一般裂解温度下不发生变化。

总之，烷烃断链比脱氢容易。

② 异构烷烃的裂解反应。异构烷烃结构各异，其裂解反应差异较大，与正构烷烃相比有如下特点：C—C 键或 C—H 键的键能较正构烷烃的键能低，故容易裂解或脱氢；脱氢能力与分子结构有关，难易顺序为伯碳氢＞仲碳氢＞叔碳氢；异构烷烃裂解所得乙烯远较正构烷收率低，而氢、甲烷、C_4 及 C_4 以上烯烃收率较高；随着碳原子数的增加，异构烷烃与正构烷烃裂解所得乙烯和丙烯收率的差异减小。

（2）烯烃的裂解反应

由于烯烃的化学活泼性，自然界石油系原料中，基本不含烯烃。但在炼厂气中和二次加工油品中含一定量烯烃，作为裂解过程中的目的产物，烯烃有可能进一步发生反应，所以为了能控制反应按人们所需的方向进行，必须了解烯烃在裂解过程中的反应规律，烯烃可能发生的主要反应有以下几种。

① 断链反应：较大分子的烯烃裂解可断链生成两个较小的烯烃分子。
② 脱氢反应：烯烃可进一步脱氢生成二烯烃和炔烃。
③ 歧化反应：两个相同分子烯烃可歧化为两个不同烃分子。
④ 双烯合成反应：二烯烃与烯烃进行双烯合成而生成环烯烃，进一步脱氢生成芳烃。
⑤ 芳构化反应：六个或更多碳原子数的烯烃，可以发生芳构化反应生成芳烃。

（3）环烷烃的裂解反应

环烷烃较相应的链烷烃稳定。在一般裂解条件下可发生断链开环反应、脱氢反应、侧链断裂及开环脱氢反应，由此生成乙烯、丙烯、丁二烯、丁烯、芳烃、环烷烃、单环烯烃、单环二烯烃和氢气等产物。

环烷烃裂解有如下规律：侧链烷基比烃环易于断裂，长侧链的断裂反应一般从中部开始，而离环近的碳链不易断裂；带侧链环烷烃比无侧链环烷烃裂解所得烯烃收率高；环烷烃脱氢生成芳烃的反应优于开环生成烯烃的反应；五碳环烷烃比六碳环烷烃难于裂解；环烷烃比链烷烃更易于生成焦油，产生结焦。

（4）芳烃的裂解反应

芳烃由于芳环的稳定性不易发生裂开芳环断裂的反应，而主要发生烷基芳烃的侧链断裂和脱氢反应，以及芳烃缩合生成多环芳烃，进一步成焦的反应。所以，含芳烃多的原料油不仅烯烃收率低，而且结焦严重，不是理想的裂解原料。

（5）裂解过程中结焦生炭反应

① 烯烃经过炔烃中间阶段而生碳。裂解过程中生成的乙烯在 900～1100℃ 或更高的温度下经过乙炔阶段而生碳 C_n。C_n 中 n 为 300～400 的六角形排列的平面分子。

② 经过芳烃中间阶段而结焦。高沸点稠环芳烃是馏分油裂解结焦的主要母体，裂解焦油中含大量稠环芳烃，裂解生成的焦油越多，裂解过程中结焦越严重。焦中氢含量小

于5%。

生碳结焦反应有下面一些规律：在不同温度条件下，生碳结焦反应经历着不同的途径；在900～1100℃以上主要是通过生成乙炔的中间阶段，而在500～900℃主要是通过生成芳烃的中间阶段；生碳结焦反应是典型的连串反应，随着温度的提高和反应时间的延长，不断释放出氢，残物（焦油）的氢含量逐渐下降，碳氢比、分子量和密度逐渐增大；随着反应时间的延长，单环或环数不多的芳烃，转变为多环芳烃，进而转变为稠环芳烃，由液体焦油转变为固体沥青质，再进一步可转变为焦炭。

2. 烃类裂解的反应机理

烃类裂解反应机理研究表明裂解时发生的基元反应大部分为自由基反应。

（1）自由基反应机理

大部分烃类裂解过程包括链引发反应、链增长反应和链终止反应三个阶段。链引发反应是自由基的产生过程；链增长反应是自由基的转变（传递）过程，在这个过程中一种自由基的消失伴随着另一种自由基的产生，反应前后均保持着自由基的存在；链终止是自由基消亡生成新分子的过程。

链的引发是在热的作用下，一个分子断裂产生一对自由基，每个分子由于键的断裂位置不同可有多个可能发生的链引发反应，这取决于断裂处相关键的解离能大小，解离能小的反应更易于发生。

烷烃分子在引发反应中断裂C—H键的可能性较小，因为C—H键的解离能比C—C键大。故引发反应的通式为：

$$R-R \longrightarrow R\cdot + R'\cdot$$

引发反应活化能高，一般在290～335kJ/mol。

链的增长反应包括自由基夺氢反应、自由基分解反应、自由基加成反应和自由基异构化反应，但以前两种为主。链增长反应的夺氢反应通式如下：

$$H\cdot + RH \longrightarrow H_2 + R\cdot$$
$$R'\cdot + RH \longrightarrow R'H + R\cdot$$

链增长反应中的夺氢反应的活化能不大，一般为30～40kJ/mol。

链增长反应中的夺氢反应，对于乙烷裂解，情况比较简单，因为乙烷分子中可以被夺取的六个氢原子都是伯氢原子；对于丙烷，情况就比较复杂了，因为其分子中可以被夺取的氢原子不完全一样，有的是伯碳氢原子，有的是仲碳氢原子；对于异丁烷分子中可以被夺取的氢原子有伯碳氢原子和叔碳氢原子；而对于异戊烷，情况就更复杂了，因为烃分子中可以被夺取的氢原子，除了伯碳氢原子、仲碳氢原子以外，还有叔碳氢原子。见图13-2。

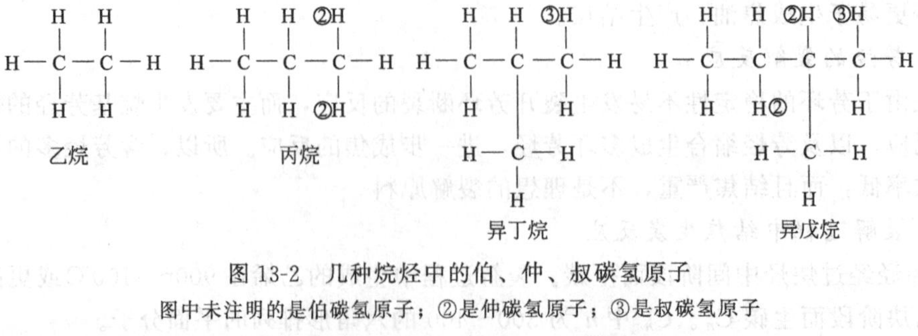

图13-2 几种烷烃中的伯、仲、叔碳氢原子
图中未注明的是伯碳氢原子；②是仲碳氢原子；③是叔碳氢原子

各种氢原子所构成的C—H键的解离能按下列顺序递减：

伯碳氢原子＞仲碳氢原子＞叔碳氢原子

因此，在夺氢反应中被自由基夺走氢的容易程度按下列顺序递增：

$$\text{伯碳氢原子} < \text{仲碳氢原子} < \text{叔碳氢原子}$$

链增长反应中的自由基的分解反应是自由基自身进行分解，生成一个烯烃分子和一个碳原子数比原来要少的新自由基，而使其自由基传递下去。

这类反应的通式如下：

$$R\cdot \longrightarrow R'\cdot + \text{烯烃}$$
$$R\cdot \longrightarrow H\cdot + \text{烯烃}$$

自由基分解反应的活化能比夺氢反应要大，而比链引发反应要小，一般为 118～178kJ/mol。

自由基分解反应是生成烯烃的反应，而裂解的目的是为了生产烯烃，所以这类反应是很关键的反应。

自由基反应有下列规律：

① 自由基如分解出 H·生成碳原子数与该自由基相同的烯烃分子，这种反应活化能是较大的；而自由基分解为碳原子数较少的烯烃的反应活化能较小。

② 自由基中带有未配对电子的那个碳原子，如果连的氢较少，这种自由基就主要是分解出 H·，生成同碳原子数的烯烃分子。

③ 从分解反应或从夺氢反应中所生成的自由基，只要其碳原子数大于3，则可以继续发生分解反应，生成碳原子数较少的烯烃。

由此可知，自由基的分解反应，一直会进行下去，直到生成·H 和·CH_3 自由基为止。所以，碳原子数较多的烷烃，在裂解中也能生成碳原子数较少的乙烯和丙烯分子。至于裂解产物中，各种不同碳原子数的烯烃的比例如何，则要取决于自由基的夺氢反应和分解反应的总结果。

（2）一次反应和二次反应

原料烃在裂解过程中所发生的反应是复杂的，一种烃可以平行地发生多种反应，又可以连串地发生许多后继反应。所以裂解系统是一个平行反应和连串反应交叉的反应系统。从整个反应进程来看，属于比较典型的连串反应。

随着反应进行，不断分解出气态烃（小分子烷烃、烯烃）和氢来；而液体产物的氢含量则逐渐下降，分子量逐渐增大，以至结焦。

对于这样一个复杂系统，现在广泛应用一次反应和二次反应的概念来处理。一次反应是指原料烃在裂解过程中首先发生的原料烃的裂解反应，二次反应则是指一次反应产物继续发生的后继反应。从裂解反应的实际反应历程看，一次反应和二次反应并没有严格的分界线，不同研究者对一次反应和二次反应的划分也不尽相同。图 13-3 给出了日本平户瑞穗的数学模型中对轻柴油裂解时一次反应和二次反应的划分情况。

二次反应的危害：多消耗了原料，降低烯烃收率；增加各种阻力；严重时阻塞设备、管道，造成停工停产，对裂解操作和稳定生产都带来极不利的影响，因此要千方百计设法抑制其进行。

3. 裂解原料性质及评价

由于烃类裂解反应使用的原料是组成性质有很大差异的混合物，因此原料的特性无疑对裂解效果起着重要的决定作用，它是决定反应效果的内因，而工艺条件的调整、优化仅是其外部条件。

（1）族组成 PONA

裂解原料油中各种烃，按其结构可以分为四大族，即链烷烃族（P）、烯烃族（O）、环

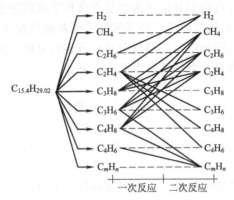

图 13-3 轻柴油裂解一次反应和二次反应
图中实线表示发生反应生成的；图中虚线表示未发生反应而遗留下来的

烷烃族（N）和芳香族（A）。这四大族的族组成以 PONA 值来表示。

根据 PONA 值可以定性评价液体原料的裂解性能，也可以根据族组成通过简化的反应动力学模型对裂解反应进行定量描述，因此 PONA 值是一个表征各种液体原料裂解性能的有实用价值的参数。

一般原料中：链烷烃族（P）越大，乙烯收率越高；

芳香族（A）越大，乙烯收率越低；

乙烯收率：P>N>A。

（2）氢含量和碳氢比

氢含量可以用裂解原料中所含氢的质量分数 $w(H_2)$ 表示，也可以用裂解原料中 C 与 H 的质量比（称为碳氢比）表示。

$$氢含量顺序 \quad P>N>A$$

对混合物的氢含量 $w_m(H_2)$，可先求出每个纯组分的氢含量 $w_i(H_2)$，再与每个组分的重量分数 X_i 加和，即：

$$w_m(H_2)=\sum x_i w_i(H_2)$$

通过裂解反应，使一定氢含量的裂解原料生成氢含量较高的 C_4 和 C_4 以下轻组分和氢含量较低的 C_5 和 C_5 以上的液体。从氢平衡可以断定，裂解原料氢含量愈高，获得的 C_4 和 C_4 以下轻烃的收率愈高，相应乙烯和丙烯收率一般也较高。显然，根据裂解原料的氢含量既可判断该原料可能达到的裂解深度，也可评价该原料裂解所得 C_4 和 C_4 以下轻烃的收率。一般裂解原料氢含量低于 13% 时，可能达到的乙烯收率将低于 20%。这样的馏分油作为裂解原料是不经济的。

（3）特性因数 K

特性因数 K 是表示烃类和石油馏分化学性质的一个重要参数。

K 值以烷烃最高，环烷烃次之，芳烃最低。乙烯和丙烯总体收率大体上随裂解原料特性因数的增大而增加。

（4）关联指数（BMCI 值）

馏分油的关联指数（BMCI 值）是表示油品芳烃的含量，也叫芳烃指数，是由美国矿务局关联而成（U. S. Bureau of Mines Correlation Index）。关联指数愈大，则油品的芳烃含量愈高。

$$BMCI=48640/T_v+473.7\times d_{15.6}^{15.6}-456.8$$

式中，T_v 为体积平均沸点；K；$d_{15.6}^{15.6}$ 为相对密度。

上式中规定：苯的 BMCI 值为 100，正己烷的 BMCI 值为 0。

烃类化合物的芳香性按下列顺序递增：正构链烷烃＜带支链烷烃＜烷基单环烷烃＜无烷基单环烷烃＜双环烷烃＜烷基单环芳烃＜无烷基单环芳烃（苯）＜双环芳烃＜三环芳烃＜多环芳烃。烃类化合物的芳香性愈强，则 BMCI 值愈大。

实验表明：在深度裂解时，重质原料油的 BMCI 值与乙烯收率和原料油收率之间存在良好的线性关系。因此，在柴油或减压柴油等重质馏分油裂解时，BMCI 值成为评价重质馏分油性能的一个重要指标。

(5) 原料烃的氢饱和度 Z

将原料烃表示为 C_nH_{2n+z}，其中的 Z 表示原料烃的氢饱和度，Z 越大，氢含量越高，乙烯收率越高。

(6) 原料烃的分子量

原料烃的分子量越小，乙烯收率越高。如：

乙烷分子量为 30，其乙烯单程收率约 45%（W%）；

柴油平均分子量为 200，其乙烯收率约 19～23（W%）；

原油平均分子量为 310，其乙烯收率约 17（W%）。

(7) 原料烃分子结构

表 13-1 列出了分子量相同或相近的几种烃的裂解结果。其中副产物未列入，产物收率是以转化了的原料为基准列出的。

表 13-1 不同结构的几种烃的裂解结果

分子结构	转化率/W%	乙烯收率/W%	丙烯收率/W%	丁二烯收率/W%	总烯收率/W%
正己烷	90	44.0	20.2	4.4	68.6
2-甲基戊烷	85	24.2	28.6	4.4	57.2
2,3-二甲基丁烷	95	16.0	31.8	3.7	51.5
环己烷	65	37.0	11.0	28.8	76.8
甲基环戊烷	35	18.3	33.2	7.8	59.3

由表中得出：正构烷烃生产乙烯最好；异构烷烃生产丙烯最好；环己烷是生产丁二烯的最好的原料。

(8) 原料烃的密度

一般原料的密度越大，乙烯收率越低。

(9) 原料烃的平均沸点

一般原料的平均沸点越高，乙烯收率越低。

4. 影响热裂解过程的因素

(1) 裂解温度和停留时间

① 裂解温度。从自由基反应机理分析，在一定温度内，提高裂解温度有利于提高一次反应所得乙烯和丙烯的收率。从裂解反应的化学平衡也可以得出，提高裂解温度有利于生成乙烯的反应，并相对减少乙烯消失的反应，因而有利于提高裂解的选择性。从裂解反应的化

学平衡同样可以得出，裂解反应进行到反应平衡，烯烃收率甚微，裂解产物将主要为氢和碳。因此，裂解生成烯烃的反应必须控制在一定的裂解深度范围内。

根据裂解反应动力学，为使裂解反应控制在一定裂解深度范围内，就是使转化率控制在一定范围内。由于不同裂解原料的反应速率常数大不相同，因此，在相同停留时间的条件下，不同裂解原料所需裂解温度也不相同。裂解原料分子量越小，其活化能和频率因子越高，反应活性越低，所需裂解温度越高。

在控制一定裂解深度条件下，可以有各种不同的裂解温度—停留时间组合。因此，对于生产烯烃的裂解反应而言，裂解温度与停留时间是一组相互关联不可分割的参数。而高温—短停留时间则是改善裂解反应产品收率的关键。

在某一停留时间下，存在一个最佳裂解温度，在此温度下，乙烯收率最高。

② 停留时间。管式裂解炉中物料的停留时间是裂解原料经过辐射盘管的时间。由于裂解管中裂解反应是在非等温变容的条件下进行，很难计算其真实停留时间。工程上常用表观停留时间和平均停留时间表示。

在某一裂解温度下，存在一最佳停留时间，在此停留时间下，乙烯收率最高。

③ 温度—停留时间效应。温度—停留时间对裂解产品收率的影响。从裂解反应动力学可以看出，对给定原料而言，裂解深度（转化率）取决于裂解温度和停留时间。然而，在相同转化率下可以有各种不同的温度—停留时间组合。因此，相同裂解原料在相同转化率下，由于温度—停留时间不同，所得产品收率并不相同。

图 13-4 为石脑油裂解时，乙烯收率与温度和停留时间的关系。由图可见，为保持一定的乙烯收率，如缩短停留时间，则需要提高相应裂解温度。

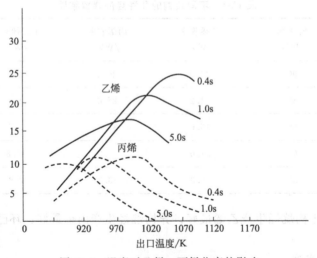

图 13-4　温度对乙烯、丙烯收率的影响

温度—停留时间对产品收率的影响可以概括如下所示。

a. 高温裂解条件有利于裂解反应中一次反应的进行，而短停留时间又可抑制二次反应的进行。因此，对给定裂解原料而言，在相同裂解深度条件下，高温—短停留时间的操作条件可以获得较高的烯烃收率，并减少结焦。

b. 高温—短停留时间的操作条件可以抑制芳烃生成的反应，对给定裂解原料而言，在相同裂解深度下以高温—短停留时间操作条件所得裂解汽油的收率相对较低。

裂解温度—停留时间的限制。为达到较满意的裂解产品收率，需要达到较高的裂解深度，而过高的裂解深度又会因结焦严重而使清焦周期急剧缩短。工程中常以 C_5 和 C_5 以上液相产品氢含量不低于8%为裂解深度的限度，由此，根据裂解原料性质可以选定合理的裂解深度。在裂解深度确定后，选定了停留时间则可相应确定裂解温度。反之，选定了裂解温度也可相应确定所需的停留时间。

温度限制。对于管式炉中进行的裂解反应，为提高裂解温度就必须提高相应炉管管壁温度。炉管管壁温度受炉管材质限制。当使用$Cr_{25}Ni_{20}$耐热合金钢时，其极限使用温度低于1100℃；当使用$Cr_{25}Ni_{35}$耐热合金钢时，其极限使用温度可提高到1150℃。由于受炉管耐热程度的限制，管式裂解炉出口温度一般均限制在950℃以下。

热强度限制。炉管管壁温度不仅取决于裂解温度，也取决于热强度。在给定裂解温度下，随着停留时间的缩短，炉管热通量增加，热强度增大，管壁温度进一步上升。因此，在给定裂解温度下，热强度对停留时间是很大的限制。

(2) 烃分压与稀释剂

① 压力对裂解反应的影响。从化学平衡角度分析如下所示：

对于体积减小的反应，即$\Delta n<0$时，增大反应压力，平衡向生成产物方向移动；对于体积增加的反应，即$\Delta n>0$时，增大反应压力，平衡向原料方向移动。

烃裂解的一次反应是分子数增多的过程，对于脱氢可逆反应，降低压力对提高乙烯平衡组成有利（断链反应因是不可逆反应，压力无影响）。烃聚合缩合的二次反应是分子数减少的过程，降低压力对提高二次反应产物的平衡组成不利，可抑制结焦过程。

从反应速率来分析如下所示：

烃裂解的一次反应多是一级反应或可按拟一级反应处理；而烃类聚合和缩合的二次反应多是高于一级的反应。压力不能改变反应速率常数k，但降低压力能降低反应物浓度C，所以对一次反应、二次反应都不利。但反应的级数不同影响有所不同，压力对高于一级的反应的影响比对一级反应的影响要大得多，也就是说降低压力可增大一次反应对于二次反应的相对速率，提高一次反应选择性。

所以降低压力可以促进生成乙烯的一次反应，抑制发生聚合的二次反应，从而减轻结焦的程度。

② 稀释剂对裂解反应的影响。由于裂解是在高温下操作的，不宜于用抽真空减压的方法降低烃分压，这是因为高温密封不易，一旦空气漏入负压操作的裂解系统，与烃类气体形成爆炸混合物就有爆炸的危险。而且减压操作对后续分离工序的压缩操作也不利，要增加能量消耗。所以，采取添加稀释剂以降低烃分压是一个较好的方法。这样，设备仍可在常压或正压操作，而烃分压则可降低。稀释剂理论上讲可用水蒸气、氢或任一种惰性气体，但目前较为成熟的裂解方法，均采用水蒸气作稀释剂，其原因如下所示。

裂解反应后通过急冷即可实现稀释剂与裂解气的分离，不会增加裂解气的分离负荷和困难。使用其他惰性气体为稀释剂时反应后均与裂解气混为一体，增加了分离困难；水蒸气热容量大，使系统有较大热惯性，当操作供热不平稳时，可以起到稳定温度的作用，保护炉管防止过热；抑制裂解原料所含硫对镍铬合金炉管的腐蚀，保护炉管。这是因为高温水蒸气具有氧化性，能将炉管内壁氧化成一层保护膜，这样一来即防止了裂解原料中硫对镍铬合金炉管的腐蚀，又防止了炉管中铁、镍对生碳的催化作用；脱除结碳，水蒸气对已生成的碳有一定的脱除作用；减少炉管内结焦；其他如廉价、易得、无毒等。

稀释剂用量用稀释度q表示。稀释度q为稀释剂重量与原料烃的重量之比。

水蒸气的稀释度q不宜过大，因为它使裂解炉生产能力下降，能耗增加，急冷负荷加大。水蒸气的稀释度q与原料有关，见表13-2。

表 13-2　不同裂解原料下的稀释度

裂解原料	原料含氢量（质量分数）/%	结焦难易程度	稀释度/(kg/kg)
乙烷	20	较不易	0.25～0.4
丙烷	18.5	较不易	0.3～0.5
石脑油	14.16	较易	0.5～0.8
轻柴油	13.6	很易	0.75～1.0
原油	13.0	极易	3.5～5.0

(3) 裂解深度

裂解深度是指裂解反应进行的程度。由于裂解反应的复杂性，很难以一个参数准确地对其进行定量的描述。根据不同情况，常常采用如下一些参数衡量裂解深度。

① 原料转化率。原料转化率 X 反映了裂解反应时裂解原料的转化程度。因此，常用原料转化率衡量裂解深度。混合轻烃裂解时，可分别计算各组分的转化率。馏分油裂解时，则以某一当量组分计算转化率，表征裂解深度。

② 甲烷收率 $y(C_1^0)$。裂解所得甲烷收率随着裂解深度的提高而增加，由于甲烷比较稳定，基本上不因二次反应而消失。因此，裂解产品中甲烷收率可以在一定程度上衡量反应的裂解深度。

③ 液体产物的氢含量和氢碳比 $(H/C)_L$。随着裂解深度的提高，裂解所得氢含量高的 C_4 和 C_4 以下气态产物的产量逐渐增大。根据氢的平衡可以看出，裂解所得 C_5 和 C_5 以上的液体产品的氢含量和氢碳比 $(H/C)_L$ 将随裂解深度的提高而下降。馏分油裂解时，其裂解深度应以所得液体产物的氢碳比 $(H/C)_L$ 不低于 0.96（或氢含量不低于 8%）为限。当裂解深度过高时，可能结焦严重而使清焦周期大大缩短。

④ 裂解炉出口温度。在炉型已定的情况下，炉管排列及几何参数已经确定。此时，对给定裂解原料及负荷而言，炉出口温度在一定程度上可以表征裂解的深度，用于区分浅度、中深度及深度裂解。

⑤ 裂解深度函数 S。考虑到温度和停留时间对裂解深度的影响，有人将裂解温度 T 与停留时间 θ 按如下关系关联。

$$S = T\theta^m$$

式中，m 可采用 0.06 或 0.027。

⑥ 动力学裂解深度函数 (KSF)。如果将原料的裂解反应作为一级反应处理，则原料转化率 X 和反应速率常数 k 及停留时间 θ 之间存在如下关系：

$$\int k\,\mathrm{d}\theta = \ln[1/(1-X)]$$

$\int k\,\mathrm{d}\theta$ 可以表示温度分布和停留时间分布对裂解原料转化率或裂解深度的影响，在一定程度上 $\int k\,\mathrm{d}\theta$ 可以定量表示裂解深度，它不仅是温度和停留时间分布的函数，同时也是裂解原料性质的函数，为避开裂解原料性质的影响，将正戊烷裂解所得的 $\int k\,\mathrm{d}\theta$ 定义为动力学裂解深度函数 (KSF)。

显然，动力学裂解深度函数 KSF 是与原料性质无关的参数，它反映了裂解温度分布和停留时间对裂解深度的影响。此法之所以选定正戊烷作为衡量裂解深度的当量组分，是因为在任何轻质油中，均有正戊烷，且在裂解过程中正戊烷含量只会减少，不会增加，选它作当量组分,足以衡量裂解深度。

三、裂解设备与工艺

1. 管式裂解炉

热裂解过程是通过裂解炉来实现的。早在20世纪30年代就开始研究用管式裂解炉高温法裂解石油烃。20世纪40年代美国首先建立管式裂解炉裂解制乙烯的工业装置。进入20世纪50年代后,由于石油化工的发展,世界各国竞相研究提高乙烯生产水平的工艺技术,并找到了高温—短停留时间可以大幅度提高乙烯收率这一关键技术。20世纪60年代初期,美国Lummus公司开发成功能够实现高温—短停留时间的SRT-Ⅰ型炉(Short Residence Time),见图13-5。耐高温的铬镍合金钢管可使管壁温度高达1050℃,从而奠定了实现高温—短停留时间的工艺基础。以石脑油为原料,SRT-Ⅰ型炉可使裂解出口温度提高到800~860℃,停留时间减少到0.25~0.60s,乙烯产率得到了显著的提高。应用Lummus公司SRT型炉生产乙烯的总产量约占全世界的一半。20世纪60年代末期以来,各国著名的公司如Stone&Webster,Linde-Selas,Kellogg,Foster-Wheeler,三菱油化等都相继提出了自己开发的新型管式裂解炉。

(1) 裂解炉的工作原理

以Lummus公司的SRT-Ⅰ型裂解炉为例(见图13-5),说明裂解炉的组成与工作原理。

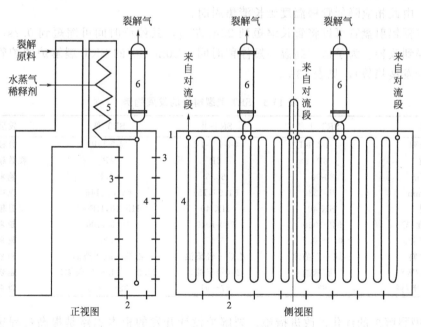

图13-5 SRT-Ⅰ型裂解炉示意图

1—炉体;2—油气联合烧嘴;3—气体无焰烧嘴;4—辐射段炉管;5—对流段炉管;6—急冷锅炉

① 裂解炉的组成。由对流室、辐射室、炉管、烧嘴、烟囱、挡板等组成。

② 裂解炉的工作原理。裂解原料首先进入裂解炉的对流室升温,到一定温度后与稀释剂混合继续升温(到600~650℃),然后通过挡板进入裂解炉的辐射室继续升温到反应温度(800~850℃),并发生裂解反应,最后高温裂解产物通过急冷换热器降温后,到后续分馏塔。

(2) 裂解炉的炉型

裂解炉主要有:管式裂解炉、蓄热式炉、沙子炉。现在90%以上都是采用管式裂解炉,也是间接传热的裂解炉。

制造管式裂解炉的公司有：Lummus（SRT 短停留时间炉）、Stone&Webster（USC 超选择性炉）、Linde-Selas（HS 高选择性炉）、Kellogg（MSF 毫秒炉）、Foster-Wheeler、日本三菱油化（倒梯台下吹式炉）等。

国内叫法有：方箱炉、圆筒炉、门式炉、梯台炉等。

① Lummus 公司的 SRT 型裂解炉（短停留时间裂解炉）炉型。此炉为单排双辐射立管式裂解炉，已从早期的 SRT-Ⅰ型发展为近期采用的 SRT-Ⅳ型（Ⅴ）。SRT 型裂解炉的对流段设置在辐射室上部的一侧，对流段顶部设置烟道和引风机。对流段内设置进料、稀释蒸汽和锅炉给水的预热。从 SRT-Ⅲ型裂解炉开始，对流段设置高压蒸汽过热，取消了高压蒸汽过热炉。在对流段预热原料和稀释蒸汽过程中，一般采用一次注入的方式将稀释的蒸汽注入裂解原料。当裂解炉需要裂解重质原料时，也采用二次注入稀释蒸汽的方案。

早期 SRT 型裂解炉多采用侧壁无焰烧嘴，为适应裂解炉烧油的需要，目前多采用侧壁烧嘴和底部烧嘴联合的烧嘴布置方案。通常，底部烧嘴最大供热量可占总热负荷的 70%。

盘管结构。为进一步缩短停留时间并相应提高裂解温度，Lummus 公司在 20 世纪 80 年代相继开发了 SRT-Ⅳ型和 SRT-Ⅴ型裂解炉，其辐射盘管为多分支变径管，管长进一步缩短。SRT-Ⅴ型与 SRT-Ⅳ型裂解炉辐射盘管的排列和结构相同，SRT-Ⅳ型为光管，而 SRT-Ⅴ型裂解炉的辐射盘管则为带内翅片的炉管。内翅片可以增加管内给热系数，降低管内传热的热阻，由此相应降低管壁温度延长清焦周期。

采用双程辐射盘管可以将管长缩短到 22m 左右，其停留时间可缩短到 0.2s，裂解选择性进一步得到改善。为了适应高温—短停留时间，Lummus 的 SRT 裂解炉的炉管作了如下变革（炉管发展趋势），见表 13-3。

表 13-3　SRT 型裂解炉的发展趋势

项目	SRT-Ⅰ	SRT-Ⅱ	SRT-Ⅲ	发展趋势
炉管排列	1-1-1-1-1-1-1-1	4-2-1-1-1-1	4-2-1-1	分枝变径
程数	8P	6P	4P	程数越来越少
管长/m	80-90	60.6	51.8	越来越短
管径/mm	75-133	64,96,152	64,89,146	先粗后细
管材	HK-40	HK-40	HK-40，HP-40	耐温越来越高
管壁温度/℃	945-1040	980-1040	1015-1100	越来越高
停留时间/s	0.6~0.7	0.47	0.38	越来越短
适用原料	乙烷—石脑油	乙烷—轻柴油	乙烷—减压柴油	越来越宽
乙烯收率/W%	27（石脑油）	23（轻柴油）	23.25~24.5（轻柴油）	越来越大
炉子热效率/%	87	87~91	92~93.5	越来越高

SRT 型裂解炉的优化及改进措施。裂解炉设计开发的根本思路是提高过程选择性和设备的生产能力，根据烃类热裂解的热力学和动力学分析，提高反应温度、缩短停留时间和降低烃分压是提高过程选择性的主要途径。自然短停留时间和适宜的烃分压以及高选择性而来的清焦周期的加长则是提高设备生产效率的关键所在。

在众多改进措施中辐射盘管的设计是决定裂解选择性提高烯烃收率、提高对裂解原料适应性的关键。改进辐射盘管的结构，成为管式裂解炉技术发展中最核心的部分。早期的管式裂解炉采用相同管径的多程盘管。其管径一般均在 100mm 以上，管程多为 8 程以上，管长近 100m，相应平均停留时间大约 0.6~0.7s。

对一定直径和长度的辐射盘管而言，提高裂解温度和缩短停留时间均增大辐射盘管的热强度，使管壁温度随之升高。换言之，裂解温度和停留时间均受辐射盘管耐热程度的限制。改进辐射盘管金属材质是适应高温—短停留时间的有效措施之一。目前，广泛采用$25Cr_{35}Ni$系列的合金钢代替$25Cr_{20}Ni$系列的合金钢，其耐热温度从1050～1080℃提高到1100～1150℃。这对提高裂解温度、缩短停留时间起到一定作用。

提高裂解温度并缩短停留时间的另一重要途径是改进辐射盘管的结构（曾经有1-1-1-1-1-1-1-1；4-2-1-1-1-1；4-2-1-1；4-4-2-1；4-2-2-1等）。20多年来，相继出现了单排分支变径管、混排分支变径管、不分支变径管、单程等径管等不同结构的辐射盘管。辐射盘管结构尺寸的改进均着眼于改善沿盘管的温度分布和热强度分布，提高盘管的平均热强度，由此达到高温—短停留时间的操作条件。

根据反应前期和反应后期的不同特征，采用变径管，使入口端（反应前期）管径小于出口端（反应后期），这样可以比等径管的停留时间缩短，传热强度、处理能力和生产能力有所提高。

② 其他裂解炉。Stone&Webster（USC超选择性炉）。这种炉子采用单排双面辐射多组变径炉管的管式炉结构。新构型可使烃类在较高的选择性下操作，故称为超选择性裂解炉。每组炉管呈W型由四根管径各异的炉管组成，每台炉内装有16、24或32组炉管，每组炉管前两根为HK-40管，后两根是HP-40管，均系离心浇铸内壁经机械加工。每组炉管的出口处和在线换热器USX直接相连接。裂解产物在USX中被骤冷以防止发生二次反应。USX所发生的高压水蒸气经过热后作为装置的动力及热源。每台炉子的乙烯生产能力约为$4\times10^4 t/a$。

Kellogg公司和日本出光石油化学公司共同致力于开发一种新型的裂解炉，简称为毫秒炉或超短停留时间炉（MSF毫秒炉）。毫秒炉采用直径较小的单程直管，不设弯头以减少压降。一台年产2.5万吨乙烯的裂解炉有7组炉管，每组由12根并联的管子组成，管内径为25mm，长约10m。炉管单排垂直吊在炉膛中央，采用底部烧嘴双面加热，可以全部烧油或烧燃料气。烃原料由下部进入，上部排出，由于管径小，热强度增大，因此可以在100ms左右的超短停留时间内实现裂解反应，故选择性高。据称乙烯、丙烯的收率比传统炉高10%，甲烷及燃料油收率则降低。

2. 急冷、热量回收及清焦

（1）急冷

裂解炉出口的高温裂解气在出口高温条件下将继续进行裂解反应，由于停留时间的增长，二次反应增加，烯烃损失随之增多。为此，需要将裂解炉出口高温裂解气尽快冷却，通过急冷以终止其裂解反应。当裂解气温度降至650℃以下时裂解反应基本终止。急冷有间接急冷和直接急冷之分。

① 间接急冷。裂解炉出来的高温裂解气温度在800～900℃左右，在急冷的降温过程中要释放出大量热，是一个可加利用的热源，为此可用换热器进行间接急冷，回收这部分热量发生蒸汽，以提高裂解炉的热效率，降低产品成本。用于此目的的换热器称为急冷换热器。急冷换热器与汽包所构成的发生蒸汽的系统称为急冷锅炉。也有将急冷换热器称为急冷锅炉或废热锅炉的，使用急冷锅炉有两个主要目的：一是终止裂解反应；二是回收废热。

② 直接急冷。直接急冷的方法是在高温裂解气中直接喷入冷却介质，冷却介质被高温裂解气加热而部分汽化，由此吸收裂解气的热量，使高温裂解气迅速冷却。根据冷却介质的不同，直接急冷可分为水直接急冷和油直接急冷。

③ 急冷方式的比较。直接急冷设备费少，操作简单，系统阻力小。由于是冷却介质直接与裂解气接触，传热效果较好。但形成大量含油污水，油水分离困难，且难以利用回收的

热量。而间接急冷对能量利用较合理，可回收裂解气被急冷时所释放的热量，经济性较好，且无污水产生，故工业上多用间接急冷。

(2) 急冷换热器

急冷换热器是裂解气和高压水（8.7～12MPa）经列管式换热器间接换热使裂解气骤冷的重要设备。它使裂解气在极短的时间（0.01～0.1s）内，温度由约800℃下降到露点附近。急冷换热器的运转周期应不低于裂解炉的运转周期，为减少结焦发生应采取如下措施：一是增大裂解气在急冷换热器中的线速度，以避免返混而使停留时间拉长造成二次反应；二是必须控制急冷换热器出口温度，要求裂解气在急冷换热器中冷却温度不低于其露点。如果冷到露点以下，裂解气中较重组分就要冷凝下来，在急冷换热器管壁上形成缓慢流动的液膜，既影响传热又因停留时间过长发生二次反应而结焦。裂解原料的氢含量的高低，决定了裂解气露点的高低。

(3) 裂解炉和急冷换热器的清焦

① 裂解炉和急冷换热器的结焦判据。管式裂解炉辐射盘管和急冷换热器换热管在运转过程中有焦垢生成，必须定期进行清焦。对管式裂解炉而言，如下任一情况出现均应停止进料，进行清焦。

裂解炉辐射盘管管壁温度超过设计规定值（升高）；裂解炉辐射段入口压力增加值超过设计值；燃料用量增加；出口乙烯收率下降；炉出口温度下降；炉管局部过热（外表面颜色不均匀）等。

对于急冷换热器而言，如下任一情况出现均应对急冷换热器进行清焦。

急冷换热器出口温度超过设计值；急冷换热器进出口压差超过设计值。

② 裂解炉和急冷换热器清焦的方法。裂解炉辐射管的焦垢均用蒸汽烧焦法、空气烧焦法或蒸汽—空气清焦法进行清理。这些清焦方法的原理是利用蒸汽或空气中的氧与焦垢反应而达到清焦的目的。

$$C + O_2 \longrightarrow CO_2 + Q$$
$$2C + O_2 \longrightarrow 2CO + Q$$
$$C + H_2O \longrightarrow CO + H_2 - Q$$

蒸汽—空气烧焦法是在裂解炉停止烃进料后，加入空气，对炉出口气分析；逐步加大空气量，当出口干气中$CO + CO_2$含量低于$0.2\% \sim 0.5\%$（体积分数）后，清焦结束。

近来，越来越多的乙烯工厂采用空气烧焦法。此法除在蒸汽—空气烧焦法的基础上提高烧焦空气量和炉出口温度外，逐步将稀释蒸汽量降为零，主要烧焦过程为纯空气烧焦。此法不仅可以进一步改善裂解炉辐射管清焦效果，而且可使急冷换热器在保持锅炉给水的操作条件下获得明显的在线清焦效果。采用这种空气清焦方法，可以使急冷换热器水力清焦或机械清焦的周期延长到半年以上。

③ 结焦的机理。金属催化结焦：炉管Fe、Ni催化生焦、生碳；

非催化结焦：烯烃聚合、缩合、环化等生焦；

自由基结焦：上述生成的焦炭为母体，其表面自由基与烯烃等反应生成焦。

④ 抑焦技术。改变工艺条件；加氢热裂解；原料预处理；炉管表面预处理；混合烃裂解；加结焦抑制剂等。

⑤ 结焦抑制剂的种类和作用。结焦抑制剂的种类：有含硫、含磷、含硅、含氮化合物等。

结焦抑制剂的作用：钝化金属表面；改变自由基历程；催化水煤气反应；改变焦的形

态等。

3. 裂解产物的预分馏

（1）裂解气预分馏的目的与任务

裂解炉出口的高温裂解气经急冷换热器的冷却，再经油急冷器进一步冷却后，温度可以降到 200~300℃ 之间，将急冷后的裂解气进一步冷却至常温，并在冷却过程中分馏出裂解气中的重组分（如燃料油、裂解汽油、水分），这个环节称为裂解气的预分馏。经预分馏处理的裂解气再送至裂解气压缩并进一步进行深冷分离。显然，裂解气的预分馏过程在乙烯装置中起着十分重要的作用。

① 经预分馏处理，尽可能降低裂解气的温度，从而保证裂解气压缩机的正常运转，并降低裂解气压缩机的功耗；

② 裂解气经预分馏处理，尽可能分馏出裂解气的重组分，减少进入压缩分离系统的进料负荷；

③ 在裂解气的预分馏过程中将裂解气中的稀释蒸汽以冷凝水的形式分离回收，用以再发生稀释蒸汽，从而大大减少污水排放量；

④ 在裂解气的预分馏过程中继续回收裂解气低能位热量。通常，可由急冷油回收的热量发生稀释蒸汽，由急冷水回收的热量进行分离系统的工艺加热。

（2）预分馏工艺过程概述

馏分油入裂解炉后，经过高温裂解，裂解气从裂解炉顶出，入急冷换热器回收热量后，再进急冷器用急冷油喷淋降温至 220~300℃ 左右。冷却后的裂解气进入油洗塔，塔顶用裂解汽油喷淋，塔顶温度控制在 100~110℃ 之间，保证裂解气中的水分从塔顶带出油洗塔。塔釜温度则随裂解原料的不同而控制在不同水平，石脑油大约 180~190℃，轻柴油在 190~200℃ 左右。塔釜所得燃料油产品，一部分作为稀释蒸汽的热源，回收裂解气的热量。经稀释蒸汽发生系统冷却的急冷油，大部分送急冷器以喷淋高温裂解气，少部分急冷油进一步冷却后作为油洗塔中段回流。流程见图 13-6。

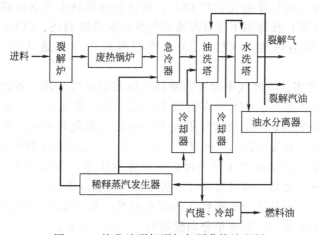

图 13-6 馏分油裂解裂解气预分馏流程图

油洗塔塔顶裂解气进入水洗塔，塔顶用急冷水喷淋，塔顶裂解气降至 40℃ 左右送入裂解气压缩机。塔釜 80℃，在此，可分馏出裂解气中大部分水分和裂解汽油。塔釜油水混合物经油水分离后，部分水（称为急冷水）经冷却后送入水洗塔作为塔顶喷淋，另一部分则送至稀释蒸汽发生器发生蒸汽，供裂解炉使用。油水分离所得裂解汽油馏分，部分送至油洗塔作为塔顶喷淋，另一部分则作为产品采出。

(3) 裂解汽油与裂解燃料油

① 裂解汽油。烃类裂解副产的裂解汽油包括 C_5 至沸点 204℃ 以下的所有裂解副产物。裂解汽油经一段加氢可作为高辛烷值汽油组分。如需经芳烃抽提分离芳烃产品，则应进行两段加氢，脱出其中的硫、氮，并使烯烃全部饱和。

可以将裂解汽油全部进行加氢，加氢后分为 C_5 馏分，$C_6 \sim C_8$ 中心馏分，$C_9 \sim 204℃$ 馏分。此时，加氢 C_5 馏分可返回循环裂解，$C_6 \sim C_8$ 中心馏分则是芳烃抽提的原料，C_9 馏分可作为歧化生产芳烃的原料。也可以将裂解汽油先分为 C_5 馏分、C_9 馏分、$C_6 \sim C_8$ 中心馏分，然后仅对 $C_6 \sim C_8$ 中心馏分进行加氢处理，由此，可使加氢处理量减少。

② 裂解燃料油。烃类裂解副产的裂解燃料油是指沸点在 200℃ 以上的重组分。其中沸程在 200～360℃ 的馏分称为裂解轻质燃料油，相当于柴油馏分，但大部分为杂环芳烃，其中烷基萘含量较高，可作为脱烷基制萘的原料。沸程在 360℃ 以上的馏分称为裂解重质燃料油，相当于常压重油馏分。除作燃料外，由于裂解重质燃料油的灰分低，是生产炭黑的良好原料。

四、裂解气的净化与压缩

裂解气中含有 H_2S、CO_2、H_2O、C_2H_2、C_3H_4、CO 等气体杂质。来源主要有：一是原料中带来；二是裂解反应过程生成；三是裂解气处理过程引入。

这些杂质的含量虽不大，但对深冷分离过程是有害的。这些杂质不脱除，进入乙烯、丙烯产品，使产品达不到规定的标准。尤其是生产聚合级乙烯、丙烯，其杂质含量的控制是很严格的，为了达到产品所要求的规格，必须脱除这些杂质，对裂解气进行净化。

1. 裂解气的净化

(1) 酸性气体的脱除

① 酸性气体杂质的来源。裂解气中的酸性气体主要是 H_2S、CO_2 和其他气态硫化物。它们主要来自以下几个方面：

气体裂解原料带入的气体硫化物和 CO_2；液体裂解原料中所含的硫化物（如硫醇、硫醚、噻吩、二硫化物等）在高温下与氢和水蒸气反应生成的 H_2S、CO_2；裂解原料烃和炉管中的结炭与水蒸气反应可生成 CO、CO_2；当裂解炉中有氧进入时，氧与烃类反应生成 CO_2。

② 酸性气体的危害。裂解气中含有的酸性气体对裂解气分离装置以及乙烯和丙烯衍生物加工装置都会有很大危害。CO_2 会在低温下结成干冰，造成深冷分离系统设备和管道堵塞；H_2S 将造成设备腐蚀；使加氢脱炔催化剂和甲烷化催化剂中毒；使干燥用的分子筛缩短寿命；对于下游加工装置而言，当氢气、乙烯、丙烯产品中的酸性气体含量不合格时，可使下游加工装置的聚合过程或催化反应过程的催化剂中毒，也可能严重影响产品质量。因此，在裂解气精馏分离之前，需将裂解气中的酸性气体脱除干净。

裂解气压缩机入口裂解气中的酸性气体摩尔分数含量约 $0.2\% \sim 0.4\%$，一般要求将裂解气中的 H_2S、CO_2 的摩尔分数含量分别脱除至 1×10^{-6} 以下。

③ 酸性气体杂质的脱除方法。碱洗法脱除酸性气体。碱洗法是用 NaOH 为吸收剂，通过化学吸收使 NaOH 与裂解气中的酸性气体发生化学反应，以达到脱除酸性气体的目的。其反应如下：

$$CO_2 + 2NaOH \longrightarrow Na_2CO_3 + H_2O$$
$$H_2S + 2NaOH \longrightarrow Na_2S + 2H_2O$$

上述两个反应的化学平衡常数很大，在平衡产物中 H_2S、CO_2 的分压几乎可降到零，因

此可使裂解气中的 H_2S、CO_2 的摩尔分数含量降到 1×10^{-6} 以下。但是，NaOH 吸收剂不可再生。此外，为保证酸性气体的精细净化，碱洗塔釜液中应保持 NaOH 含量约 2%，因此，碱耗量较高。

碱洗可以采用一段碱洗，也可以采用多段碱洗。为提高碱液利用率，目前乙烯装置大多采用多段（两段或三段）碱洗。

碱洗塔操作条件如下。

a. 温度。温度升高，裂解气中酸性气体平衡分压增加，脱除不净；温度降低，反应速度降低，碱液黏度增加，且生成的盐在废碱中的溶解度下降，流动阻力增加，结晶，造成阻塞，操作费用增加，故选常温（30~40℃）。

b. 压力。压力升高，裂解气中酸性气体分压增加，溶解度增加，脱除彻底；但压力太高，设备材质要求升高，能耗增加，会有部分重组分脱除，且生成的盐在废碱中的溶解度下降，结晶，造成阻塞，故选中压（1MPa 左右）。

c. 碱液浓度。碱液浓度太小酸性气体脱不净，太高浪费且碱液黏度增加，生成的盐在废碱中的溶解度下降，结晶，造成阻塞，故选 18%~20%。

乙醇胺法脱除酸性气体。用乙醇胺做吸收剂除去裂解气中的 H_2S、CO_2 是一种物理吸收和化学吸收相结合的方法，所用的吸收剂主要是一乙醇胺（MEA）和二乙醇胺（DEA）。在使用过程中一般将这两（或三种加三乙醇胺）种乙醇胺混合物（不分离）配成 30% 左右的水溶液（乙醇胺溶液，因为乙醇胺中含有羟基官能团，溶于水）使用。

以一乙醇胺为例，在吸收过程中它能与 H_2S、CO_2 发生如下反应。

$$2HOC_2H_4-NH_2 \underset{-H_2S}{\overset{H_2S}{\rightleftharpoons}} (HOC_2H_4-NH_3)_2S \underset{-H_2S}{\overset{H_2S}{\rightleftharpoons}} 2HOC_2H_4NH_3HS$$

$$2HOC_2H_4-NH_2 \underset{-CO_2+H_2O}{\overset{CO_2+H_2O}{\rightleftharpoons}} (HOC_2H_4NH_3)_2CO_3$$

$$(HOC_2H_4NH_3)_2CO_3 \underset{-CO_2+H_2O}{\overset{CO_2+H_2O}{\rightleftharpoons}} 2HOC_2H_4NH_3HCO_3$$

$$2HOC_2H_4-NH_2+CO_2 \rightleftharpoons HOC_2H_4-NHCOONH_3-C_2H_4OH$$

以上反应是可逆反应，在温度低、压力高时，反应向右进行，并放热；在温度高、压力低时反应向左进行，并吸热。因此，在常温加压条件下进行吸收，吸收液在低压下加热，释放出 H_2S、CO_2，得以再生，重复使用。

醇胺法与碱洗法的比较。醇胺法与碱洗法相比，其主要优点是吸收剂可再生循环使用，当酸性气含量较高时，从吸收液的消耗和废水处理量来看，醇胺法明显优于碱洗法。

醇胺法与碱洗法比较如下：

醇胺法对酸性气杂质的吸收不如碱彻底，一般醇胺法处理后裂解气中酸性气体积分数仍达 $(30\sim50)\times 10^{-6}$，尚需再用碱法进一步脱除，使 H_2S、CO_2 体积分数均低于 1×10^{-6}，以满足乙烯生产的要求；

醇胺虽可再生循环使用，但由于挥发和降解，仍有一定损耗。由于醇胺与羰基硫、二硫化碳反应是不可逆的，当这些硫化物含量高时，吸收剂损失很大；

醇胺水溶液呈碱性，但当有酸性气体存在时，溶液 pH 值急剧下降，从而对碳钢设备产生腐蚀。尤其在酸性气浓度高而且温度也高的部位（如换热器，汽提塔及再沸器）腐蚀更为严重。因此，醇胺法对设备材质要求高，投资相应较大；

醇胺溶液可吸收丁二烯和其他双烯烃，吸收双烯烃的吸收剂在高温下再生时易生成聚合物，由此既造成系统结垢，又损失了丁二烯。

因此，一般情况下乙烯装置均采用碱法脱除裂解气中的酸性气体，只有当酸性气体含量较高（例如裂解原料硫体积分数超过 0.2%）时，为减少碱耗量以降低生产成本，可考虑采用醇胺法预脱裂解气中的酸性气体，但仍需要碱洗法进一步作精细脱除。

（2）脱水

① 水的来源。主要来源有：稀释剂、水洗塔、脱酸性气体过程。

② 水的危害。裂解气经预分馏处理后进入裂解气压缩机，在压缩机入口裂解气中的水分为入口温度和压力条件下的饱和水含量。在裂解气压缩过程中，随着压力的升高，可在段间冷凝过程中分离出部分水分。通常，裂解气压缩机出口压力约 3.5～3.7MPa，经冷却至 15℃左右即送入低温分离系统，此时，裂解气中饱和水含量约 $(600～700)\times10^{-6}$。

危害：这些水分带入低温分离系统会造成设备和管道的堵塞，除水分在低温下结冰造成冻堵外，在加压和低温条件下，水分尚可与烃类生成白色结晶的水合物，如 $CH_4\cdot6H_2O$、$C_2H_6\cdot7H_2O$、$C_3H_8\cdot8H_2O$。这些水合物也会在设备和管道内积累而造成堵塞现象，因而需要进行干燥脱水处理。为避免低温系统冻堵，通常要求将裂解气中水含量（质量分数）降至 1×10^{-6} 下，即进入低温分离系统的裂解气露点在 $-70℃$ 以下。

③ 水的脱除方法。裂解气中的水含量不高，但要求脱水后物料的干燥度很高，因而，均采用吸附法进行干燥。常用的干燥剂有硅胶、活性炭、活性氧化铝、分子筛等。

分子筛。由氧化硅和氧化铝形成的多水化合物的结晶体，在使用时将其活化，脱去结合的水，使其形成均匀的孔隙，这些孔有筛分分子的能力，故称分子筛。氧化硅和氧化铝的摩尔比不同，形成了不同的分子筛，有 A、X、Y 型，每种又包括很多种，如 A 型有 3A、4A、5A 等。

分子筛吸附特性（规律）：根据分子大小不同进行选择性吸附，如 4A 分子筛可吸附水、甲烷、乙烷分子，而 3A 分子筛只能吸附水、甲烷分子，不能吸附乙烷分子；根据分子极性不同进行选择性吸附，由于分子筛是极性分子，优先吸附极性分子水（水是强极性分子）；根据分子的饱和程度不同进行选择性吸附，分子不饱和程度越大，越易被吸附，如分子筛吸附能力：乙炔＞乙烯＞乙烷；根据分子的沸点不同进行选择性吸附，一般沸点越高，越易被吸附。

分子筛是典型的平缓接近饱和值的朗格缪尔型等温吸附曲线，在相对湿度达 20% 以上时，其平衡吸附量接近饱和值。但即使在很低的相对湿度下，仍有较大的吸附能力。而活性氧化铝的吸附容量随相对湿度变化很大，在相对湿度超过 60% 时，其吸附容量高于分子筛。随着相对湿度的降低，其吸附容量远低于分子筛。且在低于 100℃ 的范围内，分子筛吸附容量受温度的影响较小，而活性氧化铝的吸附量受温度的影响较大。

3A 分子筛是离子型极性吸附剂，对极性分子特别是水有极大的亲和性，易于吸附；而对 H_2、CH_4 及 C_3 以上烃类均不易吸附。因而，用于裂解气和烃类干燥时，不仅烃的损失少，也可减少高温再生时形成聚合物或结焦而使吸附剂性能劣化。反之，活性氧化铝可吸附 C_4 不饱和烃，不仅造成 C_4 烯烃损失，影响操作周期，而且再生时易生成聚合物或结焦而使吸附剂性能劣化。目前，裂解气干燥脱水均采用 3A 分子筛，一般设置两个干燥剂罐，轮流进行干燥和再生，经干燥后裂解气露点低于 $-70℃$。

（3）炔烃和脱 CO

① 炔烃和 CO 来源。裂解气中的炔烃主要是裂解过程中生成的，CO 主要是生成的焦炭通过水煤气反应转化生成。裂解气中的乙炔将富集于 C_2 馏分中，甲基乙炔和丙二烯将富集于 C_3 馏分中。通常 C_2 馏分中乙炔的摩尔分数约为 0.3%～1.2%，甲基乙炔和丙二烯在 C_3

馏分中的摩尔分数约为 1%～5%。

② 炔烃和 CO 的危害。乙烯和丙烯产品中所含炔烃对乙烯和丙烯衍生物生产过程带来麻烦。它们可能影响催化剂寿命，恶化产品质量，使聚合过程复杂化，产生不希望的副产品，形成不安全因素，积累爆炸等。因此，大多数乙烯和丙烯衍生物的生产均对原料乙烯和丙烯中的炔烃含量提出较严格的要求，通常，要求乙烯产品中的乙炔摩尔分数低于 5×10^{-6}。而对丙烯产品而言，则要求甲基乙炔摩尔分数低于 5×10^{-6}，丙二烯摩尔分数低于 1×10^{-5}。CO 会使加氢脱炔催化剂中毒，要求 CO 在乙烯产品摩尔分数低于 5×10^{-6}。

③ 炔烃和 CO 的脱除方法。甲烷化法脱 CO。在 250～300℃、3MPa、Ni 催化剂条件下，加氢使 CO 转化成甲烷和水并放出大量的热。

$$CO + 3H_2 \longrightarrow CH_4 + H_2O + Q$$

催化加氢脱炔。乙烯生产中常采用脱除乙炔的方法是溶剂吸收法和催化加氢法。溶剂吸收法是使用溶剂吸收裂解气中的乙炔以达到净化目的，同时也回收一定量的乙炔。催化加氢法是将裂解气中乙炔加氢成为乙烯或乙烷，由此达到脱除乙炔的目的。溶剂吸收法和催化加氢法各有优缺点。目前，在不需要回收乙炔时，一般采用催化加氢法。当需要回收乙炔时，则采用溶剂吸收法。实际生产装置中，建有回收乙炔的溶剂吸收系统的工厂，往往同时设有催化加氢脱炔系统，两个系统并联，以具有一定的灵活性。

催化加氢脱炔。催化选择加氢脱炔的优点是能将有害的炔烃转化成有用的烯烃；不会给裂解系统带入新杂质。

要求催化剂具有对乙炔的吸附能力要远大于对乙烯的吸附能力；能使吸附的乙炔迅速发生加氢成乙烯的反应；生成乙烯的脱附速度远大于进一步加氢成乙烷的速度。

前加氢和后加氢。前加氢是指在脱甲烷塔之前，利用裂解气中的氢对炔烃进行选择性加氢，以脱除其中炔烃，加氢对象为裂解气全馏分，内含氢气，不需外加，又称为自给氢催化加氢过程，流程简单，能量利用合理，但乙烯损失较大，不能保证丙炔和丙二烯脱净，且当催化剂性能较差时，副反应剧烈，选择性差，不仅造成乙烯和丙烯损失，严重时还会导致反应温度失控，床层飞温，威胁生产安全。后加氢是指在脱甲烷塔之后，将裂解气中 C_2 馏分和 C_3 馏分分开，再分别对 C_2 和 C_3 馏分进行催化加氢，以脱除乙炔、甲基乙炔和丙二烯，需外加氢气，可按需加入，加氢选择性好，催化剂寿命长，产品纯度高，乙烯几乎不损失，不易发生飞温的问题，但能量利用和流程布局均不如前加氢，需一套氢气净化和供给系统。

溶剂吸收法脱除乙炔。溶剂吸收法使用选择性溶剂将 C_2 馏分中的少量乙炔选择性地吸收到溶剂中，从而实现脱除乙炔的目的。由于使用选择性吸收乙炔的溶剂，可以在一定条件下再把乙炔解吸出来，因此，溶剂吸收法脱除乙炔的同时，可回收到高纯度的乙炔。

溶剂吸收法在早期曾是乙烯装置脱除乙炔的主要方法，随着加氢脱炔技术的发展，逐渐被加氢脱炔法取代。然而，随着乙烯装置的大型化，尤其随着裂解技术向高温—短停留时间发展，裂解副产乙炔量相当可观，乙炔回收更具吸引力。因而，溶剂吸收法在近年又广泛引起重视，不少已建有加氢脱炔的乙烯装置，也纷纷建设溶剂吸收装置以回收乙炔。以 300kt/a 乙烯装置为例，以石脑油为原料时，在高深度裂解条件下，常规裂解每年可回收乙炔量约 6700t，毫秒炉裂解时每年可回收乙炔量可达 11500t。

溶剂应对乙炔有较高的溶解度，而对其他组分溶解度较低，常用的溶剂有二甲基甲酰胺（DMF）、N-甲基吡咯烷酮（NMP）和丙酮。除溶剂吸收能力和选择性外，溶剂的沸点和熔点也是选择溶剂的重要指标。低沸点溶剂较易解吸，但损耗大，且易污染产品。高沸点溶剂解吸时需低压高温条件，但溶剂损耗小，且获得较高纯度的产品。

2. 裂解气的压缩

裂解气中许多组分在常压下都是气体，其沸点很低，常压下进行各组分精馏分离，则分离温度很低，需要大量冷量和耐低温钢材。为了使分离温度不太低，可适当提高分离压力，裂解气分离中温度最低部位是甲烷和氢气的分离，即脱甲烷塔塔顶，它的分离温度与压力的关系数据见表13-4。

表 13-4　脱甲烷塔塔顶温度与压力的关系

分离压力/MPa	甲烷塔顶温度/℃
3.0～4.0	−96
0.6～1.0	−130
0.15～0.3	−140

压力升高，各组分沸点升高，操作温度升高，耗冷量减少，节省冷剂，需耐低温钢材减少，同时可脱除部分重组分和水，有利；压力太高，对设备要求升高，压缩功增加，各组分相对挥发度减小，难分，塔釜温度升高，二烯烃聚合，不利；综合结果采用3～4MPa。

压力升高，压缩机内温度升高（近似绝热），二烯烃聚合，沉积在汽缸上，磨损等，同时，压缩机内温度升高，使润滑油黏度下降，使压缩机缩短寿命，为了克服这种矛盾，工程上采用多段压缩，一般采用3～5段压缩，段与段间并须设置中间冷却器。

多段压缩还有如下优点：

① 节约压缩功。压缩机压缩过程接近绝热压缩，功耗大于等温压缩，若把压缩分为多段进行，段间冷却移热，则可节省部分压缩功，段数愈多，愈接近等温压缩。

② 降低出口温度。裂解气重组分中的二烯烃易发生聚合，生成的聚合物沉积在压缩机内，严重危及操作的正常进行。而二烯烃的聚合速度与温度有关，温度愈高，聚合速度愈快。多段压缩可控制每段压缩后气体温度不高于100℃。

③ 段间净化分离。裂解气经压缩后段间冷凝可除去其中大部分的水，减少干燥器体积和干燥剂用量，延长再生周期。同时还从裂解气中分凝部分水、C_3及C_3以上的重组分，减少进入深冷系统的负荷，相应节约了冷量。

五、裂解气的深冷分离

1. 深冷分离流程

（1）裂解气的组成与分离要求

裂解气中除了目的产物乙烯、丙烯外，还有很多无用或有害的组分，要对其进行分离，见表13-5。分离要求主要取决于对产品的进一步加工要求或产品的用途。

表 13-5　几种裂解原料的典型裂解气组成（体积分数）/%

裂解原料	乙烷	轻烃	石脑油	轻柴油	减压柴油
H_2	34.00	18.20	14.09	13.18	12.75
$CO+CO_2$	0.19	0.33	0.32	0.27	0.36
CH_4	4.39	19.83	26.78	21.24	20.89
C_2H_2	0.19	0.46	0.41	0.37	0.46
C_2H_4	31.51	28.81	26.10	29.34	29.62
C_2H_6	24.35	9.27	5.78	7.58	7.03
C_3H_4	—	0.52	0.48	0.54	0.48
C_3H_6	0.76	7.68	10.30	11.42	10.34

续表

裂解原料	乙烷	轻烃	石脑油	轻柴油	减压柴油
C_3H_8	—	1.55	0.34	0.36	0.22
C_4	0.18	3.44	4.85	5.21	5.36
C_5	0.09	0.95	1.04	0.51	1.29
C_6^+	—	2.70	4.53	4.58	5.05
H_2O	4.36	6.26	4.98	5.40	6.15
平均分子量	18.89	24.90	26.83	28.01	28.38

(2) 分离方法简介

① 油吸收精馏分离。利用 C_3（丙烯、丙烷）、C_4（丁烯、丁烷）作为吸收剂，将裂解气中除了 H_2、CH_4 以外的其他组分全部吸收下来，然后在根据各组分相对挥发度不同，将其一一分开。此法得到的裂解气中烯烃纯度低，操作费用高（动力消耗大），一般适用小规模，操作温度高（-70℃左右），可节省大量的耐低温钢材和冷量。

② 深冷分离。工业上一般将冷冻温度在-100℃以下的称为深冷，冷冻温度在-100℃与-50℃之间的称为中冷，冷冻温度在-50℃以上的称为浅冷。深冷分离是将裂解气冷却到-100℃以下，此时裂解气中除了 H_2、CH_4 以外的其他组分全部被冷凝下来，然后再根据各组分相对挥发度不同，将其一一分开。常用，所得烯烃纯度、收率高。

③ 中冷分离。在-100℃与-50℃之间进行分离。

④ 浅冷分离。在-50℃以上进行分离。

⑤ 分子吸附分离。利用吸附的方法（将烯烃吸附）分离。

⑥ 络合分离。将烯烃形成络合物。

⑦ 半透膜分离。利用膜分离。

(3) 深冷分离的主要设备

① 脱甲烷塔。将 H_2、CH_4 与 C_2 及比 C_2 更重的组分分开的塔。

② 脱乙烷塔。将 C_2 及比 C_2 更轻的组分与 C_3 及比 C_3 更重的组分分开的塔。

③ 脱丙烷塔。将 C_3 及比 C_3 更轻的组分与 C_4 及比 C_4 更重的组分分开的塔。

④ 脱丁烷塔。将 C_4 及比 C_4 更轻的组分与 C_5 及比 C_5 更重的组分分开的塔。

⑤ 乙烯精馏塔。将乙烯与乙烷分开的塔。

⑥ 丙烯精馏塔。将丙烯与丙烷分开的塔。

(4) 冷箱

在脱甲烷系统中，有些换热器、冷凝器、节流阀等温度很低，为了防止散冷，减少与环境接触的表面积，将这些冷设备集装成箱，此箱即为冷箱。用于回收乙烯、分出甲烷和氢气。

前冷工艺（流程）：冷箱在脱甲烷塔之前的工艺（流程），也叫前脱氢工艺（流程）。

后冷工艺（流程）：冷箱在脱甲烷塔之后的工艺（流程），也叫后脱氢工艺（流程）。

(5) 深冷分离流程

① 顺序深冷分离流程。顺序深冷分离流程也叫 123 型深冷分离流程，见图 13-7。

② 前脱乙烷深冷分离流程。前脱乙烷深冷分离流程也叫 213 型深冷分离流程，见图 13-8。

③ 前脱丙烷深冷分离流程。前脱丙烷深冷分离流程也叫 312 型深冷分离流程，见图 13-9。

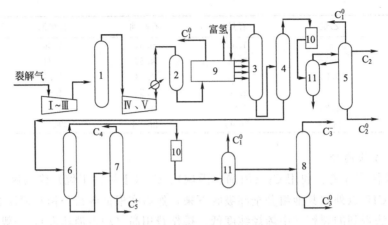

图 13-7　顺序深冷分离流程

1—碱洗塔；2—干燥器；3—脱甲烷塔；4—脱乙烷塔；5—乙烯塔；6—脱丙烷塔；
7—脱丁烷塔；8—丙烯塔；9—冷箱；10—加氢脱炔反应器；11—绿油塔

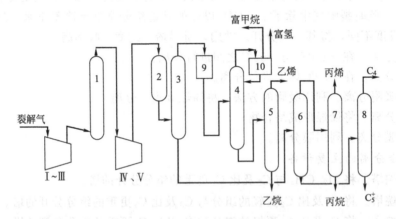

图 13-8　前脱乙烷深冷分离流程

1—碱洗塔；2—干燥器；3—脱乙烷塔；4—脱甲烷塔；5—乙烯塔；
6—脱丙烷塔；7—丙烯塔；8—脱丁烷塔；9—加氢脱炔反应器；10—冷箱

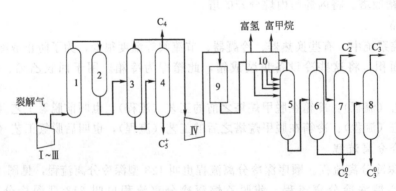

图 13-9　前脱丙烷深冷分离流程

1—碱洗塔；2—干燥器；3—脱丙烷塔；4—脱丁烷塔；5—脱甲烷塔；
6—脱乙烷塔；7—乙烯塔；8—丙烯塔；9—加氢脱炔反应器；10—冷箱

(6) 三种典型流程的异同点

相同点：均采用了先易后难的分离顺序，即先分开不同碳原子数的烃（相对挥发度大），再分开相同碳原子数的烷烃和烯烃（乙烯与乙烷的相对挥发度较小，丙烯与丙烷的相对挥发度很小，难于分离）；产品塔（乙烯塔、丙烯塔）均并联置于流程最后，这样物料中组分接近二元系，物料简单，可确保这两个主要产品纯度，同时也可减少分离损失，提高烯烃收率。

不同点：加氢脱炔位置不同；流程排列顺序不同；冷箱位置不同。

2. 分离流程中的主要评价指标

(1) 乙烯回收率

现代乙烯工厂的分离装置乙烯回收率高低对工厂的经济性有很大影响，它是评价分离装置是否先进的一项重要技术经济指标。为了分析影响乙烯回收率的因素，先讨论乙烯分离的物料平衡，见图 13-10。由图可见乙烯回收率为 97%。乙烯损失有以下 4 处：

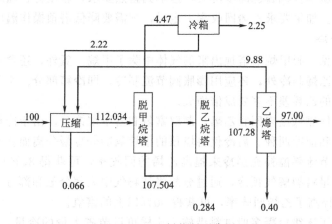

图 13-10　乙烯物料平衡图

① 冷箱尾气中带出损失，占乙烯总量的 2.25%；
② 乙烯塔釜液乙烷中带出损失，占乙烯总量的 0.4%；
③ 脱乙烷塔釜液 C_3 馏分中带出损失，占乙烯总量的 0.284%；
④ 压缩段间凝液带出损失，约为乙烯总量的 0.066%。

正常操作②③④项损失是很难避免的，而且损失量也较小，因此影响乙烯回收率高低的关键是尾气中乙烯损失。

(2) 能量的综合利用水平

能量的综合利用水平决定了单位产品（乙烯、丙烯）所需的能耗，为此要针对主要能耗设备加以分析，不断改进，降低能耗，提高能量综合利用水平。甲烷塔和乙烯塔既是保证乙烯回收率和乙烯产品质量（纯度）的关键设备，又是冷量主要消耗所在（消耗冷量占总数的 88%），因此后面重点讨论脱甲烷塔和乙烯塔。

3. 脱甲烷塔

脱甲烷塔是用来脱除裂解气中的氢和甲烷，是裂解气分离装置中投资最大、能耗最多的塔。在深冷分离装置中，需要在 −90℃ 以下的低温条件下进行氢和甲烷的脱除，其冷冻功耗约占全装置冷冻功耗的 50% 以上。

对于脱甲烷塔而言，其轻关键组分为甲烷，重关键组分为乙烯。塔顶分离出的甲烷轻馏分中的乙烯含量尽可能低，以保证乙烯的回收率，而塔釜中则应使甲烷含量尽可能低，以确保乙烯产品质量。

(1) 操作温度和操作压力

从避免采用过低制冷温度考虑，应尽可能采用较高的操作压力。但是，随着操作压力的提高，甲烷对乙烯的相对挥发度降低，当操作压力达到 4.4MPa 时，塔釜甲烷对乙烯的相对挥发度接近 1，难于进行甲烷和乙烯分离。因此，脱甲烷塔操作压力必须低于此临界压力。

通常压力在 3.0～3.2MPa 时，称为高压脱甲烷；1.05～1.25MPa 时，称为中压脱甲烷；0.6～0.7MPa 时，称之低压脱甲烷。由于降低脱甲烷塔操作压力可以达到节能的目的，目前大型装置逐渐采用低压法，但是由于操作温度较低，材质要求高，增加了甲烷制冷系统，投资可能增大，且操作复杂。

(2) 原料气组成 H_2/CH_4 比的影响

在脱甲烷塔顶，对于 $H_2 \sim CH_4 \sim C_2H_4$ 三元系统，由露点方程可知，原料气组成 H_2/CH_4 比增大，则塔顶 H_2/CH_4 也同步增大，达不到露点要求，若压力、温度不变，则势必导致乙烯损失率加大。如果要求乙烯回收率一定时，则需要降低塔顶操作温度。

(3) 前冷和后冷

从物料平衡可见，脱甲烷塔塔顶出来的气体中除了甲烷、氢外，还含有乙烯，为了减少乙烯损失，除了用乙烯制冷外，还应用膨胀阀节流制冷，即冷箱部分。实践证明，如果没有冷箱，塔顶尾气中的乙烯差不多要成倍损失。

冷箱的用途是依靠低温来回收乙烯，制取富氢和富甲烷馏分。由于冷箱在流程中的位置不同，可分为后冷和前冷两种。后冷仅将塔顶的甲烷氢馏分冷凝分离而获富甲烷馏分和富氢馏分，主要靠尾气节流降温补充制冷来提高乙烯的回收率，可获得 80% 以上的富氢。前冷是用塔顶馏分的冷量将裂解气预冷，通过分凝将裂解气中大部分氢和部分甲烷分离，这样使 H_2/CH_4 比下降，提高了乙烯回收率，可获得 90% 以上的富氢。

前冷工艺采用了逐级冷凝多股进料措施，这样可以节省大量的冷量，节省耐低温钢材，节省低温冷剂用量（品位高），减轻后序脱甲烷塔负荷（在进入脱甲烷塔前初分），现乙烯厂多采用。

4. 乙烯塔

C_2 馏分经过加氢脱炔之后，到乙烯塔进行精馏，塔顶得产品乙烯，塔釜液为乙烷。塔顶乙烯纯度要求达到聚合级。此塔设计和操作的好坏，对乙烯产品的产量和质量有直接关系。由于乙烯塔温度仅次于脱甲烷塔，所以冷量消耗占总制冷量的比例也较大，约为 38%～44%，对产品的成本有较大的影响，乙烯塔在深冷分离装置中是一个比较关键的塔。

乙烯塔分两类，一类是低压法，塔的操作温度低；另一类是高压法，塔的操作温度也较高。乙烯塔操作压力的确定需要经过详细的技术经济比较，它是由制冷的能量消耗，设备投资，产品乙烯要求的输出压力以及脱甲烷塔的操作压力等因素来决定的。综合比较来看，两法消耗动力接近相等，高压法虽然塔板数多，但可用普通碳钢，优点多于低压法，如脱甲烷塔采用高压，则乙烯塔的操作压力也以高压为宜。

乙烯塔沿塔板的温度分布和组成分布不是线性关系，在提馏段温度变化很大，即乙烯在提馏段中沿塔板向下，乙烯的浓度下降很快，而在精馏段沿塔板向上温度下降很少，即乙烯浓度增大较慢。因此乙烯塔与脱甲烷塔不同，乙烯塔精馏段塔板数较多，回流比大（4～5）。

乙烯进料中常含有少量甲烷，分离过程中甲烷几乎全部从塔顶采出，必然要影响塔顶乙烯产品的纯度，所以在进入乙烯塔之前要设置第二脱甲烷塔，脱去少量甲烷，再作为乙烯塔进料。近年来,深冷分离流程不设第二脱甲烷塔,在乙烯塔塔顶脱甲烷,在精馏段侧线出产品乙烯。一个塔起两个塔的作用,由于乙烯塔的回流比大,所以脱甲烷作用的效果比设置第二脱甲烷塔还好,既节省了能量,又简化了流程。

5. 丙烯塔

丙烯塔也是产品塔之一,其操作的好坏直接影响到产品的质量和收率,同时丙烯又是制冷剂,影响到制冷循环。丙烯与丙烷的相对挥发度接近 1,非常难分,是乙烯厂中回流比最大、塔板数最多、塔最高的一个,经常采用两塔或三塔串联使用。

第二节 石油化工系列产品

烯烃和芳烃都是石油化工工业的重要原料,其中以乙烯、丙烯和苯为最重要。本节主要讨论以乙烯、丙烯和苯为原料的主要化工产品。

一、乙烯系列产品

1. 乙烯主要产品和用途

由乙烯合成的产品及其产品的主要用途如图 13-11 所示。

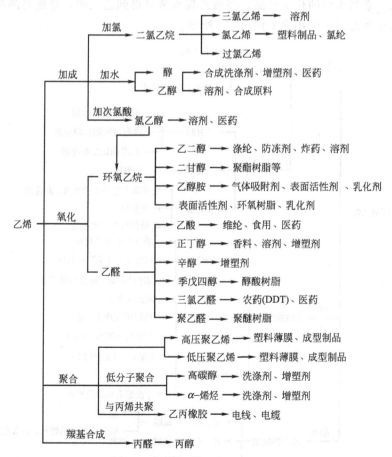

图 13-11 乙烯合成的产品及其产品的主要用途

下面讨论以乙烯为原料生产环氧乙烷、乙二醇的生产过程。

2. 环氧乙烷和乙二醇的生产

(1) 环氧乙烷与乙二醇的性质和用途

① 环氧乙烷的性质。环氧乙烷又称氧化乙烯，常温下系无色有醚味的气体，低温时为无色易流动的液体。它能与水和许多有机溶剂以任何比例互溶，沸点为 10.5℃、熔点为 -111℃、燃点为 429℃、自燃点为 571℃，环氧乙烷易燃、易爆、有毒，与空气能形成爆炸性混合物，爆炸极限为 3.6%~78%（体积分数），在空气中的允许浓度为 5×10^{-5}。

环氧乙烷是最简单也是最重要的环氧化合物，由于在其分子中具有三元氧环的结构，性质活泼，易于发生开环加成、异构化、氧化、还原和聚合等反应，工业上以此反应生产乙二醇、乙二醇醚和氨基醇等化工原料。

② 乙二醇的性质。乙二醇俗称甘醇，在常温下是无色透明、略具甜味的黏稠状液体，很易吸湿，能与水、乙醇、丙酮等多种有机溶剂以任何比例混溶，但不溶于乙醚和四氯化碳。它的沸点为 197.2℃，熔点为 -12.6℃。

乙二醇具有一元醇的一般化学性质。它能与酸作用生成酯，羟基可被卤素取代等。乙二醇是聚酯树脂和聚酯纤维的单体，也是重要的防冻剂，还可用于制造炸药等。

③ 环氧乙烷与乙二醇的用途。在有机化工生产中，环氧乙烷是用途极广的合成中间体，由它可以制造一系列重要的化工产品，环氧乙烷水解可得到乙二醇，是重要的基本有机原料之一。环氧乙烷和乙二醇的用途如图 13-12 所示。

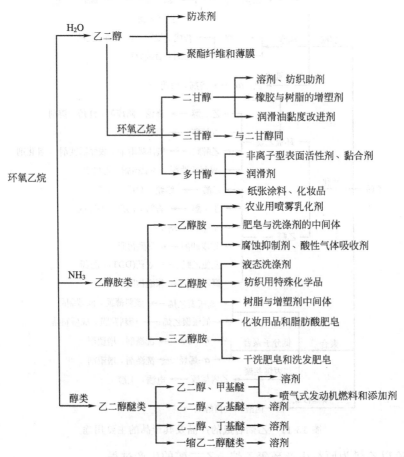

图 13-12 环氧乙烷及其衍生物的用途

(2) 反应原理

① 生产环氧乙烷的反应原理。环氧乙烷在20世纪20年代已开始工业化生产，至今已有九十年历史。由于聚酯纤维和树脂的需求量不断增长，环氧乙烷的产量也迅速增长。

工业上生产环氧乙烷最早采用的方法是氯醇法，该法分两步进行，第一步将乙烯和氯通入水中反应，生成2-氯乙醇，2-氯乙醇水溶液浓度控制在6%～7%（质量分数）。第二步使2-氯乙醇与$Ca(OH)_2$反应，生成环氧乙烷。

该法优点是对乙烯纯度要求不高，反应条件较缓和。其主要缺点是要消耗大量氯气和石灰，反应介质有强腐蚀性，且有大量含氯化钙的污水要排放处理，因而已逐渐被淘汰。

1938年美国联合碳化合物公司（UCC）建立了第一套空气氧化法，将乙烯直接环氧化制备环氧乙烷的生产装置，1958年美国壳牌化学公司又开发了氧气法乙烯直接环氧化生产环氧乙烷的技术。由于直接氧化法与氯醇法相比具有原料单纯，工艺过程简单，无腐蚀性，无大量废料排放处理，废热可合理利用等优点，故得到了迅速发展，现已成为环氧乙烷的主要生产方法。

此法是在银催化剂上乙烯用空气或纯氧氧化，除得到产物环氧乙烷外，主要副产物是二氧化碳和水，并有少量甲醛和乙醛生成。

在工业生产中，反应产物中主要是环氧乙烷、二氧化碳和水，而甲醛量远小于1%，乙醛量则更少。所以，生成甲醛和乙醛的反应可以忽略不计。生成二氧化碳和水的是副反应，它是一个强放热反应，其热效率是主反应的十几倍。因此，必须选择合理的催化剂和严格控制工艺条件，以防止副反应的增加，否则，副反应加剧，势必引起操作条件恶化，造成恶性循环，甚至发生催化剂床层"飞温"，而使正常生产遭到破坏。主要化学反应如下：

$$CH_2=CH_2 + \frac{1}{2}O_2 \xrightarrow[250℃]{Ag} CH_2-CH_2 \atop \underset{O}{\diagdown\diagup}$$

$$\Delta H^{\ominus} = -107.2 \text{kJ/mol}$$

$$CH_2=CH_2 + 3O_2 \xrightarrow[250℃]{Ag} 2CO_2 + 2H_2O$$

$$\Delta H^{\ominus} = -1324.6 \text{kJ/mol}$$

$$CH_2=CH_2 + \frac{1}{2}O_2 \longrightarrow CH_3CHO$$

$$\Delta H^{\ominus} = -243.7 \text{kJ/mol}$$

$$CH_2=CH_2 + O_2 \longrightarrow 2HCHO$$

$$CH_2-CH_2 \longrightarrow CH_3CHO \atop \underset{O}{\diagdown\diagup}$$

② 催化剂。大多数金属和金属氧化物催化剂，对乙烯的环氧化反应选择性均很差，氧化结果主要是生成二氧化碳和水，只有银催化剂例外。在银催化剂上，乙烯能选择性地氧化为环氧乙烷。该催化剂是在1931年研究成功的，经过了80多年的研究和改进，选择性、强度、热稳定性和寿命方面均有很大的提高。为了寻求效率更高的催化剂，直到现在，研究工作依然继续进行着。

工业上所用的催化剂主要是由活性组分银和由碳化硅、α-氧化铝等的载体及由碱金属盐类、碱土金属盐类、稀土元素化合物等构成的助催化剂三部分共同组成。

关于乙烯环氧化制备环氧乙烷的银催化剂，国外各公司十几年来对催化剂的制备方法、载体、助催化剂的选择和催化剂活化及再生方法进行了大量的研究，目前实验室阶段环氧乙烷选择性已达到 80% 以上。有的甚至高达 90% 以上。

我国对银催化剂的研制是在 20 世纪 60 年代末期，虽然起步比较晚，但由于广大科技人员的努力，使我国银催化剂的性能达到了世界先进水平。目前，由北京燕山石化公司研究院研制的 YS 系列银催化剂和上海石油化工研究院研制的 SPI 型银催化剂的初选择性均超过了 83%。

③ 生产乙二醇的反应原理。乙二醇在化学工业和其他工业上应用非常广泛，它的水溶液冰点低，可以用作低冰点的冷却液（防冻液）。

在工业上生产乙二醇曾采用过氯乙醇碱性水解等方法。目前，生产乙二醇的主要方法是采用环氧乙烷水合法，近年又发展了乙烯直接氧化法生产乙二醇。

在液相中环氧乙烷水合生产乙二醇的反应式为

$$\underset{\underset{O}{\diagdown\diagup}}{CH_2{-}CH_2} + H_2O \longrightarrow \underset{\underset{OH\ \ OH}{|\ \ \ \ |}}{CH_2{-}CH_2} \quad \Delta H_{473K} = -81.30 \text{kJ/mol}$$

环氧乙烷水合反应是放热反应，工业上用此热加热反应物料，以维持一定的反应温度。

在水合反应过程中，水合反应不会仅仅停留在生成乙二醇阶段上，随着反应介质中乙二醇浓度的增加，乙二醇继续与环氧乙烷反应生成一缩、二缩和多缩乙二醇等副产物。

在一般条件下，水合反应进行得很慢，在有催化剂存在下，水合反应就很快进行，用 0.5% 的硫酸为催化剂，在 50~70℃ 条件下，水合反应就可顺利进行。

(3) 工艺条件

① 反应温度。温度直接影响反应速度，乙烯直接氧化和其他多数反应一样，反应速度随温度升高而加快。在乙烯环氧化过程中，存在着完全氧化平行副反应的激烈竞争，而影响竞争的主要外界因素是反应温度。在温度较低时，有利于提高环氧乙烷的选择性。在反应系统中，随温度升高，虽然转化率提高，但选择性却下降。当温度超过 300℃ 时，几乎全部生成二氧化碳和水。一般说来，操作温度低些，选择性高而转化率低；操作温度高些，则选择性低而转化率高；工业生产中，应权衡转化率和选择性这两个方面来确定适宜的操作温度，以达到较高的氧化收率。对于空气氧化法，通常操作温度为 240~290℃。

乙烯直接氧化过程的主、副反应都是强烈的放热反应，且副反应的放热量是主反应的十几倍。由此可知，当反应温度稍高，反应热量就会不成比例地骤然增加，而且引起恶性循环，致使反应过程失控。因此，在工业生产中，对于氧化操作都设有自动保护装置，以防万一。

另外，在催化剂使用初期，活性较高，宜采用较低的反应温度。由于催化剂活性不可避免地要随着使用时间的增加而下降，为使整个生产保持稳定，宜逐渐提高操作温度，只能在催化剂使用的末期才升高到允许的最高温度值。

② 空速。影响转化率和选择性的另一因素是空速，与反应温度相比，此因素是次要的。因为在乙烯环氧化反应过程中，主要竞争反应是平行副反应，产物环氧乙烷的深度氧化属于次要，但空速减小，转化率增高，选择性也要下降。例如，以空气作氧化剂时，当转化率控制在 35% 左右，选择性达 70% 左右；如空速减小一半，转化率可提高至 60%~75%，而选择性却降低到 55%~60%。空速大小不仅影响转化率和选择性，也影响催化剂的空时收率和单位时间的放热量，故必须全面衡量。

③ 反应压力。乙烯直接氧化反应过程，其主反应是体积减小的反应，而主要副反应是体积不变的反应，因此采用加压操作是有利的。但因主、副反应基本上都是不可逆反应，因此压力对主、副反应的平衡没有多大影响。

工业上采用加压操作目的是提高乙烯和氧的分压,以加快反应速度,提高反应器的生产能力,且也有利于从反应气体产物中回收环氧乙烷。但压力高,所需设备耐压程度高,投资费用增加,且可能产生环氧乙烷聚合和催化剂表面积炭,影响催化剂使用寿命。目前,工业上采用的操作压力为 2MPa 左右。

④ 原料配比和循环比。原料气中乙烯与氧的配比对环氧化反应过程的影响是很大的。其他比值主要决定于原料混合气的爆炸极限。乙烯是可燃性物质,它与氧或空气的混合,其配比在一定范围内,当温度升高到它们的燃点以上,遇到明火就要燃烧、爆炸。乙烯与空气混合气体的爆炸极限是 2.75%~28.6%(体积)。同时,氧的含量必须低于爆炸极限浓度。像乙烯环氧化这类强放热的气-固相催化反应,必须考虑到反应器的热稳定性。乙烯和氧气的浓度高,反应速度快,催化剂生产能力大,但单位时间释放的热量也大,反应器的热负荷增大,如放热和移热不平衡,就会造成飞温。因此,氧和乙烯的浓度都有一适宜值。由于所用氧化剂不同,进反应器的混合气的组成要求也不同。用空气作氧化剂,空气中有大量惰性气体氮存在,乙烯的浓度以 5% 左右为宜,氧的浓度为 6% 左右。当以纯氧为氧化剂时,为使反应不致太激烈,仍需采用稀释剂,一般是以氮作稀释剂,进反应器的混合气中,乙烯的浓度可达 15%~20%,氧的浓度为 8% 左右。近年来,有些工业生产装置已改用 CH_4 作稀释剂,CH_4 不仅导热性能好,且在 CH_4 存在下,氧的爆炸极限浓度提高,对安全生产有利。采用 CH_4 作稀释剂,可采用更高的乙烯浓度。

循环比是指循环送入主反应器的循环气占主吸收塔顶排出气体总量的质量分数。在生产操作中,可通过正确掌握循环比来严格控制氧含量。循环比直接影响主、副反应器生产负荷的分配,提高循环比,主反应器负荷增加;反之副反应器负荷增加。生产中应根据生产能力、动力消耗及其他工艺指标来确定适宜的循环比,通常采用循环比为 85%~90%。

⑤ 原料纯度。在乙烯直接氧化过程中,许多杂质对催化剂性能及反应过程带来不良影响,所以对原料气体的纯度要求较高,乙烯和空气必须进行十分仔细的净化过程处理。

为防止催化剂中毒而失去活性,在乙烯和空气中不能含有硫化物、卤化物及砷化物等酸性气体,乙炔在反应过程中既能发生燃烧反应产生大量热量,又可能发生聚合反应而黏附在催化剂表面,影响催化剂活性,还能与银生成有爆炸危险的乙炔银,所以乙炔在此反应系统中是有害杂质。一氧化碳和氢气的存在,不仅对催化剂的活性有不良影响,而且氢气能增加原料气的爆炸危险性。C_3 以上烷烃和烯烃能发生完全氧化反应,而放出大量热量,使温度控制困难。因此,原料乙烯和空气或氧的纯度应是愈高愈好。

在工业生产中,对原料乙烯纯度控制指标通常为:乙炔 $<5\times10^{-6}$,C_3 以上烃 $<1\times10^{-5}$,硫化物 $<1\times10^{-6}$,氢气 $<5\times10^{-6}$。对空气要求纯净,硫化物 $<0.5\text{mg}/\text{Nm}^3$,氯化物 $<1\text{mg}/\text{Nm}^3$。

对于采用气体循环操作的直接氧化法,循环气中若含有环氧乙烷,将对反应过程产生严重不良影响。环氧乙烷对银催化剂有钝化作用,使催化剂活性显著下降。在生产中,原料气中环氧乙烷含量通常控制在 10^{-4} 以下。

⑥ 环氧乙烷加压水合生产乙二醇的影响因素。水与环氧乙烷的配比是决定合成结果的重要因素。环氧乙烷浓度越高,所得缩乙二醇越多。工业上为了获得较高产率的乙二醇,通常采用水与环氧乙烷的摩尔比为 15~20:1。

在没有催化剂的情况下,为加快反应速度的进行,必须适当提高反应温度,并保证在一定压力下进行操作。当水合温度选为 150~220℃ 时,则相应水合压力为 1~2.5MPa。

环氧乙烷水合反应为不可逆的放热反应,在一定的水合温度和压力下,还必须保证有相应的水合时间,在上述工艺条件确定的情况下,工业生产中采取的水合时间为 35~40min。

（4）工艺流程

① 乙烯直接氧化法合成环氧乙烷的工艺流程。乙烯直接氧化过程可用空气或氧气作氧化剂。用空气进行氧化时，需要两个反应器，才能使乙烯获得最大利用率。用氧气进行氧化，则反应可一步完成，就只需要一个反应器。图 13-13 为空气氧化法的工艺流程。

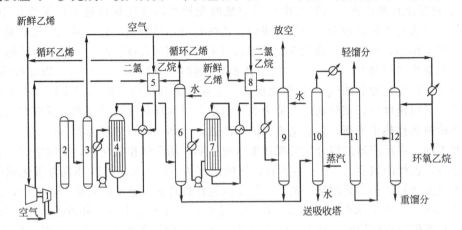

图 13-13　乙烯直接氧化制环氧乙烷的工艺流程
1—压缩机；2—碱洗塔；3—水洗塔；4—第一反应器；5—第一混合器；6—第一吸收塔；
7—第二反应器；8—第二混合器；9—第二吸收塔；10—汽提塔；11—脱轻组分塔；12—成品精馏塔

空气经压缩机加压，再经碱洗塔及水洗塔进行净化，除去氯、硫等杂质，防止银催化剂中毒，然后以一定流量进入混合器。纯度大于 98% 的新鲜乙烯与来自第一吸收塔的循环乙烯混合，送至压缩机加压后，进入第一混合器，使空气、乙烯与微量二氯乙烷（约 $1\times10^{-6}\sim2\times10^{-6}$）充分混合，并控制乙烯的浓度为 3%～3.5%。原料气与反应器出来的反应气体进行换热后，进入第一反应器。反应器为列管式固定床反应器，管内充填银催化剂，管间走热载体。乙烯与空气中的氧在 240～290℃、1～2MPa 及催化剂的作用下，生成环氧乙烷和一些副产物。乙烯的转化率约 30%，选择性 65%～70%，收率约 20%。反应时放出的热量，由管间的载热体带走。

反应气经与原料气换热，再经串联的水冷却器及盐水冷却器将温度降低至 5～10℃，然后进入第一吸收塔。该塔顶部用 5～10℃ 的冷水喷淋，以吸收反应气中含有的环氧乙烷。从吸收塔顶出来的尾气中还含有很多未反应的乙烯，经泄压后，将其中约 85%～90% 的尾气回压缩机的增压段增压后循环使用，其余部分送往第二混合器。

在第二混合器中通入部分新鲜乙烯、空气及微量二氯乙烷，控制乙烯的浓度为 2%，混合气体经预热后进入第二反应器。

混合气中的乙烯和空气中的氧在 220～260℃、1MPa 左右压力下，进行反应。乙烯的转化率为 60%～70%，选择性为 65% 左右，收率在 47% 以上。反应后的气体经换热及冷却后进入第二吸收塔，用 5～10℃ 低温水吸收环氧乙烷，尾气放空。

第 1、第 2 吸收塔中的吸收液约含 2% 左右的环氧乙烷，经泄压后进汽提塔进行汽提，从塔顶得到 85%～90% 浓度的环氧乙烷，送至精馏系统，先经脱轻馏分塔除去轻馏分，再经精馏塔除去重组分，得到纯度为 99% 的环氧乙烷成品。

乙烯直接氧化法的产品质量高，对设备无腐蚀，但此法对乙烯的要求高，纯度必须在 98% 以上。

上述方法如果改用氧气进行氧化，操作条件基本相同，而反应可以一步完成，反应器和吸收塔各需要一个就行了。但是当用氧气代替空气时，生成 CO_2 较多，因此需要在吸收塔与环氧乙烷精制系统之间，添置一个 CO_2 吸收塔和一个 CO_2 解吸塔，以免影响产品的质量。

② 环氧乙烷加压水合合成乙二醇的工艺流程。环氧乙烷加压水合合成乙二醇的工艺流程见图 13-14。85%～90%的环氧乙烷与去离子水以 1:6 的重量比在混合器中混合。经预热后送至水合反应器，在 190～200℃的温度、2.2MPa 的压力下，进行水合反应，反应时间为 30～40min。反应初期可用蒸汽加热，当反应达到稳定后，水合反应放出的热量被进料液所吸收，整个工艺过程热量可以自给，不必外界供热。

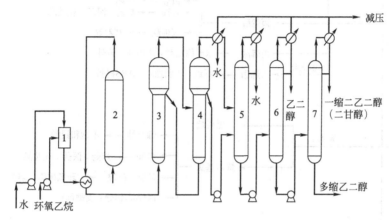

图 13-14　环氧乙烷加压水合生产乙二醇的工艺流程图
1—混合器；2—水合反应器；3——效蒸发器；4—二效蒸发器；
5—脱水塔；6—乙二醇精馏塔；7——缩乙二醇精馏塔

反应生成的乙二醇水溶液，经换热器换热后，送往双效蒸发器进行减压浓缩，此时所得乙二醇浓缩液的浓度为 70%～80%，蒸发出来的水分循环使用。乙二醇浓缩液中主要含乙二醇，另外，还有一缩、二缩及多缩乙二醇等副产物以及少量水分，再送去减压蒸馏进行各组分的分离。浓缩液先进脱水塔，蒸出残留水分；塔底釜液送至乙二醇精馏塔进行精馏，在塔顶可得到纯度为 99.8%的乙二醇产品。塔釜馏分再送到一缩乙二醇精馏塔，塔顶得一缩乙二醇，塔釜得多缩乙二醇。

二、丙烯系列产品

1. 丙烯主要产品和用途

丙烯可从炼厂气中分离，也是石油烃裂解生产乙烯时的联产物。与乙烯相似，由于丙烯分子中含有双键和 α-活泼氢具有很高的化学反应活性。在工业生产中，利用丙烯的加成、氧化反应、羰基化、烷基化以及聚合反应，可相应地合成一系列有机化工产品，丙烯主要产品和用途如图 13-15 所示。

下面讨论以丙烯为原料生产丙烯腈的生产过程。

2. 丙烯氨氧化生产丙烯腈

（1）丙烯腈的性质与用途

丙烯腈是石油化学工业的重要产品，在室温和常压下，它是具有刺激性气味的无色液体。丙烯腈与大多数有机溶剂互溶，如丙酮、苯、四氯化碳、乙酸乙酯、甲醇、乙醇、甲苯等；与水能部分互溶，在水中的溶解度为 7.3%（质量），水在丙烯腈中的溶解度为 3.1%（质量）。它能与水形成最低共沸物。丙烯腈沸点 77.3℃，凝固点 −83.6℃，闪点 0℃，自燃

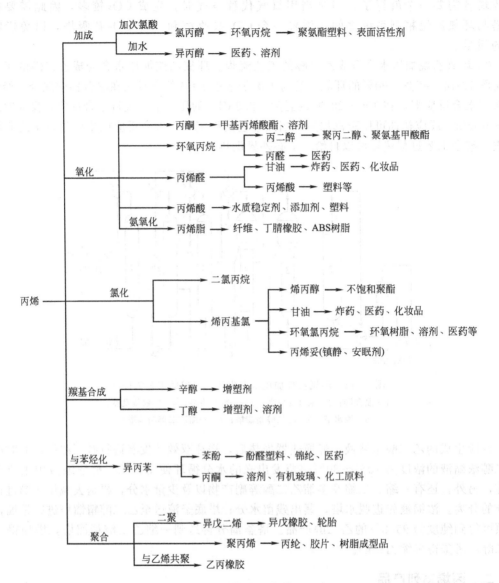

图 13-15 丙烯主要产品和用途

点 481℃，其蒸气与空气形成爆炸混合物，爆炸范围为 3.05%～17.0%（体积）。

丙烯腈有毒，长时间吸入丙烯腈蒸气可引起恶心、呕吐、头痛、不适、疲倦等症状。丙烯腈蒸气能附着在皮肤上，经皮肤吸收而中毒，工作场所丙烯腈最高允许浓度为 2×10^{-5}。

丙烯腈是重要的基本有机原料之一。由于丙烯腈分子中有双键和氰基存在，性质活泼，易聚合，也易与其他不饱和化合物共聚，是三大合成材料的重要单体，其主要用途如图 13-16 所示。

(2) 反应原理

主反应

$$C_3H_6 + NH_3 + \frac{3}{2}O_2 \longrightarrow CH_2=CH-CN + 3H_2O$$

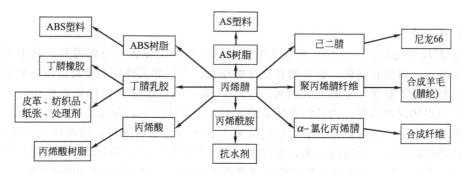

图 13-16 丙烯腈的主要用途

副反应

$$C_3H_6 + \frac{3}{2}NH_3 + \frac{3}{2}O_2 \longrightarrow \frac{3}{2}CH_3CN + 3H_2O$$

$$C_3H_6 + 3NH_3 + 3O_2 \longrightarrow 3HCN + 6H_2O$$

$$C_3H_6 + O_3 \longrightarrow CH_2=CH-CHO + H_2O$$

$$C_3H_6 + \frac{3}{2}O_2 \longrightarrow CH_2=CH-COOH + H_2O$$

$$C_3H_6 + O_2 \longrightarrow CH_3CHO + HCHO$$

$$C_3H_6 + \frac{1}{2}O_2 \longrightarrow CH_3COCH_3$$

$$C_3H_6 + 3O_2 \longrightarrow 3CO + 3H_2O$$

$$C_3H_6 + \frac{9}{2}O_2 \longrightarrow 3CO_2 + 3H_2O$$

此外还可能有少量丙腈、氮气生成。

上述副产物归纳起来可分为三类：

① 氰化物，主要是乙腈和氢氰酸；

② 有机含氧化合物，主要是丙烯醛，也可能有少量丙酮、乙醛和其他含氧化合物；

③ 深度氧化产物 CO_2 和 CO。

上述副反应都是强放热反应，尤其是深度氧化反应。它们在热力学上均是有利的。CO_2 的生成量约占丙烯腈重量的四分之一，它是副产物中产量最大的一个。在反应过程中，副产物的生成，必然降低目的产物的收率。这不仅浪费了原料，而且使产物组成复杂化，给分离和精制带来困难，并影响产品质量。为了减少副反应的发生，提高目的产物收率，除考虑工艺流程合理外，关键在于选择适宜的催化剂。所采用的催化剂必须使主反应具有较低活化能，这样可以使反应在较低温度下进行，使热力学上更有利的深度氧化等副反应，在动力学上受到抑制。

（3）催化剂

工业上用于丙烯氨氧化反应的催化剂主要有两大类，一类是复合酸的盐类，如磷钼酸铋、磷钨酸铋等；另一类是重金属的氧化物或是几种金属氧化物的混合物，例如 Sb、Mo、Bi、V、W、Ce、U、Fe、Co、Ni、Te 的氧化物，或是 Sb-Sn 氧化物，Sb-U 氧化物等。

我国目前生产丙烯腈所用沸腾床，大多采用磷钼铋铈-硅胶催化剂。载体的选择也很重要。对丙烯的氨氧化反应来说，载体的比表面不应太大，这是为了减少深度氧化，并有利于提高催化剂的选择性。目前，我国生产丙烯腈所用催化剂的载体为颗粒 40～120 目的粗孔微球硅胶。

(4) 反应条件

① 原料纯度与配比。原料丙烯是从烃类裂解气或催化裂化气分离得到，其中可能含有的杂质是碳二、丙烷和碳四，也可能有硫化物存在。丙烷和其他烷烃对反应没有影响，它们的存在只是稀释了浓度，实际上含丙烯50%的丙烯—丙烷馏分也可作原料使用。乙烯在氨氧化反应中不如丙烯活泼，因其没有活泼的 α-H，一般情况下，少量乙烯存在对反应无不利影响。但丁烯或更高级烯烃存在会给反应带来不利，因为丁烯或更高级烯烃比丙烯易氧化，会消耗原料中的氧，甚至造成缺氧，而使催化剂活性下降；正丁烯氧化生成甲基乙烯酮（沸点80℃），异丁烯氨氧化生成甲基丙烯腈（沸点90℃），它们的沸点与丙烯腈沸点接近，会给丙烯腈的精制带来困难。因此，丙烯中丁烯或更高级烯烃含量必须控制。硫化物的存在，会使催化剂活性下降，应予脱除。合理的原料配比，是保证丙烯腈合成反应稳定、副反应少、消耗定额低、操作安全的重要因素。因此，严格控制投入反应器的各物料流量是很重要的。

丙烯与氨的配比（氨比）。在实际投料中发现，当氨比小于理论值时，有较多的副产物丙烯醛生成，氨的用量至少等于理论比。但用量过多也不经济，既增加了氨的消耗量，又增加了硫酸的消耗量，因为过量的氨要用硫酸去中和，所以又加重了氨中和塔的负担。因此，丙烯与氨的摩尔比，应控制在理论值或略大于理论值，即丙烯：氨=1:1~1.2左右。

丙烯与空气的配比（氧比）。丙烯氨氧化所需的氧气是由空气带入的。目前，工业上实际采用的丙烯与氧的摩尔比约为 1:2~3（大于理论值 1:1.5），折合为丙烯对空气的摩尔比为 1:9.5~14.6。采用大于理论值的氧比，一方面是副反应也需消耗氧，另一方面也是为了保护催化剂，不致因催化剂缺氧而引起失活。反应时若在短时间内因缺氧造成催化剂活性下降，可在540℃温度下通空气使其再生，恢复活性。但若催化剂长期在缺氧条件下操作，虽经再生，活性也不可能全部恢复。因此，生产中应保持反应后气体中有2%（按体积计）的含氧量。但空气过剩太多也会带来以下一些问题：使丙烯浓度下降，影响反应速度，从而降低了反应器的生产能力；促使反应产物离开催化剂床层后，继续发生深度氧化反应，使选择性下降；使动力消耗增加；使反应器流出物中产物浓度下降，影响产物的回收。因此，空气用量应有一适宜值。

丙烯与水蒸气的配比（水比）。丙烯氨氧化的主反应并不需要水蒸气参加。但根据该反应的特点，在原料中加入一定量水蒸气有多种好处，如可促使产物从催化剂表面解吸出来，从而避免丙烯腈的深度氧化；若不加入水蒸气，原料混合气中丙烯与空气的比例正好处于爆炸范围内，加入水蒸气对保证生产安全有利；水蒸气的热容较大，又是一种很好的稀释剂，加入水蒸气可以带走大量的反应生成热，使反应温度易于控制；加入水蒸气对催化剂表面的积炭有清除作用。另一方面，水蒸气的加入，势必降低设备的生产能力，增加动力消耗。当催化剂活性较高时，也可不加水蒸气。因此，发展趋势是改进催化剂性能，以便少加或不加水蒸气。从目前工业生产情况来看，当丙烯与加入水蒸气的摩尔比为1:3时，综合效果较好。

② 反应温度。温度是影响丙烯氨氧化的一个重要因素。当温度低于350℃时，几乎不生成丙烯腈。要获得丙烯腈的高收率，必须控制较高的反应温度。温度的变化对丙烯的转化率、丙烯腈的收率、副产物氢氰酸和乙腈的收率以及催化剂的空时收率都有影响。

实验证实，温度超过457℃时，丙烯转化率虽有所增加，但丙烯腈收率变化趋于平缓，在500℃时有结焦并堵塞管道现象，通常在427~455℃之间操作。除上述原因外，在457℃以上反应时，丙烯易于与氧作用生成大量 CO_2，放热较多，反应温度不易控制。再者，过高的温度也会使催化剂的稳定性降低。

③ 接触时间和空速。空速又称空塔线速,是指在反应条件下原料混合气通过空床反应器的速度,其单位为 m/s,它是反应条件下单位时间进入反应器的原料气体量（m^3/s）与反应器横截面积（m^2）之比。

过长的接触时间会使丙烯腈深度氧化的机会增大,使丙烯腈收率下降。同时,过长的接触时间,还会降低设备的生产能力,而且由于尾气中氧含量降低而造成催化剂活性下降,故接触时间一般选为 5~10s。

当反应器和催化剂用量一定时,空速与接触时间成反比。原料气空速愈大,则接触时间愈短。工业上采用较大的线速,有利于提高反应器的生产能力,并且对反应传热也有利。

④ 反应压力。丙烯氨氧化生产丙烯腈是体积缩小的反应,提高压力可增大反应的平衡转化率。同时,提高压力也可增加气体的相对密度,相应地可增加设备的生产能力。但实验表明,加压反应的效果不如常压理想。这可能是由于加压对副反应更有利,反而降低了丙烯腈的选择性和收率。因此,一般采用常压操作,适当加压只是为了克服后部设备及管线的阻力。

⑤ 工艺流程。丙烯氨氧化生产丙烯腈的工艺流程如图 13-17 所示。

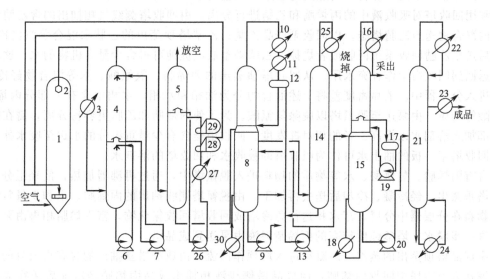

图 13-17 丙烯氨氧化生产丙烯腈的工艺流程图
1—反应器；2—旋风分离器；3,10,11,16,22,25,30—冷却器；4—急冷塔；
5—水吸收塔；6—急冷塔釜液泵；7—急冷塔上部循环泵；8—回收塔；9,20—塔釜液泵；
12—分层器；13,19,20—油层抽出泵；14—乙腈塔；15—脱氰塔；17—中间罐；
18,24—塔底再沸器；21—成品塔；23—成品塔侧阀抽出冷却器；26—吸收塔侧阀采出泵；
27—吸收塔侧阀冷却器；28—氨蒸发器；29—丙烯蒸发器

原料丙烯、氨经蒸发、过热、混合后,从流化床底部经气体分布板进入反应器,原料空气经过滤由空压机送入反应器锥底,原料在催化剂作用下,进行氨氧化反应。反应尾气经过旋风分离器捕集生成气夹带的催化剂颗粒,然后进入尾气冷却器,再进入急冷塔。氨氧化反应放出大量的热,为了保持床温稳定,反应器中设置了一定数量的 U 型冷却管,通入高压热水,借水的汽化潜热移走反应热。

经反应后的气体进入急冷塔,通过高密度喷淋的循环水将气体冷却降温。反应器流出物料中尚有少量未反应的氨，这些氨必须除去。因为在氨存在下，碱性介质中会发生一些不希望发生的反应，如氢氰酸的聚合、丙烯醛的聚合、氢氰酸与丙烯醛加成为氰醇、氢氰酸与丙烯腈加成为丁二腈，以及氨与丙烯腈反应生成氨基丙腈等。生成的聚合物会堵塞管道，而各种加成反应会导致产物丙烯腈和副产物氢氰酸的损失。因此，冷却的同时需向塔中加入硫酸以中和未反应的氨。

工业上采用的硫酸中和除氨法，硫酸浓度为1.5%（质量）左右，中和过程也是反应物料的冷却过程，故急冷塔也叫氨中和塔。反应物料经急冷塔除去未反应的氨并冷至40℃左右后进入水吸收塔，利用合成气体中的丙烯腈、氢氰酸和乙腈等产物，与其他气体在水中溶解度相差很大的原理，用水作吸收剂回收合成产物。通常合成气体由塔釜进入，水由塔顶加入，使它们进行逆流接触，以提高吸收效率。吸收产物后的吸收液应不呈碱性，含有氰化物和其他有机物的吸收液由吸收塔釜泵送至回收塔。其他气体自塔顶排出，所排出的气体中要求丙烯腈和氢氰酸含量均小于2×10^{-5}。

丙烯腈的水溶液含有多种副产物，其中包括少量的乙腈、氢氰酸和微量丙烯醛、丙腈等。在众多杂质中，乙腈和丙烯腈的分离最困难。因为乙腈和丙烯腈沸点仅相差4℃，若采用一般的精馏法，精馏塔要有150块以上的塔板。在工业生产中，一般采用共沸精馏，在塔顶得出丙烯腈与水的共沸物，塔底则为乙腈和大量的水。

利用回收塔对吸收液中的丙烯腈和乙腈进行分离，由回收塔侧线气相抽出的含乙腈和水蒸气的混合物送至乙腈塔釜，以回收副产品乙腈；乙腈塔顶蒸出的乙腈水混合蒸汽经冷凝、冷却后送至乙腈回收系统回收或者烧掉。乙腈塔釜液经提纯可得含少量有机物的水，这部分水再返回到回收塔中作补充水用。从回收塔顶蒸出的丙烯腈、氢氰酸、水等混合物经冷凝、冷却进入分层器中。依靠密度差将上述混合物分为油相和水相，水相中含有一部分丙烯腈、氢氰酸等物质，由泵送至脱氰塔以脱除氢氰酸。为了使丙烯腈和乙腈更容易分离，需在回收塔顶部加入溶剂水以提高二者的相对挥发度。回收塔釜含有少量重组分的水送至废水处理系统，回收塔第一板的抽出水可作为吸收塔的吸收水和回收塔的溶剂水。

含有丙烯腈、氢氰酸、水等物质的物料进入脱氰塔中，通过再沸器加热，使轻组分氢氰酸从塔顶蒸出，经冷凝、冷却后送去再加工。由脱氰塔侧线抽出的丙烯腈、水和少量氢氰酸混合物料在分层器中分层，富水相送往急冷塔或回收塔回收氰化物，富丙烯腈相再由泵送回本塔进一步脱水，塔釜纯度较高的丙烯腈料液由泵送到成品塔。

由成品塔顶蒸出的蒸汽经冷凝后进入塔顶作回流，由成品塔釜抽出的含有重组分的丙烯腈料液送入急冷塔中回收丙烯腈，由成品塔侧线液相抽出成品丙烯腈经冷却后送往成品中间罐。

三、芳烃系列产品

1. 芳烃主要产品和用途

以苯、甲苯、二甲苯为原料，可以制成多种多样的化工产品。苯的烷基化衍生物，如乙苯、异丙苯和十二烷基苯，都是苯乙烯，苯酚、表面活性剂生产的原料。苯加氢制环己烷，再氧化制得的己二酸，是聚酰胺纤维的原料。苯硝化制硝基苯是生产苯胺的中间体，后者是染料的基本原料。苯氯化制氯苯衍生物，是染料、农药等的基本原料。

芳烃系列的主要产品，见图13-18所示。

下面讨论以苯为原料生产乙苯的生产过程。

2. 乙苯生产

乙苯主要是用来生产苯乙烯，而苯乙烯是塑料工业及橡胶工业的重要单体原料。由苯乙

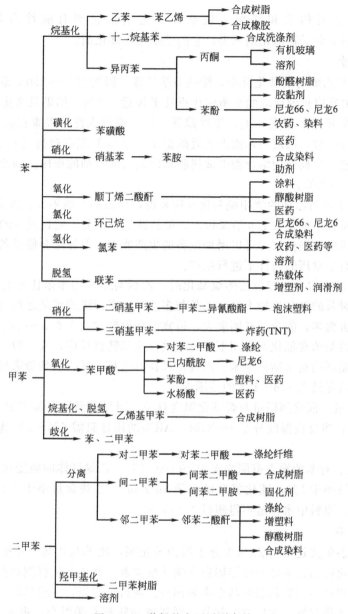

图 13-18 芳烃的主要系列产品

烯聚合而成的聚苯乙烯塑料,其成品无色透明,外观美丽,易于加工成型,价格便宜,具有良好的介电性能,是理想的绝缘材料。发泡聚苯乙烯塑料则大量用作建筑材料和保温材料。

此外,苯乙烯与丁二烯、丙烯腈共聚合制得的 ABS 工程塑料,用途极为广泛。苯乙烯可与各种二酸酐、乙二醇等共聚制得各种塑料、橡胶、不饱和树脂等。

(1) 反应原理

烷基化反应是一反应热效应较大的放热反应,在较大的温度范围内,在热力学上是很有利的。只有当温度高时,才有逆反应发生。

主要副反应有多烷基苯的生成、异构化反应、烷基转移(反烃化)反应、芳烃缩合和烯烃聚合反应等。

(2) 催化剂

工业上用于苯液相法和气相法烷基化工艺的催化剂有酸性卤化物的络合物、$BF_3/\gamma\text{-}Al_2O_3$ ZSM-5 分子筛催化剂三类，它们都是酸性催化剂。

(3) 影响因素

① 温度。苯与乙烯的烷基化反应，按热力学计算，温度在 50～250℃ 范围内，其平衡常数 Kp 值很大，主反应和副反应的平衡转化率几乎接近 100%。如果只考虑平衡的关系，则反应温度选定 50℃ 即可，但实际上，温度偏低，反应速度太慢，很难在较短时间内达到平衡产率。根据实践经验，选定与苯沸点相近的温度，即 80℃ 左右较为适宜。另外，$AlCl_3$ 络合物的热稳定性差，高温会使络合物变成树脂状而失去催化剂的作用。因此，烷基化反应的最适宜温度为 80～100℃。

② 压力。对于苯与乙烯的液相烷基化反应来说，压力的影响不大。因为 $AlCl_3$ 催化剂具有较高的活性，而且平衡常数 Kp 值又很大，虽然这是一个分子数目减少的反应，仍可抵消压力的影响。当然提高操作压力可以增加设备的生产能力，但加压会使设备腐蚀加剧，故一般多在常压或稍高于常压的条件下进行生产。

③ 苯与乙烯的摩尔比。苯与乙烯烷基化时，乙烯与苯环的摩尔比与烷基化产物平衡组成有关，当乙烯对苯的摩尔比增大时，乙苯与多乙苯的平衡组成都随之提高。但其摩尔比愈小，未反应的苯也愈多，能量消耗则愈大，适宜的理论摩尔比为 0.5～0.6。

同时由于多烷基苯在催化剂作用下能迅速进行烷基转移反应，故一般所生成的多烷基苯能循环使用。其循环用量由循环中苯、乙烯量和新鲜进料中苯、乙烯量来确定，使苯核总数与乙烯总数的比值保持在 1.6～1.8 的范围内。

④ 催化剂用量。催化剂用量与烷基化温度有关。当反应温度为 80℃ 时，$AlCl_3$ 催化剂用量应不低于 10%；当反应温度升至 100℃ 时，$AlCl_3$ 的用量只需 7%～8% 就可使乙烯达到同样的转化率。

⑤ 原料纯度。对苯的沸点范围要求为 79～80.5℃，乙烯气体的纯度应大于 90%，其中丙烯、丁烯的含量小于 1%，硫化氢含量小于 $5mg/m^3$，乙炔含量小于 0.5%，乙炔含量高可引起强烈聚合，原料中水含量不得超过 3×10^{-5}。

(4) 工艺流程

莫比尔—巴杰尔法是采用 ZSM-5 分子筛为催化剂，使苯与乙烯气相烷基化制乙苯的新工艺。气相烷基化所用反应器为多层固定床绝热反应器，其工艺流程图如图 13-19 所示。

此法工艺流程包括反应和蒸馏两个主要部分。两台反应器，一台运转，另一台再生。新鲜苯和循环苯经预热蒸发，然后与烷基芳烃循环液和新鲜乙烯混合，进入固定床反应器中，435～450℃、1.42～2.84MPa 下进行气相反应。烷基化产物经反应器底部以气态流出物引出，经换热后进入预分馏塔，回收未反应的苯。预分馏塔顶的轻组分和苯要冷凝，苯冷凝下来返回反应器，未冷凝的轻组分去排出气洗涤塔，洗涤后作为燃料气用。预分馏塔底产物进入蒸馏部分，该部分由三塔组成，即苯回收塔、乙苯回收塔和二乙苯回收塔。在苯回收塔顶回收的苯返回反应部分，高沸点组分送至乙苯回收塔进行分离。从乙苯塔顶得到的乙苯可用作生产苯乙烯单体。乙苯塔的塔底物流送入二乙苯回收塔，该塔进行减压蒸馏，回收的二乙苯和其他烷基芳烃返回反应部分；塔釜引出的多乙苯残液送入储槽，作燃料用。

此法特点是能量利用合理，尾气和残液可提供装置所需燃料的 25%；可回收输入热和反应放出热的 95%，用于生产低压和中压蒸汽。当以 ZSM-5 为催化剂时，乙苯收率可达 99.3%。催化剂价廉，耗量少，寿命达两年以上，无腐蚀性，对环境不产生污染。装置投资

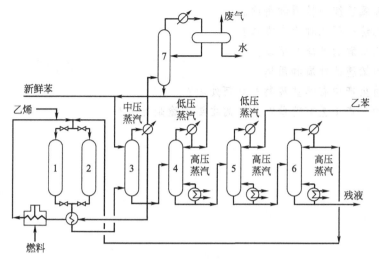

图 13-19 气相烷基化制乙苯的工艺流程图
1—加热炉；2—反应器；3—预分馏器；4—苯回收塔；
5—乙苯回收塔；6—二乙苯回收塔；7—排气洗涤塔

较低，生产成本低，不需特殊合金设备和管线。

但该法催化剂表面易积炭，活性下降快，需进行频繁烧焦再生。

思考题

1. 烃类裂解的目的是什么？
2. 烃类裂解制烯烃所用原料有哪些？
3. 简述各类烃类裂解一次反应的规律。
4. 分析在烃类裂解产物中，乙烯、丙烯、氢气、甲烷等较小分子多的原因。
5. 表征裂解原料有哪些特性参数？
6. 烃类裂解的操作参数如何影响乙烯收率？
7. 一般稀释剂是什么？有什么作用？
8. 裂解气为何要进行急冷？
9. 裂解气的净化包括哪些？其目的是什么？
10. 裂解气为什么采用多级压缩？确定段数的依据是什么？
11. 提高反应温度的技术关键在何处？应解决什么问题才能最大幅度提高裂解温度？
12. 裂解过程得到的主副产物有哪些？
13. 清焦方式分哪两种？什么情况下要清焦？
14. 深冷分离流程有哪几种？不同的裂解气怎样选择分离流程？
15. Lummus 公司的 SRT 型裂解炉由 Ⅰ 型发展到 Ⅳ 型，它的主要改进的是什么？并大胆设想一下，下次该朝哪改？
16. 简述深冷分离流程的几种流程及特点。
17. 根据本章所学知识，试设计一个简单的流程表述烃类热裂解从原料到产品所经历的主要工序及彼此的关系。

18. 简述环氧乙烷的性质和用途。
19. 环氧乙烷有哪几种生产方法？
20. 简述乙二醇的性质和用途。
21. 简述丙烯腈的性质和用途。
22. 丙烯腈生产中有哪些废物？如何处理？
23. 乙苯的生产工艺有哪些？乙苯的主要用途是什么？

第十四章 高分子化工

第一节 概 述

一、高分子的基本概念

天然的、合成的和复合的高分子材料已经遍及人们的衣、食、住、行乃至信息、能源、航空航天以及国防等各个领域，其重要性是不言而喻的。那么到底什么是高分子呢？

高分子即高分子化合物，是指分子量很高并由共价键连接的一类化合物。高分子化合物、大分子化合物、高分子、大分子、高聚物、聚合物，这些术语一般可以通用为 Macro-molecules，High Polymer，Polymer。通常用的高分子的分子量一般高达几万、几十万，甚至上百万，范围在 $10^4 \sim 10^6$。我们接触的很多天然材料通常是由高分子材料组成的，如天然橡胶、棉花、人体器官等。人工合成的化学纤维、塑料和橡胶等也是如此。一般称在生活中大量采用的，已经形成工业化生产规模的高分子为通用高分子材料，称具有特殊用途与功能的为功能高分子。

从 19 世纪开始，人类开始使用改造过的天然高分子材料，火化橡胶和硝化纤维塑料（赛璐珞）是两个典型的例子。进入 20 世纪之后，高分子材料进入了大发展阶段。首先是在 1907 年，Leo Bakeland 发明了酚醛塑料；1920 年 Hermann Staudinger 提出了高分子的概念并且创造了 Makromolekule 这个词。20 世纪 20 年代末，聚氯乙烯开始大规模使用。20 世纪 30 年代初，聚苯乙烯开始大规模生产。20 世纪 30 年代末，尼龙开始生产。20 世纪 30～40 年代是高分子材料科学的创立时期。新的聚合物单体不断出现，具有工业化价值的高效催化聚合方法不断产生，加工方法及结构性能不断改善。美国化学家卡罗塞斯（W. H. Carothers）于 1934 年合成了优良纺织纤维的聚酰胺-66，20 世纪 50 年代是高分子工业的确立时期，同时得到了迅速的发展。石油化工的发展为高分子材料开拓了新的丰富来源，人们把从煤焦油获得单体改为从石油中得到，重要的烯烃（乙烯、丙烯）年产量为数十万吨级的生产技术日趋成熟。由于出现了齐格勒纳塔催化剂，在这种催化剂的作用下，生产出三种新型的定向聚合橡胶，其中的顺丁橡胶，由于它的优异性能，到 20 世纪 80 年代产量已上升到仅次于丁苯橡胶的第二位。

在经历了 20 世纪的大发展之后，高分子材料对整个世界的面貌产生了重要的影响。时代杂志认为塑料是 20 世纪人类最重要的发明之一。高分子材料在文化领域和人类的生活方式方面也产生了重要的影响。高性能、高功能、复合化、精细化、智能化的高分子合成材料，必将不断促进人类文明的发展。

二、高分子材料的应用

高分子材料的功能很多，而且应用十分广泛。就结构高分子而言，大家知道最多的当属塑料、橡胶和纤维。其中塑料产量最大，主要用于包装材料、结构材料、建筑材料以及交通运输材料；橡胶的主要用途为制造轮胎；纤维的主要用途为衣着用料。此外高分子还包括涂料、黏合剂、工程塑料、耐高温高分子以及液温高分子等。

1. 塑料

塑料根据加热后的情况可分为热塑性塑料和热固性塑料。加热后软化，形成高分子熔体的塑料成为热塑性塑料，主要的热塑性塑料有聚乙烯（PE）、聚丙烯（PP）、聚苯乙烯（PS）、聚甲基丙烯酸甲酯（PMMA，俗称有机玻璃）、聚氯乙烯（PVC）、尼龙（Nylon）、聚碳酸酯（PC）、聚氨酯（PU）、聚四氟乙烯（特富龙，PTFE）、聚对苯二甲酸乙二醇酯（PET，PETE）、加热后固化，形成交联的不熔结构的塑料称为热固性塑料；常见的有环氧树脂，酚醛塑料，聚酰亚胺，三聚氰胺甲醛树脂等。

塑料的加工方法包括注射、挤出、膜压、热压、吹塑等。

2. 橡胶

橡胶可以分为天然橡胶和合成橡胶。天然橡胶的主要成分是聚异戊二烯。合成橡胶的主要品种有丁基橡胶、顺丁橡胶、氯丁橡胶、三元乙丙橡胶、丙烯酸酯橡胶、聚氨酯橡胶、硅橡胶、氟橡胶等。

3. 纤维

合成纤维是高分子材料的另外一个重要应用。常见的合成纤维包括尼龙、涤纶、腈纶聚酯纤维，芳纶纤维等。

4. 涂料

涂料是涂附在工业或日用产品表面起美观或者保护作用的一层高分子材料。常用的工业涂料有环氧树脂、聚氨酯等。

5. 黏合剂

黏合剂是另外一类重要的高分子材料。人类在很久以前就开始使用淀粉，树胶等天然高分子材料做黏合剂。现代黏合剂通过其使用方式可以分为聚合型，如环氧树脂；热熔型，如尼龙、聚乙烯；加压型，如天然橡胶；水溶型，如淀粉。

看看我们周围的世界，人们穿的是棉、毛、涤纶等制成的衣服，吃的是富含淀粉和蛋白质的米、面、肉、蛋等食物，家里用的是由各种聚乙烯、聚氯乙烯等塑料制成的器皿，出门坐的是装有橡胶轮胎的汽车，所有这些都是高分子在生活中生动的体现。

第二节 聚合反应原理

高分子化合物是通过单体经聚合反应而生成，那么什么是聚合反应？聚合反应就是相对分子质量小的化合物（单体）分子互相结合成高分子化合物的反应。聚合反应按照结构变化可分为加成聚合（简称加聚）反应和缩合聚合（简称缩聚）反应两类；按照聚合反应机理则可分为连锁聚合反应和逐步聚合反应。

一、加聚反应

小分子的烯烃或烯烃的取代衍生物在加热和催化剂作用下，通过加成反应结合成高分子化合物的反应，也就是单体加成而聚合起来的反应称为加聚反应（Addition Polymerization），反应产物称为加聚物。其特征是：加聚反应往往是烯类单体双键加成的聚合反应，无官能团结构特征，多是碳链聚合物；加聚物的元素组成与其单体相同，仅电子结构有所改变；加聚物分子量是单体分子量的整数倍。

二、缩聚反应

一种或多种较简单的化合物通过共同缩去一些小分子（如水、氨、卤化氢等），而彼此结合成高分子化合物的反应是缩合反应（Condensation Polymerization），兼有缩合出低分子和聚合成高分子的双重含义，反应产物称为缩聚物。其特征是：缩聚反应通常是官能团间的聚合反应；反应中有低分子副产物产生，如水、醇、胺等；缩聚物中往往留有官能团的结构特征，如—OCO—、—NHCO—，故大部分缩聚物都是杂链聚合物。缩聚物的结构单元比其单体少若干原子，故分子量不再是单体分子量的整数倍。

三、连锁聚合

连锁聚合反应（Chain Polymerization）也称链式反应，反应需要活性中心。反应中一旦形成单体活性中心，就能很快传递下去，瞬间形成高分子。平均每个大分子的生成时间很短（零点几秒到几秒）。

连锁聚合反应的特征是聚合过程由链引发、链增长和链终止几步基元反应组成，各步反应速率和活化能差别很大；反应体系中只存在单体、聚合物和微量引发剂；进行连锁聚合反应的单体主要是烯类、二烯类化合物。根据活性中心不同，连锁聚合反应又分为：

自由基聚合：活性中心为自由基；
阳离子聚合：活性中心为阳离子；
阴离子聚合：活性中心为阴离子；
配位离子聚合：活性中心为配位离子。

四、逐步聚合

在低分子转变成聚合物的过程中反应是逐步进行的，无活性中心，单体官能团之间相互反应而逐步增长称为逐步聚合反应（Step Polymerization），绝大多数缩聚反应都属于逐步聚合。其特点是，反应早期，单体很快转变成二聚体、三聚体、四聚体等中间产物，以后反应在这些低聚体之间进行；聚合体系由单体和分子量递增的中间产物所组成；大部分的缩聚反应（反应中有低分子副产物生成）都属于逐步聚合；单体通常是含有官能团的化合物。

第三节 聚合反应实施方法

常用的聚合方法有本体聚合、悬浮聚合、溶液聚合和乳液聚合四种。自由基聚合可选用其中之一进行；离子型或配位聚合，一般采用溶液聚合，例如乙烯、丙烯采用钛催化剂聚合，由于催化剂与聚合物均不溶于溶剂，常称淤浆聚合；缩聚反应一般在本体或溶液中进行，分别称为本体（熔融）缩聚和溶液缩聚，在两相界面上的缩聚称为界面缩聚。在聚合温度和压力下为气态或固态的单体也能聚合，分别称为气相聚合和固相聚合。气相、固相和熔融聚合均可归于本体聚合范畴。

一、本体聚合

不加其他介质，只有单体本身，在引发剂、热、光等作用下进行的聚合反应成为本体聚合。其优点是组分简单，通常只含单体和少量引发剂，所以操作简便，产物纯净；缺点是聚合热不易排除。工业上用自由基本体聚合生产的聚合物主要品种有聚甲基丙烯酸甲酯、高压聚乙烯和聚苯乙烯。

二、溶液聚合

溶液聚合是将单体和引发剂溶于适当溶剂中进行的聚合反应。优点是体系黏度低，传热、混合容易，温度易于控制；缺点是聚合度较低，产物常含少量溶剂，使用和回收溶剂需增加设备投资和生产成本。溶液聚合在工业上主要用于聚合物溶液直接使用的场合，如醋酸乙烯酯在甲醇中的溶液聚合，丙烯腈溶液聚合直接作纺丝液，丙烯酸酯溶液聚合液直接作涂料和胶黏剂等。

三、悬浮聚合

其是将不溶于水的单体以小液滴状悬浮在水中进行的聚合，这是自由基聚合一种特有的聚合方法。通常是在大量的水介质中进行的，散热容易，产物是 0.05～2mm 左右的小颗粒，容易洗涤、分离，产物纯度较高；缺点是产物容易粘壁，影响聚合釜传热和生产周期。悬浮聚合主要用于聚氯乙烯、聚苯乙烯和聚甲基丙烯酸甲酯的工业生产。

四、乳液聚合

单体在乳化剂作用和机械搅拌下，在水中分散成乳液状态进行的聚合反应称为乳液聚合。由于使用了乳化剂而具有特殊机理，单体在胶束中引发、聚合是在单体－聚合物乳胶粒中进行。其特点是速度快、产物分子量大、体系黏度低、易于散热；缺点是乳化剂等不易除净，影响产物性能，特别是电性能较差，在工业上乳液聚合主要用于合成橡胶的生产，如在丁苯橡胶、丁腈橡胶和氯丁橡胶生产中。

本体聚合和溶液聚合一般为均相反应，但也有因聚合物不溶于单体或溶剂而沉淀出来；悬浮聚合和乳液聚合均属非均相反应。均相体系往往属非牛顿流体，可直接使用，若要制得固体聚合物，则需进行沉淀分离；非均相体系固体物含量可高达 30%～50%（最高达约 60%），除胶乳可直接使用外，其他均需经分离、提纯等后处理。

第四节 高分子合成实例

高分子材料的加工成型不是单纯的物理过程，而是决定高分子材料最终结构和性能的重要环节。除胶黏剂、涂料一般无须加工成形而可直接使用外、橡胶、纤维、塑料等通常须用相应的成形方法加工成制品。一般塑料制品常用的成形方法有挤出、注射、压延、吹塑、模压或传递模塑等。橡胶制品有塑炼、混炼、压延或挤出等成型工序。纤维有纺丝溶体制备、纤维成型和卷绕、后处理、初生纤维的拉伸和热定型等。

在成型过程中，聚合物有可能受温度、压强、应力及作用时间等变化的影响，导致高分子降解、交联以及其他化学反应，使聚合物的聚集态结构和化学结构发生变化。因此加工过程不仅决定高分子材料制品的外观形状和质量，而且对材料超分子结构和织态结构甚至链结构有重要影响。

一、聚烯烃的生产工艺

1. 聚烯烃生产概况

聚烯烃是重要的通用塑料，价格便宜，性能优良，应用广泛。聚烯烃，又称为烯烃聚合物（Olefin Polymers），是世界上聚合物中产量最大的一类产品。一般认为，聚烯烃是脂肪族单烯烃的均聚物和它与其他烯烃的共聚物的一个总称。通常还将它局限在固体聚合物内而不包括液体或蜡状聚合物。聚烯烃也可再细分为聚烯烃树脂（或聚烯烃塑料）和聚烯烃弹性体，但是通常所说的"聚烯烃"仅指聚烯烃树脂（或聚烯烃塑料）。

在五大通用塑料中，高压低密度聚乙烯和线型低密度聚乙烯的产量居第一位，聚氯乙烯居第二位，高密度聚乙烯和聚丙烯居第三位，其后是聚苯乙烯。聚乙烯和聚丙烯不仅在整个塑料的生产中遥遥领先，而且在整个石油化工下游产品中占举足轻重的份额。

2. 聚乙烯生产简介

聚乙烯（PVC）是结构最简单的高分子，也是应用最广泛的高分子材料。它是由重复的—CH_2—单元连接而成的。聚乙烯是通过乙烯（$CH_2=CH_2$）的加成聚合而成的。聚乙烯的性能取决于它的聚合方式。在中等压力有机化合物催化条件下进行 Ziegler-Natta 聚合而成的是高密度聚乙烯。这种条件下聚合的聚乙烯分子是线性的，且分子链很长，分子量高达几十万。如果是在高压力和高温下，过氧化物催化条件下进行自由基聚合，生产出的则是低密度聚乙烯（LDPE），具有支化结构。

聚乙烯的生产方法主要有液相法（又分为溶液法和淤浆法）和气相法（物料在反应器中的相态类型）。我国主要采用齐格勒催化剂的淤浆法。其主要过程描述如下：纯度99%以上的乙烯在催化剂四氯化钛和一氯二乙基铝存在下，在压力 0.1~0.5MPa 和温度 65~75℃ 的汽油中聚合得到 HDPE 的淤浆。经醇解破坏残余的催化剂、中和、水洗，并回收汽油和未聚合的乙烯，经干燥、造粒得到产品。

采用同一种工艺，又在同一套装置上，可以生产出全密度范围的各种聚乙烯，因此聚乙烯有不同的分类和命名，见表 14-1。各种聚乙烯的结构不尽相同，主要的区别是支链的数目、类别和分布。高压低密度聚乙烯是既有长支链又有短支链的聚乙烯；高密度聚乙烯没有长支链，只有很少的短支链；线型低密度聚乙烯与高密度聚乙烯均没有长支链，但它的短支链比高密度聚乙烯的既多又长。影响聚乙烯性能的主要因素是支链的数目、类别和分布，以及分子量和分子量分布。其中尤以支链的数目和类别对性能的影响更甚。

表 14-1 聚乙烯的分类和命名

分类方法	聚乙烯类别和命名
按聚合压力分类	高压法、中压法、低压法
按聚合实施方法分类	淤浆法、溶液法、气相法
按产品分子量分类	低分子量、普通分子量、超高分子量产品
按分子结构分类	线型、非线型
按密度分类	极低密度、低密度、中密度、高密度

聚乙烯在我国应用相当广泛，薄膜是其最大的用户，约消耗低密度聚乙烯77%，高密度聚乙烯的18%，另外，注塑制品、电线电缆、中空制品等都在其消费结构中占有较大的比例。

3. 技术进展

聚烯烃大约占合成树脂总消费量的45%，聚烯烃的发展动向对合成树脂工业发展影响极大。进入20世纪90年代以来，世界各地特别是亚太地区建设了一大批新的聚烯烃装置。我国聚乙烯和聚丙烯用催化剂都具有一定的研究基础，研制的催化剂水平与国外先进水平接近或相当，有些甚至超过国外的进口催化剂性能。我国聚烯烃催化剂的研制开发工作包括继续提高 Z/N 催化剂和铬基催化剂的水平，提高产品灵活性的催化剂，研制可在聚合反应器中同时使乙烯齐聚生成 α-烯烃共聚单体的双功能催化剂，在一个反应器中聚合生产分子量双峰分布的高分子量聚乙烯的双金属催化剂及生产高结晶度聚丙烯的催化剂等。

二、聚酯的生产工艺

1. 聚酯的生产概况

聚酯是由二元或多元醇和二元或多元酸（或酸酐）缩聚而成的高分子化合物的总称。聚酯的主要用途是制备聚酯纤维，在聚酯的应用分配中约占60%。按用途可分为聚酯树脂、聚酯纤维、聚酯橡胶等。按所用酸的不同（饱和酸和不饱和酸），又可分为饱和聚酯和不饱和聚酯。

中国聚对苯二甲酸乙二醇酯（PET）总量的85%用于制造纤维，15%用于制造聚酯瓶、膜和工程塑料；而日本、欧洲和北美国家的PET，35%用于制造纤维，65%用于制造非纤产品。

2. 聚酯的制备方法

聚酯的制备方法很多，目前聚酯的起始原料是对二甲苯，由对二甲苯生产对苯二甲酸（PTA），然后再与多元醇（常用乙二醇）缩聚。具体的生产方法有对苯二甲酸直接酯化缩聚法（简称直缩法）和对苯二甲酸二甲酯（DMT）先经酯交换再进行缩聚的间接酯交换缩聚法（简称间缩法），目前前者已占绝对优势。这两种方法按生产过程划分又有连续法、间歇法及介于连续法和间歇法之间的半连续法。

三、合成橡胶的生产

1. 合成橡胶的生产概况

合成橡胶是人工合成的高弹性聚合物，以煤、石油、天然气为原料，便宜易得，而且品种很多，并可按工业、公交运输的需要合成各种具有特殊性能（如耐热、耐寒、耐磨、耐油、耐腐蚀等）的橡胶，因此目前世界上合成橡胶的总产量已远远超过了天然橡胶。合成橡胶主要有顺丁橡胶、丁苯橡胶、氯丁橡胶、丁腈橡胶等。按橡胶制品形成过程可分为热塑性橡胶和硫化型橡胶；按成品状态可分为液体橡胶、固体橡胶、粉末橡胶和胶乳。合成的生胶具有良好的弹性，但强度不够，必须经过加工才能使用，其加工过程包括塑炼、混炼、成型、硫化等步骤。

2. 合成橡胶的发展趋势

绿色环保产品以及高性能化和功能化的合成橡胶品种将是今后合成橡胶总的发展趋势。当前我国合成橡胶使用比例不高的原因是合成橡胶企业技术力量薄弱，自主创新不够，选用新型原材料降低成本的研究比较欠缺。出路在于首先应在品种上进一步扩大丁基橡胶、丁苯橡胶、低顺式聚丁二烯橡胶、乙丙橡胶、丁腈橡胶的产量，且产品质量要与国际标准接轨。其次要加强与橡胶制品业的合作，使新产品开发更有针对性，实现资源互补。

四、未来我国合成橡胶工业发展方向

1. 顺丁橡胶

顺丁橡胶是我国最主要的胶种之一，但目前仍以Ni系顺丁胶为主，品牌单一。近几年，Ni系顺丁胶在轮胎、胶鞋及胶带等主要应用领域使用比例呈下降趋势，因此其今后发展趋势应是提高生产技术水平；进一步优化催化体系和工艺条件；开发新型聚合釜及新型搅拌器；开发直接干燥技术；用单一溶剂代替混合溶剂；实现全过程及品牌号切换的TDC控制，以达到降低消耗、提高产品内在质量的目的，使其成为国际上的名牌技术。同时还应一方面发展充油、改性等多种牌号，开拓新的市场领域；另一方面利用其生产技术水平高、产品质量好、竞争力较强以及产能富余的特点增加出口。

2. 丁苯橡胶

丁苯橡胶是我国发展合成橡胶的方向之一，特点是溶聚丁苯橡胶，需将引进技术的消化、吸收和创新相结合，继续完善各牌号的聚合配方、工艺条件及有关勤务员研究，使全过程实现 TDC 控制，以降低消耗、提高质量。同时，也要抓紧新牌号的开发，因为丁苯橡胶的生产技术水平代表着我国合成橡胶工业的整体水平。

3. 丁基橡胶

1999 年 12 月 28 日，我国第一套丁基橡胶生产装置在北京燕化公司合成橡胶厂建成并投产，从此结束了我国不能生产丁基橡胶的历史。我国丁基橡胶市场前景是比较广阔的。2010 年浙江信汇的投产打破了燕山石化"一家独大"的局面，产能为 5 万吨/年。2013 年盘锦和运的 6 万吨/年丁基橡胶装置的进入使得丁基橡胶行业开始了"三足鼎立"的竞争格局，也给丁基橡胶市场带来了很大的变化。随着其 3 万吨/年卤化丁基橡胶装置试车成功，中国也正式成为世界上第 4 个拥有卤化丁基橡胶技术和产品的国家。

4. 丁腈橡胶

作为国内特种橡胶，丁腈橡胶具有零散用户多、应用行业广、使用牌号杂、技术指标要求高、单纯用量少等特点。世界各国的 NBR 指标牌号十分系列化、多元化、细分化，我国丁腈橡胶的品种在兰化引进的 1.5 万吨/年产丁腈橡胶装置投产后，2009 年 7 月，该公司采用自主知识产权新建的一套 5 万吨/年丁腈橡胶生产装置建成投产（其中软质丁腈橡胶装置产能为 4.2 万吨/年，硬质丁腈橡胶产能为 0.8 万吨/年），使总生产能力达到 6.95 万吨/年，成为世界上最主要的丁腈橡胶生产厂家之一。

> **思考题**

1. 高分子材料的应用范围有哪些？
2. 简述聚合反应的分类。
3. 聚合反应的实施方法有哪些？
4. 列举属于高分子化工的生产实例。

第十五章 精细化工基础

第一节 概 述

一、精细化工的定义

精细化工是当今化学工业中最具活力的新兴领域之一，是新材料的重要组成部分。在我国，"精细化工"是近十几年才逐步为较多的人所知并给予了应有的重视；在国外，"精细化工"是"精细化学工业"的简称，是生产"精细化学品"的工业。一般认为，精细化学品是指用途专一、生产批量较小、通常用商品名或牌号来表示的化学品。其使用量不大，但有特殊用途。生产精细化学品的工业即为精细化学工业，简称精细化工。

我国的划分是：农药、染料、涂料（包括油漆和油墨）及颜料、试剂和高纯物、信息用化学品（包括感光材料、磁性材料等）、食品和饲料添加剂、黏合剂、催化剂和各种助剂、化学药品、日用化学品、功能高分子材料等十一类属于精细化学品，在催化剂和各种助剂中又分为催化剂、印染助剂、塑料助剂、橡胶助剂、水处理剂、纤维抽丝用油剂、有机抽提剂、高分子聚合物添加剂、表面活性剂、皮革化学品、农药等。精细化工的定义概括起来就是，对原料进行深度加工，使其成为具有功能性的或最终使用性的、品种多、产量小、附加产值高的一大类化工产品。

二、精细化工发展现状

精细化工行业的特点具有多品种、多功能、商品性强和高技术密集度的技术特性及具有投资效率高、利润率高和附加价值高等经济特性。从制剂到商品化需要一个复杂的加工过程，外加的复配物愈多，产品的性能也愈复杂。因此，精细化工技术密集程度高、保密性和商品性强、市场需求多元化。必须要根据市场变化的需要及时更新产品，做到多品种生产，使产品质量稳定，同时做好应用和技术服务。据统计全球500强中有17家化工企业，其中前几位是美国杜邦公司、德国巴斯夫公司、赫斯特公司和拜尔公司、美国的道公司以及瑞士的汽巴——嘉基公司等。它们都有百余年的历史，在20世纪70年代以前都大力发展石油化工，后来逐渐转向精细化工。德国是发展精细化工最早的国家之一。它从煤化工起家，在20世纪50年代以前，以煤化工为原料的占80%左右，但由于煤化工的工艺路线和效益不佳，1970年起以石油为原料的化工产品比例猛增到80%以上。精细化率是衡量一个国家和地区化学工业技术水平的重要标志。美国、西欧和日本等化学工业发达国家，其精细化工也最为发达，代表了当今世界精细化工的发展水平。目前，这些国家的精细化率已达到60%～70%。

我国十分重视精细化工行业的发展，把精细化工作为化学工业发展的战略重点之一，列入多项国家发展计划中,在国家政策和资金的支持及市场需求的引导下,我国精细化工也呈现出快速发展的趋势。精细化工在我国行业统计中体现为专用化学品,包括化学试剂、催化剂、专用助剂、水处理化学品、造纸化学品、皮革化学品、油脂化学品、油田化学品、生物工程化学品、日化产品专用化学品、林产化学品、信息化学品、环境污染处理专用药剂材料、动物胶和其他专用化学产品,共 15 个领域。据悉,从 2005 年到 2015 年,我国化学原料及化学品制品业的主营业务收入由 1.6 万亿元增长至 8.4 万亿元,业务规模扩大到近 5 倍。其中,专用化学品制造的主营业务收入从 3169 亿元增长到 2 万亿元,业务规模扩大到近 7 倍。我国已经逐渐成为世界上重要的精细化工原料及中间体的加工地与出口地。截至 2016 年 6 月,我国化学原料和化学制品制造业企业达 24655 家,资产总计达 71464.80 亿元。精细化工占化工总产值的比例,即精细化率的高低现今为衡量一个国家或地区科技水平高低与经济发展程度的重要标志。目前我国总体精细化率为 45% 左右,但与北美、西欧和日本等发达经济体 60%～70% 的精细化率相比,我国精细化率的提升仍有很大空间。此外,我国精细化工行业在传统产品竞争力提升的同时,高端化工类产品严重短缺,部分高科技产品还处于空白状态。因此,提升行业整体自主研发能力和产业竞争力将成为国家实施可持续发展战略的重要组成部分。

第二节 精细化工特点

精细化工是石油和化学工业的深加工业,是当今化学工业中最具活力的新兴领域之一,直接服务于国民经济的诸多行业和高精技术的各个领域,是国民经济不可缺少的工业部门。精细化工与一般化工的区别在于,后者的生产工艺主要是从石油、煤炭等资源中提取原料,经过加工制成半成品或材料,其优势在于生产量大、市场需求稳定;而精细化工所生产出来的产品针对性更强、科技含量更高、附加值更高、更注重对技术的创新。

一、品种日益增多

从精细化工产品的分类可以看出,精细化工产品必然具有品种多的特点。随着科学技术的进步,精细化工产品的分类越来越多,专用性越来越强,应用范围越来越窄。由于产品应用面窄,针对性强,特别是专用化学品,往往是一种类型的产品可以有多种牌号,因而新品种和新剂型不断出现。例如,表面活性剂的基本作用是改变不同两相界面的界面张力,根据其所具有的润湿、洗涤、浸渗、乳化、分散、增溶、起泡、消泡、凝聚、平滑、柔软、减摩、杀菌、抗静电、匀染等表面性能,制造出多种多样的洗涤剂、渗透剂、扩散剂、起泡剂、消泡剂、乳化剂、破乳剂、分散剂、杀菌剂、润湿剂、柔软剂、抗静电剂、抑制剂、防锈剂、防结块剂、防雾剂、脱皮剂、增溶剂、精炼剂等。品种多也是为了满足应用对象对性能的多种需要,如染料应有各种不同的颜色,每种染料又有不同的性能以适应不同的工艺。食品添加剂可分为食用色素、食用香精、甜味剂、营养强化剂、防腐抗氧保鲜剂、乳化增稠品质改良剂及发酵制品 7 大类,约 1000 余个品种。

随着精细化工产品的应用领域不断扩大和商品的创新,除通用型精细化工产品外,专用品种和定制品种越来越多,这是商品应用功能效应和商品经济效益共同对精细化工产品功能和性质反馈的自然结果。不断地开发新品种、新剂型或配方及提高开发新品种的创新能力是当前国际上精细化工发展的总趋势。因此,品种多不仅是精细化工生产的一个特征,也是评价精细化工综合水平的一个重要标志。

二、生产技术日益进步

生产技术是使技术研究和设想变成可能的渠道，是精细化工产品能否产出的关键，所以生产技术的开发应用具有不可忽视的作用。在未来精细化工的发展中，会抛弃以往只重研发不重生产的片面观点，而是研发技术与生产技术"两手抓，两手都要硬"，这样的发展思路和方向会使精细化工的发展更具有实效性和可操作性。

各类新材料、新能源、电子信息技术、生物技术、海洋开发技术等领域都是现代精细化工所要研究和开发的高科技新领域，这些领域的开发使精细化工的发展具有更多的可能性和实践性。功能高分子材料、复合材料等这样的新材料，在制作感光产品、电线、涂料、胶黏剂等方面具有很大的用途。另外，生物技术作为 21 世纪的革新意义的技术，其研究的领域正是人们生产生活的相关内容，不论是发酵技术还是细胞融合技术或者是基因重组技术，都对精细化工的发展具有深远影响，反过来讲，精细化工也是使生物技术产业化的途径。因此，精细化工的发展必然朝着高科技新领域的开发方向。

三、大量采用复配加工技术

精细化工产品具有用量小、品种多的特点，而对于精细化工品的要求也是随着社会的发展和人民生活水平的提高而不断变化，许多产品由于工艺复杂，材料特殊等特点，单凭一种或几种生产技术很难生产或者说成本太高，所以在精细化工的发展中，掌握复配技术显示其发展的客观必然性和趋势。随着科技的进步，复配技术会大量应用在精细化工领域，不断开发出新产品，而且在主产品生产过程中，还可能生产出相应的副产品，这样的生产技术在节省原料的同时，也会极大地提高经济效益，从而实现利益最大化。在精细化工发展中，各国、各地区的精细化工企业都会加大复配技术的研发应用，不断研制新产品，从而实现精细化工产品的多元化。

例如，香精常常由几十种甚至上百种香料复配而成，除了有主香剂之外，还有辅助剂、头香剂和定香剂等组分，这样制得的香精才香气和谐、圆润、柔和。在合成纤维纺织用的油剂中，除润滑油以外，还必须加入表面活性剂、抗静电剂等多种其他助剂，而且还要根据高速纺或低速纺等不同的应用要求，采用不同的配方，有时配方中会涉及十多种组分。又如金属清洗剂，组分中要求有溶剂、防锈剂等。医药、农药、表面活性剂等门类的产品，情况也类似，可以说绝大部分的专用化学品都是复配产品。

四、生产装置多功能化程度高

精细化工品种多的特点在生产上的反映是：需要经常更换和更新品种，采用综合生产流程和多功能生产装置。生产精细化工产品的化学反应多为液相并联反应，生产流程长、工序多，主要采用的是间歇式的生产装置。为了适应以上生产特点，必须增强企业随市场调整生产能力和品种的灵活性。近年来广泛地采用了多品种综合生产流程和多用途多功能生产装置，取得了很好的经济效益。

五、技术密集度高

高技术密集度由以下两个基本因素形成：①在实际应用中，精细化工产品是以商品的综合功能出现的，这就需要在化学合成中筛选不同的化学结构，在剂型（制剂）生产中充分发挥精细化学品自身功能与其他配合物质的协同作用，这就形成了精细化工产品高技术密集度的一个重要因素；②精细化工技术开发的成功概率低、时间长、费用高。医药、农药和染料等新品种的开发成功率低、耗资高。产品更新换代快、市场寿命短、技术专利性强、市场竞争激烈等因素必然导致技术垄断性强，销售利润率高。

技术密集还表现在情报密集、信息量大而快。一方面，由于精细化学品常根据市场需求和用户不断提出应用上的新要求改进工艺过程，或是对原化学结构进行修饰，或是修改更新配方和设计，其结果必然产生新产品或新牌号。另一方面，大量的基础研究工作产生的新化学品，也需要不断地寻找新的用途。为此，必须建立各种数据库和专家系统，进行计算机仿真模拟和设计。因此，精细化工生产技术保密性强，专利垄断性强，世界各精细化工公司通过自己的技术开发拥有的技术进行生产，在国际市场上进行激烈的竞争。

第三节 我国精细化工发展趋势

近十多年来，我国十分重视精细化工的发展，把精细化工、特别是新领域精细化工作为化学工业发展的战略重点之一和新材料的重要组成部分，列入多项国家计划中，从政策和资金上予以重点支持。目前，精细化工业已成为我国化学工业中一个重要的独立分支和新的经济效益增长点。可以预见，随着我国石油化工的蓬勃发展和化学工业由粗放型向精细化方向发展，以及高新技术的广泛应用，我国精细化工自主创新能力和产业技术能级将得到显著提高，成为世界精细化学品生产和消费大国。

① 精细化工取得长足进步。我国精细化工的快速发展，不仅基本满足了国民经济发展的需要，而且部分精细化工产品，还具有一定的国际竞争能力，成为世界上重要的精细化工原料及中间体的加工地与出口地，精细化工产品已被广泛应用到国民经济的各个领域和人民日常生活中。

② 建设精细化工园区，推进产业集聚。近几年，许多省市都把建设精细化工园区，作为调整地方化工产业布局、提升产业、发展新材料产业、推进集聚的重要举措。

③ 跨国公司加速来华投资，有力推动精细化工发展。随着经济全球化趋势快速发展，以及我国国民经济持续稳步快速发展对精细化学品和特种化学品强大市场需求，吸引了诸多世界著名跨国公司纷纷来我国投资精细化工行业，投资领域涉及精细化工原料和中间体、催化剂、油品添加剂、塑料和橡胶助剂、纺织/皮革化学品、电子化学品、涂料和胶黏剂、发泡剂和制冷剂替代品、食品和饲料添加剂以及医药等，从而有力地推动我国精细化工产业的发展。

第四节 精细化工产品

精细化工产品是指一些具有特定的应用性能、合成步骤多、反应复杂及产品少而产值高的化工产品。例如表面活性剂、黏合剂、涂料、染料、医药、农药、化学试剂、食品添加剂、香料、各种助剂、催化剂等。一般来说，精细化学品应具备以下特点：品种多，产量小，主要以其功能进行交易；多数采用间歇生产方式；技术要求比较高，质量指标高；生产占地面积小，一般中小型企业即可生产；整个产品产值中原材料费用的比率较低，商品性较强；直接用于工农业、军工、宇航、人民生活和健康等方面，重视技术服务；投资小，见效快，利润大；技术密集性高，竞争激烈。

一、表面活性剂

表面活性剂分四大类，各类所占比例为：阴离子65%、非离子25%、阳离子和两性离子占10%。主要有三大用途，其市场份额为：家用50.5%、个人保护7.5%、公共事业和工业42%。从用量上看，基础大宗类表面活性剂所占比例最大。其所涉及的主要原料包括直链烷基苯（LAB）和脂肪醇。从表面活性剂性类型看，阴离子类列居首位，其次为非离子类，两类总和约占市场总量的90%，其中仅阴离子类就占到总量的一半多。

中国表面活性剂工业起步于20世纪50年代中期，1978年进入全面生产四大类表面活性剂国家的行列，目前可生产品种达2000种。2014年，国内脂肪醇产量约合3×10^5 t，销售量约合2.9×10^5 t（2014年脂肪醇开工率取决于下游企业产品定制需求），进口量约为2.6×10^5 t，出口量为3×10^4 t。国内表面活性剂产品种类比较集中，主要有烷基苯磺酸、磺酸盐、脂肪醇醚硫酸盐、脂肪醇醚、烷基酚醚、烯烃烷基磺酸盐、烷基季铵盐、烷基甜菜碱和烷基咪唑啉等。

(1) 阴离子表面活性剂

阴离子表面活性剂以磺酸盐型和硫酸（酯）盐型产量最大，应用最广。直链烷基苯磺酸盐仍然是世界上产量和消费量最大、最重要的阴离子表面活性剂，预计未来也是如此。脂肪醇硫酸盐和脂肪醇醚硫酸盐是两种重要的醇系表面活性剂中用得最多的表面活性剂。甲酯磺酸盐已引起工业界的极大关注，它来源于天然油脂，由于其突出性能使其应用范围涉及众多领域，其环境友好性及逐渐增强的价格竞争力，C_{16}/C_{18} MES有可能会部分取代以石油为原料的烷基苯磺酸盐，目前MES因生产工艺难，还未被大量生产和使用。α-烯烃磺酸盐主要用于洗涤剂中，美国和西欧发展较慢，日本发展较快。仲烷基磺酸盐因性能优异，环境友好，已在民用和工业中应用，而且它是乙烯聚合中最重要的乳化剂之一，其潜在的应用领域十分广泛，但因价格贵难以推广，国外已转向工业应用。

(2) 非离子表面活性剂

非离子表面活性剂按分子结构可分为聚氧乙烯衍生物、聚醚、烷基醇酰胺、脂肪酸多元醇酯和烷基多苷等类。聚氧乙烯衍生物又可按疏水基原料不同分为：烷基酚聚氧乙烯醚、脂肪醇聚氧乙烯醚、脂肪酸聚氧乙烯酯、聚氧乙烯酰胺、聚氧乙烯脂肪胺、吐温和其他聚氧乙烯系非离子表面活性剂等系列。多元醇酯可根据亲水基不同而分为：脂肪酸乙二醇酯、单脂肪酸甘油酯、季戊四醇的脂肪酸酯、失水山梨醇的脂肪酸酯、蔗糖脂肪酸酯和其他多元醇的脂肪酸酯等。但无论从生产规模和品种数量看，聚氧乙烯衍生物都占主导地位，其主要生产技术是乙氧基化技术。

脂肪醇聚氧乙烯醚仍是非离子表面活性剂中的大品种，脂肪醇乙氧基化物（NRE）、脂肪酸甲酯乙氧基化物（FMEO）、烷基多糖苷（APG）和N-烷基-2-吡咯烷酮（AP1）是新型非离子表面活性剂。NRE具有高的增稠能力，FMEO具有快速溶解性和良好的洗涤性能，APG具有优异的生态学和毒理学性能、最佳的增效协同效应，是温和的绿色表面活性剂。

(3) 阳离子表面活性剂

阳离子表面活性剂目前绝大多数仍为含氮化合物，基本原料仍为脂肪胺（同时也是两性表面活性剂的主要原料），脂肪胺的产量视为衡量阳离子表面活性剂发展的依据。阳离子表面活性剂或脂肪胺衍生物主要以天然油脂为原料，其次约10%~15%由石油化工原料制得。

(4) 两性表面活性剂

这是具有两种离子性质的表面活性剂，按化学结构可分为：①甜菜碱型；②咪唑啉型；③氨基酸型；④磷酸酯型；⑤其他，如高分子、杂原子类等两性表面活性剂。两性表面活性剂近年来发展速度最快，远远超过阴离子表面活性剂、非离子表面活性剂及阳离子表面活性剂。两性表面活性剂以其独特的多功能性著称，主要特性有：低毒性和对皮肤、眼睛的低刺激性；极好的耐硬水性和耐高浓度电解质性，甚至在海水中也可以有效的使用；良好的生物降解性；对织物有优异的柔软平滑性和抗静电性；有一定的杀菌性和抑霉性，良好的乳化性和分散性；可与几乎所有其他类型表面活性剂的配合性，通常会有增效的协同效应；可以吸附在带负电荷或正电荷的物质表面上，而不生成憎水薄层，因此有很好的润湿性和发泡性。

表面活性剂的发展方向将表现在以下方面：①回归大自然；②代替有害化学品；③室温下洗涤用表面活性剂；④不用助剂可在硬水中使用；⑤能为环保有效地处理废液废水、粉尘等的表面活性剂；⑥能有效提高矿物、燃料、生产利用率的表面活性剂；⑦多功能表面活性剂；⑧以生物工程为基础，利用工业或城市废弃物制表面活性剂；⑨用复配技术产生协同效应，达应用目的的高效表面活性剂。

二、胶黏剂

胶黏剂是一种可以用于胶接的主要材料。胶接（黏合、黏接、胶结、胶黏）是指同质或异质物体表面用胶黏剂连接在一起的技术，具有应力分布连续，重量轻，或密封，多数工艺温度低等特点。用胶黏剂进行胶接特别适用于不同材质、不同厚度、超薄规格和复杂构件的连接。胶接近代发展最快，应用行业极广，并对高新科学技术进步和人民日常生活改善有重大影响。

胶黏剂根据用途主要分为以下七大类：①壁纸、墙布用胶黏剂，这种胶黏剂主要用于壁纸、墙布的裱糊，它的形态有液状的，也有粉末状的。例如，聚乙烯醇胶黏剂、聚乙烯醇缩甲醛胶、聚醋酸乙烯胶黏剂、801 胶、墙纸专用胶粉等。②塑料地板胶黏剂，属非结构型胶黏剂，具有一定的黏结力，能将塑料地板牢固地黏结在各类基层上，施工方便。它对塑料地板无溶解或溶胀作用，能保证塑料地板黏结后的平整程度，并有一定的耐热性、耐水性和储存稳定性。常用的塑料地板胶黏剂有聚醋酸乙烯类、合成橡胶类、聚氨酯类、环氧树脂类等。③瓷砖、大理石胶黏剂、主要包括大理石胶黏剂、TAM 型通用瓷砖胶黏剂、TAG 型瓷砖勾缝剂、TAS 型高强度耐水瓷砖胶黏剂、另外还有一种 SG—8407 胶黏剂，可改善水泥砂浆的黏结力，提高水泥砂浆的防水性能，适用于在水泥砂浆、混凝土等基层表面上粘贴瓷砖、马赛克等材料。④玻璃、有机玻璃类专用胶黏剂，主要包括 AE 丙烯酸酯胶、聚乙烯醇缩丁醛胶黏剂、玻璃胶等。⑤塑料薄膜胶黏剂，主要包括 BH-415 胶黏剂，641 软质聚氯乙烯胶黏剂，920 胶黏剂等。⑥竹木类专用胶黏剂。脲醛树脂类胶黏剂是竹木类胶黏剂中使用较多的一类，它是由尿素与甲醛经缩聚而成的。脲醛树脂类胶黏剂具有五色、耐光性好、毒性小、价格低廉等特点，广泛用于木材、竹材、胶合板及其他木质材料的黏结。⑦多用途胶黏剂。主要包括建筑胶黏剂、室温快速固化环氧胶黏剂、压敏胶等。

三、染料和颜料

染料是有颜色的物质，但有颜色的物质并不一定是染料。作为染料，必须能够使一定颜色附着在纤维上，且不易脱落、变色。按化学结构可分为：亚硝基染料、硝基染料、偶氮染料、芳基甲烷染料、含硫染料、蒽醌染料、含杂环染料、咕吨染料、靛系染料、喹啉染料、噻嗪染料、酞菁染料。按性能与特征可分为：酸性染料、碱性染料、冰染染料、媒染染料、还原染料、氧化染料、硫化染料、分散染料、直接染料、活性染料等。

颜料就是能使物体染上颜色的物质。颜料有可溶性的和不可溶性的，有无机的和有机的区别。无机颜料一般是矿物性物质，人类很早就知道使用无机颜料，利用有色的土和矿石，在岩壁上作画和涂抹身体。有机颜料一般取自植物和海洋动物，如茜蓝、藤黄和古罗马从贝类中提炼的紫色。可溶性颜料也叫染料，可以用溶液直接印染织物。不溶性颜料要磨细加入介质中，如油、水等，然后涂布到需要染色的物体表面形成覆盖层。现代有许多人工合成的化学物质做成的颜料，可以满足人类对需要详细划分色相时的应用，如绘画就需要许多不同的相差很细微的颜料。

四、农药

按《中国农业百科全书·农药卷》的定义，农药（Pesticides）主要是指用来防治危害农林牧业生产的有害生物（害虫、害螨、线虫、病原菌、杂草及鼠类）和调节植物生长的化学药品，但通常也把改善有效成分物理、化学性状的各种助剂包括在内。需要指出的是，对于农药的含义和范围，不同的时代、不同的国家和地区有所差异。如美国，早期将农药称之为"经济毒剂"（Economic Poison），欧洲则称之为"农业化学品"（Agrochemicals），还有的书刊将农药定义为"除化肥以外的一切农用化学品"。

农药的主要用途集中在以下几个方面：①用于预防、消灭或者控制危害农、林、牧、渔业中的种植业的病、虫、草、鼠和软体动物等有害生物。②调节植物、昆虫的生长。③防治仓储病、虫、鼠及其他有害生物。④用于农林业产品的防腐、保鲜。⑤用于防治人生活环境和农林业中养殖业用于防治动物生活环境中的蚊、蝇、蟑螂、虱、螨、蚋、跳蚤等卫生害虫和害鼠，用于防治细菌、病毒等有害微生物的属消毒剂。⑥预防、消灭或者控制危害河流堤坝、铁路、机场、建筑物、高尔夫球场、草场和其他场所的有害生物，主要是指防治杂草、危害堤坝和建筑物的白蚁和蛀虫，以及伤害衣物、文物、图书等的蛀虫。

我国农药生产发展迅速，已成为世界第二大农药生产国，也是农药出口大国，为农业生产提供了重要支持。但农药总体生产技术水平落后、研发能力薄弱、市场竞争秩序混乱、农药生产和使用过程中环境污染严重等问题，制约着农药行业的可持续发展，也对我国的食品安全和环境保护构成了威胁。

农药行业的发展不能以牺牲环境为代价，更不能允许以转移污染的方式维持农药行业的利润。应该加强环保要求，严格执法，避免单纯为谋求出口而出现的污染转移问题。

> **思考题**

1. 精细化工的定义是什么？
2. 我国精细化学品是如何划分的？
3. 精细化工产品主要有哪些？

本篇参考文献

[1] 高鸿宾. 有机化学. 第4版. 北京：高等教育出版社，2005.
[2] 侯芙生. 中国炼油技术. 第三版. 北京：中国石化出版社，2011.
[3] 陈俊武. 催化裂化工艺与工程. 第三版. 北京：中国石化出版社，2015.
[4] 许友好. 催化裂化化学与工艺. 北京：科学出版社，2013.
[5] 田辉平. 催化裂化催化剂及助剂的现状和发展. 炼油技术与工程，2006，36（11）：6.
[6] 李腾，陈小博，杨朝合等. 催化裂化结焦反应的研究进展，化工进展，2015，3（2）：370-375.
[7] 许友好. 我国催化裂化工艺技术进展. 中国科学：化学，2014，44（1）：13-24.
[8] 曹湘洪. 高油价时代渣油加工工艺路线的选择. 石油炼制与化工，2009，40（1）：1-7.
[9] 龚剑洪，毛安国，刘晓欣等. 催化裂化轻循环油加氢—催化裂化组合生产高辛烷值汽油或轻质芳烃（LTAG）技术，油炼制与化工，2016，47（9）：1-5.
[10] 王斌，张强，韩东敏等. 催化剂基质Lewis及Bronsted酸性位强度对催化裂化小分子烯烃收率的影响，石油学报（石油加工），2016，32（4）：666-673.
[11] 刘熠斌，丁雪，常泽军等. 不同原料的催化裂化性能研究，化学工程，2016，44（1）：49-51.
[12] 徐春明，杨朝合. 石油炼制工程. 第四版. 北京：石油工业出版社，2009.
[13] 王海彦，陈文艺. 石油加工工艺学. 北京：中国石化出版社，2011.
[14] 王晓红，李海涛，王宝义. 丁烷脱沥青—重油催化裂化组合工艺的工业应用. 石化技术与应用，2006，24（2）：124-126.
[15] 袁晓云，赵飞，魏广春等. 溶剂脱沥青—催化裂化工艺的优化组合及其应用. 炼油技术与工程，2011，41（5）：6-9.
[16] 刘银亮. 多环芳烃在催化裂化过程中的转化规律研究，石油炼制与化工，2016，47（6）：37-41.
[17] 刘四威；许友好. 催化裂化过程芳烃转化及生焦关系探索. 石油学报（石油加工），2013，29（1）：146-149.
[18] 李春年. 渣油加工工艺. 北京：中国石化出版社，2002.
[19] 李大东. 加氢处理工艺与工程. 北京：中国石化出版社，2004.
[20] 方向晨. 加氢精制. 北京：中国石化出版社，2006.
[21] 韩崇仁. 加氢裂化工艺与工程. 北京：中国石化出版社，2001.
[22] 方向晨. 加氢裂化. 北京：中国石化出版社，2008.
[23] 李丽，金环年，胡云剑. 加氢处理催化剂制备技术研究进展. 化工进展. 2013，32（7）：1564-1568.
[24] 刘蕾，宋彩彩，黄汇江. 加氢催化剂硫化研究进展. 现代化工，2016，36（3）：42-45.
[25] 林建飞，胡大为，杨清河. 固定床渣油加氢催化剂表面积炭及抑制研究进展. 化工进展，2015，34（12）：4229-4237.
[26] 陈燕蝶，王璐，刘铁峰. 柴油超深度加氢脱硫催化剂研究进展. 化学反应工程与工艺，2013，29（5）：392-412.
[27] 李灿，展学成，赵瑞玉. 固定床渣油加氢脱金属催化剂制备及失活研究进展. 现代化工，2015，35（1）：18-22.
[28] 杜艳泽，关明华，马艳秋. 国外加氢裂化催化剂研发新进展. 石油炼制与化工，2012，43（4）：93-98.
[29] 郭强，邓云川，段爱军. 加氢裂化工艺技术及其催化剂研究进展. 工业催化，2011，19（11）：21-27.
[30] 方向晨. 国内外渣油加氢处理技术发展现状及分析. 化工进展，2011，30（1）：95-104.
[31] 张庆军，刘文洁，王鑫等. 国外渣油加氢技术研究进展. 化工进展，2015，34（8）：2988-3002.
[32] 胡大为，杨清河，戴立顺等. 第三代渣油加氢RHT系列催化剂的开发及应用. 石油炼制与化工，2013，

44(1):11-15.
[33] 仝建波,蔺阳;刘淑玲等.加氢脱硫催化剂载体的研究进展.化工进展,2014,33(5):1170-1177.
[34] 庞伟伟.负载型加氢催化剂载体对中间馏分油HDS活性的影响.华东:中国石油大学,2008.
[35] 孙剑,王海彦,白英芝.复合氧化物在柴油加氢脱硫催化剂中的应用.化学与黏合,2010,32(4):58-62.
[36] 袁灿,方向晨,孙素华等.渣油加氢催化剂金属沉积的研究进展.工业催化,2014,22(3):181-186.
[37] 聂红,李明丰,高晓冬等.石油炼制中的加氢催化剂和技术.石油学报:石油加工,2010(s1):77-81.
[38] 任春晓,吴培,李振昊等.加氢催化剂预硫化技术现状.化工进展,2013,32(5):1060-1064.
[39] 黄新露,曾榕辉.加氢裂化工艺技术新进展.当代石油石化,2005,13(12):38.
[40] 任文坡,李振宇,李雪静.渣油深度加氢裂化技术应用现状及新进展.化工进展,2016,35(8):2309-2316.
[41] 周厚峰,张慧汝,田梦等.加氢裂化催化剂研究进展.工业催化,2014,22(10):729-735.
[42] 杜艳泽,王凤来,刘昶等.FC-34单段高中间馏分油选择性加氢裂化催化剂的研制.石油炼制与化工,2013,44(7):43-47.
[43] 聂红,胡志海,石亚华等.RIPP加氢裂化技术新进展.石油炼制与化工,2006,37(6):11-13.
[44] 徐承恩.催化重整工艺与工程.北京:中国石化出版社,2006.
[45] 孙兆林.催化重整.北京:中国石化出版社,2006.
[46] 李成栋.催化重整装置技术问答.北京:中国石化出版社,2006.
[47] 陈国平.1.5Mt/a国产连续重整装置的设计特点与标定结果.中外能源,2015,20(9):74-77.
[48] 张世方.催化重整工艺技术发展.中外能源,2012,17(6):60-65.
[49] 马爱增,潘锦程,杨森年.低积炭速率连续重整催化剂的研发及工业应用.石油炼制与化工,2012,43(4):15-20.
[50] 马爱增.芳烃型和汽油型连续重整技术选择.石油炼制与化工,2007,38(1):1-6.
[51] 伍于璞,刘红云.连续重整产品方案与反应苛刻度关系探讨.炼油技术与工程,2011,41(8):14-16.
[52] 李金,潘晖华,胡长禄.连续重整催化剂的最新技术进展.现代化工,2015,35(5):30-33.
[53] 孙艳朋,谢金超,宝金昕.连续重整国产技术和IFP技术比较分析.石油与天然气化工,2015,44(6):10-16.
[54] 马爱增,徐又春,杨栋.石脑油超低压连续重整成套技术开发与应用.石油炼制与化工,2013,44(4):1-6.
[55] 刘淑敏,马爱增.水氯失衡对连续重整催化剂性能的影响.石油炼制与化工,2013,44(2):8-12.
[56] 王杰广,马爱增,袁忠勋.逆流连续重整低苛刻度反应规律研究.石油炼制与化工,2016,47(8):47-51.
[57] 马爱增,徐又春,赵振辉.连续重整成套技术开发及工业应用.石油炼制与化工,2011,42(2):1-4.
[58] 马爱增.中国催化重整技术进展.中国科学(化学),2014,44(1):25-39.
[59] 熊云.储运油料学.北京:中国石化出版社,2014.
[60] 王从岗等.储运油料学.第2版.青岛:中国石油大学出版社,2006.
[61] 杨筱蘅.输油管道设计与管理.青岛:中国石油大学出版社,2006.
[62] 李玉星等.输气管道设计与管理.第2版.青岛:中国石油大学出版社,2009.
[63] 李士伦等.天然气工程.北京:石油工业出版社,2008.
[64] 冯叔初等.油气集输与矿场加工.第2版.青岛:中国石油大学出版社,2006.
[65] 严大凡等.油气储运工程.北京:中国石化出版社,2013.
[66] 杨筱蘅.输油管道设计与管理.青岛:中国石油大学出版社,2006.
[67] 严大凡等.油气储运工程.北京:中国石化出版社,2013.
[68] 李玉星等.输气管道设计与管理.第2版.青岛:中国石油大学出版社,2009.
[69] 李士伦等.天然气工程.北京:石油工业出版社,2008.
[70] 李长俊.天然气管道输送.第2版.北京:石油工业出版社,2000.
[71] 汪楠等.油库技术与管理.北京:中国石化出版社,2014.
[72] 郭光臣等.油库设计与管理.东营:石油大学出版社,1994.
[73] 许行.油库设计与管理.北京:中国石化出版社,2009.